综合行业标准汇编

(2024)

标准质量出版分社　编

中国农业出版社
农村设物出版社
北　京

主　　编：刘　伟

副 主 编：冀　刚

编写人员（按姓氏笔画排序）：

冯英华　刘　伟　牟芳荣

杨桂华　胡烨芳　廖　宁

冀　刚

出　版　说　明

近年来，我们陆续出版了多部中国农业标准汇编，已将2004—2021年由我社出版的5 000多项标准单行本汇编成册，得到了广大读者的一致好评。无论从阅读方式还是从参考使用上，都给读者带来了很大方便。

为了加大农业标准的宣贯力度，扩大标准汇编本的影响，满足和方便读者的需要，我们在总结以往出版经验的基础上策划了《综合行业标准汇编（2024）》。本书收录了2022年发布的绿色食品、转基因、土壤肥料、农机、农产品加工、能源、设施建设及其他方面的农业标准59项，并在书后附有2022年发布的6个标准公告供参考。

特别声明：

1. 汇编本着尊重原著的原则，除明显差错外，对标准中所涉及的有关量、符号、单位和编写体例均未做统一改动。

2. 从印制工艺的角度考虑，原标准中的彩色部分在此只给出黑白图片。

本书可供农业生产人员、标准管理干部和科研人员使用，也可供有关农业院校师生参考。

标准质量出版分社

2023年12月

目　录

第四部分　农机标准

第五部分　农产品加工标准

第六部分　能源、设施建设、其他类标准

附录

第一部分

绿色食品标准

ICS 11.220
CCS B 42

中华人民共和国农业行业标准

NY/T 472—2022
代替 NY/T 472—2013

绿色食品　兽药使用准则

Green food—Veterinary drug application guideline

2022-07-11 发布　　2022-10-01 实施

中华人民共和国农业农村部　发布

前　　言

本文件按照 GB/T 1.1—2020《标准化工作导则　第 1 部分：标准化文件的结构和起草规则》的规定起草。

本文件代替 NY/T 472—2013《绿色食品　兽药使用准则》，与 NY/T 472—2013 相比，除结构性调整和编辑性修改外，主要技术变化如下：

a) 修改了β-受体激动剂类药物名称栏的内容(见附录 A 表 A.1,2013 年版附录 A 表 A.1)；
b) 修改了激素类药物栏名称，并增加了药物(见附录 A 表 A.1,2013 年版附录 A 表 A.1)；
c) 增加了苯巴比妥(phenobarbital)等 4 种药物(见附录 A 表 A.1)；
d) 删除了琥珀氯霉素(见 2013 年版附录 A 表 A.1)；
e) 修改了磺胺类及其增效剂药物名称栏的内容(见附录 A 表 A.1,2013 年版附录 A 表 A.1)；
f) 增加了恩诺沙星(enrofloxacin)(见附录 A 表 A.1)；
g) 增加了大环内酯类、糖肽类、多肽类栏，并增加有关药物(见附录 A 表 A.1)；
h) 调整有机胂制剂至抗菌类药物单设一栏(见附录 A 表 A.1,2013 年版附录 A 表 A.1)；
i) 修改了苯并咪唑类栏内的药物(见附录 A 表 A.1,2013 年版附录 A 表 A.1)；
j) 更改了"二氯二甲吡啶酚"的名称，增加了盐霉素(salinomycin)(见附录 A 表 A.1,2013 年版附录 A 表 A.1)；
k) 增加了洛硝达唑(ronidazole)(见附录 A 表 A.1)；
l) 调整汞制剂药物单列一栏(见附录 A 表 A.1,2013 年版附录 A 表 A.1)；
m) 增加了潮霉素 B(hygromycin B)和非泼罗尼(氟虫腈,fipronil)(见附录 A 表 A.1)；
n) 更改青霉素类栏名，并增加一些药物 (见附录 B 表 B.1,2013 年版附录 B 表 B.1)；
o) 增加了寡糖类药物(见附录 B 表 B.1)；
p) 增加了卡那霉素(kanamycin)调整越霉素 A 位置(见附录 B 表 B.1)；
q) 将磺胺类栏删除(见 2013 年版附录 B 表 B.1)；
r) 增加了甲砜霉素(thiamphenicol)(见附录 B 表 B.1)；
s) 增加了噁喹酸(oxolinic acid)(见附录 B 表 B.1)；
t) 删除了黏霉素(见 2013 年版附录 B 表 B.1)；
u) 更改了"马杜霉素"名称；删除了氯羟吡啶、氯苯胍和盐霉素钠，转入越霉素 A(destomycin A)，增加了托曲珠利(toltrazuril)等 4 种药物(见附录 B 表 B.1,2013 年版附录 B 表 B.1)；
v) 增加了阿司匹林(aspirin)、卡巴匹林钙(carbasalate calcium)(见附录 B 表 B.1)；
w) 更改了青霉素类栏名，更改了苄星邻氯青霉素名称(见附录 B 表 B.2,2013 年版附录 B 表 B.1)；
x) 增加了酰胺醇类、喹诺酮类、氨基糖苷类栏，并增加了有关药物(见附录 B 表 B.2)；
y) 删除了奥芬达唑(oxfendazole)和双甲脒(amitraz)；增加了托曲珠利(toltrazuril)等 7 种药物(见附录 B 表 B.2,2013 年版附录 B 表 B.1)；
z) 增加了镇静类、性激素、解热镇痛类栏，并增加了有关药物(见附录 B 表 B.2)。

本文件由农业农村部农产品质量安全监管司提出。

本文件由中国绿色食品发展中心归口。

本文件起草单位：农业农村部动物及动物产品卫生质量监督检验测试中心、江西省农业科学院农产品质量安全与标准研究所、北京中农劲腾生物技术股份有限公司、中国兽医药品监察所、中国绿色食品发展中心、青岛市农产品质量安全中心、山东省绿色食品发展中心、青岛农业大学、青岛田瑞科技集团有限公司。

本文件主要起草人：宋翠平、王玉东、戴廷灿、李伟红、张世新、汪霞、贾付从、张宪、董国强、王文杰、付红蕾、孟浩、曲晓青、王冬根、苗在京、王淑婷、刘坤、孙京新、朱伟民、赵思俊、秦立得、曹旭敏、郑增忍。

本文件及其所代替文件的历次版本发布情况为：

——2001 年首次发布为 NY/T 472，2006 年第一次修订，2013 年第二次修订；

——2013 年第二次修订时，删除了最高残留限量的定义，补充了泌乳期、执业兽医等术语和定义，修改完善了可使用的兽药种类，补充了 2006 年以来农业部发布的相关禁用药物；补充了产蛋期和泌乳期不应使用的兽药；

——本次为第三次修订。

引　言

绿色食品是指产自优良生态环境、按照绿色食品标准生产、实行全程质量控制并获得绿色食品标志使用权的安全、优质食用农产品及相关产品。从食品安全和生态环境保护两方面考虑，规范绿色食品畜禽养殖过程中的兽药使用行为，确立兽药使用的基本要求、使用规定和使用记录，是保证绿色食品符合性的一个重要方面。

本文件用于规范绿色食品畜禽养殖过程中的兽药使用和管理行为。2013 年版标准已经建立起比较完善有效的标准框架，确定了兽药使用的基本原则、生产 AA 级和 A 级绿色食品的兽药使用原则，对可使用的兽药种类和不应使用的兽药种类进行了严格规定，并以列表形式规范了不应使用的药物名录。该标准为规范我国绿色食品生产中的兽药使用，提高动物性绿色食品安全水平发挥了重要作用。

随着国家新颁布的《中华人民共和国兽药典》《食品安全国家标准　食品中兽药最大残留限量》(GB 31650)等法律、法规、标准和公告，以及畜禽养殖技术水平、规模和兽药使用种类、方法的不断变化，结合绿色食品“安全、优质”的特性和要求，急需对原标准进行修订完善。

本次修订主要根据国家最新标准及相关法律法规，结合实际兽药使用、例行监测和风险评估等情况，重新评估并选定了不应使用的药物种类，同时对文本框架及有关内容进行了部分修改。修订后的 NY/T 472 对绿色食品畜禽生产中兽药的使用和管理更有指导意义。

绿色食品　兽药使用准则

1　范围

本文件规定了绿色食品生产中兽药使用的术语和定义、基本要求、生产绿色食品的兽药使用规定和兽药使用记录。

本文件适用于绿色食品畜禽养殖过程中兽药的使用和管理。

2　规范性引用文件

下列文件中的内容通过文中的规范性引用而构成本文件必不可少的条款。其中，注日期的引用文件，仅该日期对应的版本适用于本文件；不注日期的引用文件，其最新版本（包括所有的修改单）适用于本文件。

GB/T 19630　有机产品　生产、加工、标识与管理体系要求

GB 31650　食品安全国家标准　食品中兽药最大残留限量

NY/T 391　绿色食品　产地环境质量

NY/T 473　绿色食品　畜禽卫生防疫准则

NY/T 3445　畜禽养殖场档案规范

中华人民共和国兽药典

中华人民共和国国务院令　第726号　国务院关于修改和废止部分行政法规的决定　兽药管理条例

中华人民共和国农业部公告　第176号　禁止在饲料和动物饮用水中使用的药物品种目录

中华人民共和国农业农村部公告　第194号　停止生产、进口、经营、使用部分药物饲料添加剂，并对相关管理政策作出调整

中华人民共和国农业农村部公告　第250号　食品动物中禁止使用的药品及其他化合物清单

中华人民共和国农业农村部　海关总署公告　第369号　进口兽药管理目录

中华人民共和国农业部公告　第1519号　禁止在饲料和动物饮水中使用的物质名单

中华人民共和国农业部公告　第2292号　在食品动物中停止、使用洛美沙星、培氟沙星、氧氟沙星、诺氟沙星4种兽药，撤销相关兽药产品批准文号

中华人民共和国农业部公告　第2428号　停止硫酸黏菌素用于动物促生长

中华人民共和国农业部公告　第2513号　兽药质量标准

中华人民共和国农业部公告　第2583号　禁止非泼罗尼及相关制剂用于食品动物

中华人民共和国农业部公告　第2638号　停止在食品动物中使用喹乙醇、氨苯胂酸、洛克沙胂等3种兽药

3　术语和定义

下列术语和定义适用于本文件。

3.1

AA级绿色食品　AA grade green food

产地环境质量符合NY/T 391的要求，遵照绿色食品标准生产，生产过程遵循自然规律和生态学原理，协调种植业和养殖业的平衡，不使用化学合成的肥料、农药、兽药、渔药、添加剂等物质，产品质量符合绿色食品产品标准，经专门机构许可使用绿色食品标志的产品。

3.2

A级绿色食品　A grade green food

产地环境质量符合NY/T 391的要求，遵照绿色食品标准生产，生产过程遵循自然规律和生态学原

理，协调种植业和养殖业的平衡，限量使用限定的化学合成生产资料，产品质量符合绿色食品产品标准，经专门机构许可使用绿色食品标志的产品。

3.3

兽药 veterinary drug

用于预防、治疗、诊断动物疾病或者有目的地调节动物生理机能的物质（含药物饲料添加剂），主要包括血清制品、疫苗、诊断制品、微生态制品、中药材、中成药、化学药品、抗生素、生化药品、放射性药品及外用杀虫剂、消毒剂等。

3.4

微生态制品 probiotics

运用微生态学原理，利用对宿主有益的乳酸菌类、芽孢杆菌类和酵母菌类等微生物及其代谢产物，经特殊工艺用一种或多种微生物制成的制品。

3.5

消毒剂 disinfectant

杀灭传播媒介上病原微生物的制剂。

3.6

休药期 withdrawal time

从畜禽停止用药到允许屠宰或其产品（肉、蛋、乳）许可上市的间隔时间。

3.7

执业兽医 licensed veterinarian

具备兽医相关技能，依照国家相关规定取得兽医执业资格，依法从事动物诊疗和动物保健等经营活动的兽医。

4 要求

4.1 基本要求

4.1.1 动物饲养环境应符合 NY/T 391 的规定。应加强饲养管理，供给动物充足的营养。按 NY/T 473 的规定，做好动物卫生防疫工作，建立生物安全体系，采取各种措施减少应激，增强动物的免疫力和抗病力。

4.1.2 按《中华人民共和国动物防疫法》和《中华人民共和国畜牧法》的规定，进行动物疫病的预防和控制，合理使用饲料、饲料添加剂和兽药等投入品。

4.1.3 在养殖过程中宜不用或少用药物。确需使用兽药时，应在执业兽医指导下，按本文件规定，在可使用的兽药中选择使用，并严格执行药物用量、用药时间和休药期等。

4.1.4 所用兽药应来自取得兽药生产许可证和具有批准文号的生产企业，或在中国取得进口兽药注册证书的供应商。使用的兽药质量应符合《中华人民共和国兽药典》和农业部公告第 2513 号的规定。

4.1.5 不应使用假、劣兽药以及国务院兽医行政管理部门规定禁止使用的药品和其他化合物；不应将未批准兽用的人用药物用于动物。

4.1.6 按照国家有关规定和要求，使用有国家兽药批准文号或经农业农村部备案的药物残留检测或动物疫病诊断的胶体金试剂卡、酶联免疫吸附试验（ELISA）反应试剂以及聚合酶链式反应（PCR）诊断试剂等诊断制品。

4.1.7 兽药使用应符合《中华人民共和国兽药典》、国务院令第 726 号、农业部公告第 2513 号、GB 31650、农业农村部 海关总署公告第 369 号、农业农村部公告第 250 号和其他有关农业农村部公告的规定。建立兽药使用记录。

4.2 生产 AA 级绿色食品的兽药使用规定

执行 GB/T 19630 的相关规定。

4.3 生产A级绿色食品的兽药使用规定

4.3.1 可使用的药物种类

4.3.1.1 优先使用GB/T 19630规定的兽药、GB 31650允许用于食品动物但不需要制定残留限量的兽药、《中华人民共和国兽药典》和农业部公告第2513号中无休药期要求的兽药。

4.3.1.2 国务院兽医行政管理部门批准的微生态制品、中药制剂和生物制品。

4.3.1.3 中药类的促生长药物饲料添加剂。

4.3.1.4 国家兽医行政管理部门批准的高效、低毒和对环境污染低的消毒剂。

4.3.2 不应使用的药物种类

4.3.2.1 GB 31650中规定的禁用药物，超出《中华人民共和国兽药典》和农业部公告第2513号中作用与用途的规定范围使用药物。

4.3.2.2 农业部公告第176号、农业农村部公告第250号、农业部公告第1519号、农业部公告第2292号、农业部公告第2428号、农业部公告第2583号、农业部公告第2638号等国家明令禁止在饲料、动物饮水和食品动物中使用的药物。

4.3.2.3 农业农村部公告第194号规定的含促生长类药物的药物饲料添加剂；任何促生长类的化学药物。

4.3.2.4 附录A中表A.1所列药物。产蛋供人食用的家禽，在产蛋期不应使用附录B中表B.1所列药物；产乳供人食用的牛、羊等，在泌乳期不应使用附录B中表B.2所列药物。

4.3.2.5 酚类消毒剂。产蛋期同时不应使用醛类消毒剂。

4.3.2.6 国家新禁用或列入限制使用兽药名录的药物。

4.3.2.7 附录A和附录B中所列的药物在国家新颁布标准或法规以后，若允许食品动物使用且无残留限量要求时，将自动从附录中移除。若有限量要求时应在安全评估后，决定是否从附录中移除。

4.4 兽药使用记录

4.4.1 建立兽药使用记录和档案管理应符合NY/T 3445的规定。

4.4.2 应建立兽药采购入库记录，记录内容包括商品名称、通用名称、主要成分、生产单位、采购来源、生产批号、规格、数量、有效期、储存条件等。

4.4.3 应建立兽药使用、消毒、动物免疫、动物疫病诊疗、诊断制品使用等记录。各种记录应包括以下所列内容：

a) 兽药使用记录，包括商品名称、通用名称、生产单位、采购来源、生产批号、规格、有效期、使用目的、使用剂量、给药途径、给药时间、不良反应、休药期、给药人员等；

b) 消毒记录，包括商品名称、通用名称、消毒剂浓度、配制比例、消毒方式、消毒场所、消毒日期、消毒人员等；

c) 动物免疫记录，包括疫苗通用名称、商品名称、生产单位、生产批号、剂量、免疫方法、免疫时间、免疫持续期、免疫人员等；

d) 动物疫病诊疗记录，包括动物种类、发病数量、圈（舍）号、发病时间、症状、诊断结论、用药名称、用药剂量、使用方法、使用时间、休药期、诊断人员等；

e) 诊断制品使用记录，包括诊断制品名称、生产单位、生产批号、规格、有效期、使用数量、使用方法、诊断结果、诊断时间、诊断人员、审核人员等。

4.4.4 每年应对兽药生产供应商和兽药使用效果进行一次评价，为下一年兽药采购和使用提供依据。

4.4.5 兽药使用记录档案应由专人负责归档，妥善保管。兽药使用记录档案保存时间应符合NY/T 3445的规定，且在产品上市后保存2年以上。

附 录 A
（规范性）
生产 A 级绿色食品不应使用的药物

生产 A 级绿色食品不应使用表 A.1 所列的药物。

表 A.1 生产 A 级绿色食品不应使用的药物目录

序号	种类		药物名称	用途
1	β-受体激动剂类		所有 β-受体激动剂(β-agonists)类及其盐、酯及制剂	所有用途
2	激素类	性激素类	己烯雌酚(diethylstilbestrol)、己二烯雌酚(dienoestrol)、己烷雌酚(hexestrol)、雌二醇(estradiol)、戊酸雌二醇(estradiol valcrate)、苯甲酸雌二醇(estradiol benzoate)及其盐、酯及制剂	所有用途
		同化激素类	甲基睾丸酮(methytestosterone)、丙酸睾酮(testosterone propinate)、群勃龙(去甲雄三烯醇酮，trenbolone)、苯丙酸诺龙(nandrolone phenylpropionate)及其盐、酯及制剂	所有用途
		具雌激素样作用的物质	醋酸甲孕酮(mengestrolacetate)、醋酸美仑孕酮(melengestrol acetate)、玉米赤霉醇类(zeranol)、醋酸氯地孕酮(chlormadinone Acetate)	所有用途
3	催眠、镇静类		安眠酮(methaqualone)	所有用途
			氯丙嗪(chlorpromazine)、地西泮(安定，diazepam)、苯巴比妥(phenobarbital)、盐酸可乐定(clonidine hydrochloride)、盐酸赛庚啶(cyproheptadine hydrochloride)、盐酸异丙嗪(promethazine hydrochloride)	所有用途
4	抗菌药类	砜类抑菌剂	氨苯砜(dapsone)	所有用途
		酰胺醇类	氯霉素(chloramphenicol)及其盐、酯	所有用途
		硝基呋喃类	呋喃唑酮(furazolidone)、呋喃西林(furacillin)、呋喃妥因(nitrofurantoin)、呋喃它酮(furaltadone)、呋喃苯烯酸钠(nifurstyrenate sodium)	所有用途
		硝基化合物	硝基酚钠(sodium nitrophenolate)、硝呋烯腙(nitrovin)	所有用途
		磺胺类及其增效剂	所有磺胺类(sulfonamides)及其增效剂(temper)的盐及制剂	所有用途
		喹诺酮类	诺氟沙星(norfloxacin)、氧氟沙星(ofloxacin)、培氟沙星(pefloxacin)、洛美沙星(lomefloxacin)	所有用途
			恩诺沙星(enrofloxacin)	乌鸡养殖
		大环内酯类	阿奇霉素(azithromycin)	所有用途
		糖肽类	万古霉素(vancomycin)及其盐、酯	所有用途
		喹噁啉类	卡巴氧(carbadox)、喹乙醇(olaquindox)、喹烯酮(quinocetone)、乙酰甲喹(mequindox)及其盐、酯及制剂	所有用途
		多肽类	硫酸黏菌素(colistin sulfate)	促生长
		有机胂制剂	洛克沙胂(roxarsone)、氨苯胂酸(阿散酸，arsanilic acid)	所有用途
		抗生素滤渣	抗生素滤渣(antibiotic filter residue)	所有用途

表 A.1 (续)

序号	种类		药物名称	用途
5	抗寄生虫类	苯并咪唑类	阿苯达唑(albendazole)、氟苯达唑(flubendazole)、噻苯达唑(thiabendazole)、甲苯咪唑(mebendazole)、奥苯达唑(oxibendazole)、三氯苯达唑(triclabendazole)、非班太尔(fenbantel)、芬苯达唑(fenbendazole)、奥芬达唑(oxfendazole)及制剂	所有用途
		抗球虫类	氯羟吡啶(clopidol)、氨丙啉(amprolini)、氯苯胍(robenidine)、盐霉素(salinomycin)及其盐和制剂	所有用途
		硝基咪唑类	甲硝唑(metronidazole)、地美硝唑(dimetronidazole)、替硝唑(tinidazole)、洛硝达唑(ronidazole)及其盐、酯及制剂	所有用途
		氨基甲酸酯类	甲萘威(carbaryl)、呋喃丹(克百威,carbofuran)及制剂	杀虫剂
		有机氯杀虫剂	六六六(BHC,benzene hexachloride)、滴滴涕(DDT,dichlorodiphenyl-tricgloroethane)、林丹(lindane)、毒杀芬(氯化烯,camahechlor)及制剂	杀虫剂
		有机磷杀虫剂	敌百虫(trichlorfon)、敌敌畏(DDV,dichlorvos)、皮蝇磷(fenchlorphos)、氧硫磷(oxinothiophos)、二嗪农(diazinon)、倍硫磷(fenthion)、毒死蜱(chlorpyrifos)、蝇毒磷(coumaphos)、马拉硫磷(malathion)及制剂	杀虫剂
		汞制剂	氯化亚汞(甘汞,calomel)、硝酸亚汞(mercurous nitrate)、醋酸汞(mercurous acetate)、吡啶基醋酸汞(pyridyl mercurous acetate)及制剂	杀虫剂
		其他杀虫剂	杀虫脒(克死螨,chlordimeform)、双甲脒(amitraz)、酒石酸锑钾(antimony potassium tartrate)、锥虫胂胺(tryparsamide)、孔雀石绿(malachite green)、五氯酚酸钠(pentachlorophenol sodium)、潮霉素 B(hygromycin B)、非泼罗尼(氟虫腈,fipronil)	杀虫剂
6	抗病毒类药物		金刚烷胺(amantadine)、金刚乙胺(rimantadine)、阿昔洛韦(aciclovir)、吗啉(双)胍(病毒灵)(moroxydine)、利巴韦林(ribavirin)等及其盐、酯及单、复方制剂	抗病毒

附　录　B
（规范性）
生产 A 级绿色食品产蛋期和泌乳期不应使用的药物

B.1　产蛋期不应使用的药物

见表 B.1。

表 B.1　产蛋期不应使用的药物目录

序号	种类		药物名称
1	抗菌药类	四环素类	四环素(tetracycline)、多西环素(doxycycline)
		β-内酰胺类	阿莫西林(amoxicillin)、氨苄西林(ampicillin)、青霉素/普鲁卡因青霉素(benzylpenicillin/procaine benzylpenicillin)、苯唑西林(oxacillin)、氯唑西林(cloxacillin)及制剂
		寡糖类	阿维拉霉素(avilamycin)
		氨基糖苷类	新霉素(neomycin)、安普霉素(apramycin)、大观霉素(spectinomycin)、卡那霉素(kanamycin)
		酰胺醇类	氟苯尼考(florfenicol)、甲砜霉素(thiamphenicol)
		林可胺类	林可霉素(lincomycin)
		大环内酯类	红霉素(erythromycin)、泰乐菌素(tylosin)、吉他霉素(kitasamycin)、替米考星(tilmicosin)、泰万菌素(tylvalosin)
		喹诺酮类	达氟沙星(danofloxacin)、恩诺沙星(enrofloxacin)、环丙沙星(ciprofloxacin)、沙拉沙星(sarafloxacin)、二氟沙星(difloxacin)、氟甲喹(flumequine)、噁喹酸(oxolinic acid)
		多肽类	那西肽(nosiheptide)、恩拉霉素(enramycin)、维吉尼亚霉素(virginiamycin)
		聚醚类	海南霉素钠(hainanmycin sodium)
2	抗寄生虫类		越霉素 A(destomycin A)、二硝托胺(dinitolmide)、马度米星铵(maduramicin ammonium)、地克珠利(diclazuril)、托曲珠利(toltrazuril)、左旋咪唑(levamisole)、癸氧喹酯(decoquinate)、尼卡巴嗪(nicarbazin)
3	解热镇痛类		阿司匹林(aspirin)、卡巴匹林钙(carbasalate calcium)

B.2　泌乳期不应使用的药物

见表 B.2。

表 B.2　泌乳期不应使用的药物目录

序号	种类		药物名称
1	抗菌药类	四环素类	四环素(tetracycline)、多西环素(doxycycline)
		β-内酰胺类	苄星氯唑西林(benzathine cloxacillin)
		大环内酯类	替米考星(tilmicosin)、泰拉霉素(tulathromycin)
		酰胺醇类	氟苯尼考(florfenicol)
		喹诺酮类	二氟沙星(difloxacin)
		氨基糖苷类	安普霉素(apramycin)
2	抗寄生虫类		阿维菌素(avermectin)、伊维菌素(ivermectin)、左旋咪唑(levamisole)、碘醚柳胺(rafoxanide)、托曲珠利(toltrazuril)、环丙氨嗪(cyromazine)、氟氯苯氰菊酯(flumethrin)、常山酮(halofuginone)、巴胺磷(propetamphos)、癸氧喹酯(decoquinate)、吡喹酮(praziquantel)

表 B.2 （续）

序号	种类	药物名称
3	镇静类	赛拉嗪(xylazine)
4	性激素	黄体酮(progesterone)
5	解热镇痛类	阿司匹林(aspirin)、水杨酸钠(sodium salicylate)

ICS 65.150
CCS B 50

中华人民共和国农业行业标准

NY/T 755—2022
代替 NY/T 755—2013

绿色食品　渔药使用准则

Green food—Guideline for application of fishery drugs

2022-07-11 发布　　　　2022-10-01 实施

中华人民共和国农业农村部　发布

前　　言

本文件按照 GB/T 1.1—2020《标准化工作导则　第 1 部分：标准化文件的结构和起草规则》的规定起草。

本文件代替 NY/T 755—2013《绿色食品　渔药使用准则》，与 NY/T 755—2013 相比，除结构性调整和编辑性改动外，主要技术变化如下：

a）修改了基本要求（见 4.1，2013 年版第 4 章）；

b）修改了生产 A 级绿色食品渔药使用规定（见 4.1，2013 年版第 6 章）；

c）修改了渔药使用记录要求（见 4.4，2013 年版 6.6）；

d）修改了附录 A 中 A 级绿色食品生产允许使用的渔药清单（见附录 A，2013 年版附录 A、附录 B）；

e）允许使用的中药成方制剂和单方制剂渔药清单中，列出 37 种，包括七味板蓝根散、三黄散、大黄五倍子散、大黄末、大黄解毒散、山青五黄散、川楝陈皮散、五倍子末、六味黄龙散、双黄白头翁散、双黄苦参散、石知散、龙胆泻肝散、地锦草末、地锦鹤草散、百部贯众散、肝胆利康散、驱虫散、板蓝根大黄散、芪参散、苍术香连散、虎黄合剂、连翘解毒散、青板黄柏散、青连白贯散、青莲散、穿梅三黄散、苦参末、虾蟹脱壳促长散、柴黄益肝散、根莲解毒散、清热散、清健散、银翘板蓝根散、黄连解毒散、雷丸槟榔散、蒲甘散（见附录 A 表 A.1，2013 年版附录 A 中的 A.1、附录 B 中的 B.1）；

f）允许使用的化学渔药清单中，删除了 9 种，包括溴氯海因、复合碘溶液、高碘酸钠、苯扎溴铵溶液、过硼酸钠、过氧化钙、三氯异氰脲酸粉、盐酸氯苯胍粉、石灰（见 2013 年版附录 A 中的表 A.1、附录 B 中的表 B.1）；增加了 3 种，包括亚硫酸氢钠甲萘醌粉、注射用复方绒促性素 A 型、注射用复方绒促性素 B 型（见附录 A 中的表 A.2）；修订了 1 种，硫酸锌霉素改为硫酸新霉素粉（见附录 A 中的表 A.2，2013 年版附录 B 中的表 B.1）；

g）允许使用的渔用疫苗清单，增加了 2 种，包括大菱鲆迟钝爱德华氏菌活疫苗（EIBAV1 株）、草鱼出血病灭活疫苗；修订了 1 种，鱼嗜水气单胞菌败血症灭活疫苗改为嗜水气单胞菌败血症灭活疫苗；删除了 1 种，鲕鱼格氏乳球菌灭活疫苗（BY1 株）（见附录 A 中的表 A.3，2013 年版附录 A 中的表 A.1）。

本文件由农业农村部农产品质量安全监管司提出。

本文件由中国绿色食品发展中心归口。

本文件起草单位：中国水产科学研究院东海水产研究所、中国绿色食品发展中心、农业农村部渔业环境及水产品质量监督检验测试中心（西安）、上海海洋大学、中国水产科学研究院黄海水产研究所。

本文件主要起草人：么宗利、张宪、杨元昊、胡鲲、周德庆、来琦芳、周凯、高鹏程。

本文件及其所代替文件的历次版本发布情况为：

——2003 年首次发布为 NY/T 755—2003，2013 年第一次修订；

——本次为第二次修订。

引　言

绿色食品是指产自优良生态环境、按照绿色食品标准生产、实行全程质量控制并获得绿色食品标志使用权的安全、优质食用农产品及相关产品。绿色食品水产养殖用药坚持生态环保原则，渔药使用应保证水资源不遭受破坏，保护生物安全和生物多样性，保障生产水域质量稳定。

科学规范使用渔药是保证水产绿色食品质量安全的重要手段，2013 年版规范了水产绿色食品的渔药使用，促进了水产绿色食品质量安全水平的提高。但是，随着新的兽药国家标准、食品安全国家标准、水产养殖业绿色发展要求陆续出台，渔药种类、使用限量和管理等出现了新变化、新规定，原版标准已不能满足水产绿色食品生产和管理新要求，急需对标准进行修订。

本次修订在遵循现有兽药国家标准和食品安全国家标准的基础上，立足绿色食品安全优质的要求，突出强调要建立良好养殖环境，提倡绿色健康养殖，尽量不用或者少用渔药，通过增强水产养殖动物自身的抗病力，减少疾病的发生。

绿色食品　渔药使用准则

1　范围

本文件规定了绿色食品生产中渔药使用的术语和定义、基本要求、生产绿色食品的渔药使用规定和渔药使用记录。

本文件适用于绿色食品水产养殖过程中渔药的使用和管理。

2　规范性引用文件

下列文件中的内容通过文中的规范性引用而构成本文件必不可少的条款。其中，注日期的引用文件，仅该日期对应的版本适用于本文件；不注日期的引用文件，其最新版本（包括所有的修改单）适用于本文件。

GB 11607　渔业水质标准

GB/T 19630　有机产品　生产、加工、标识与管理体系要求

GB 31650　食品安全国家标准　食品中兽药最大残留限量

NY/T 391　绿色食品　产地环境质量

SC/T 0004　水产养殖质量安全管理规范

SC/T 1132　渔药使用规范

中华人民共和国兽药典

中华人民共和国农业部公告第 2513 号　兽药质量标准

中华人民共和国农业部令第 31 号　水产养殖质量安全管理规定

3　术语和定义

下列术语和定义适用于本文件。

3.1

AA 级绿色食品　AA grade green food

产地环境质量符合 NY/T 391 的要求，遵照绿色食品标准生产，生产过程遵循自然规律和生态学原理，协调种植业和养殖业的平衡，不使用化学合成的肥料、农药、兽药、渔药、添加剂等物质，产品质量符合绿色食品产品标准，经专门机构许可使用绿色食品标志的产品。

3.2

A 级绿色食品　A grade green food

产地环境质量符合 NY/T 391 的要求，遵照绿色食品标准生产，生产过程遵循自然规律和生态学原理，协调种植业和养殖业的平衡，限量使用限定的化学合成生产资料，产品质量符合绿色食品产品标准，经专门机构许可使用绿色食品标志的产品。

3.3

渔药　fishery drug

水产养殖用兽药，用于预防、治疗、诊断水产养殖动物疾病或者有目的地调节其生理机能的物质。

3.4

渔用抗微生物药　fishery antimicrobial drug

抑制或杀灭病原微生物的渔药。

3.5

渔用抗寄生虫药　fishery antiparasitic drug

杀灭或驱除水产养殖动物体内、外或养殖环境中寄生虫的渔药。

3.6

渔用消毒剂　fishery disinfectant

用于水产动物体表、渔具和养殖环境消毒的渔药。

3.7

渔用环境改良剂　fishery environmental modifier

用于改善养殖水域环境的渔药。

3.8

渔用疫苗　fishery vaccine

预防水产养殖动物传染性疾病的生物制品。

3.9

渔用生理调节剂　fishery physiological regulator

调节水产养殖动物生理机能的血清制品、中药材、中成药、化学药品等。

3.10

休药期　withdrawal period/withdrawal time

从停止给药到水产养殖对象作为食品允许上市或加工的最短间隔时间。

4　要求

4.1　基本要求

4.1.1　水产品生产环境质量应符合 NY/T 391 的要求。生产者应按中华人民共和国农业部令第 31 号的规定实施健康养殖。采取各种措施避免应激,增强水产养殖动物自身的抗病力,减少疾病的发生。

4.1.2　按《中华人民共和国动物防疫法》的规定,加强水产养殖动物疾病的预防,在养殖生产过程中尽量不用或者少用药物。确需使用渔药时,应保证水资源不遭受破坏,保护生物安全和生物多样性,保障生产水域质量免受污染,用药后水质应满足 GB 11607 的要求。

4.1.3　渔药使用应符合《中华人民共和国兽药典》《兽药质量标准》《兽药管理条例》等有关规定。

4.1.4　在水产动物病害防控过程中,处方药应在执业兽医(水生动物类)的指导下使用。

4.1.5　严格按照说明书的用法、用量、休药期等使用渔药,禁止滥用药、减少用药量。

4.2　生产 AA 级绿色食品的渔药使用规定

执行 GB/T 19630 的相关规定。

4.3　生产 A 级绿色食品的渔药使用规定

4.3.1　可使用的药物种类

4.3.1.1　所选用的渔药应符合相关法律法规,获得国家兽药登记许可,并纳入国家基础兽药数据库兽药产品批准文号数据。

4.3.1.2　优先使用 GB/T 19630 规定的物质或投入品、GB 31650 规定的无最大残留限量要求的渔药。

4.3.1.3　允许使用的渔药清单见附录 A,附录中渔药使用规范参照 SC/T 1132 的规定执行。

4.3.2　不应使用的药物种类

4.3.2.1　不应使用国务院兽医行政管理部门规定禁止使用和中华人民共和国农业农村部公告中禁用和停用的药物。

4.3.2.2　不应使用药物饲料添加剂。

4.3.2.3　不应为了促进养殖水产动物生长而使用抗菌药物、激素或其他生长促进剂。

4.3.2.4　不使用假劣兽药和原料药、人用药、农药。

4.4　渔药使用记录

4.4.1　建立渔药使用记录,应符合 SC/T 0004 和 SC/T 1132 的规定,满足健康养殖的记录要求。

4.4.2 应建立渔药购买和出入库登记制度，记录至少包括药物的商品名称、通用名称、主要成分、生产单位、批号、数量、有效期、储存条件、出入库日期等。

4.4.3 应建立消毒、水产动物免疫、水产动物治疗等记录。各种记录应包括以下所列内容：

a) 消毒记录，包括消毒剂名称、批号、生产单位、剂量、消毒方式、消毒频率或时间、养殖种类、规格、数量、水体面积、水深、水温、pH、溶解氧、氨氮、亚硝酸盐、消毒人员等；

b) 水产动物免疫记录，包括疫苗名称、批号、生产单位、剂量、免疫方法、免疫时间、免疫持续时间、养殖种类、规格、数量、免疫人员等；

c) 水产动物治疗记录，包括养殖种类、规格、数量、发病时间、症状、病死情况、药物名称、批号、生产单位、使用方法、剂量、用药时间、疗程、休药期、施药人员等，使用外用药还应记录用药时水体面积、水深、水温、pH、溶解氧、氨氮、亚硝酸盐等。

4.4.4 所有用药记录应当保存至该批水产品全部销售后2年以上。

附 录 A
（规范性）
A级绿色食品生产允许使用的渔药清单

A.1 A级绿色食品生产允许使用的中药成方制剂和单方制剂渔药清单

见表A.1。

表A.1 A级绿色食品生产允许使用的中药成方制剂和单方制剂渔药清单

名称	备注
七味板蓝根散	清热解毒，益气固表。主治甲鱼白底板病、腮腺炎
三黄散（水产用）	清热解毒。主治细菌性败血症、烂鳃、肠炎和赤皮
大黄五倍子散	清热解毒，收湿敛疮。主治细菌性肠炎、烂鳃、烂肢、疖疮与腐皮病
大黄末（水产用）	健胃消食，泻热通肠，凉血解毒，破积行瘀。主治细菌性烂鳃、赤皮病、腐皮和烂尾病
大黄解毒散	清热燥湿，杀虫。主治败血症
山青五黄散	清热泻火，理气活血。主治细菌性烂鳃、肠炎、赤皮和败血症
川楝陈皮散	驱虫，消食。主治绦虫病、线虫病
五倍子末	敛疮止血。主治水产养殖动物水霉病、鳃霉病
六味黄龙散	清热燥湿，健脾理气。预防虾白斑综合征
双黄白头翁散	清热解毒，凉血止痢。主治细菌性肠炎
双黄苦参散	清热解毒。主治细菌性肠炎、烂鳃与赤皮
石知散（水产用）	泻火解毒，清热凉血。主治鱼细菌性败血症病
龙胆泻肝散（水产用）	泻肝胆实火，清三焦湿热。主要用于治疗鱼类、虾、蟹等水产动物的脂肪肝、肝中毒、急性或亚急性肝坏死及胆囊肿大、胆汁变色等病症
地锦草末	清热解毒，凉血止血。防治由弧菌、气单胞菌等引起鱼肠炎、败血症等细菌性疾病
地锦鹤草散	清热解毒，止血止痢。主治烂鳃、赤皮、肠炎、白头白嘴等细菌性疾病
百部贯众散	杀虫，止血。主治黏孢子虫病
肝胆利康散	清肝利胆。主治肝胆综合征
驱虫散（水产用）	驱虫。辅助性用于寄生虫的驱除
板蓝根大黄散	清热解毒。主治鱼类细菌性败血症、细菌性肠炎
芪参散	扶正固本。用于增强水产动物的免疫功能，提高抗应激能力
苍术香连散（水产用）	清热燥湿。主治细菌性肠炎
虎黄合剂	清热，解毒，杀虫。主治嗜水气单胞菌感染
连翘解毒散	清热解毒，祛风除湿。主治黄鳝、鳗鲡发狂病
青板黄柏散	清热解毒。主治细菌性败血症、肠炎、烂鳃、竖鳞与腐皮
青连白贯散	清热解毒，凉血止血。主治细菌性败血症、肠炎、赤皮病、打印病与烂尾病
青莲散	清热解毒。主治细菌感染引起的肠炎、出血与败血症
穿梅三黄散	清热解毒。主治细菌性败血症、肠炎、烂鳃与赤皮病
苦参末	清热燥湿，驱虫杀虫。主治鱼类车轮虫、指环虫、三代虫病等寄生虫病以及细菌性肠炎、出血性败血症
虾蟹脱壳促长散	促脱壳，促生长。用于虾、蟹脱壳迟缓
柴黄益肝散	清热解毒，保肝利胆。主治鱼肝肿大、肝出血和脂肪肝
根莲解毒散	清热解毒，扶正健脾，理气化食。主治细菌性败血症、赤皮和肠炎
清热散（水产用）	清热解毒，凉血消斑。主治鱼病毒性出血病
清健散	清热解毒，益气健胃。主治细菌性肠炎

表 A.1（续）

名称	备注
银翘板蓝根散	清热解毒。主治对虾白斑病，河蟹颤抖病
黄连解毒散（水产用）	泻火解毒。用于鱼类细菌性、病毒性疾病的辅助性防治
雷丸槟榔散	驱杀虫。主治车轮虫病和锚头鳋病
蒲甘散	清热解毒。主治细菌感引起的性败血症、肠炎、烂鳃、竖鳞与腐皮
注：新研制且国家批准用于水产养殖的中草药及其成药制剂渔药适用于本文件。	

A.2　A 级绿色食品生产允许使用的化学渔药清单

见表 A.2。

表 A.2　A 级绿色食品生产允许使用的化学渔药清单

类别	名称	备注
渔用环境改良剂	过氧化氢溶液（水产用）	增氧剂。用于增加水体溶解氧
	过碳酸钠（水产用）	水质改良剂。用于缓解和解除鱼、虾、蟹等水产养殖动物因缺氧引起的浮头和泛塘
渔用抗寄生虫药	地克珠利预混剂（水产用）	抗原虫药。用于防治鲤科鱼类黏孢子虫、碘泡虫、尾孢虫、四极虫、单极虫等孢子虫病
	阿苯达唑粉（水产用）	抗蠕虫药。主要用于治疗海水养殖鱼类由双鳞盘吸虫、贝尼登虫引起的寄生虫病，淡水养殖鱼类由指环虫、三代虫等引起的寄生虫病
	硫酸锌三氯异氰脲酸粉（水产用）	杀虫药。用于杀灭或驱除河蟹、虾类等水产养殖动物的固着类纤毛虫
	硫酸锌粉（水产用）	杀虫剂。用于杀灭或驱除河蟹、虾类等水产养殖动物的固着类纤毛虫
渔用抗微生物药	氟苯尼考注射液	酰胺醇类抗生素。用于巴氏杆菌和大肠埃希菌感染
	氟苯尼考粉	酰胺醇类抗生素。用于巴氏杆菌和大肠埃希菌感染
	盐酸多西环素粉（水产用）	四环素类抗生素。用于治疗鱼类由弧菌、嗜水气单胞菌、爱德华氏菌等引起的细菌性疾病
	硫酸新霉素粉（水产用）	氨基糖苷类抗生素。用于治疗鱼、虾、河蟹等水产动物由气单胞菌、爱德华氏菌及弧菌等引起的肠道疾病
渔用生理调节剂	亚硫酸氢钠甲萘醌粉（水产用）	维生素类药。用于辅助治疗鱼、鳗、鳖等水产养殖动物的出血、败血症
	注射用复方绒促性素 A 型（水产用）	激素素类药。用于鲢、鳙亲鱼的催产
	注射用复方绒促性素 B 型（水产用）	用于鲢、鳙亲鱼的催产
	维生素 C 钠粉（水产用）	维生素类药。用于预防和治疗水产动物的维生素 C 缺乏症
渔用消毒剂	次氯酸钠溶液（水产用）	消毒药。用于养殖水体的消毒。防治鱼、虾、蟹等水产养殖动物由细菌性感染引起的出血、烂鳃、腹水、肠炎、疖疮、腐皮等疾病
	含氯石灰（水产用）	消毒药。用于水体的消毒，防治水产养殖动物由弧菌、嗜水气单胞菌、爱德华氏菌等引起的细菌性疾病
	蛋氨酸碘溶液	消毒药。用于对虾白斑综合征。水体、对虾和鱼类体表消毒
	聚维酮碘溶液（水产用）	消毒防腐药。用于养殖水体的消毒。防治水产养殖动物由弧菌、嗜水气单胞菌、爱德华氏菌等引起的细菌性疾病
注：国家新禁用或列入限用的渔药自动从该清单中删除。		

A.3　A 级绿色食品生产允许使用的渔用疫苗清单

见表 A.3。

表 A.3　A 级绿色食品生产允许使用的渔用疫苗清单

名称	备注
大菱鲆迟缓爱德华氏菌活疫苗（EIBAV1 株）	预防由迟缓爱德华氏菌引起的大菱鲆腹水病，免疫期为 3 个月

表 A.3（续）

名称	备注
牙鲆鱼溶藻弧菌、鳗弧菌、迟缓爱德华病多联抗独特型抗体疫苗	预防牙鲆鱼溶藻弧菌、鳗弧菌、迟缓爱德华病。免疫期为5个月
鱼虹彩病毒病灭活疫苗	预防真鲷、鰤鱼属、拟鲹的虹彩病毒病
草鱼出血病灭活疫苗	预防草鱼出血病。免疫期12个月
草鱼出血病活疫苗(GCHV-892株)	预防草鱼出血病
嗜水气单胞菌败血症灭活疫苗	预防淡水鱼类特别是鲤科鱼的嗜水气单胞菌败血症,免疫期为6个月
注:国家新禁用或列入限用的渔药自动从该清单中删除。	

第二部分

转基因标准

ICS 65.020.01
CCS B 04

中华人民共和国国家标准

农业农村部公告第628号—1—2022

转基因植物及其产品环境安全检测 抗病毒番木瓜 第1部分：抗病性

Evaluation of environmental impact of genetically modified plants and its derived products—Virus-resistant papaya— Part 1: Evaluation of disease resistance

2022-12-19 发布　　2023-03-01 实施

中华人民共和国农业农村部 发布

前　　言

本文件按照 GB/T 1.1—2020《标准化工作导则　第 1 部分：标准化文件的结构和起草规则》的规定起草。

本文件是《转基因植物及其产品环境安全检测　抗病毒番木瓜》的第 1 部分。《转基因植物及其产品环境安全检测　抗病毒番木瓜》分为以下 4 个部分：

——第 1 部分：抗病性；

——第 2 部分：生存竞争能力；

——第 3 部分：外源基因漂移；

——第 4 部分：生物多样性影响。

请注意本文件的某些内容可能涉及专利。本文件的发布机构不承担识别专利的责任。

本文件由中华人民共和国农业农村部提出。

本文件由全国农业转基因生物安全管理标准化技术委员会归口。

本文件起草单位：农业农村部科技发展中心、中国热带农业科学院热带生物技术研究所。

本文件主要起草人：张雨良、刘鹏程、郭安平、董文凤、谭燕华、曹扬、赵辉、张丽丽、霍姗姗、周霞。

转基因植物及其产品环境安全检测
抗病毒番木瓜　第 1 部分:抗病性

1　范围

本文件规定了转基因抗病毒番木瓜对靶标病毒病抗性的检测方法。

本文件适用于转基因抗病毒番木瓜对靶标病毒病抗性水平的检测。

2　规范性引用文件

下列文件中的内容通过文中的规范性引用而构成本文件必不可少的条款。其中,注日期的引用文件,仅该日期对应的版本适用于本文件;不注日期的引用文件,其最新版本(包括所有的修改单)适用于本文件。

NY/T 2519—2013　植物新品种特异性、一致性和稳定性测试指南　番木瓜

3　术语和定义

下列术语和定义适用于本文件。

3.1

转基因抗病毒番木瓜　genetically modified virus-resistant papaya

通过基因工程技术培育出的抗病毒番木瓜品种(系)。

4　要求

4.1　试验材料

转基因抗病毒番木瓜品种(系)及其对应的非转基因番木瓜品种(系)、感病对照番木瓜品种(系)。

上述种子或种苗质量应达到 NY/T 2519—2013 的繁殖体的要求。

4.2　资料记录

4.2.1　试验地名称与位置

试验地的名称、地址、经纬度或全球地理定位系统(GPS)地标。绘制小区示意图。

4.2.2　土壤资料

记录土壤类型、土壤肥力、排灌情况、土壤覆盖物等内容。描述试验地近 3 年种植情况。

4.2.3　试验地周围生态类型

记录试验地周围的主要栽培作物及其他植被情况,以及当地番木瓜常见病虫草害的名称及危害情况。

4.2.4　气象资料

记录试验期间试验地降水(降水类型、日降水量,以 mm 表示)和温度(日平均气温、最高和最低温度、积温,以℃表示)的资料。记录整个试验期间试验结果的恶劣气候因素,例如长期或严重的干旱、暴雨、冰雹、台风等。

4.3　试验安全控制措施

4.3.1　隔离条件

试验地四周 100 m 以内无番木瓜品种(系)种植。

4.3.2　隔离措施

种植非番木瓜植物作为隔离带,面积极小的试验地设围栏,设专人监管。

4.3.3　试验后的材料处理

转基因番木瓜材料应单收、单储,由专人运输和保管。试验结束后,除需要保留的材料外,剩余的试验

材料灭活处理。

4.3.4 试验结束后试验地的监管

保留试验地的边界标记。当年和第二年不再种植番木瓜，由专人负责监管，及时去除并销毁自生苗和再生苗。

5 对靶标病毒的抗性检测

5.1 供试病毒

转基因抗病毒番木瓜靶标病毒流行株系。试验前先将病毒接种至感病对照番木瓜品种(系)幼苗叶片上，验证其活性。

5.2 试验设计

随机区组设计，3 次重复，每个小区面积不小于 30 m^2(6 m×5 m)，每小区种植至少 30 株番木瓜。

5.3 播种及管理

试验材料种子先用无菌水浸泡 12 h，然后置于 10%磷酸三钠溶液或其他表面杀菌剂溶液中浸泡 10 min，清水冲洗后置于恒温培养箱中(28±5)℃催芽，出芽后再播种于试验小区。常规栽培管理，在全生育期内不使用杀菌剂，杀虫剂的使用根据试验小区内害虫发生种类和程度而定，防止蚜虫传播病毒。

5.4 病毒准备

将已分离鉴定的供试番木瓜病毒株系分别人工接种至番木瓜易感品种(系)上，置于防虫温室内，在 28 ℃条件下种植 14 d～21 d 后采收明显症状的病叶。接种物可长期保存在防虫温室内的易感番木瓜品种(系)植株上，或将新鲜病叶保存在－80 ℃冰箱。

5.5 病毒接种

在幼苗 3 片～5 片真叶期(小苗株高约 20 cm)，取保存的番木瓜靶标病毒供试株系的叶片汁液，人工接种在各处理番木瓜品种(系)顶部嫩叶上，每小区接种至少 30 株番木瓜，如有需要，进行二次接种。

5.6 调查方法

接种后 15 d(株高约 30 cm)开始调查发病率，每隔 7 d 调查 1 次，直至发病率稳定为止，每小区调查 30 株。调查记录各品种(系)的接种日期、出苗数、病害症状始现期、累计发病株数等。

发病情况用发病率 D 表示，按公式(1)计算。

$$D=\frac{N}{T}\times 100 \qquad (1)$$

式中：

D ——发病率的数值，单位为百分号(%)；

N ——病株数，单位为株；

T ——调查总株数，单位为株。

按附录 A 中表 A.1 调查记录发病情况并进行病情分级。病情指数按公式(2)计算。

$$I=\frac{\sum(N\times R)}{T\times M}\times 100 \qquad (2)$$

式中：

I ——病情指数；

N ——病害某一级别的植株数，单位为株；

R ——病害的相对病级数值；

T ——调查总株数，单位为株；

M——病害的最高病级数值。

5.7 结果分析与表述

用方差分析的方法比较转基因番木瓜品种(系)与非转基因番木瓜品种(系)的抗病性的差异，按附录

A 中表 A.2 用病情指数判定抗性水平。

结果表述为:转基因番木瓜的病情指数高于(或低于)非转基因番木瓜,有(或无)差异显著性。转基因抗病毒番木瓜的抗性水平为××级别。

附　录　A
（资料性）
番木瓜环斑病毒病病情分级及番木瓜抗性评价标准

A.1　番木瓜环斑病毒病病情分级

见表 A.1。

表 A.1　番木瓜环斑病毒引起的番木瓜病毒病病情级别的划分

病情级别	症状描述
0	全株无病，植株生长正常
1	心叶的叶脉为明脉，1～2 片真叶呈现花叶
3	中上部叶片为轻度花叶
5	多数叶片为花叶，少数叶片畸形
7	多数叶片重度花叶，叶片畸形，出现“绿岛”，植株明显矮化
9	几乎所有叶片表现很重的花叶，多数叶片畸形，出现“绿岛”，植株严重矮化，甚至枯死

A.2　番木瓜环斑病毒病抗性评价标准

见表 A.2。

表 A.2　番木瓜对番木瓜环斑病毒病抗性的评价标准

病情指数（I）	抗性评价
$0 \leqslant I < 10$	1 级　抗（R）
$10 \leqslant I < 30$	2 级　中抗（MR）
$30 \leqslant I < 50$	3 级　中感（MS）
$50 \leqslant I < 70$	4 级　感（S）
$70 \leqslant I$	5 级　高感（HS）

ICS 65.020.01
CCS B 04

中华人民共和国国家标准

农业农村部公告第628号—2—2022

转基因植物及其产品环境安全检测 抗病毒番木瓜 第2部分:生存竞争能力

Evaluation of environmental impact of genetically modified plants and its derived products—Virus-resistant papaya—Part 2: Survival and competitiveness

2022-12-19 发布

2023-03-01 实施

中华人民共和国农业农村部 发布

前　　言

本文件按照 GB/T 1.1—2020《标准化工作导则　第 1 部分：标准化文件的结构和起草规则》的规定起草。

本文件是《转基因植物及其产品环境安全检测　抗病毒番木瓜》的第 2 部分。《转基因植物及其产品环境安全检测　抗病毒番木瓜》分为以下 4 个部分：

——第 1 部分：抗病性；

——第 2 部分：生存竞争能力；

——第 3 部分：外源基因漂移；

——第 4 部分：生物多样性影响。

请注意本文件的某些内容可能涉及专利。本文件的发布机构不承担识别专利的责任。

本文件由中华人民共和国农业农村部提出。

本文件由全国农业转基因生物安全管理标准化技术委员会归口。

本文件起草单位：农业农村部科技发展中心、中国热带农业科学院热带生物技术研究所。

本文件主要起草人：谭燕华、梁晋刚、曹扬、董文凤、郭安平、张丽丽、霍姗姗、张雨良、赵辉、周霞。

转基因植物及其产品环境安全检测
抗病毒番木瓜　第 2 部分:生存竞争能力

1　范围

本文件规定了转基因抗病毒番木瓜生存竞争能力的检测方法。

本文件适用于转基因抗病毒番木瓜在荒地和栽培地条件下生存竞争能力的检测。

2　规范性引用文件

下列文件中的内容通过文中的规范性引用而构成本文件必不可少的条款。其中,注日期的引用文件,仅该日期对应的版本适用于本文件;不注日期的引用文件,其最新版本(包括所有的修改单)适用于本文件。

GB/T 3543.4　农作物种子检验规程　发芽试验

农业农村部公告第 628 号—1—2022　转基因植物及其产品环境安全检测　抗病毒番木瓜　第 1 部分:抗病性

NY/T 2519—2013　植物新品种特异性、一致性和稳定性测试指南　番木瓜

3　术语和定义

本文件没有需要界定的术语和定义。

4　要求

4.1　试验材料

转基因抗病毒番木瓜品种(系)和对应的非转基因抗病毒番木瓜品种(系)。

上述种子或种苗质量达到 NY/T 2519—2013 的繁殖体要求。

4.2　资料记录

按农业农村部公告第 628 号—1—2022 中 4.2 的要求执行。

4.3　试验安全控制措施

按农业农村部公告第 628 号—1—2022 中 4.3 的要求执行。

5　试验方法

5.1　荒地生存竞争能力

随机区组设计,3 次重复,每个小区面积不小于 6 m^2(2 m×3 m)。

5.1.1　播种

分期播种 3 次,播种间隔期 1 个月,分地表撒播和 5 cm 深播两种方式,每小区播种 40 粒。

5.1.2　管理

播种后不进行任何栽培管理。

5.1.3　调查方法

采用对角线 5 点取样方法,调查每点 0.25 m^2。

5.1.4　调查内容

在播前调查 1 次试验小区的杂草种类、数量并估算出覆盖度。番木瓜播种后 30 d 开始,每月调查 1 次,共调查 3 次,调查内容同播前。在番木瓜第一批果实成熟落地后 1 个月、3 个月,调查自生苗情况。记录每小区自生苗的数量,并对自生苗进行生物学测定或分子生物学检测,然后人工将转基因番木瓜自生苗

完全清除。

5.2 栽培地生存竞争能力

随机区组设计,3 次以上重复。小区面积不小于 100 m^2(10 m×10 m),每小区种植不少于 50 株。

5.2.1 播种

按照当地常规播种方式与密度进行种植。

5.2.2 调查方法

每小区随机调查 10 株番木瓜,在番木瓜苗期、生长发育期、花期、果期、第一批果实成熟期,调查株高,并估算覆盖率;在果实成熟期调查番木瓜果实数量及重量。

5.2.3 番木瓜自生苗数量

在番木瓜第一批果实成熟落地后 1 个月、3 个月,调查自生苗情况。记录每小区自生苗的数量,并对自生苗进行生物学测定或分子生物学检测,然后人工将转基因番木瓜自生苗完全清除。

5.3 种子自然延续能力

将第一批成熟期收获的转基因番木瓜种子、非转基因番木瓜种子分装于尼龙袋,分地表放置和深埋 20 cm 两种方式,每个处理 3 袋,每袋 100 粒,分别于 3 个月和 6 个月取出测定其发芽率,按 GB/T 3543.4 规定的方法进行。

5.4 结果分析

用方差分析方法比较转基因抗病毒番木瓜、非转基因番木瓜品种(系)之间的生存竞争能力的差异。

5.5 结果表述

结果表述为:“检测样品在生存能力方面与非转基因对照无显著差异”或“检测样品在生存能力方面与非转基因对照有显著差异”,并对差异程度进行描述。

ICS 65.020.01
CCS B 04

中华人民共和国国家标准

农业农村部公告第628号—3—2022

转基因植物及其产品环境安全检测 抗病毒番木瓜 第3部分：外源基因漂移

Evaluation of environmental impact of genetically modified plants and its derived products—Virus-resistant papaya—Part 3: Gene flow

2022-12-19 发布　　2023-03-01 实施

中华人民共和国农业农村部 发布

前　　言

本文件按照 GB/T 1.1—2020《标准化工作导则　第 1 部分：标准化文件的结构和起草规则》的规定起草。

本文件是《转基因植物及其产品环境安全检测　抗病毒番木瓜》的第 3 部分。《转基因植物及其产品环境安全检测　抗病毒番木瓜》分为以下 4 个部分：

——第 1 部分：抗病性；

——第 2 部分：生存竞争能力；

——第 3 部分：外源基因漂移；

——第 4 部分：生物多样性影响。

请注意本文件的某些内容可能涉及专利。本文件的发布机构不承担识别专利的责任。

本文件由中华人民共和国农业农村部提出。

本文件由全国农业转基因生物安全管理标准化技术委员会归口。

本文件起草单位：农业农村部科技发展中心、中国热带农业科学院热带生物技术研究所。

本文件主要起草人：张雨良、梁晋刚、郭安平、董文凤、谭燕华、赵辉、张丽丽、曹扬、霍姗姗、周霞。

转基因植物及其产品环境安全检测 抗病毒番木瓜 第 3 部分:外源基因漂移

1 范围

本文件规定了转基因抗病毒番木瓜外源基因漂移的检测方法。

本文件适用于转基因抗病毒番木瓜与其他品种(系)番木瓜的漂移率以及外源基因漂移距离和频率的检测。

2 规范性引用文件

下列文件中的内容通过文中的规范性引用而构成本文件必不可少的条款。其中,注日期的引用文件,仅该日期对应的版本适用于本文件;不注日期的引用文件,其最新版本(包括所有的修改单)适用于本文件。

农业农村部公告第 628 号—1—2022 转基因植物及其产品环境安全检测 抗病毒番木瓜 第 1 部分:抗病性

NY/T 2519—2013 植物新品种特异性、一致性和稳定性测试指南 番木瓜

3 术语和定义

下列术语和定义适用于本文件。

3.1

漂移率 gene flow frequency

转基因番木瓜与非转基因番木瓜品种(系)自然杂交的比率。

3.2

基因漂移 gene flow

转基因番木瓜中的外源基因通过花粉向其他番木瓜品种(系)自然转移的行为。

4 要求

4.1 试验材料

转基因抗病毒番木瓜品种(系)两性株和对应的非转基因抗病毒番木瓜品种(系)雌株。

上述种子或种苗质量达到 NY/T 2519—2013 的繁殖体要求。

4.2 资料记录

按农业农村部公告第 628 号—1—2022 中 4.2 的要求执行。

4.3 试验安全控制措施

按农业农村部公告第 628 号—1—2022 中 4.3 的要求执行。

5 试验方法

5.1 试验设计

试验田面积至少 10 000 m^2(100 m×100 m),在试验地中心划出 25 m^2(5 m×5 m)种植至少 9 株两性转基因番木瓜作为花粉源,周围则依方形分布,以行距 1 m、株距 1 m 的方式种植非转基因番木瓜雌株。

5.2 调查和记录

在番木瓜第一批果实成熟期,分别沿对角线 4 个方向距离转基因番木瓜种植区 1 m、5 m、10 m、15 m、30 m、60 m 处,每处收获 2 株非转基因番木瓜雌株上的所有成熟果实,记录番木瓜果实数量;然后

将果实剖开，观察果实中有无种子，记录有种子的果实数量；取出有种子的番木瓜中的种子，分别晒干后储存备用。

5.3 分子生物学方法检测

对有种子的番木瓜果实中收获的所有种子进行分子生物学检测，每个果实中的所有种子混合后研磨成粉末，检测种子是否含有外源基因，确定花粉传播的距离和不同距离的漂移率。

5.4 结果分析与表述

5.4.1 漂移率

漂移率按公式(1)计算。

$$P=\frac{N}{T}\times 100 \quad\cdots\cdots\cdots\cdots\cdots\cdots\cdots\cdots\cdots\cdots\cdots\cdots\cdots\cdots\cdots\cdots\cdots\cdots (1)$$

式中：

P ——漂移率的数值，单位为百分号(%)；

N ——检测到的含外源基因的果实数，单位为个；

T ——每株番木瓜植株上的成熟果实总数，单位为个。

注：计算结果保留小数点后 2 位数字。

5.4.2 基因漂移距离和频率

根据检测结果，确定外源基因在不同方向和不同距离的漂移率，进而确定漂移距离。

5.4.3 结果表述

对目的基因漂移的距离和不同距离目的基因漂移的频率做具体描述。

ICS 65.020.01
CCS B 04

中华人民共和国国家标准

农业农村部公告第628号—4—2022

转基因植物及其产品环境安全检测 抗病毒番木瓜 第4部分:生物多样性影响

Evaluation of environmental impact of genetically modified plants and its derived products—Virus-resistant papaya—Part 4: Impacts on biodiversity

2022-12-19 发布　　2023-03-01 实施

中华人民共和国农业农村部 发布

前　言

本文件按照 GB/T 1.1—2020《标准化工作导则　第 1 部分：标准化文件的结构和起草规则》的规定起草。

本文件是《转基因植物及其产品环境安全检测　抗病毒番木瓜》的第 4 部分。《转基因植物及其产品环境安全检测　抗病毒番木瓜》分为以下 4 个部分：

——第 1 部分：抗病性；

——第 2 部分：生存竞争能力；

——第 3 部分：外源基因漂移；

——第 4 部分：生物多样性影响。

请注意本文件的某些内容可能涉及专利。本文件的发布机构不承担识别专利的责任。

本文件由中华人民共和国农业农村部提出。

本文件由全国农业转基因生物安全管理标准化技术委员会归口。

本文件起草单位：农业农村部科技发展中心、中国热带农业科学院热带生物技术研究所。

本文件主要起草人：谭燕华、梁晋刚、曹扬、董文凤、郭安平、周霞、张雨良、赵辉、张丽丽、霍姗姗。

转基因植物及其产品环境安全检测
抗病毒番木瓜　第 4 部分:生物多样性影响

1　范围

本文件规定了转基因抗病毒番木瓜对生物多样性影响的检测方法。

本文件适用于转基因抗病毒番木瓜田中节肢动物群落多样性、番木瓜主要病虫害的检测。

2　规范性引用文件

下列文件中的内容通过文中的规范性引用而构成本文件必不可少的条款。其中,注日期的引用文件,仅该日期对应的版本适用于本文件;不注日期的引用文件,其最新版本(包括所有的修改单)适用于本文件。

农业农村部公告第 628 号—1—2022　转基因植物及其产品环境安全检测　抗病毒番木瓜　第 1 部分:抗病性

NY/T 2519—2013　植物新品种特异性、一致性和稳定性测试指南　番木瓜

3　术语和定义

本文件没有需要界定的术语和定义。

4　要求

4.1　试验材料

转基因抗病毒番木瓜品种(系)和对应的非转基因抗病毒番木瓜品种(系)。

上述种子或种苗质量达到 NY/T 2519—2013 的繁殖体要求。

4.2　资料记录

按农业农村部公告第 628 号—1—2022 中 4.2 的要求执行。

4.3　试验安全控制措施

按农业农村部公告第 628 号—1—2022 中 4.3 的要求执行。

5　检测方法

5.1　试验设计

试验小区面积为 40 m×40 m,3 次以上重复,常规耕作管理,全生育期不喷施杀虫剂。

5.2　对番木瓜田节肢动物多样性的影响

5.2.1　调查方法

节肢动物调查采用直接观察法、陷阱法、粘板法。

直接观察法:自番木瓜移栽定植后 7 d 至番木瓜第一批果实成熟期,每月调查 1 次。每小区采用对角线 5 点取样法,每点固定 3 株番木瓜,每株调查番木瓜树干、果实,以及上、中、下各 1 片叶子上的节肢动物种类和数量。

陷阱法:自番木瓜移栽定植后 7 d 至番木瓜第一批果实成熟期,每月调查 1 次。每小区采用对角线 5 点取样法,每点埋设 3 个塑料杯(杯径×高为 15 cm × 10 cm),杯中放有 5%的洗涤剂溶液,不超过杯容积的 1/3,间隔 0.5 m,调查杯中的节肢动物种类和数量,不易识别的种类进行编号,放入 75%乙醇溶液中保存,供进一步鉴定。

粘板法:自番木瓜移栽定植后 7 d 至番木瓜第一批果实成熟期,每月调查 1 次。在每小区沿对角线设

置 5 个调查点，在番木瓜植株顶层安插一块 20 cm×30 cm 的双面粘板，安置 5 d 后收取粘板，带回实验室，显微镜下分类鉴定。

5.2.2 调查记录

记录所有直接观察到、陷阱法得到的、粘板粘到的节肢动物的名称、发育阶段和数量。

5.2.3 结果分析

运用节肢动物群落的多样性指数、均匀性指数和优势集中性指数 3 个指标，分析转基因番木瓜田中节肢动物群落、害虫和天敌亚群落的稳定性。用方差分析比较转基因抗病毒番木瓜与受体材料之间节肢动物群落结构与稳定性是否存在显著性差异。

节肢动物群落的多样性指数按公式(1)计算。

$$H = -\sum_{i=1}^{S} P_i \ln P_i \quad \cdots\cdots (1)$$

式中：

H ——多样性指数；

P_i ——N_i/N；

S ——物种数。

注：计算结果保留小数点后 2 位数字。

节肢动物群落的优势集中性指数按公式(2)计算。

$$J = \frac{H}{\ln S} \quad \cdots\cdots (2)$$

式中：

J ——均匀性指数；

H——多样性指数；

S ——物种数。

注：计算结果保留小数点后 2 位数字。

节肢动物群落的均匀性指数按公式(3)计算。

$$C = \sum_{i=1}^{S} P_i^2 \quad \cdots\cdots (3)$$

式中：

C ——优势集中性指数；

P_i——N_i/N；

S ——物种数。

注：计算结果保留小数点后 2 位数字。

5.3 对主要病害影响

5.3.1 调查方法

自番木瓜移栽定植后 7 d 至番木瓜第一批果实成熟，每月调查 1 次，调查番木瓜炭疽病、疫病、其他病毒病等主要病害的发病情况。采用对角线 5 点取样法，每点固定 3 株番木瓜，观察记录整株植株上炭疽病、疫病、其他病毒病等主要病害的病害情况，记录番木瓜叶片与果实炭疽病发生级别(附录 A 中表 A.1)、番木瓜疫病发生级别(附录 A 中表 A.2)。

5.3.2 结果分析

发病情况用发病率 D 表示，按公式(4)计算。

$$D = \frac{N}{T} \times 100 \quad \cdots\cdots (4)$$

式中：

D ——发病率的数值，单位为百分号(%)；

N ——病株数，单位为株；

T ——调查总株数，单位为株。

番木瓜炭疽病、疫病发病严重程度用病情指数表示，按公式(5)计算。

$$I = \frac{\sum (N \times R)}{T \times M} \times 100 \quad \cdots\cdots (5)$$

式中：

I ——病情指数；

N——各病级株数，单位为株；

R——相应病级数值；

T——调查总株数，单位为株；

M——最高病害级数值。

采用方差分析方法，对试验数据进行统计，比较转基因抗病毒番木瓜与非转基因番木瓜品种(系)对主要病害的发病率和病情指数是否存在显著性差异。

5.4 结果表述

结果表述为“转基因抗病毒番木瓜与非转基因番木瓜品种(系)对番木瓜田节肢动物群落、主要病害的发病率和病情指数存在(或没有)显著性差异”。

附 录 A
（资料性）
番木瓜炭疽病和疫病分级标准

A.1 番木瓜炭疽病分级标准

见表 A.1。

表 A.1 番木瓜炭疽病分级标准

病害级别	症状描述
0 级	无病
1 级	病斑面积占叶部与(或)果实面积的 5.0%以下，病部有水渍状小斑点
2 级	病斑面积占叶部与(或)果实面积的 6.0%～15.0%，病斑直径扩大达 1 cm～2 cm
3 级	病斑面积占叶部与(或)果实面积的 16.0%～25.0%，病斑上出现同心轮纹斑或无轮纹斑，病部凹陷
4 级	病斑面积占叶部与(或)果实面积的 26.0%～50.0%，病斑逐渐扩大成圆形轮纹病斑或不规则形，果肉褐色
5 级	病斑面积占叶部与(或)果实面积的 51.0%以上，果实腐烂，病斑部位硬化，容易挖脱

A.2 番木瓜疫病分级标准

见表 A.2。

表 A.2 番木瓜疫病分级标准

病害级别	发病程度
0 级	无病
1 级	茎基部表皮出现黄褐色斑，茎组织完好，叶片正常
2 级	茎基部表皮出现水渍状黄褐色病斑，茎组织变软，叶片少数变黄或萎蔫
3 级	茎基部腐烂，发出腐烂的恶臭气味，叶片脱落
4 级	茎基部腐烂，植株倒伏死亡

ICS 65.020.01
CCS B 04

中华人民共和国国家标准

农业农村部公告第628号—5—2022
代替农业部1943号公告—3—2013

转基因植物及其产品环境安全检测 抗虫棉花 第1部分：对靶标害虫的抗虫性

Evaluation of environmental impact of genetically modified plants and its derived products—Insect-resistant cotton—Part 1: Evaluation of insect pest resistance

2022-12-19 发布　　2023-03-01 实施

中华人民共和国农业农村部　发布

前　　言

本文件按照 GB/T 1.1—2020《标准化工作导则　第 1 部分:标准化文件的结构和起草规则》的规定起草。

本文件代替农业部 1943 号公告—3—2013《转基因植物及其产品环境安全检测　抗虫棉花　第 1 部分:对靶标害虫的抗虫性》,与农业部 1943 号公告—3—2013 相比,除结构调整和编辑性修改外,主要技术变化如下:

a) 修改了"范围"。修改为"适用于转基因抗虫棉对靶标害虫棉铃虫室内生物测定和田间抗虫性测定"(见第 1 章,2013 年版的第 1 章)。

b) 修改了"术语和定义"。删除"抗性稳定性"和"抗性纯合度"2 个术语,增加"蕾铃被害率"和"蕾铃被害减退率"的术语(见第 3 章,2013 年版的第 3 章)。

c) 修改了"供试棉铃虫"。修改为"室内人工饲养的 1 日龄棉铃虫幼虫"(见 4.1,2013 年版的 4.1)。

d) 修改了"试验品种"。修改后分为"室内生物测定"要求的试验品种和"田间抗虫性测定"要求的试验品种(见 4.2,2013 年版的 4.2)。

e) 修改了"试验方法"。修改为试验方法包括"5.1 播种"和"5.2 抗虫性检测"两部分,其中,"5.2 抗虫性检测"又细分为"5.2.1 室内生物测定"和"5.2.2 田间抗虫性测定"两部分(见第 5 章,2013 年版的第 5 章)。

f) 删除了"对靶标害虫抗性的稳定性与纯合度生物测定"涉及的相关内容(见 2013 年版的 5.3.2)。

g) 删除了"对靶标害虫抗虫效率的田间检测"涉及的相关内容(见 2013 年版的 5.3.3)。

h) 增加了"田间抗虫性测定"的试验设计、接虫时期、接虫方法、结果记录、结果分析与描述(见 5.2.2)。

i) 增加了附录 A 中表 A.2(见附录 A 中表 A.2)。

请注意本文件的某些内容可能涉及专利。本文件的发布机构不承担识别专利的责任。

本文件由中华人民共和国农业农村部提出。

本文件由全国农业转基因生物安全管理标准化技术委员会归口。

本文件起草单位:农业农村部科技发展中心、中国农业科学院棉花研究所、安阳工学院。

本文件主要起草人:雒珺瑜、张旭冬、张元臣、崔金杰、王颢潜、朱香镇、李东阳、张开心、姬继超、王丽、马艳、任相亮、宋贤鹏、王丹、胡红岩、马亚杰。

本文件及其所代替文件的历次版本发布情况为:

——农业部 953 号公告—12.1—2007;

——农业部 1943 号公告—3—2013。

转基因植物及其产品环境安全检测　抗虫棉花
第 1 部分:对靶标害虫的抗虫性

1　范围

本文件规定了转基因抗虫棉花对靶标害虫棉铃虫抗虫性的检测方法。

本文件适用于转基因抗虫棉花对靶标害虫棉铃虫室内生物测定和田间抗虫性测定。

2　规范性引用文件

下列文件中的内容通过文中的规范性引用而构成本文件必不可少的条款。其中,注日期的引用文件,仅该日期对应的版本适用于本文件;不注日期的引用文件,其最新版本(包括所有的修改单)适用于本文件。

GB 4407.1　经济作物种子　第 1 部分:纤维类

3　术语和定义

下列术语和定义适用于本文件。

3.1

生物测定　bioassay

利用人工接虫的方法评价棉花的组织器官对靶标害虫的抗虫性效果。

3.2

蕾铃被害率　damaged rate of bud and boll

被靶标害虫危害后受害棉花蕾铃(花)占蕾铃(花)总数的百分率。

3.3

蕾铃被害减退率　reduction rate of damaged bud and boll

对照材料蕾铃被害率减去受试材料蕾铃被害率的差值与对照材料蕾铃被害率的比率。

3.4

幼虫死亡率　larval mortality

靶标害虫幼虫取食棉花后死亡幼虫数占供试幼虫总数的百分率。

4　要求

4.1　供试棉铃虫

室内人工饲养的 1 日龄棉铃虫幼虫。

4.2　试验品种

4.2.1　室内生物测定

受试转基因抗虫棉品种(系)、阴性对照棉花品种(系)(非转基因棉花对照品种)、阳性对照棉花品种(转基因抗虫棉对照品种)。

4.2.2　田间抗虫性测定

受试转基因抗虫棉品种(系)、非转基因棉花品种(系)、感虫对照棉花品种(非转基因棉花品种)。

上述棉花种子质量应达到 GB 4407.1 中对种子质量要求。

4.3　资料记录

4.3.1　试验地名称与位置

记录试验地的名称、试验的具体地点、经纬度或全球地理定位系统(GPS)地标。绘制小区示意图。

4.3.2 土壤资料

记录土壤类型、土壤肥力、排灌情况和土壤覆盖物等内容。描述试验地近 3 年种植情况。

4.3.3 试验地周围生态类型

4.3.3.1 自然生态类型

记录与农业生态类型地区的距离及周边植被情况。

4.3.3.2 农业生态类型

记录试验地周围的主要栽培作物及其他植被情况,以及当地棉田常见病、虫、草害的名称及危害情况。

4.3.4 气象资料

记录试验期间试验地降水(降水类型,日降水量,以 mm 表示)和温度(日平均温度、最高和最低温度、积温,以℃表示)的资料。记录影响整个试验期间试验结果的恶劣气候因素,例如严重或长期的干旱、暴雨、冰雹等。

5 试验方法

5.1 播种

按当地春棉或夏棉(短季棉)常规播种时期、播种方式和播种量进行播种。

5.2 抗虫性检测

5.2.1 室内生物测定

5.2.1.1 试验设计

分别种植受试转基因抗虫棉品种(系)、阴性对照棉花品种(系)(非转基因棉花对照品种)、阳性对照棉花品种(转基因抗虫棉对照品种),随机区组设计,3 次重复,小区面积不小于 30 m^2,常规耕作管理,靶标害虫发生期不喷施杀虫剂。

5.2.1.2 取样方法

在靶标害虫第二代、第三代、第四代发生盛期,分别从转基因抗虫棉品种(系)田、阴性对照棉花品种田和阳性对照棉花品种田采集棉花叶片,每处理每小区随机选择 20 株正常生长的棉花,每株采集 1 片棉叶。靶标害虫第二代、第三代发生盛期采集棉株顶部第一片完全展开的叶片,第四代靶标害虫发生盛期采集棉株上部侧部果枝顶端展开嫩叶,保持样品新鲜,及时带回实验室进行检测。

5.2.1.3 操作

在适合的养虫器皿中,放入 1 片棉花叶片,并保湿;每张叶片接入 1 日龄靶标害虫幼虫 5 头。接虫后,封闭养虫器皿;放于 25 ℃~28 ℃的养虫室或培养箱中饲养。

5.2.1.4 结果记录

接虫后第 5 d 调查幼虫死亡状况。记录幼虫死亡数量和存活虫数,检查时用毛笔尖轻触虫体,无反应则记入死亡虫数。分别计算第二代、第三代、第四代靶标害虫发生盛期各处理棉花叶片上 1 日龄棉铃虫幼虫的死亡率(x)和校正死亡率(y)。

a) 幼虫死亡率按公式(1)计算。

$$x=\frac{n}{N}\times 100 \quad \cdots\cdots (1)$$

式中:

x ——幼虫死亡率的数值,单位为百分号(%);

n ——死虫数的数值,单位为头;

N ——接虫数的数值,单位为头。

b) 幼虫校正死亡率按公式(2)计算。

$$y=\frac{x_1-x_0}{1-x_0}\times 100 \quad \cdots\cdots (2)$$

式中:

y ——幼虫校正死亡率的数值,单位为百分号(%);

x_1 ——处理死亡率的数值,单位为百分号(%);

x_0 ——阴性对照棉花品种(系)死亡率的数值,单位为百分号(%)。

注:计算结果保留小数点后 2 位数字。

采用统计学方法计算每种棉花 3 个小区幼虫校正死亡率的平均值(y)和标准差(S)。幼虫校正死亡率表述为($y \pm S$)%。

5.2.1.5 结果分析与表述

用方差分析的方法分别比较第二代、第三代、第四代靶标害虫发生盛期转基因抗虫棉品种(系)与阳性对照棉花品种的抗虫性差异;根据第二代、第三代、第四代靶标害虫发生盛期各处理棉叶上棉铃虫幼虫校正死亡率的平均值,按附录 A 中的表 A.1 判定抗虫性水平。

结果表述为:

a) 第二代(第三代、第四代)靶标害虫发生盛期受试转基因抗虫棉品种(系)×××上 1 日龄棉铃虫幼虫的校正死亡率为××%,比阳性对照棉花品种高(低)××%,差异达(未达)显著(极显著)水平;

b) 受试转基因抗虫棉品种(系)×××室内生物测定的抗虫性水平为×。

5.2.2 田间抗虫性测定

5.2.2.1 试验设计

分别种植受试转基因抗虫棉品种(系)、非转基因棉花品种(系)、感虫对照棉花品种(非转基因棉花品种),随机区组设计,3 次重复,小区面积不小于 30 m^2,常规耕作管理,试验期间不喷施杀虫剂。不同接虫试验小区之间间隔 2 m 的过道,避免害虫在不同小区之间扩散。

5.2.2.2 接虫时期

棉花盛蕾期,选择不下雨天气进行人工接虫。

5.2.2.3 接虫方法

对棉花植株进行挂牌标记后接虫,每小区挂牌棉花植株不少于 40 株。采用人工接虫的方法,每株接 20 头到棉花的顶端嫩心上。接虫 3 d 后,感虫对照植株的受害率低于 50%时,应进行第二次接虫。

5.2.2.4 结果记录

接虫后 10 d~15 d 调查不同处理棉株上的蕾铃被害数、健康蕾铃数。每小区调查 40 株,计算受试转基因抗虫棉品种(系)、非转基因棉花品种(系)和感虫对照棉花品种的蕾铃被害率(z)。以感虫对照棉花品种为对照,计算受试转基因抗虫棉品种(系)、非转基因棉花品种(系)的蕾铃被害减退率(f)。

蕾铃被害率按公式(3)计算。

$$z = \frac{b}{B} \times 100 \qquad (3)$$

式中:

z ——蕾铃被害率的数值,单位为百分号(%);

b ——被害蕾铃数的数值,单位为个;

B ——总蕾铃数的数值,单位为个。

蕾铃被害减退率按公式(4)计算。

$$f = \frac{z_0 - z_1}{z_0} \times 100 \qquad (4)$$

式中:

f ——蕾铃被害减退率的数值,单位为百分号(%);

z_0 ——感虫对照棉花品种蕾铃被害率的数值,单位为百分号(%);

z_1 ——处理蕾铃被害率的数值,单位为百分号(%)。

注:计算结果保留小数点后 2 位数字。

采用统计学方法计算每种棉花 3 个小区蕾铃被害减退率平均值($\overline{f}$)和标准差(S)。蕾铃被害减退率表述为($\overline{f} \pm$S)%。

5.2.2.5 **结果分析与表述**

5.2.2.5.1 **对照处理结果分析**

感虫对照棉花品种(非转基因棉花品种)的平均蕾铃被害率达 60%以上,试验正常;否则,需要查找原因,重新试验。

5.2.2.5.2 **结果表述**

用方差分析的方法比较受试转基因抗虫棉品种(系)与非转基因棉花品种(系)对靶标害虫的抗虫性差异。根据受试转基因抗虫棉品种(系)蕾铃被害减退率的平均值,按附录 A 中的表 A.2 判定抗虫性水平。

结果表述为:

a) 受试转基因抗虫棉品种(系)×××蕾铃被害减退率为××%,比非转基因棉花品种(系)高(低),差异达(未达)显著(极显著)水平;

b) 受试转基因抗虫棉品种(系)×××田间抗虫性测定的抗虫性水平为×。

附　录　A
（规范性）
转基因抗虫棉室内生物测定和田间抗虫性测定抗虫性评价标准

转基因抗虫棉室内生物测定和田间抗虫性测定抗虫性评价标准见表 A.1 和表 A.2。

表 A.1　转基因抗虫棉室内生物测定抗虫性评价标准

抗虫性水平	幼虫校正死亡率（y），%
高抗	$y \geqslant 90$
抗	$90 > y \geqslant 60$
中抗	$60 > y \geqslant 40$
低抗	$40 > y \geqslant 20$
感	$20 > y$

表 A.2　转基因抗虫棉田间抗虫性测定抗虫性评价标准

抗虫性水平	蕾铃被害减退率（f），%
高抗	$f \geqslant 80$
抗	$80 > f \geqslant 50$
中抗	$50 > f \geqslant 30$
低抗	$30 > f \geqslant 10$
感	$10 > f$

ICS 65.020.01
CCS B 04

中华人民共和国国家标准

农业农村部公告第628号—6—2022

转基因植物环境安全检测 外源杀虫蛋白对非靶标生物影响 第10部分：大型蚤

The detection of environmental safety of genetically modified plants—Effects of exogenous insecticidal protein on non-target organisms—Part 10: *Daphnia magna*

2022-12-19 发布　　2023-03-01 实施

中华人民共和国农业农村部 发布

前　　言

本文件按照 GB/T 1.1—2020《标准化工作导则　第 1 部分：标准化文件的结构和起草规则》的规定起草。

请注意本文件的某些内容可能涉及专利。本文件的发布机构不承担识别专利的责任。

本文件由中华人民共和国农业农村部提出。

本文件由全国农业转基因生物安全管理标准化技术委员会归口。

本文件起草单位：农业农村部科技发展中心、生态环境部南京环境科学研究所。

本文件主要起草人：刘标、张旭冬、张莉、梁晋刚、刘来盘、沈文静、方志翔。

转基因植物环境安全检测
外源杀虫蛋白对非靶标生物影响　第 10 部分:大型溞

1　范围

本文件规定了转基因植物外源基因表达的杀虫蛋白对大型溞(*Daphnia magna*)影响的检测方法。

本文件适用于转基因植物外源基因表达的杀虫蛋白对大型溞潜在暴露毒性的检测。

2　规范性引用文件

下列文件中的内容通过文中的规范性引用而构成本文件必不可少的条款。其中,注日期的引用文件,仅该日期对应的版本适用于本文件;不注日期的引用文件,其最新版本(包括所有的修改单)适用于本文件。

GB/T 13266—1991　水质　物质对溞类(大型溞)急性毒性测定方法

农业部 1485 号公告—17—2010　转基因生物及其产品食用安全检测　外源基因异源表达蛋白质等同性分析导则

3　术语和定义

下列术语和定义适用于本文件。

3.1

外源杀虫蛋白　exogenous insecticidal protein

转入植物的外源杀虫基因表达的杀虫蛋白。

3.2

暴露　exposure

将大型溞置于含有受试杀虫蛋白的培养液中。

3.3

浓度　concentration

受试杀虫蛋白在培养液中的剂量。用每升培养液中混入受试杀虫蛋白的质量(μg)来表述。

3.4

死亡率　mortality

死亡的受试生物个体数占总受试生物个体数的比率(%)。

3.5

新生幼溞　offspring

测试期间试验溞所产的子代溞。

3.6

半数致死浓度　median lethal concentration, LC_{50}

暴露于受试化合物后,通过统计分析获得的预期能够引起受试生物死亡率为 50%的受试杀虫蛋白浓度(基于第 21 d 大型溞死亡率进行计算)。

3.7

最大耐受试验浓度　maximum tolerance concentration, MTC

与阴性对照相比,受试杀虫蛋白不引起受试对象死亡率显著提高的最大浓度。

4　原理

按一定剂量(浓度)把转基因植物外源杀虫蛋白均匀混入大型溞培养液中饲养大型溞。以混入受试蛋白溶剂的大型蚤培养液作为阴性对照，以混入已知对大型蚤有毒的有机或无机化合物的培养液为阳性对照。试验 21 d 后观察计算大型蚤的死亡率和存活母蚤的平均新生幼蚤个数等生命参数，比较分析不同处理间大型蚤生命参数的差异，明确外源杀虫蛋白对大型蚤的潜在暴露毒性。

5 试剂和材料

5.1 溶剂

用于溶解受试杀虫蛋白的蒸馏水、磷酸盐缓冲液(PBS)或其他溶剂。

如需要助溶剂，则助溶剂在大型蚤培养液中最大浓度不超过 0.5 mg/L，且需要确保含助溶剂的溶液对大型蚤的生长和繁殖没有显著不利影响。

5.2 受试外源杀虫蛋白

受试外源杀虫蛋白可直接从转基因植物中提取纯化获得，也可经微生物表达、提取、纯化获得，但需要确保所获得的杀虫蛋白与植物组织中表达的杀虫蛋白具有实质等同性，符合农业部 1485 号公告—17—2010 的要求。

5.3 阳性对照化合物

采用重铬酸钾(potassium dichromate，$K_2Cr_2O_7$)(分析纯)作为阳性对照化合物。

为验证试验蚤的敏感性和检查试验步骤的统一性，每次进行评价试验时应先测定试验蚤敏感性，测试方法可按照 GB/T 13266—1991 中 8.4 的规定执行。重铬酸钾的 24 h-EC_{50}(半数抑制浓度)在 20 ℃时应在 0.5 mg/L～1.2 mg/L 范围内。

5.4 大型蚤的选择

保持良好的培养条件，使大型蚤的繁殖处于孤雌生殖的状态(GB/T 13266—1991 中的附录 A)。

随机选择实验室条件下培养 3 代以上、遗传背景相同的 6 h～24 h 幼蚤为试验蚤。

5.5 大型蚤人工饵料

推荐使用实验室培养的斜生栅藻(*Scenedesmus obliguus*)为大型蚤饵料，制备方法可按照GB/T 13266—1991 中的附录 B 的规定执行。

5.6 大型蚤培养液

大型蚤培养液见附录 A。

6 试验仪器

6.1 电子天平：感量为 0.01 mg。

6.2 离心机。

6.3 酶标仪。

6.4 烧杯或结晶皿：50 mL～100 mL。

7 试验步骤

7.1 试验处理

7.1.1 阴性对照组：在大型蚤培养液中混入等质量受试杀虫蛋白的溶剂。

7.1.2 阳性对照组：将重铬酸钾均匀混入大型蚤培养液中，浓度为 500 μg/L。

7.1.3 受试杀虫蛋白处理组：在大型蚤培养液中均匀混入受试外源杀虫蛋白，浓度要求为大型蚤在自然条件下可能暴露的受试杀虫蛋白最高浓度的 10 倍以上(可将大型蚤在自然生活的水体中所能测定到的受试杀虫蛋白的最高浓度作为受试大型蚤可能暴露的受试杀虫蛋白最高浓度)。如果发现受试外源杀虫蛋白对大型蚤有显著不利影响，则需要进一步试验和计算出 LC_{50}，试验浓度的设置可按照 GB/T 13266—1991 中的附录 C 的规定执行；如果无法或不需要计算 LC_{50}，则只需设 1 个符合要求的浓度。

7.2 各试验组材料准备

7.2.1 受试杀虫蛋白应先溶解或均匀悬浮于灭菌蒸馏水、PBS 或其他溶剂中。

7.2.2 如果需要助溶剂，应保证该含助溶剂的溶液对大型蚤没有不利影响，且要在对照培养液中加入等量该溶液。

7.2.3 先将制备好的受试杀虫蛋白或对照化合物加入蛋白溶剂或助溶剂中，再与大型蚤培养液充分混匀。

7.3 试验操作与记录

7.3.1 试验在光照培养箱或者人工气候室内进行，培养温度为(20±1)℃，光周期 16 h∶8 h (L∶D)，培养液的适宜 pH 为(7.8±0.2)，溶解氧保持在 2 mg/L 以上。试验操作及试验过程中试验蚤不能离开培养液，转移操作过程不得对试验蚤造成损伤。

7.3.2 随机选择的受试大型蚤单只置于 50 mL～100 mL 小烧杯或者结晶皿等适宜器皿中，每器皿添加 50 mL 培养液。每个处理不少于 4 个重复，每个重复 10 只大型蚤。测试过程中，每日添加斜生栅藻饵料至培养器皿中，使其在培养液中的浓度约为 10^5个/L。每 2 d ～3 d 更换培养液。

7.3.3 每天观察、记录试验蚤生长发育情况，如死亡头数、新生幼蚤数；新生幼蚤产出后，每天从试验器皿中移出。试验持续时间为 21 d。

8 质量保证与控制

8.1 受试杀虫蛋白在大型蚤培养液中的稳定性检测

在含受试杀虫蛋白的培养液提供给大型蚤前和 24 h 后，分别取 3 个～5 个样品(每样品 2 mL)，于 －20 ℃冰箱中保存。可采用酶联免疫法(ELISA)或其他蛋白测定方法检测样品中受试杀虫蛋白的含量。

暴露于大型蚤饲养环境条件 24 h 后的培养液中受试杀虫蛋白浓度应不低于新鲜培养液中受试杀虫蛋白浓度的 50%；如果受试杀虫蛋白降解率超过 50%，需要补加受试蛋白至初始浓度。

8.2 试验体系合格性检测

阴性对照组大型蚤的死亡率低于 20%，存活母蚤的平均产新生幼蚤数大于 60 头，阳性对照组大型蚤死亡率显著高于阴性对照组，表明试验体系工作正常，可用于检测外源杀虫蛋白对大型蚤的潜在毒性；否则，需要查找原因，重新进行试验。

9 结果分析与表述

9.1 数据处理

根据试验记录计算大型蚤死亡率和存活母蚤的平均产新生幼蚤数。数据以表格的形式描述。死亡率用百分数描述，新生幼蚤数用平均值±标准差(样本数 n)描述。可用成对比较(pair-wise)统计分析受试杀虫蛋白处理组与阳性对照组、阴性对照组的差异。如果受试杀虫蛋白处理组与阴性对照组具有显著性差异，并可求得受试杀虫蛋白的 LC_{50}，则通过概率单位法(Probit analysis)、寇氏法(Korbor)或其他计算方法求得 LC_{50}；如果无法求得 LC_{50}，仅给出实际的统计分析数据即可。

9.2 结果表述

根据统计分析结果，评估转基因植物外源杀虫蛋白对大型蚤的潜在暴露毒性，结果表述为“与阴性对照组相比，受试杀虫蛋白处理组的试验蚤(死亡率、存活母蚤的平均产新生幼蚤数)增加(或减少)，差异达(未达)显著(极显著)水平”。

如果受试杀虫蛋白处理组与阴性对照组大型蚤死亡率有显著性差异，并可求得 LC_{50}，结果表述为“受试杀虫蛋白对大型蚤的半数致死浓度为××”；如果受试杀虫蛋白处理组与阴性对照组大型蚤死亡率没有显著性差异，结果表述为“大型蚤对该杀虫蛋白的暴露毒性最大耐受浓度(MTC)＞××(最大试验浓度)”。

附 录 A
（规范性）
大型溞培养液

A.1 配方

见表 A.1。

表 A.1 大型溞培养液储备液配方

序号	成分	1 L 蒸馏水中加入的量，g
1	$CaCl_2 \cdot 2H_2O$	11.76
2	$MgSO_4 \cdot 7H_2O$	4.93
3	$NaHCO_3$	2.59
4	KCl	0.25

A.2 配置方法

A.2.1 分别取序号 1、2、3、4 四种储备液溶液各 25 mL，充分混合，用蒸馏水稀释至 1 L 即为大型溞培养液。新配制的培养液 pH 为（7.8±0.2），硬度（250±25）mg/L（以 $CaCO_3$ 计），Ca：Mg 比例接近 4：1，溶解氧浓度在空气饱和值的 80％以上，并尽可能检查培养液中不含有任何已知的对大型溞有毒的物质。例如：氯、重金属、农药、氨或多氯联苯。

A.2.2 必要时可用氢氧化钠溶液或盐酸溶液调节 pH，使其稳定在（7.8±0.2）。

ICS 65.020.01
CCS B 04

中华人民共和国国家标准

农业农村部公告第628号—7—2022
代替农业部1943号公告—4—2013

转基因植物及其产品成分检测 抗虫转*Bt*基因棉花外源Bt蛋白表达量 ELISA检测方法

Detection of genetically modified plants and derived products—ELISA method for quantitative detection of exogenous Bt protein in *Bt* transgenic cotton

2022-12-19 发布　　2023-03-01 实施

中华人民共和国农业农村部　发布

前　言

本文件按照 GB/T 1.1—2020《标准化工作导则　第 1 部分：标准化文件的结构和起草规则》的规定起草。

本文件代替农业部 1943 号公告—4—2013《转基因植物及其产品成分检测　抗虫转 *Bt* 基因棉花外源蛋白表达量检测技术规范》，与农业部 1943 号公告—4—2013 相比，除结构调整和编辑性改动外，主要技术变化如下：

a）修改了“标题”（见标题，2013 年版的标题）；

b）修改了“前言”（见前言，2013 年版的前言）；

c）修改了“范围”（见第 1 章，2013 年版的第 1 章）；

d）修改了“原理”（见第 4 章，2013 年版的第 3 章）；

e）修改了“仪器和设备”，增加了超低温冷冻研磨仪（见第 5 章，2013 年版的第 4 章）；

f）修改了“田间种植与管理”（见 6.2，2013 年版的 5.2）；

g）修改了“取样”中的铃期取样部位（见第 7 章，2013 年版的第 6 章）；

h）修改了“试样和试液制备”，增加了超低温冷冻研磨设备研磨方法（见 8.2，2013 年版的 7.2）；

i）修改了“检测”（见 8.3，2013 年版的 7.3）；

j）修改了“标准回归方程建立”（见 8.4，2013 年版的 7.4）；

k）修改了“结果计算”（见 8.5，2013 年版的 7.5）；

l）修改了“结果分析与表述”（见第 9 章，2013 年版的第 8 章）。

请注意本文件的某些内容可能涉及专利。本文件的发布机构不承担识别专利的责任。

本文件由中华人民共和国农业农村部提出。

本文件由全国农业转基因生物安全管理标准化技术委员会归口。

本文件起草单位：农业农村部科技发展中心、中国农业科学院油料作物研究所、中国农业科学院棉花研究所、安阳工学院。

本文件主要起草人：曾新华、王颢潜、张元臣、吴刚、梁晋刚、崔金杰、雒珺瑜、闫晓红、罗军玲、刘芳、朱莉、李晓飞、袁荣、王淼。

本文件及其所代替文件的历次版本发布情况为：

——农业部 1485 号公告—14—2010；

——农业部 1943 号公告—4—2013。

转基因植物及其产品成分检测
抗虫转 *Bt* 基因棉花外源 Bt 蛋白表达量 ELISA 检测方法

1 范围

本文件规定了田间种植的抗虫转 *Bt* 基因棉花不同生育期组织和器官中外源 Bt 蛋白表达的 ELISA 定量检测方法。

本文件适用于田间种植的抗虫转 *Bt* 基因棉花不同生育期组织和器官中外源 Bt 蛋白表达的 ELISA 定量检测。

2 规范性引用文件

下列文件中的内容通过文中的规范性引用而构成本文件必不可少的条款。其中,注日期的引用文件,仅该日期对应的版本适用于本文件;不注日期的引用文件,其最新版本(包括所有的修改单)适用于本文件。

GB 4407.1 经济作物种子 第 1 部分:纤维类

3 术语和定义

本文件没有需要界定的术语和定义。

4 原理

在适宜生态区田间种植受试转基因棉花品种(系)、阴性对照棉花品种(系)和阳性对照棉花品种,分别抽取苗期、蕾期、铃期等关键生育期的棉花叶片、蕾、铃,采用酶联免疫方法(ELISA)检测外源 Bt 蛋白的表达量,比较受试转基因棉花品种(系)与阳性对照棉花品种外源 Bt 蛋白表达水平。

5 仪器和设备

5.1 分析天平:感量 0.001 g。

5.2 酶标仪。

5.3 超低温冰箱。

5.4 超低温冷冻研磨仪。

5.5 其他相关仪器和设备。

6 试验方法

6.1 试验材料

6.1.1 受试转基因棉花品种(系)。

6.1.2 阴性对照品种(系):非转 *Bt* 基因棉花对照品种(系)。

6.1.3 阳性对照品种:转 *Bt* 基因抗虫棉花对照品种。

6.1.4 种子应符合 GB 4407.1 的质量要求。

6.2 田间种植与管理

随机区组设计,3 次重复,小区面积不小于 30 m^2。按当地春棉或夏棉(短季棉)常规播种时期、播种方式和播种量进行播种,按当地常规田间管理方式进行管理。

6.3 资料记录

6.3.1 试验地名称与位置

记录试验所在地的名称、试验的具体地点、经纬度。绘制小区播种示意图。

6.3.2 气象资料

记录试验期间试验地降水(降水类型、日降水量,以 mm 表示)和温度(日平均温度、最高和最低温度、积温,以℃表示)的资料。记录影响整个试验期间试验结果的恶劣气候因素,例如严重或长期的干旱、暴雨、冰雹等。

7 取样

在棉花苗期(4 片～6 片真叶)、蕾期(盛蕾期)和铃期(结铃盛期),分别从受试转基因棉花品种(系)、阴性对照品种(系)和阳性对照品种采集棉花样品,每小区随机选择 20 株生长正常的棉花植株进行样品采集。

苗期,每株取顶部第一片完全展开叶;蕾期,每株取顶部第一片完全展开叶和 1 个小蕾(直径 0.5 cm～0.7 cm);铃期,每株取上部侧枝顶部第一片完全展开叶和 1 个小铃(直径 0.5 cm～1.0 cm)。将每个小区采集的同一时期、同一组织器官的样品作为一个样本,密封包装后做好标记,迅速带回实验室检测或用液氮速冻后,放入－80 ℃超低温冰箱中保存并尽快检测。

8 外源 Bt 蛋白表达量检测

8.1 试剂盒的选择

根据待检目标蛋白的类型,选用经验证适用于棉花外源 Bt 蛋白检测的 ELISA 试剂盒,试剂盒的定量限(Limit of quantification,LOQ)应不大于 0.1 ng。

8.2 试样制备

将每个小区采集的同一时期、同一组织器官的试样作为一个样本,加液氮人工研磨至均匀的粉末。

也可利用超低温研磨仪在超低温条件下将样本研磨至均匀的粉末。

称取不少于 0.1 g(精确至 0.001 g)研磨后的试样粉末于适宜大小的离心管,按质量体积比 1∶10 加入提取缓冲液(按照试剂盒所述进行配制),充分混匀后置于 4 ℃下振荡 12 h。4 ℃,8 000 *g* 离心 20 min,吸取上清液移入另一干净的离心管,待测。每个样本至少 3 次重复。上清液可在 2 ℃～8 ℃储存,时间不超过 24 h。

8.3 检测

按照 ELISA 试剂盒操作说明书,检测试样上清液中外源 Bt 蛋白含量,得到相应的光密度值(Optical density,OD)。

8.4 标准回归方程建立

将标准蛋白稀释成 6 个浓度梯度,与受试转基因棉花品种(系)品种、阴性对照品种(系)样品和阳性对照品种样品的提取上清液(根据含量进行必要的稀释,稀释倍数为 n)和空白对照一起加入酶标板内相应位置,每个样品设置 2 个平行重复,按照 8.3 步骤进行检测,得到相应的光密度值(X)。阴性对照样品光密度值应小于标准蛋白稀释液最低浓度的光密度值,否则重新检测。根据标准蛋白浓度与光密度值的相关性建立标准回归方程 $Y=a+b\times X$,回归方程的相关系数 R^2 应大于或等于 0.98,否则重新检测。

8.5 结果计算

按公式(1)计算蛋白含量。

$$\omega=\frac{(a+b\times X)\times n\times V}{m} \quad \cdots\cdots (1)$$

式中:

ω ——蛋白浓度的数值,单位为纳克每克鲜重(ng/g 鲜重);

a ——截距;

b ——斜率;

X——光密度值;

n ——稀释倍数；

V ——试样提取时加入的提取缓冲液体积的数值，单位为毫升(mL)；

m ——试样质量的数值，单位为克(g)。

注：计算结果保留小数点后 2 位数字。

采取统计学方法计算 3 个小区样本外源 Bt 蛋白含量平均值($\bar{\omega}$)和标准差(S)。外源 Bt 蛋白量值表述为($\bar{\omega} \pm S$)ng/g。

9 结果分析与表述

根据计算得到的受试转基因棉花品种(系)和阳性对照品种(××时期、××组织器官)中外源 Bt 蛋白的含量，用方差分析的方法比较受试转基因棉花品种(系)与阳性对照(××时期、××组织器官)中外源 Bt 蛋白的含量差异。

结果表述为：受试转基因棉花品种(系)(××时期、××组织器官)中外源 Bt 蛋白含量为×× ng/g，高(低)于阳性对照品种，差异(未)达到(极)显著水平。

ICS 65.020.01
CCS B 04

中华人民共和国国家标准

农业农村部公告第628号—8—2022
代替农业部1782号公告—6—2012

转基因植物及其产品成分检测 *bar*和*pat*基因定性PCR方法

Detection of genetically modified plants and derived products—Qualitative PCR method of *bar* and *pat* genes

2022-12-19 发布 2023-03-01 实施

中华人民共和国农业农村部 发布

前　　言

本文件按照 GB/T 1.1—2020《标准化工作导则　第 1 部分：标准化文件的结构和起草规则》的规定起草。

本文件代替农业部 1782 号公告—6—2012《转基因植物及其产品成分检测 *bar* 或 *pat* 基因定性 PCR 方法》，与农业部 1782 号公告—6—2012 相比，除结构调整和编辑性改动外，主要技术变化如下：

a） 更改了“范围”中关于检测方法的表述（见第 1 章，2012 年版的第 1 章）；

b） 更改了“原理”中关于试验方法和结果判断的表述（见第 4 章，2012 年版的第 4 章）；

c） 更改了普通 PCR 引物（见 5.12.1、5.13.1，2012 年版的 5.12、5.13）；增加了实时荧光 PCR 方法引物/探针（见 5.12.2、5.13.2）、实时荧光 PCR 试剂盒（见 5.20）；

d） 将“仪器”更改为“主要仪器和设备”，增加了实时荧光 PCR 仪，删除了紫外透射仪、重蒸馏水发生器或纯水仪、其他相关仪器和设备（见第 6 章，2012 年版的第 6 章）；

e） 在“分析步骤”中更改了普通 PCR 扩增体系的配制（见 7.5.1.1.2.2、表 1，2012 年版的 7.5.1.2.2、表 1），增加了实时荧光 PCR 方法（见 7.5.2）；

f） 更改了“结果分析与表述”中普通 PCR 方法的结果分析与表述（见 8.1.2，2012 年版的 8.2），增加了实时荧光 PCR 方法的结果分析与表述（见 8.2）；

g） 增加了“检出限”（见第 9 章）；

h） 更改了资料性附录 A（见附录 A，2012 年版的附录 A）。

请注意本文件的某些内容可能涉及专利。本文件的发布机构不承担识别专利的责任。

本文件由中华人民共和国农业农村部提出。

本文件由全国农业转基因生物安全管理标准化技术委员会归口。

本文件起草单位：农业农村部科技发展中心、吉林省农业科学院、山东省农业科学院、上海交通大学。

本文件主要起草人：李飞武、王颢潜、闫伟、张旭冬、李葱葱、龙丽坤、董立明、夏蔚、刘娜、谢彦博、邢珍娟、路兴波、杨立桃。

本文件及其所代替文件的历次版本发布情况为：

——农业部 1782 号公告—6—2012。

转基因植物及其产品成分检测 *bar* 和 *pat* 基因定性 PCR 方法

1 范围

本文件规定了转基因植物中 *bar* 和 *pat* 基因的定性 PCR 检测方法。

本文件适用于转基因植物及其制品中 *bar* 和 *pat* 基因成分的定性 PCR 检测。

2 规范性引用文件

下列文件中的内容通过文中的规范性引用而构成本文件必不可少的条款。其中，注日期的引用文件，仅该日期对应的版本适用于本文件；不注日期的引用文件，其最新版本（包括所有的修改单）适用于本文件。

GB/T 19495.4—2018 转基因产品检测 实时荧光定性聚合酶链式反应（PCR） 检测方法

农业部 1485 号公告—4—2010 转基因植物及其产品成分检测 DNA 提取和纯化

农业部 2031 号公告—19—2013 转基因植物及其产品成分检测 抽样

NY/T 672 转基因植物及其产品检测 通用要求

SN/T 1196—2012 转基因成分检测 玉米检测方法

3 术语和定义

下列术语和定义适用于本文件。

3.1

***bar* 基因 bialaphos resistance gene**

来源于土壤吸水链霉菌（*Streptomyces hygroscopicus*），编码膦丝菌素乙酰转移酶（phosphinthricin acetyltransferase，PAT）的基因。

3.2

***pat* 基因 phosphinothricin acetyltransferase gene**

来源于绿产色链霉菌（*Streptomyces viridochromogenes*），编码膦丝菌素乙酰转移酶（phosphinthricin acetyltransferase，PAT）的基因。

4 原理

根据转基因植物中 *bar* 和 *pat* 基因的核苷酸序列，分别设计普通 PCR 方法引物、实时荧光 PCR 方法引物和探针，对试样进行 PCR 扩增。依据是否扩增获得预期的 DNA 片段或典型扩增曲线，判断样品中是否含有 *bar* 和 *pat* 基因成分。

5 试剂和材料

除非另有说明，仅使用分析纯试剂和重蒸馏水。

5.1 琼脂糖。

5.2 10 g/L 溴化乙锭（EB）溶液：称取 1.0 g 溴化乙锭，溶解于 100 mL 水中，避光保存。

警告——溴化乙锭有致癌作用，配制和使用时应戴一次性手套操作并妥善处理废弃物。

注：根据需要可选择其他效果相当的核酸染料代替溴化乙锭作为核酸电泳的染色剂。

5.3 10 mol/L 氢氧化钠（NaOH）溶液：在 160 mL 水中加入 80.0 g 氢氧化钠，溶解后，冷却至室温，再加水定容至 200 mL。

5.4　500 mmol/L 乙二胺四乙酸二钠($EDTA\text{-}Na_2$)溶液(pH 8.0)：称取 18.6 g 乙二胺四乙酸二钠，加入 70 mL 水中，缓慢滴加氢氧化钠溶液(见 5.3)直至 $EDTA\text{-}Na_2$ 完全溶解，用氢氧化钠溶液(见 5.3)调 pH 至 8.0，加水定容至 100 mL。在 103.4 kPa(121 ℃)条件下灭菌 20 min。

5.5　1 mol/L 三羟甲基氨基甲烷-盐酸(Tris-HCl)溶液(pH 8.0)：称取 121.1 g 三羟甲基氨基甲烷溶解于 800 mL 水中，用盐酸调 pH 至 8.0，加水定容至 1 000 mL。在 103.4 kPa(121 ℃)条件下灭菌 20 min。

5.6　TE 缓冲液(pH 8.0)：分别量取 10 mL 三羟甲基氨基甲烷-盐酸溶液(见 5.5)和 2 mL 乙二胺四乙酸二钠溶液(见 5.4)，加水定容至 1 000 mL。在 103.4 kPa(121 ℃)条件下灭菌 20 min。

5.7　50×TAE 缓冲液：称取 242.2 g 三羟甲基氨基甲烷(Tris)，先用 500 mL 水加热搅拌溶解后，加入 100 mL 乙二胺四乙酸二钠溶液(见 5.4)，用冰乙酸调 pH 至 8.0，然后加水定容至 1 000 mL。使用时用水稀释成 1×TAE。

5.8　加样缓冲液：称取 250.0 mg 溴酚蓝，加入 10 mL 水，在室温下溶解 12 h；称取 250.0 mg 二甲基苯腈蓝，加 10 mL 水溶解；称取 50.0 g 蔗糖，加 30 mL 水溶解。混合以上 3 种溶液，加水定容至 100 mL，在 4 ℃下保存。

5.9　DNA 分子量标准：可以清楚区分 100 bp～1 000 bp 的 DNA 片段。

5.10　dNTPs 混合溶液：将浓度为 10 mmol/L 的 dATP、dTTP、dGTP、dCTP 4 种脱氧核糖核苷酸溶液等体积混合。

5.11　*Taq* DNA 聚合酶、PCR 扩增缓冲液及 25 mmol/L 氯化镁($MgCl_2$)溶液。

5.12　***bar* 基因引物**

5.12.1　普通 PCR 方法引物：

bar-F：5′-ACAAGCACGGTCAACTTCC-3′；

bar-R：5′-ACTCGGCCGTCCAGTCGTA-3′。

注：预期扩增目的片段大小为 175 bp(参见附录 A 中的 A.1)。

[来源：SN/T 1196—2012，附录 A]

5.12.2　实时荧光 PCR 方法引物/探针：

bar-qF：5′-ACAAGCACGGTCAACTTCC-3′；

bar-qR：5′-ACTCGGCCGTCCAGTCGTA-3′；

bar-qP：5′-CCGAGCCGCAGGAACCGCAGGAG-3′。

注 1：预期扩增目的片段大小为 175 bp(参见 A.1)。

注 2：bar-qP 为 *bar* 基因的 TaqMan 探针，其 5′端标记荧光报告基团(如 FAM、HEX 等)、3′端标记对应的淬灭基团(如 TAMRA、BHQ1 等)。

[来源：GB/T 19495.4—2018，附录 A]

5.13　***pat* 基因引物**

5.13.1　普通 PCR 方法引物：

pat-F：5′-CCGGAGAGGAGACCAGTTGAGAT-3′；

pat-R：5′-TTCCAGGGCCCAGCGTAAG-3′。

注：预期扩增目的片段大小为 227 bp(参见 A.2)。

5.13.2　实时荧光 PCR 方法引物/探针：

pat-qF：5′-GTCGACATGTCTCCGGAGAG-3′；

pat-qR：5′-GCAACCAACCAAGGGTATC-3′；

pat-qP：5′-TGGCCGCGGTTTGTGATATCGTTAA-3′。

注 1：预期扩增目的片段大小为 191 bp(参见 A.2)。

注 2：pat-qP 为 *pat* 基因的 TaqMan 探针，其 5′端标记荧光报告基团(如 FAM、HEX 等)、3′端标记对应的淬灭基团(如 TAMRA、BHQ1 等)。

[来源：GB/T 19495.4—2018，附录 A]

5.14　内标准基因引物：根据样品种类选择合适的内标准基因，确定对应的检测引物。

5.15　引物/探针溶液：用 TE 缓冲液（见 5.6）或水分别将上述引物或探针稀释到 10 μmol/L。

5.16　石蜡油。

5.17　DNA 提取试剂盒。

5.18　定性 PCR 试剂盒。

5.19　PCR 产物回收试剂盒。

5.20　实时荧光 PCR 试剂盒。

6　主要仪器和设备

6.1　分析天平：感量 0.1 g 和 0.1 mg。

6.2　PCR 扩增仪：升降温速度＞1.5 ℃/s，孔间温度差异＜1.0 ℃。

6.3　实时荧光 PCR 仪。

6.4　电泳槽、电泳仪等电泳装置。

6.5　凝胶成像系统或照相系统。

7　分析步骤

7.1　抽样

按 NY/T 672 和农业部 2031 号公告—19—2013 的规定执行。

7.2　试样制样

按 NY/T 672 和农业部 2031 号公告—19—2013 的规定执行。

7.3　试样预处理

按农业部 1485 号公告—4—2010 的规定执行。

7.4　DNA 模板制备

按农业部 1485 号公告—4—2010 的规定执行。

7.5　PCR 扩增

7.5.1　普通 PCR 方法

7.5.1.1　试样 PCR 扩增

7.5.1.1.1　内标准基因 PCR 扩增

7.5.1.1.1.1　每个试样 PCR 扩增设置 3 个平行。

7.5.1.1.1.2　根据选择的内标准基因及其 PCR 检测方法对试样进行 PCR 扩增，具体 PCR 扩增条件参考选择的内标准基因检测方法。

7.5.1.1.1.3　扩增结束后取出 PCR 管，对 PCR 扩增产物进行电泳检测。

7.5.1.1.2　*bar* 和 *pat* 基因 PCR 扩增

7.5.1.1.2.1　每个试样 PCR 扩增设置 3 个平行。

7.5.1.1.2.2　按表 1 依次加入反应试剂，混匀，分装到 PCR 管中，再加 25 μL 石蜡油（有热盖设备的 PCR 仪可不加）；也可采用经验证的、效果相当的定性 PCR 试剂盒配制反应体系。

表 1　普通 PCR 扩增体系

试剂	终浓度	体积
ddH_2O		—
10×PCR 缓冲液	1×	2.5 μL
25 mmol/L 氯化镁溶液	1.5 mmol/L	1.5 μL
dNTPs 混合溶液（各 2.5 mmol/L）	0.2 mmol/L	2.0 μL

表 1（续）

试剂	终浓度	体积
10 μmol/L 上游引物	0.2 μmol/L	0.5 μL
10 μmol/L 下游引物	0.2 μmol/L	0.5 μL
Taq DNA 聚合酶	0.05 U/μL	—
25 mg/L DNA 模板	2 mg/L	2.0 μL
总体积		25.0 μL
"—"表示体积不确定，如果 PCR 缓冲液中含有氯化镁，则不加氯化镁溶液，根据 *Taq* 酶的浓度确定其体积，并相应调整 ddH_2O 的体积，使反应体系总体积达到 25.0 μL。 在 *bar* 基因 PCR 扩增体系中，上、下游引物分别为 bar-F 和 bar-R；在 *pat* 基因 PCR 扩增体系中，上、下游引物分别为 pat-F 和 pat-R。 若采用定性 PCR 试剂盒，则按试剂盒说明书的推荐用量配制反应体系，但上下游引物用量按表 1 执行。		

7.5.1.1.2.3 将 PCR 管放在离心机上，500 *g*～3 000 *g* 离心 10 s，然后取出 PCR 管，放入 PCR 仪中。

7.5.1.1.2.4 进行 PCR 扩增。反应程序为：94 ℃变性 5 min；94 ℃变性 30 s，58 ℃退火 30 s，72 ℃延伸 30 s，共进行 35 次循环；72 ℃延伸 7 min；10 ℃保存。

7.5.1.1.2.5 反应结束后取出 PCR 管，对 PCR 扩增产物进行电泳检测。

7.5.1.2 对照 PCR 扩增

在试样 PCR 扩增的同时，应设置 PCR 阳性对照、PCR 阴性对照和 PCR 空白对照。

以与试样相同种类的非转基因植物基因组 DNA 作为阴性对照；以含有 *bar* 或 *pat* 基因的转基因植物基因组 DNA（转基因质量分数为 0.1%～1.0%）作为阳性对照；以水作为空白对照。

除模板外，对照 PCR 扩增与试样 PCR 扩增相同（见 7.5.1.1）。

7.5.1.3 PCR 产物电泳检测

按 20 g/L 的质量浓度称量琼脂糖，加入 1×TAE 缓冲液中，加热溶解，配制成琼脂糖溶液。每 100 mL琼脂糖溶液中加入 5 μL EB 溶液或适量的其他核酸染料，混匀，稍事冷却后，将其倒入电泳板上，插上梳板，室温下凝固成凝胶后，放入 1×TAE 缓冲液中，垂直向上轻轻拔去梳板。取 12 μL PCR 产物与 3 μL 加样缓冲液混合后加入凝胶点样孔，同时在其中一个点样孔中加入 DNA 分子量标准，接通电源在 2 V/cm～5 V/cm 条件下电泳检测。

7.5.1.4 凝胶成像分析

电泳结束后，取出琼脂糖凝胶，置于凝胶成像仪上成像。根据 DNA 分子量标准估计扩增条带的大小，将电泳结果形成电子文件存档或用照相系统拍照。如需通过序列分析确认 PCR 扩增片段是否为目的 DNA 片段，按照 7.5.1.5 和 7.5.1.6 的规定执行。

7.5.1.5 PCR 产物回收

按 PCR 产物回收试剂盒说明书，回收 PCR 扩增的 DNA 片段。

7.5.1.6 PCR 产物测序验证

将回收的 PCR 产物测序，与转基因植物中转入的 *bar* 或 *pat* 基因序列（参见附录 A）进行比对，确定 PCR 扩增的 DNA 片段是否为目的 DNA 片段。

7.5.2 实时荧光 PCR 方法

7.5.2.1 试样 PCR 扩增

7.5.2.1.1 内标准基因 PCR 扩增

7.5.2.1.1.1 每个试样 PCR 扩增设置 3 个平行。

7.5.2.1.1.2 根据选择的内标准基因及其 PCR 检测方法对试样进行 PCR 扩增，具体 PCR 扩增条件参考选择的内标准基因检测方法。

7.5.2.1.2 *bar* 或 *pat* 基因 PCR 扩增

7.5.2.1.2.1 每个试样 PCR 扩增设置 3 个平行。

7.5.2.1.2.2　按表 2 依次加入反应试剂，混匀，分装到 PCR 管中。也可采用经验证的、效果相当的实时荧光 PCR 试剂盒配制反应体系。

表 2　实时荧光 PCR 扩增体系

试剂	终浓度	体积
ddH_2O		—
10×PCR 缓冲液	1×	2.0 μL
25 mmol/L 氯化镁溶液	2.5 mmol/L	2.0 μL
dNTPs 混合溶液(各 2.5 mmol/L)	0.2 mmol/L	1.6 μL
10 μmol/L 上游引物	0.4 μmol/L	0.8 μL
10 μmol/L 下游引物	0.4 μmol/L	0.8 μL
10 μmol/L 探针	0.2 μmol/L	0.4 μL
Taq DNA 聚合酶	0.04 U/μL	—
25 mg/L DNA 模板	2.5 mg/L	2.0 μL
总体积		20.0 μL
"—"表示体积不确定。如果 PCR 缓冲液中含有氯化镁，则不加氯化镁溶液，根据 *Taq* 酶的浓度确定其体积，并相应调整 ddH_2O 的体积，使反应体系总体积达到 20.0 μL。 在 *bar* 基因 PCR 扩增体系中，上、下游引物和探针分别为 bar-qF、bar-qR 和 bar-qP；在 *pat* 基因 PCR 扩增体系中，上、下游引物和探针分别为 pat-qF、pat-qR 和 pat-qP。 若采用实时荧光 PCR 试剂盒，则按试剂盒说明书的推荐用量配制反应体系，但上下游引物及探针用量按表 2 执行。		

7.5.2.1.2.3　将 PCR 管放在离心机上，500 *g*～3 000 *g* 离心 10 s，然后取出 PCR 管，放入实时荧光 PCR 仪中。

7.5.2.1.2.4　运行实时荧光 PCR 扩增。反应程序为 95 ℃变性 5 min；95 ℃变性 15 s，60 ℃退火延伸 60 s，共进行 40 个循环；在第二阶段的退火延伸(60 ℃)时段收集荧光信号。

注：可根据仪器和试剂要求将反应参数作适当调整。

7.5.2.2　对照 PCR 扩增

在试样 PCR 扩增的同时，应设置 PCR 阳性对照、PCR 阴性对照和 PCR 空白对照。

以与试样相同种类的非转基因植物基因组 DNA 作为阴性对照；以含有 *bar* 或 *pat* 基因的转基因植物基因组 DNA(转基因质量分数为 0.1%～1.0%)作为阳性对照；以水作为空白对照。

除模板外，对照 PCR 扩增与试样 PCR 扩增相同(见 7.5.2.1)。

8　结果分析与表述

8.1　普通 PCR 方法

8.1.1　对照检测结果分析

在 PCR 扩增中，阳性对照内标准基因及 *bar* 或 *pat* 基因均得到扩增，且扩增片段大小与预期片段大小一致；而阴性对照仅扩增出内标准基因片段；空白对照没有扩增片段，表明 PCR 扩增体系正常工作。否则，重新检测。

8.1.2　样品检测结果分析和表述

8.1.2.1　*bar* 基因检测结果分析和表述

8.1.2.1.1　试样内标准基因和 *bar* 基因均得到扩增，表明样品中检测出 *bar* 基因，表述为"样品中检测出 *bar* 基因成分，检测结果为阳性"。

8.1.2.1.2　试样内标准基因得到扩增，但 *bar* 基因未得到扩增，表明样品中未检测出 *bar* 基因，表述为"样品中未检测出 *bar* 基因成分，检测结果为阴性"。

8.1.2.1.3　试样内标准基因未得到扩增，表明样品中未检测出对应植物成分，表述为"样品中未检测出对应植物基因组 DNA 成分"。

8.1.2.2 ***pat* 基因检测结果分析和表述**

8.1.2.2.1 试样内标准基因和 *pat* 基因均得到扩增,表明样品中检测出 *pat* 基因,表述为"样品中检测出 *pat* 基因成分,检测结果为阳性"。

8.1.2.2.2 试样内标准基因得到扩增,但 *pat* 基因未得到扩增,表明样品中未检测出 *pat* 基因,表述为"样品中未检测出 *pat* 基因成分,检测结果为阴性"。

8.1.2.2.3 试样内标准基因未得到扩增,表明样品中未检测出对应植物成分,表述为"样品中未检测出对应植物基因组 DNA 成分"。

8.2 实时荧光 PCR 方法

8.2.1 基线与阈值的设定

实时荧光 PCR 扩增结束后,以 PCR 扩增刚好进入指数期来设置荧光信号阈值,并根据仪器噪声情况进行调整。

8.2.2 对照检测结果分析

在 PCR 扩增中,阳性对照内标准基因及 *bar* 或 *pat* 基因均出现典型扩增曲线且 *Ct* 值小于或等于 36;阴性对照仅内标准基因出现典型扩增曲线且 *Ct* 值小于或等于 36;空白对照无典型扩增曲线,表明 PCR 扩增体系正常工作。否则,重新检测。

8.2.3 样品检测结果分析和表述

8.2.3.1 ***bar* 基因检测结果分析和表述**

8.2.3.1.1 试样内标准基因出现典型扩增曲线且 *Ct* 值小于或等于 36,*bar* 基因出现典型扩增曲线且 *Ct* 值小于或等于 36,表明样品中检测出 *bar* 基因,表述为"样品中检测出 *bar* 基因成分,检测结果为阳性"。

8.2.3.1.2 试样内标准基因出现典型扩增曲线且 *Ct* 值小于或等于 36,但 *bar* 基因无典型扩增曲线或 *Ct* 值大于 36,表明样品中未检测出 *bar* 基因,表述为"样品中未检测出 *bar* 基因成分,检测结果为阴性"。

8.2.3.1.3 试样内标准基因未出现典型扩增曲线或 *Ct* 值大于 36,表明样品中未检测出对应植物成分,表述为"样品中未检测出对应植物基因组 DNA 成分"。

8.2.3.2 ***pat* 基因检测结果分析和表述**

8.2.3.2.1 试样内标准基因出现典型扩增曲线且 *Ct* 值小于或等于 36,*pat* 基因出现典型扩增曲线且 *Ct* 值小于或等于 36,表明样品中检测出 *pat* 基因,表述为"样品中检测出 *pat* 基因成分,检测结果为阳性"。

8.2.3.2.2 试样内标准基因出现典型扩增曲线且 *Ct* 值小于或等于 36,但 *pat* 基因无典型扩增曲线或 *Ct* 值大于 36,表明样品中未检测出 *pat* 基因,表述为"样品中未检测出 *pat* 基因成分,检测结果为阴性"。

8.2.3.2.3 试样内标准基因未出现典型扩增曲线或 *Ct* 值大于 36,表明样品中未检测出对应植物成分,表述为"样品中未检测出对应植物基因组 DNA 成分"。

注:3 个 PCR 平行扩增结果出现不一致的,应重做 PCR 扩增样品 2 次,最终以多数结果为准。

9 检出限

普通 PCR 方法和实时荧光 PCR 方法的检出限均为 0.1%(含靶序列样品 DNA/总样品 DNA)。

注:本文件的检出限是在 PCR 扩增体系中加入 50 ng DNA 模板进行测算的。

附 录 A
（资料性）
***bar* 和 *pat* 基因特异性序列**

A.1 *bar* 基因特异性序列

1 ACAAGCACGG TCAACTTCCG TA CCGAGCCG CAGGAACCGC AGGAG TGGAC GGACGACCTC

61 GTCCGTCTGC GGGAGCGCTA TCCCTGGCTC GTCGCCGAGG TGGACGGCGA GGTCGCCGGC

121 ATCGCCTACG CGGGCCCCTG GAAGGCACGC AACGCCTACG ACTGGACGGC CGAGT

注 1：序列方向为 5′～3′。

注 2：5′端下划线部分为普通 PCR 方法和实时荧光 PCR 方法上游引物序列，3′端下划线部分为普通 PCR 方法和实时荧光 PCR 方法下游引物的反向互补序列，方框内部分为实时荧光 PCR 方法探针序列。

A.2 *pat* 基因特异性序列

1 *GTCGACATGT CTCCGGAGAG* GAGACCAGTT GAGATTAGGC CAGCTACAGC AGCTGATATG

61 GCCGCGGTTT GTGATATCGT TAACCATTAC ATTGAGACGT CTACAGTGAA CTTTAGGACA

121 GAGCCACAAA CACCACAAGA GTGGATTGAT GATCTAGAGA GGTTGCAAGA TA*GATACCCT*

181 *TGGTTGGTTG* CTGAGGTTGA GGGTGTTGTG GCTGGTATTG CTTACGCTGG GCCCTGGAA

注 1：序列方向为 5′～3′。

注 2：5′端下划线部分为普通 PCR 方法上游引物序列，3′端下划线部分为普通 PCR 方法下游引物的反向互补序列；5′端斜体部分为实时荧光 PCR 方法上游引物序列，3′端斜体部分为实时荧光 PCR 方法下游引物的反向互补序列，方框内部分为实时荧光 PCR 方法探针序列。

ICS 65.020.01
CCS B 04

中华人民共和国国家标准

农业农村部公告第628号—9—2022

转基因植物及其产品成分检测 大豆常见转基因成分筛查

Detection of genetically modified plants and derived products—Screening of common genetically modified components in soybean

2022-12-19 发布 2023-03-01 实施

中华人民共和国农业农村部 发布

前　言

本文件按照 GB/T 1.1—2020《标准化工作导则　第 1 部分：标准化文件的结构和起草规则》的规定起草。

请注意本文件的某些内容可能涉及专利。本文件的发布机构不承担识别专利的责任。

本文件由中华人民共和国农业农村部提出。

本文件由全国农业转基因生物安全管理标准化技术委员会归口。

本文件起草单位：农业农村部科技发展中心、山西农业大学。

本文件主要起草人：高建华、张秀杰、史宗勇、陈子言、刘璇、许冬梅、张雨琪、李夏莹、梁晋刚、王颢潜、郭俊佩、赵娟丽。

转基因植物及其产品成分检测
大豆常见转基因成分筛查

1 范围

本文件规定了大豆中常见转基因成分的定性筛查方法。

本文件适用于 16 种转基因大豆转化体(见附录 A)及其加工产品中常见转基因成分(*CaMV* 35S 启动子、*NOS* 终止子、*pat* 基因、*cry1Ac* 基因和 *E9* 终止子)的定性筛查。

2 规范性引用文件

下列文件中的内容通过文中的规范性引用而构成本文件必不可少的条款。其中,注日期的引用文件,仅该日期对应的版本适用于本文件;不注日期的引用文件,其最新版本(包括所有的修改单)适用于本文件。

农业部 1485 号公告—4—2010 转基因植物及其产品成分检测 DNA 提取和纯化

农业部 2031 号公告—19—2013 转基因植物及其产品成分检测 抽样

NY/T 672 转基因植物及其产品检测 通用要求

3 术语和定义

下列术语和定义适用于本文件。

3.1

***Lectin* 基因 *Lectin* gene**

编码大豆凝集素 Lectin 的基因,本文件中作为大豆内标准基因。

3.2

***CaMV* 35S 启动子 35S promoter from cauliflower mosaic virus**

来自花椰菜花叶病毒(cauliflower mosaic virus,CaMV)的 35S 启动子。

3.3

***NOS* 终止子 terminator of nopaline synthase gene**

来自胭脂碱合成酶(nopaline synthase)基因的终止子。

3.4

***pat* 基因 phosphinothricin acetyltransferase gene**

来源于绿产色链霉菌(*Streptomyces viridochromogenes*),编码膦丝菌素乙酰转移酶(phosphinothricin acetyltransferase,PAT)。

3.5

***cry1Ac* 基因 *cry1Ac* gene**

编码苏云金芽孢杆菌(*Bacillus thuringiensis*)cry1Ac 杀虫晶体蛋白的基因。

3.6

***E9* 终止子 terminator of ribulose-1,5-biphosphate carboxylase small subunit**

来自豌豆核酮糖 1,5-二磷酸羧化酶小亚基(ribulose-1,5-biphosphate carboxylase small subunit)基因的 3′端终止序列。

4 原理

依据 16 种转基因大豆转化体中常见的 5 种调控元件和基因序列,选择特异性引物及探针,对试样进行

PCR 扩增。依据是否扩增获得预期的 DNA 片段或典型扩增曲线，判断样品中是否含有相应的转基因成分。

5 试剂和材料

除非另有说明，仅使用分析纯试剂和重蒸馏水。

5.1 琼脂糖。

5.2 10 g/L 溴化乙锭(EB)溶液：称取 1.0 g 溴化乙锭，溶解于 100 mL 水中，避光保存。

警告——溴化乙锭有致癌作用，配制和使用时应戴一次性手套操作并妥善处理废弃物。

注：根据需要可选择其他效果相当的核酸染料代替溴化乙锭作为核酸电泳的染色剂。

5.3 10 mol/L 氢氧化钠(NaOH)溶液：在 160 mL 水中加入 80.0 g 氢氧化钠，溶解后，冷却至室温，再加水定容至 200 mL。

5.4 500 mmol/L 乙二胺四乙酸二钠($EDTA\text{-}Na_2$)溶液(pH 8.0)：称取 18.6 g 乙二胺四乙酸二钠，加入 70 mL 水中，缓慢滴加氢氧化钠溶液(见 5.3)直至 $EDTA\text{-}Na_2$ 完全溶解，用氢氧化钠溶液(见 5.3)调 pH 至 8.0，加水定容至 100 mL。在 103.4 kPa(121 ℃)条件下灭菌 20 min。

5.5 1 mol/L 三羟甲基氨基甲烷-盐酸(Tris-HCl)溶液(pH 8.0)：称取 121.1 g 三羟甲基氨基甲烷溶解于 800 mL 水中，用盐酸调 pH 至 8.0，加水定容至 1 000 mL。在 103.4 kPa(121 ℃)条件下灭菌 20 min。

5.6 TE 缓冲液(pH 8.0)：分别量取 10 mL 三羟甲基氨基甲烷-盐酸溶液(见 5.5)和 2 mL 乙二胺四乙酸二钠溶液(见 5.4)，加水定容至 1 000 mL。在 103.4 kPa(121 ℃)条件下灭菌 20 min。

5.7 50×TAE 缓冲液：称取 242.2 g 三羟甲基氨基甲烷(Tris)，先用 500 mL 水加热搅拌溶解后，加入 100 mL 乙二胺四乙酸二钠溶液(见 5.4)，用冰乙酸调 pH 至 8.0，然后加水定容至 1 000 mL。使用时用水稀释成 1×TAE。

5.8 加样缓冲液：称取 250.0 mg 溴酚蓝，加入 10 mL 水，在室温下溶解 12 h；称取 250.0 mg 二甲基苯腈蓝，加 10 mL 水溶解；称取 50.0 g 蔗糖，加 30 mL 水溶解。混合以上 3 种溶液，加水定容至 100 mL，在 4 ℃下保存。

5.9 DNA 分子量标准：可以清楚区分 100 bp～1 000 bp 的 DNA 片段。

5.10 dNTPs 混合溶液：将浓度为 10 mmol/L 的 dATP、dTTP、dGTP、dCTP 4 种脱氧核糖核苷酸溶液等体积混合。

5.11 *Taq* DNA 聚合酶、PCR 扩增缓冲液及 25 mmol/L 氯化镁($MgCl_2$)溶液。

5.12 普通 PCR 方法引物

检测参数的普通 PCR 方法引物序列及目的片段大小见表 1。

表 1 普通 PCR 方法引物组合信息表

检测参数	引物	序列(5′-3′)	目的片段大小，bp
Lectin 基因	Lectin-F	GGGTGAGGATAGGGTTCTCTG	210
	Lectin-R	GCGATCGAGTAGTGAGAGTCG	
CaMV 35S 启动子	PCaMV35S-F	GCTCCTACAAATGCCATCATTGC	195
	PCaMV35S-R	GATAGTGGGATTGTGCGTCATCCC	
NOS 终止子	TNOS-F	GAATCCTGTTGCCGGTCTTG	180
	TNOS-R	TTATCCTAGTTTGCGCGCTA	
pat 基因	pat-F	CCGGAGAGGAGACCAGTTGAGAT	227
	pat-R	TTCCAGGGCCCAGCGTAAG	
cry1Ac 基因	cry1Ac-F	GAAGGTTTGAGCAATCTCTAC	301
	cry1Ac-R	CGATCAGCCTAGTAAGGTCGT	
E9 终止子	Te9-F	CGCACACACCAGAATCCTACTGA	285
	Te9-R	AGGCCACGATTTGACACA	

5.13 实时荧光 PCR 方法引物和探针

检测参数的实时荧光 PCR 方法引物/探针序列及目的片段大小见表 2，探针 5′端标记荧光报告基团

(如 FAM、HEX 等),3′端标记对应的淬灭基团(如 TAMRA、BHQ1 等)。

表 2 实时荧光 PCR 方法引物/探针信息表

检测参数	引物/探针	序列(5′-3′)	目的片段大小,bp
Lectin 基因	Lectin-qF	GCCCTCTACTCCACCCCCA	118
	Lectin-qR	GCCCATCTGCAAGCCTTTTT	
	Lectin-qP	AGCTTCGCCGCTTCCTTCAACTTCAC	
*CaMV*35S 启动子	PCaMV35S-qF	CGACAGTGGTCCCAAAGA	74
	PCaMV35S-qR	AAGACGTGGTTGGAACGTCTTC	
	PCaMV35S-qP	TGGACCCCCACCCACGAGGAGCATC	
NOS 终止子	TNOS-qF	ATCGTTCAAACATTTGGCA	165
	TNOS-qR	ATTGCGGGACTCTAATCATA	
	TNOS-qP	CATCGCAAGACCGGCAACAGG	
pat 基因	pat-qF	GTCGACATGTCTCCGGAGAG	191
	pat-qR	GCAACCAACCAAGGGTATC	
	pat-qP	TGGCCGCGGTTTGTGATATCGTTAA	
cry1Ac 基因	cry1Ac-qF	GACCCTCACAGTTTTGGACATTG	93
	cry1Ac-qR	ATTTCTCTGGTAAGTTGGGACACT	
	cry1Ac-qP	TCCCGAACTATGACTCCAGAACCTACCCTATCC	
E9 终止子	Te9-qF	TCTTGTACCATTTGTTGTGCTTGT	108
	Te9-qR	GGACCATATCATTCATTAACTCTTCTCC	
	Te9-qP	CGGTTTTCGCTATCGAACTGTGAAATGGAAATGG	

5.14 引物/探针溶液:用 TE 缓冲液(见 5.6)或水分别将上述引物或探针稀释到 10 μmol/L。

5.15 石蜡油。

5.16 DNA 提取试剂盒。

5.17 定性 PCR 试剂盒。

5.18 PCR 产物回收试剂盒。

5.19 实时荧光 PCR 试剂盒。

6 主要仪器和设备

6.1 分析天平:感量 0.1 g 和 0.1 mg。

6.2 PCR 扩增仪:升降温速度>1.5 ℃/s,孔间温度差异<1.0 ℃。

6.3 实时荧光 PCR 仪。

6.4 电泳槽、电泳仪等电泳装置。

6.5 凝胶成像系统或照相系统。

7 操作步骤

7.1 抽样

按 NY/T 672 和农业部 2031 号公告—19—2013 的规定执行。

7.2 试样制备

按 NY/T 672 和农业部 2031 号公告—19—2013 的规定执行。

7.3 试样预处理

按农业部 1485 号公告—4—2010 的规定执行。

7.4 DNA 模板制备

按农业部 1485 号公告—4—2010 的规定执行。

7.5 PCR 扩增

7.5.1 普通 PCR 方法

7.5.1.1 试样 PCR 扩增

7.5.1.1.1 每个试样 PCR 扩增设置 3 个平行。

7.5.1.1.2 按表 3 依次加入反应试剂，混匀，分装到 PCR 管中，再加 25 μL 石蜡油(有热盖功能的 PCR 仪可不加)。也可采用经验证的、效果相当的定性 PCR 试剂盒配制反应体系。

表 3 普通 PCR 扩增体系

试剂	终浓度	体积
ddH_2O		—
10×PCR 缓冲液	1×	2.5 μL
25 mmol/L 氯化镁溶液	1.5 mmol/L	1.5 μL
dNTPs 混合溶液(各 2.5 mmol/L)	0.2 mmol/L	2.0 μL
10 μmol/L 上游引物	0.4 μmol/L	1.0 μL
10 μmol/L 下游引物	0.4 μmol/L	1.0 μL
Taq DNA 聚合酶	0.05 U/μL	—
25 mg/L DNA 模板	2.0 mg/L	2.0 μL
总体积		25.0 μL
"—"表示体积不确定，如果 PCR 缓冲液中含有氯化镁，则不加氯化镁溶液，根据 *Taq* 酶的浓度确定其体积，并相应调整 ddH_2O 的体积，使反应体系总体积达到 25.0 μL。 若采用定性 PCR 试剂盒，则按试剂盒说明书的推荐用量配制反应体系，但上下游引物用量按表 3 执行。		

7.5.1.1.3 将 PCR 管放在离心机上，500 g～3 000 g 离心 10 s，然后取出 PCR 管，放入 PCR 仪中。

7.5.1.1.4 进行 PCR 扩增。反应程序为：94 ℃变性 5 min；94 ℃变性 30 s，58 ℃退火 30 s，72 ℃延伸 30 s，共进行 35 次循环；72 ℃延伸 7 min；10 ℃保存。

7.5.1.1.5 反应结束后取出 PCR 管，对 PCR 扩增产物进行电泳检测。

7.5.1.2 对照 PCR 扩增

在试样 PCR 扩增的同时，应设置 PCR 阳性对照、PCR 阴性对照和 PCR 空白对照。

以含有对应调控元件或基因的质量分数为 0.1%～1.0%的大豆基因组 DNA(或采用对应调控元件或基因与非转基因大豆基因组相比拷贝数分数为 0.1%～1.0%的 DNA 溶液)为阳性对照；以非转基因大豆基因组 DNA 作为阴性对照；以水作为空白对照。

除模板外，对照 PCR 扩增与试样 PCR 扩增相同(见 7.5.1.1)。

7.5.1.3 PCR 产物电泳检测

按 20 g/L 的质量浓度称量琼脂糖，加入 1×TAE 缓冲液中，加热溶解，配制成琼脂糖溶液。每 100 mL琼脂糖溶液中加入 5 μL EB 溶液或适量的其他核酸染料，混匀，稍事冷却后，将其倒入电泳板上，插上梳板，室温下凝固成凝胶后，放入 1×TAE 缓冲液中，垂直向上轻轻拔去梳板。取 12 μL PCR 产物与 3 μL 加样缓冲液混合后加入凝胶点样孔，同时在其中一个点样孔中加入 DNA 分子量标准，接通电源在 2 V/cm～5 V/cm 条件下电泳检测。

7.5.1.4 凝胶成像分析

电泳结束后，取出琼脂糖凝胶，置于凝胶成像仪上成像。根据 DNA 分子量标准估计扩增条带的大小，将电泳结果形成电子文件存档或用照相系统拍照。如需通过序列分析确认 PCR 扩增片段是否为目的 DNA 片段，按照 7.5.1.5 和 7.5.1.6 的规定执行。

7.5.1.5 PCR 产物回收

按 PCR 产物回收试剂盒说明书，回收 PCR 扩增的 DNA 片段。

7.5.1.6 PCR 产物测序验证

将回收的 PCR 产物测序，与对应调控元件或基因的序列(参见附录 B)进行比对，确定 PCR 扩增的

DNA 片段是否为目的 DNA 片段。

7.5.2 **实时荧光 PCR 方法**

7.5.2.1 **试样 PCR 扩增**

7.5.2.1.1 每个试样 PCR 扩增设置 3 个平行。

7.5.2.1.2 按表 4 依次加入反应试剂,混匀,分装的 PCR 管。也可采用经验证的、效果相当的实时荧光 PCR 试剂盒配制反应体系。

表 4 实时荧光 PCR 扩增体系

试剂	终浓度	体积
ddH_2O		—
10×PCR 缓冲液	1×	2.0 μL
25 mmol/L 氯化镁溶液	2.5 mmol/L	2.0 μL
dNTPs 混合溶液(各 2.5 mmol/L)	0.2 mmol/L	1.6 μL
10 μmol/L 上游引物	0.4 μmol/L	0.8 μL
10 μmol/L 下游引物	0.4 μmol/L	0.8 μL
10 μmol/L 探针	0.2 μmol/L	0.4 μL
Taq DNA 聚合酶	0.04 U/μL	—
25 mg/L DNA 模板	2.5 mg/L	2.0 μL
总体积		20.0 μL
"—"表示体积不确定。如果 PCR 缓冲液中含有氯化镁,则不加氯化镁溶液,根据 *Taq* 酶的浓度确定其体积,并相应调整 ddH_2O 的体积,使反应体系总体积达到 20.0 μL。 若采用实时荧光 PCR 试剂盒,则按试剂盒说明书的推荐用量配制反应体系,但上下游引物用量按表 4 执行。		

7.5.2.1.3 将 PCR 管放在离心机上,500 *g*~3 000 *g* 离心 10 s,然后取出 PCR 管,放入实时荧光 PCR 仪中。

7.5.2.1.4 进行实时荧光 PCR 扩增。反应程序为 95 ℃变性 5 min;95 ℃变性 15 s,60 ℃退火延伸 60 s,共进行 40 个循环;在第二阶段的退火延伸(60 ℃)时段收集荧光信号。

注:可根据仪器和试剂要求将反应参数作适当调整。

7.5.2.2 **对照 PCR 扩增**

在试样 PCR 扩增的同时,应设置 PCR 阳性对照、PCR 阴性对照和 PCR 空白对照。

以含有对应调控元件或基因的质量分数为 0.1%~1.0%的大豆基因组 DNA(或采用对应调控元件或基因与非转基因大豆基因组相比拷贝数分数为 0.1%~1.0%的 DNA 溶液)为阳性对照;以非转基因大豆基因组 DNA 作为阴性对照;以水作为空白对照。

除模板外,对照 PCR 扩增与试样 PCR 扩增相同(见 7.5.2.1)。

8 结果分析与表述

8.1 普通 PCR 方法

8.1.1 **对照检测结果分析**

PCR 扩增中,阳性对照内标准基因及对应调控元件和基因均得到扩增,且扩增片段大小与预期片段大小一致;阴性对照仅扩增出大豆内标准基因片段;空白对照没有扩增片段,表明 PCR 扩增体系正常工作。否则,重新检测。

8.1.2 **样品检测结果分析和表述**

8.1.2.1 试样大豆内标准基因扩增出预期大小的片段,对应调控元件或基因 *CaMV* 35S 启动子、*NOS* 终止子、*pat* 基因、*cry1Ac* 基因、*E9* 终止子中任何一个扩增出预期大小的片段,表明样品中检测出调控元件或基因,表述为"样品中检测出×××(*CaMV* 35S 启动子、*NOS* 终止子、*pat* 基因、*cry1Ac* 基因、*E9* 终止子)成分,检测结果为阳性"。

8.1.2.2 试样大豆内标准基因扩增出预期大小的片段,但对应调控元件或基因 *CaMV* 35S 启动子、*NOS*

终止子、*pat* 基因、*cry1Ac* 基因和 *E9* 终止子均未扩增出预期大小的片段，表明样品中未检测出调控元件或基因，表述为“样品中未检测出 *CaMV* 35S 启动子、*NOS* 终止子、*pat* 基因、*cry1Ac* 基因和 *E9* 终止子成分，检测结果为阴性”。

8.1.2.3　试样大豆内标准基因未扩增出预期大小的片段，表明样品中未检出大豆成分，结果表述为“样品中未检测出大豆基因组 DNA 成分”。

8.2　实时荧光 PCR 方法

8.2.1　基线与阈值的设定

实时荧光 PCR 扩增结束后，以 PCR 扩增刚好进入指数期来设置荧光信号阈值，并根据仪器噪声情况进行调整。

8.2.2　对照检测结果分析

PCR 扩增中，阳性对照内标准基因及对应调控元件和基因出现典型扩增曲线且 *Ct* 值小于或等于 36；阴性对照仅大豆内标准基因出现典型扩增曲线且 *Ct* 值小于或等于 36；空白对照无典型扩增曲线，表明 PCR 扩增体系正常工作。否则，重新检测。

8.2.3　样品检测结果分析和表述

8.2.3.1　试样大豆内标准基因出现典型扩增曲线且 *Ct* 值小于或等于 36，对应调控元件或基因 *CaMV* 35S 启动子、*NOS* 终止子、*pat* 基因、*cry1Ac* 基因、*E9* 终止子中任何一个出现典型扩增曲线且 *Ct* 值小于或等于 36，表明样品中检测出调控元件或基因，表述为“样品中检测出×××（*CaMV* 35S 启动子、*NOS* 终止子、*pat* 基因、*cry1Ac* 基因、*E9* 终止子）成分，检测结果为阳性”。

8.2.3.2　试样大豆内标准基因出现典型扩增曲线且 *Ct* 值小于或等于 36，对应调控元件或基因 *CaMV* 35S 启动子、*NOS* 终止子、*pat* 基因、*cry1Ac* 基因和 *E9* 终止子均未出现典型扩增曲线或 *Ct* 值大于 36，表明样品中未检测出调控元件或基因，表述为“样品中未检测出 *CaMV* 35S 启动子、*NOS* 终止子、*pat* 基因、*cry1Ac* 基因和 *E9* 终止子成分，检测结果为阴性”。

8.2.3.3　试样大豆内标准基因未出现典型扩增曲线或 *Ct* 值大于 36，表明样品中未检出大豆成分，表述为“样品中未检测出大豆基因组 DNA 成分”。

注 1：3 个平行的 PCR 扩增结果出现不一致的，应重做 PCR 扩增样品 2 次，最终以多数结果为准。

注 2：×××为相应检测参数的名称。

9　检出限

9.1　普通 PCR 方法的检出限为 0.1%（含靶序列样品 DNA/总样品 DNA）。

9.2　实时荧光 PCR 方法的检出限为 0.1%（含靶序列样品 DNA/总样品 DNA）。

注：本文件的检出限是在 PCR 检测反应体系中加入 50 ng DNA 模板进行测算的。

10　覆盖的转化体信息

本文件方法中检测参数覆盖的转化体信息见附录 C。

附 录 A
（规范性）
本文件适用的大豆转化体

本文件适用的大豆转化体见表 A.1。

表 A.1 本文件适用的大豆转化体

序号	转化体名称
1	A2704-12
2	A5547-127
3	DAS-444Ø6-6
4	DAS-81419-2
5	DBN-Ø9ØØ4-6
6	FG72
7	GTS40-3-2
8	MON87701
9	MON87705
10	MON87708
11	MON87751
12	MON87769
13	MON89788
14	SHZD3201
15	SYHT0H2
16	中黄 6106

附 录 B
(资料性)
PCR 产物扩增序列

B.1 *Lectin* 基因普通 PCR 产物序列

1 GGGTGAGGAT AGGGTTCTCT GCTGCCACGG GACTCGACAT ACCTGGGGAA TCGCATGACG
61 TGCTTTCTTG GTCTTTTGCT TCCAATTTGC CACACGCTAG CAGTAACATT GATCCTTTGG
121 ATCTTACAAG GTTTGTGTTG CATGAGGCCA TCTAAATGTG ACAGATCGAA GGAAGAAAGT
181 GTAATAAGAC GACTCTCACT ACTCGATCGC

B.2 *Lectin* 基因实时荧光 PCR 产物序列

1 GCCCTCTACT CCACCCCCAT CCACATTTGG GACAAAGAAA CCGGTAGCGT TGCCAGCTTC
61 GCCGCTTCCT TCAACTTCAC CTTCTATGCC CCTGACACAA AAAGGCTTGC AGATGGGC

B.3 *CaMV* 35S 启动子普通 PCR 产物序列

1 GCTCCTACAA ATGCCATCAT TGCGATAAAG GAAAGGCTAT CATTCAAGAT GCCTCTGCCG
61 ACAGTGGTCC CAAAGATGGA CCCCCACCCA CGAGGAGCAT CGTGGAAAAA GAAGACGTTC
121 CAACCACGTC TTCAAAGCAA GTGGATTGAT GTGACATCTC CACTGACGTA AGGGATGACG
181 CACAATCCCA CTATC

B.4 *CaMV* 35S 启动子实时荧光 PCR 产物序列

1 CGACAGTGGT CCCAAAGATG GACCCCCACC CACGAGGAGC ATCGTGGAAA AAGAAGACGT
61 TCCAACCACG TCTT

B.5 *NOS* 终止子普通 PCR 产物序列

1 GAATCCTGTT GCCGGTCTTG CGATGATTAT CATATAATTT CTGTTGAATT ACGTTAAGCA
61 TGTAATAATT AACATGTAAT GCATGACGTT ATTTATGAGA TGGGTTTTTA TGATTAGAGT
121 CCCGCAATTA TACATTTAAT ACGCGATAGA AAACAAAATA TAGCGCGCAA ACTAGGATAA

B.6 *NOS* 终止子实时荧光 PCR 产物序列

1 ATCGTTCAAA CATTTGGCAA TAAAGTTTCT TAAGATTGAA TCCTGTTGCC GGTCTTGCGA
61 TGATTATCAT ATAATTTCTG TTGAATTACG TTAAGCATGT AATAATTAAC ATGTAATGCA
121 TGACGTTATT TATGAGATGG GTTTTTATGA TTAGAGTCCC GCAAT

B.7 *pat* 基因普通 PCR 产物序列

1 CCGGAGAGGA GACCAGTTGA GATTAGGCCA GCTACAGCAG CTGATATGGC CGCGGTTTGT
61 GATATCGTTA ACCATTACAT TGAGACGTCT ACAGTGAACT TTAGGACAGA GCCACAAACA
121 CCACAAGAGT GGATTGATGA TCTAGAGAGG TTGCAAGATA GATACCCTTG GTTGGTTGCT
181 GAGGTTGAGG GTGTTGTGGC TGGTATTGCT TACGCTGGGC CCTGGAA

B.8 *pat* 基因实时荧光 PCR 产物序列

1 GTCGACATGT CTCCGGAGAG GAGACCAGTT GAGATTAGGC CAGCTACAGC AGCTGATATG
61 GCCGCGGTTT GTGATATCGT TAACCATTAC ATTGAGACGT CTACAGTGAA CTTTAGGACA
121 GAGCCACAAA CACCACAAGA GTGGATTGAT GATCTAGAGA GGTTGCAAGA TAGATACCCT

181 TGGTTGGTTG C

B.9 *cry1Ac* 基因普通 PCR 产物序列

1 GAAGGTTTGA GCAATCTCTA CCAAATCTAT GCAGAGAGCT TCAGAGAGTG GGAAGCCGAT
61 CCTACTAACC CAGCTCTCCG CGAGGAAATG CGTATTCAAT TCAACGACAT GAACAGCGCC
121 TTGACCACAG CTATCCCATT GTTCGCAGTC CAGAACTACC AAGTTCCTCT CTTGTCCGTG
181 TACGTTCAAG CAGCTAATCT TCACCTCAGC GTGCTTCGAG ACGTTAGCGT GTTTGGGCAA
241 AGGTGGGGAT TCGATGCTGC AACCATCAAT AGCCGTTACA ACGACCTTAC TAGGCTGATC
301 G

B.10 *cry1Ac* 基因实时荧光 PCR 产物序列

1 GACCCTCACA GTTTTGGACA TTGTGTCTCT CTTCCCGAAC TATGACTCCA GAACCTACCC
61 TATCCGTACA GTGTCCCAAC TTACCAGAGA AAT

B.11 *E9* 终止子普通 PCR 产物序列

1 CGCACACACC AGAATCCTAC TGAGTTTGAG TATTATGGCA TTGGGAAAAC TGTTTTTCTT
61 GTACCATTTG TTGTGCTTGT AATTTACTGT GTTTTTTATT CGGTTTTCGC TATCGAACTG
121 TGAAATGGAA ATGGATGGAG AAGAGTTAAT GAATGATATG GTCCTTTTGT TCATTCTCAA
181 ATTAATATTA TTTGTTTTTT CTCTTATTTG TTGTGTGTTG AATTTGAAAT TATAAGAGAT
241 ATGCAAACAT TTTGTTTTGA GTAAAAATGT GTCAAATCGT GGCCT

B.12 *E9* 终止子实时荧光 PCR 产物序列

1 TCTTGTACCA TTTGTTGTGC TTGTAATTTA CTGTGTTTTT TATTCGGTTT TCGCTATCGA
61 ACTGTGAAAT GGAAATGGAT GGAGAAGAGT TAATGAATGA TATGGTCC

注 1:序列方向为 5′-3′。

注 2:5′ 端划线部分为上游引物序列,3′ 端划线部分为下游引物的反向互补序列,中间波浪线部分为实时荧光 PCR 方法的探针序列或探针的反向互补序列。

附 录 C
(资料性)
本文件中检测参数覆盖的转化体信息

本文件中检测参数覆盖的转化体信息见表 C.1。

表 C.1 本文件中检测参数覆盖的转化体信息

元件/基因	转化体名称
CaMV 35S 启动子	A2704-12、A5547-127、DBN-Ø9ØØ4-6、GTS40-3-2、SYHT0H2、SHZD3201、中黄 6106
NOS 终止子	FG72、GTS40-3-2、SYHT0H2、中黄 6106
pat 基因	A2704-12、A5547-127、DAS-444Ø6-6、DAS-81419-2、DBN-Ø9ØØ4-6、SYHT0H2
cry1Ac 基因	MON87701、MON87751
E9 终止子	DBN-Ø9ØØ4-6、MON87705、MON87708、MON87769、MON89788

ICS 65.020.01
CCS B 04

中华人民共和国国家标准

农业农村部公告第628号—10—2022

转基因植物及其产品成分检测 油菜常见转基因成分筛查

Detection of genetically modified plants and derived products—Screening of common genetically modified components in rapeseed

2022-12-19 发布

2023-03-01 实施

中华人民共和国农业农村部 发布

前　　言

本文件按照 GB/T 1.1—2020《标准化工作导则　第 1 部分:标准化文件的结构和起草规则》的规定起草。

请注意本文件的某些内容可能涉及专利。本文件的发布机构不承担识别专利的责任。

本文件由中华人民共和国农业农村部提出。

本文件由全国农业转基因生物安全管理标准化技术委员会归口。

本文件起草单位:农业农村部科技发展中心、中国农业科学院油料作物研究所。

本文件主要起草人:武玉花、张秀杰、吴刚、陈子言、李俊、高鸿飞、李允静、肖芳、翟杉杉。

转基因植物及其产品成分检测
油菜常见转基因成分筛查

1 范围

本文件规定了油菜中常见转基因成分的定性筛查方法。

本文件适用于 11 种转基因油菜转化体(见附录 A)及其加工产品中常见转基因成分(*CaMV* 35S 启动子、*FMV* 35S 启动子、*NOS* 终止子、mCP4-*epsps* 基因、*pat* 基因和 *bar* 基因)的定性筛查。

2 规范性引用文件

下列文件中的内容通过文中的规范性引用而构成本文件必不可少的条款。其中,注日期的引用文件,仅该日期对应的版本适用于本文件;不注日期的引用文件,其最新版本(包括所有的修改单)适用于本文件。

农业部 1485 号公告—4—2010 转基因植物及其产品成分检测 DNA 提取和纯化

农业部 2031 号公告—19—2013 转基因植物及其产品成分检测 抽样

NY/T 672 转基因植物及其产品检测 通用要求

3 术语和定义

下列术语和定义适用于本文件。

3.1

***CruA* 基因 cruciferin A gene**

编码储藏蛋白芸薹素基因,在本文件中作为油菜内标准基因。

3.2

***CaMV* 35S 启动子 35S promoter from cauliflower mosaic virus**

来自花椰菜花叶病毒(cauliflower mosaic virus,CaMV)的 35S 启动子。

3.3

***FMV* 35S 启动子 35S promoter from figwort mosaic virus**

来自玄参花叶病毒(figwort mosaic virus,FMV)的 35S 启动子。

3.4

***NOS* 终止子 terminator of nopaline synthase gene**

来自胭脂碱合成酶(nopaline synthase)基因的终止子。

3.5

***m*CP 4- *epsps* 基因 modified 5-enolpyruvylshikimate-3-phosphate synthase gene**

来源于土壤农杆菌 CP4 株系,对核苷酸序列进行了偏好密码子修饰,编码 5-烯醇式丙酮酸莽草酸-3-磷酸合成酶(5-enolpyruvylshikimate-3-phosphate synthase gene)。

3.6

***bar* 基因 bialaphos resistance gene**

来源于土壤吸水链霉菌(*Streptomyces hygroscopicus*),编码膦丝菌素乙酰转移酶(phosphinothricin acetyltransferase,PAT)。

3.7

***pat* 基因 phosphinothricin acetyltransferase gene**

来源于绿产色链霉菌(*Streptomyces viridochromogenes*),编码膦丝菌素乙酰转移酶(phosphinothricin acetyltransferase,PAT)。

4 原理

依据 11 种转基因油菜转化体中常见的 6 种调控元件和基因序列,设计特异性引物及探针,对试样进行 PCR 扩增。依据是否扩增获得预期的 DNA 片段或典型扩增曲线,判断试样中是否含有相应的转基因成分。

5 试剂和材料

除非另有说明,仅使用分析纯试剂和重蒸馏水。

5.1 琼脂糖。

5.2 10 g/L 溴化乙锭(EB)溶液:称取 1.0 g 溴化乙锭,溶解于 100 mL 水中,避光保存。

警告——溴化乙锭有致癌作用,配制和使用时应戴一次性手套操作并妥善处理废弃物。

注:根据需要可选择其他效果相当的核酸染料代替溴化乙锭作为核酸电泳的染色剂。

5.3 10 mol/L 氢氧化钠(NaOH)溶液:在 160 mL 水中加入 80.0 g 氢氧化钠,溶解后,冷却至室温,再加水定容至 200 mL。

5.4 500 mmol/L 乙二胺四乙酸二钠(EDTA-Na_2)溶液(pH 8.0):称取 18.6 g 乙二胺四乙酸二钠,加入 70 mL 水中,缓慢滴加氢氧化钠溶液(见 5.3)直至 EDTA-Na_2完全溶解,用氢氧化钠溶液(见 5.3)调 pH 至 8.0,加水定容至 100 mL。在 103.4 kPa(121 ℃)条件下灭菌 20 min。

5.5 1 mol/L 三羟甲基氨基甲烷-盐酸(Tris-HCl)溶液(pH 8.0):称取 121.1 g 三羟甲基氨基甲烷溶解于 800 mL 水中,用盐酸调 pH 至 8.0,加水定容至 1 000 mL。在 103.4 kPa(121 ℃)条件下灭菌 20 min。

5.6 TE 缓冲液(pH 8.0):分别量取 10 mL 三羟甲基氨基甲烷-盐酸溶液(见 5.5)和 2 mL 乙二胺四乙酸二钠溶液(见 5.4),加水定容至 1 000 mL。在 103.4 kPa(121 ℃)条件下灭菌 20 min。

5.7 50×TAE 缓冲液:称取 242.2 g 三羟甲基氨基甲烷(Tris),先用 500 mL 水加热搅拌溶解后,加入 100 mL 乙二胺四乙酸二钠溶液(见 5.4),用冰乙酸调 pH 至 8.0,然后加水定容至 1 000 mL。使用时用水稀释成 1×TAE。

5.8 加样缓冲液:称取 250.0 mg 溴酚蓝,加入 10 mL 水,在室温下溶解 12 h;称取 250.0 mg 二甲基苯腈蓝,加 10 mL 水溶解;称取 50.0 g 蔗糖,加 30 mL 水溶解。混合以上 3 种溶液,加水定容至 100 mL,在 4 ℃下保存。

5.9 DNA 分子量标准:可以清楚区分 100 bp~1 000 bp 的 DNA 片段。

5.10 dNTPs 混合溶液:将浓度为 10 mmol/L 的 dATP、dTTP、dGTP、dCTP 4 种脱氧核糖核苷酸溶液等体积混合。

5.11 *Taq* DNA 聚合酶、PCR 扩增缓冲液及 25 mmol/L 氯化镁($MgCl_2$)溶液。

5.12 普通 PCR 方法引物

检测参数的普通 PCR 方法引物序列及目的片段大小见表 1。

表 1 普通 PCR 方法引物组合信息表

检测参数	引物	引物序列(5′-3′)	目的片段大小,bp
CruA	cruA-F	GGCCAGGGTTTCCGTGAT	150
	cruA-R	CTGGTGGCTGGCTAAATCGA	
CaMV 35S 启动子	PCaMV35S-F	GCTCCTACAAATGCCATCATTGC	195
	PCaMV35S-R	GATAGTGGGATTGTGCGTCATCCC	
FMV 35S 启动子	PFMV35S-F	AAGACATCCACCGAAGACTTA	210
	PFMV35S-R	AGGACAGCTCTTTTCCACGTT	
NOS 终止子	TNOS-F	GAATCCTGTTGCCGGTCTTG	180
	TNOS-R	TTATCCTAGTTTGCGCGCTA	

表 1（续）

检测参数	引物	引物序列(5′-3′)	目的片段大小，bp
*m*CP4-*epsps* 基因	mCP4-epspS-F	GACTTGCGTGTTCGTTCTTC	204
	mCP4-epspS-R	AACACCGTTGAGCTTGAGAC	
bar 基因	bar-F	ACAAGCACGGTCAACTTCC	175
	bar-R	ACTCGGCCGTCCAGTCGTA	
pat 基因	pat-F	CCGGAGAGGAGACCAGTTGAGAT	227
	pat-R	TTCCAGGGCCCAGCGTAAG	

5.13 实时荧光 PCR 方法引物和探针

检测参数的实时荧光 PCR 方法引物/探针序列及目的片段大小见表 2。探针 5′端标记荧光报告基团(如 FAM、HEX 等)，3′端标记对应的淬灭基团(如 TAMRA、BHQ1 等)。

表 2　实时荧光 PCR 方法引物/探针信息表

检测参数	引物/探针	引物序列(5′-3′)	目的片段大小，bp
CruA 基因	cruA-qF	GGCCAGGGTTTCCGTGAT	101
	cruA-qR	CCGTCGTTGTAGAACCATTGG	
	cruA-qP	AGTCCTTATGTGCTCCACTTTCTGGTGCA	
CaMV 35S 启动子	PCaMV35S-qF	CGACAGTGGTCCCAAAGA	74
	PCaMV35S-qR	AAGACGTGGTTGGAACGTCTTC	
	PCaMV35S-qP	TGGACCCCCACCCACGAGGAGCATC	
FMV 35S 启动子	PFMV35S-qF	AAGACATCCACCGAAGACTTA	210
	PFMV35S-qR	AGGACAGCTCTTTTCCACGTT	
	PFMV35S-qP	TGGTCCCCACAAGCCAGCTGCTCGA	
NOS 终止子	TNOS-qF	ATCGTTCAAACATTTGGCA	165
	TNOS-qR	ATTGCGGGACTCTAATCATA	
	TNOS-qP	CATCGCAAGACCGGCAACAGG	
*m*CP4-*epsps* 基因	mCP4-epspS-qF	GTACCTATGGCTTCCGCTCAAG	93
	mCP4-epspS-qR	AGTCATGATTGGCTCGATAACAGT	
	mCP4-epspS-qP	AGTCCGCTGTTCTGCTTGCTGGTCTCA	
bar 基因	bar-qF	ACAAGCACGGTCAACTTCC	175
	bar-qR	ACTCGGCCGTCCAGTCGTA	
	bar-qP	CCGAGCCGCAGGAACCGCAGGAG	
pat 基因	pat-qF	GTCGACATGTCTCCGGAGAG	191
	pat-qR	GCAACCAACCAAGGGTATC	
	pat-qP	TGGCCGCGGTTTGTGATATCGTTAA	

5.14　引物/探针溶液：用 TE 缓冲液(见 5.6)或水分别将上述引物或探针稀释到 10 μmol/L。

5.15　石蜡油。

5.16　DNA 提取试剂盒。

5.17　定性 PCR 试剂盒。

5.18　PCR 产物回收试剂盒。

5.19　实时荧光 PCR 试剂盒。

6　主要仪器和设备

6.1　分析天平：感量 0.1 g 和 0.1 mg。

6.2　PCR 扩增仪：升降温速度＞1.5 ℃/s，孔间温度差异＜1.0 ℃。

6.3　实时荧光 PCR 仪。

6.4　电泳槽、电泳仪等电泳装置。

6.5 凝胶成像系统或照相系统。

7 操作步骤

7.1 抽样

按 NY/T 672 和农业部 2031 号公告—19—2013 的规定执行。

7.2 试样制备

按 NY/T 672 和农业部 2031 号公告—19—2013 的规定执行。

7.3 试样预处理

按农业部 1485 号公告—4—2010 的规定执行。

7.4 DNA 模板制备

按农业部 1485 号公告—4—2010 的规定执行。

7.5 PCR 扩增

7.5.1 普通 PCR 方法

7.5.1.1 试样 PCR 扩增

7.5.1.1.1 每个试样 PCR 扩增设置 3 个平行。

7.5.1.1.2 按表 3 依次加入反应试剂，混匀，分装到 PCR 管中，再加 25 μL 石蜡油（有热盖功能的 PCR 仪可不加）。也可采用经验证的、效果相当的定性 PCR 试剂盒配制反应体系。

表 3 普通 PCR 扩增体系

试剂	终浓度	体积
ddH_2O		—
10×PCR 缓冲液	1×	2.5 μL
25 mmol/L 氯化镁溶液	1.5 mmol/L	1.5 μL
dNTPs 混合溶液（各 2.5 mmol/L）	0.2 mmol/L	2.0 μL
10 μmol/L 上游引物	0.4 μmol/L	1.0 μL
10 μmol/L 下游引物	0.4 μmol/L	1.0 μL
Taq DNA 聚合酶	0.025 U/μL	—
25 mg/L DNA 模板	2.0 mg/L	2.0 μL
总体积		25.0 μL
"—"表示体积不确定，如果 PCR 缓冲液中含有氯化镁，则不加氯化镁溶液，根据 *Taq* 酶的浓度确定其体积，并相应调整 ddH_2O 的体积，使反应体系总体积达到 25.0 μL。 若采用定性 PCR 试剂盒，则按试剂盒说明书的推荐用量配制反应体系，但上下游引物终浓度按表 3 执行。		

7.5.1.1.3 将 PCR 管放在离心机上，500 *g*～3 000 *g* 离心 10 s，然后取出 PCR 管，放入 PCR 仪中。

7.5.1.1.4 进行 PCR 扩增。反应程序为：94 ℃变性 5 min；94 ℃变性 30 s，58 ℃退火 30 s，72 ℃延伸 30 s，共进行 35 次循环；72 ℃延伸 7 min；10 ℃保存。

7.5.1.1.5 反应结束后取出 PCR 管，对 PCR 扩增产物进行电泳检测。

7.5.1.2 对照 PCR 扩增

在试样 PCR 扩增的同时，应设置 PCR 阳性对照、PCR 阴性对照和 PCR 空白对照。

以含有对应调控元件和基因的质量分数为 0.1%～1.0%的转基因油菜基因组 DNA（或采用对应调控元件或基因与非转基因油菜基因组相比拷贝数分数为 0.1%～1.0%的 DNA 溶液）为阳性对照；以非转基因油菜基因组 DNA 作为阴性对照；以水作为空白对照。

除模板外，对照 PCR 扩增与试样 PCR 扩增相同（见 7.5.1.1）。

7.5.1.3 PCR 产物电泳检测

按 20 g/L 的质量浓度称量琼脂糖，加入 1×TAE 缓冲液中，加热溶解，配制成琼脂糖溶液。每 100 mL琼脂糖溶液中加入 5 μL EB 溶液或适量的其他核酸染料，混匀，稍事冷却后，将其倒入电泳板上，插上梳板，室温下凝固成凝胶后，放入 1×TAE 缓冲液中，垂直向上轻轻拔去梳板。取 12 μL PCR 产物与 3 μL 加样缓冲液混合后加入凝胶点样孔，同时在其中一个点样孔中加入 DNA 分子量标准，接通电源在 2 V/cm～5 V/cm 条件下电泳检测。

7.5.1.4　**凝胶成像分析**

电泳结束后，取出琼脂糖凝胶，置于凝胶成像仪上成像。根据 DNA 分子量标准估计扩增条带的大小，将电泳结果形成电子文件存档或用照相系统拍照。如需通过序列分析确认 PCR 扩增片段是否为目的 DNA 片段，按照 7.5.1.5 和 7.5.1.6 的规定执行。

7.5.1.5　**PCR 产物回收**

按 PCR 产物回收试剂盒说明书，回收 PCR 扩增的 DNA 片段。

7.5.1.6　**PCR 产物测序验证**

将回收的 PCR 产物测序，与对应调控元件或基因的序列（参见附录 B）进行比对，确定 PCR 扩增的 DNA 片段是否为目的 DNA 片段。

7.5.2　**实时荧光 PCR 方法**

7.5.2.1　**试样 PCR 扩增**

7.5.2.1.1　每个试样 PCR 扩增设置 3 个平行。

7.5.2.1.2　按表 4 依次加入反应试剂，混匀，分装到 PCR 管中。也可采用经验证的、效果相当的实时荧光 PCR 试剂盒配制反应体系。

表 4　实时荧光 PCR 扩增体系

试剂	终浓度	体积
ddH_2O		—
10×PCR 缓冲液	1×	2.0 μL
25 mmol/L 氯化镁溶液	2.5 mmol/L	2.0 μL
dNTPs 混合溶液（各 2.5 mmol/L）	0.2 mmol/L	1.6 μL
10 μmol/L 上游引物	0.4 μmol/L	0.8 μL
10 μmol/L 下游引物	0.4 μmol/L	0.8 μL
10 μmol/L 探针	0.2 μmol/L	0.4 μL
Taq DNA 聚合酶	0.04 U/μL	—
25 mg/L DNA 模板	2.5 mg/L	2.0 μL
总体积		20.0 μL
"—"表示体积不确定。如果 PCR 缓冲液中含有氯化镁，则不加氯化镁溶液，根据 *Taq* 酶的浓度确定其体积，并相应调整 ddH_2O 的体积，使反应体系总体积达到 20.0 μL。		
若采用实时荧光 PCR 试剂盒，则按试剂盒说明书的推荐用量配制反应体系，但上下游引物用量按表 4 执行。		

7.5.2.1.3　将 PCR 管放在离心机上，500 *g*～3 000 *g* 离心 10 s，然后取出 PCR 管，放入实时荧光 PCR 仪中。

7.5.2.1.4　进行实时荧光 PCR 扩增。反应程序为 95 ℃变性 5 min；95 ℃变性 15 s，60 ℃退火延伸 60 s，共进行 40 个循环；在第二阶段的退火延伸（60 ℃）时段收集荧光信号。

注：可根据仪器和试剂要求将反应参数作适当调整。

7.5.2.2　**对照 PCR 扩增**

在试样 PCR 扩增的同时，应设置 PCR 阳性对照、PCR 阴性对照和 PCR 空白对照。

以含有对应调控元件或基因的质量分数为 0.1%～1.0%的转基因油菜基因组 DNA（或采用对应调控元件或基因与非转基因油菜基因组相比拷贝数分数为 0.1%～1.0%的 DNA 溶液）为阳性对照；以非转基因油菜基因组 DNA 作为阴性对照；以水作为空白对照。

除模板外，对照 PCR 扩增与试样 PCR 扩增相同（见 7.5.2.1）。

8　结果分析与表述

8.1　普通 PCR 方法

8.1.1 对照检测结果分析

PCR 扩增中，阳性对照内标准基因及对应调控元件和基因均得到扩增，且扩增片段大小与预期片段大小一致；阴性对照仅扩增出油菜内标准基因片段；空白对照没有扩增片段，表明 PCR 扩增体系正常工作。否则，重新检测。

8.1.2 样品检测结果分析和表述

8.1.2.1 试样油菜内标准基因扩增出预期大小的片段，对应调控元件或基因 *CaMV* 35S 启动子、*FMV* 35S 启动子、*NOS* 终止子、*m*CP4-*epsps* 基因、*bar* 基因、*pat* 基因中任何一个扩增出预期大小的片段，表明样品中检测出调控元件或基因，表述为"样品中检测出×××(*CaMV* 35S 启动子、*FMV* 35S 启动子、*NOS* 终止子、*m*CP4-*epsps* 基因、*bar* 基因、*pat* 基因)，检测结果为阳性"。

8.1.2.2 试样油菜内标准基因扩增出预期大小的片段，但对应调控元件或基因 *CaMV* 35S 启动子、*FMV* 35S 启动子、*NOS* 终止子、*m*CP4-*epsps* 基因、*bar* 基因和 *pat* 基因均未扩增出预期大小的片段，表明样品中未检测出调控元件或基因，表述为"样品中未检测出 *CaMV* 35S 启动子、*FMV* 35S 启动子、*NOS* 终止子、*m*CP4-*epsps* 基因、*bar* 基因和 *pat* 基因，检测结果为阴性"。

8.1.2.3 试样油菜内标准基因未扩增出预期大小的片段，表明样品中未检出油菜成分，结果表述为"样品中未检测出油菜基因组 DNA 成分"。

8.2 实时荧光 PCR 方法

8.2.1 基线与阈值的设定

实时荧光 PCR 扩增结束后，以 PCR 扩增刚好进入指数期来设置荧光信号阈值，并根据仪器噪声情况进行调整。

8.2.2 对照检测结果分析

PCR 扩增中，阳性对照内标准基因及对应调控元件和基因均出现典型扩增曲线且 *Ct* 值小于或等于 36；阴性对照仅油菜内标准基因出现典型扩增曲线且 *Ct* 值小于或等于 36；空白对照无典型扩增曲线，表明 PCR 扩增体系正常工作。否则，重新检测。

8.2.3 样品检测结果分析和表述

8.2.3.1 试样油菜内标准基因出现典型扩增曲线且 *Ct* 值小于或等于 36，对应调控元件或基因 *CaMV* 35S 启动子、*FMV* 35S 启动子、*NOS* 终止子、*m*CP4-*epsps* 基因、*bar* 基因、*pat* 基因中任何一个出现典型扩增曲线且 *Ct* 值小于或等于 36，表明样品中检测出调控元件或基因，表述为"样品中检测出×××(*CaMV* 35S 启动子、*FMV* 35S 启动子、*NOS* 终止子、*m*CP4-*epsps* 基因、*bar* 基因、*pat* 基因)，检测结果为阳性"。

8.2.3.2 试样油菜内标准基因出现典型扩增曲线且 *Ct* 值小于或等于 36，对应调控元件或基因 *CaMV* 35S 启动子、*FMV* 35S 启动子、*NOS* 终止子、*m*CP4-*epsps* 基因、*bar* 基因和 *pat* 基因均未出现典型扩增曲线或 *Ct* 值大于 36，表明样品中未检测出调控元件或基因，表述为"样品中未检测出 *CaMV* 35S 启动子、*FMV* 35S 启动子、*NOS* 终止子、*m*CP4-*epsps* 基因、*bar* 基因和 *pat* 基因，检测结果为阴性"。

8.2.3.3 试样油菜内标准基因未出现典型扩增曲线或 *Ct* 值大于 36，表明样品中未检出油菜成分，表述为"样品中未检测出油菜基因组 DNA 成分"。

注 1：3 个平行的 PCR 扩增结果出现不一致的，应重做 PCR 扩增样品 2 次，最终以多数结果为准。

注 2：×××为相应检测参数的名称。

9 检出限

9.1 普通 PCR 方法的检出限为 0.1%(含靶序列样品 DNA/总样品 DNA)。

9.2 实时荧光 PCR 方法的检出限为 0.1%(含靶序列样品 DNA/总样品 DNA)。

注：本文件的检出限是在 PCR 检测反应体系中加入 50 ng DNA 模板进行测算的。

10 覆盖的转化体信息

本文件方法中检测参数覆盖的转化体信息见附录 C。

附 录 A
(规范性)
本文件适用的油菜转化体

本文件适用的油菜转化体见表 A.1。

表 A.1 本文件适用的油菜转化体

序号	转化体名称
1	GT73(RT73)
2	MS8
3	RF3
4	MS1
5	RF1
6	RF2
7	OXY235
8	Topas 19/2
9	T45
10	MON88302
11	MS11

附 录 B
（规范性）
PCR 产物扩增序列

B.1 *CruA* 基因普通 PCR 产物序列

1 GGCCAGGGCT TCCGTGATAT GCACCAGAAA GTGGAGCACA TAAGGACTGG GGACACCATC
61 GCTACACATC CCGGTGTAGC CCAATGGTTC TACAACGACG GAAACCAACC ACTTGTCATC
121 GTTTCCGTCC TCGATTTAGC CAGCCACCAG

B.2 *CruA* 基因实时荧光 PCR 产物序列

1 GGCCAGGGTT TCCGTGATA T GCACCAGAAA GTGGAGCACA TAAGGACT GG GGACACCATC
61 GCTACACATC CCGGTGTAGC CCAATGGTTC TACAACGACG G

B.3 *CaMV* 35S 启动子普通 PCR 产物序列

1 GCTCCTACAA ATGCCATCAT TGCGATAAAG GAAAGGCCAT CGTTGAAGAT GCCTCTGCCG
61 ACAGTGGTCC CAAAGATGGA CCCCCACCCA CGAGGAGCAT CGTGGAAAAA GAAGACGTTC
121 CAACCACGTC TTCAAAGCAA GTGGATTGAT GTGATATCTC CACTGACGTA AGGGATGACG
180 CACAATCCCA CTATC

B.4 *CaMV* 35S 启动子实时荧光 PCR 产物序列

1 CGACAGTGGT CCCAAAGA TG GACCCCCACC CACGAGGAGC ATC GTGGAAA AAGAAGACGT
61 TCCAACCACG TCTT

B.5 *FMV* 35S 启动子普通 PCR 产物序列

1 AAGACATCCA CCGAAGACTT AAAGTTAGTG GGCATCTTTG AAAGTAATCT TGTCAACATC
61 GAGCAGCTGG CTTGTGGGGA CCAGACAAAA AAGGAATGGT GCAGAATTGT TAGGCGCACC
121 TACCAAAAGC ATCTTTGCCT TTATTGCAAA GATAAAGCAG ATTCCTCTAG TACAAGTGGG
181 CAACAAAATA ACGTGGAAAA GAGCTGTCCT

B.6 *FMV* 35S 启动子实时荧光 PCR 产物序列

1 AAGACATCCA CCGAAGACTT AAAGTTAGTG GGCATCTTTG AAAGTAATCT TGTCAACA TC
61 GAGCAGCTGG CTTGTGGGGA CCA GACAAAA AAGGAATGGT GCAGAATTGT TAGGCGCACC
121 TACCAAAAGC ATCTTTGCCT TTATTGCAAA GATAAAGCAG ATTCCTCTAG TACAAGTGGG
181 GAACAAAATA ACGTGGAAAA GAGCTGTCCT

B.7 *NOS* 终止子普通 PCR 产物序列

1 GAATCCTGTT GCCGGTCTTG CGATGATTAT CATATAATTT CTGTTGAATT ACGTTAAGCA
61 TGTAATAATT AACATGTAAT GCATGACGTT ATTTATGAGA TGGGTTTTTA TGATTAGAGT
121 CCCGCAATTA TACATTTAAT ACGCGATAGA AAACAAAATA TAGCGCGCAA ACTAGGATAA

B.8 *NOS* 终止子实时荧光 PCR 产物序列

1 ATCGTTCAAA CATTTGGCAA TAAAGTTTCT TAAGATTGAA T CCTGTTGCC GGTCTTGCGA

61 TG ATTATCAT ATAATTTCTG TTGAATTACG TTAAGCATGT AATAATTAAC ATGTAATGCA

121 TGACGTTATT TATGAGATGG GTTTTTATGA TTAGAGTCCC GCAAT

B.9 mCP4-*epsps* 基因普通 PCR 产物序列

1 GACTTGCGTG TTCGTTCTTC TACTTTGAAG GGTGTTACTG TTCCAGAAGA CCGTGCTCCT

61 TCTATGATCG ACGAGTATCC AATTCTCGCT GTTGCAGCTG CATTCGCTGA AGGTGCTACC

121 GTTATGAACG GTTTGGAAGA ACTCCGTGTT AAGGAAAGCG ACCGTCTTTC TGCTGTCGCA

121 AACGGTCTCA AGCTCAACGG TGTT

B.10 mCP4-*epsps* 基因实时荧光 PCR 产物序列

1 GTACCTATGG CTTCCGCTCA AGTGA AGTCC GCTGTTCTGC TTGCTGGTCT CA ACACCCCA

61 GGTATCACCA CTGTTATCGA GCCAATCATG ACT

B.11 *bar* 基因普通 PCR 产物序列

1 ACAAGCACGG TCAACTTCCG TACCGAGCCG CAGGAACCGC AGGAGTGGAC GGACGACCTC

61 GTCCGTCTGC GGGAGCGCTA TCCCTGGCTC GTCGCCGAGG TGGACGGCGA GGTCGCCGGC

121 ATCGCCTACG CGGGCCCCTG GAAGGCACGC AACGCCTACG ACTGGACGGC CGAGT

B.12 *bar* 基因实时荧光 PCR 产物序列

1 ACAAGCACGG TCAACTTCCG TA CCGAGCCG CAGGAACCGC AGGAG TGGAC GGACGACCTC

61 GTCCGTCTGC GGGAGCGCTA TCCCTGGCTC GTCGCCGAGG TGGACGGCGA GGTCGCCGGC

121 ATCGCCTACG CGGGCCCCTG GAAGGCACGC AACGCCTACG ACTGGACGGC CGAGT

B.13 *pat* 基因普通 PCR 产物序列

1 CCGGAGAGGA GACCAGTTGA GATTAGGCCA GCTACAGCAG CTGATATGGC CGCGGTTTGT

61 GATATCGTTA ACCATTACAT TGAGACGTCT ACAGTGAACT TTAGGACAGA GCCACAAACA

121 CCACAAGAGT GGATTGATGA TCTAGAGAGG TTGCAAGATA GATACCCTTG GTTGGTTGCT

181 GAGGTTGAGG GTGTTGTGGC TGGTATTGCT TACGCTGGGC CCTGGAA

B.14 *pat* 基因实时荧光 PCR 产物序列

1 GTCGACATGT CTCCGGAGAG GAGACCAGTT GAGATTAGGC CAGCTACAGC AGCTGATA TG

61 GCCGCGGTTT GTGATATCGT TAA CCATTAC ATTGAGACGT CTACAGTGAA CTTTAGGACA

121 GAGCCACAAA CACCACAAGA GTGGATTGAT GATCTAGAGA GGTTGCAAGA TAGATACCCT

181 TGGTTGGTTG C

注 1:序列方向为 5′-3′。

注 2:5′ 端划线部分为上游引物序列,3′ 端划线部分为下游引物的反向互补序列,方框部分为实时荧光 PCR 方法的探针序列或探针的反向互补序列。

附 录 C
（资料性）
本文件中检测参数覆盖的转化体信息

本文件中检测参数覆盖的转化体信息见表 C.1。

表 C.1 本文件中检测参数覆盖的转化体信息

元件/基因	转化体名称
CaMV 35S 启动子	T45、OXY235、Topas 19/2
FMV 35S 启动子	GT73、MON88302
NOS 终止子	MS1、MS8、RF1、RF2、RF3、OXY235、MS11
bar 基因	MS1、MS8、RF1、RF2、RF3、MS11
pat 基因	T45、Topas 19/2
*m*CP4-*epsps* 基因	GT73、MON88302

ICS 65.020.01
CCS B 04

中华人民共和国国家标准

农业农村部公告第628号—11—2022

转基因植物及其产品成分检测 水稻常见转基因成分筛查

Detection of genetically modified plants and derived products—Screening of common genetically modified components in rice

2022-12-19 发布 2023-03-01 实施

中华人民共和国农业农村部 发布

前　　言

本文件按照GB/T 1.1—2020《标准化工作导则　第1部分：标准化文件的结构和起草规则》的规定起草。

请注意本文件的某些内容可能涉及专利。本文件的发布机构不承担识别专利的责任。

本文件由中华人民共和国农业农村部提出。

本文件由全国农业转基因生物安全管理标准化技术委员会归口。

本文件起草单位：农业农村部科技发展中心、安徽省农业科学院水稻研究所。

本文件主要起草人：马卉、张秀杰、汪秀峰、陈子言、许学、梁晋刚、王颢潜、吴爽、潘伟芹、焦小雨。

转基因植物及其产品成分检测 水稻常见转基因成分筛查

1 范围

本文件规定了水稻中常见转基因成分的定性筛查方法。

本文件适用于 12 种转基因水稻转化体(见附录 A)及其加工产品中常见转基因成分(*CaMV* 35S 启动子、*Ubiquitin* 启动子、*NOS* 终止子、*bar* 基因和 *HPT* 基因)的定性筛查。

2 规范性引用文件

下列文件中的内容通过文中的规范性引用而构成本文件必不可少的条款。其中,注日期的引用文件,仅该日期对应的版本适用于本文件;不注日期的引用文件,其最新版本(包括所有的修改单)适用于本文件。

农业部 1485 号公告—4—2010　转基因植物及其产品成分检测　DNA 提取和纯化

农业部 2031 号公告—19—2013　转基因植物及其产品成分检测　抽样

NY/T 672　转基因植物及其产品检测　通用要求

3 术语和定义

下列术语和定义适用于本文件。

3.1

***SPS* 基因　sucrose phosphate synthase gene**

编码蔗糖磷酸合成酶(sucrose phosphate synthase,SPS)基因,在本文件中作为水稻内标准基因。

3.2

***CaMV* 35S 启动子　35S promoter from cauliflower mosaic virus**

来自花椰菜花叶病毒(cauliflower mosaic virus,CaMV)的 35S 启动子。

3.3

***Ubiquitin* 启动子　promoter of ubiquitin**

玉米泛素蛋白(ubiquitin)基因的启动子。

3.4

***NOS* 终止子　terminator of nopaline synthase gene**

来自胭脂碱合成酶(nopaline synthase)基因的终止子。

3.5

***bar* 基因　bialaphos resistance gene**

来源于土壤吸水链霉菌(*Streptomyces hygroscopicus*),编码膦丝菌素乙酰转移酶(phosphinothricin acetyltransferase,PAT)。

3.6

***HPT* 基因　hygromycin phosphotransferase gene**

来源于大肠杆菌或链球菌(*Streptomyces hygroscopicus*),编码潮霉素磷酸转移酶(hygromycin phosphotransferase,HPT)的基因。

4 原理

依据 12 种转基因水稻转化体中常见的 5 种调控元件和基因序列,设计特异性引物及探针,对试样进行

PCR 扩增。依据是否扩增获得预期的 DNA 片段或典型扩增曲线，判断样品中是否含有相应的转基因成分。

5 试剂和材料

除非另有说明，仅使用分析纯试剂和重蒸馏水。

5.1 琼脂糖。

5.2 10 g/L 溴化乙锭(EB)溶液：称取 1.0 g 溴化乙锭，溶解于 100 mL 水中，避光保存。

警告——溴化乙锭有致癌作用，配制和使用时应戴一次性手套操作并妥善处理废弃物。

注：根据需要可选择其他效果相当的核酸染料代替溴化乙锭作为核酸电泳的染色剂。

5.3 10 mol/L 氢氧化钠(NaOH)溶液：在 160 mL 水中加入 80.0 g 氢氧化钠，溶解后，冷却至室温，再加水定容至 200 mL。

5.4 500 mmol/L 乙二胺四乙酸二钠($EDTA-Na_2$)溶液(pH 8.0)：称取 18.6 g 乙二胺四乙酸二钠，加入 70 mL 水中，缓慢滴加氢氧化钠溶液(见 5.3)直至 $EDTA-Na_2$ 完全溶解，用氢氧化钠溶液(见 5.3)调 pH 至 8.0，加水定容至 100 mL。在 103.4 kPa(121 ℃)条件下灭菌 20 min。

5.5 1 mol/L 三羟甲基氨基甲烷-盐酸(Tris-HCl)溶液(pH 8.0)：称取 121.1 g 三羟甲基氨基甲烷溶解于 800 mL 水中，用盐酸调 pH 至 8.0，加水定容至 1 000 mL。在 103.4 kPa(121 ℃)条件下灭菌 20 min。

5.6 TE 缓冲液(pH 8.0)：分别量取 10 mL 三羟甲基氨基甲烷-盐酸溶液(见 5.5)和 2 mL 乙二胺四乙酸二钠溶液(见 5.4)，加水定容至 1 000 mL。在 103.4 kPa(121 ℃)条件下灭菌 20 min。

5.7 50×TAE 缓冲液：称取 242.2 g 三羟甲基氨基甲烷(Tris)，先用 500 mL 水加热搅拌溶解后，加入 100 mL 乙二胺四乙酸二钠溶液(见 5.4)，用冰乙酸调 pH 至 8.0，然后加水定容至 1 000 mL。使用时用水稀释成 1×TAE。

5.8 加样缓冲液：称取 250.0 mg 溴酚蓝，加入 10 mL 水，在室温下溶解 12 h；称取 250.0 mg 二甲基苯腈蓝，加 10 mL 水溶解；称取 50.0 g 蔗糖，加 30 mL 水溶解。混合以上 3 种溶液，加水定容至 100 mL，在 4 ℃下保存。

5.9 DNA 分子量标准：可以清楚区分 100 bp～1 000 bp 的 DNA 片段。

5.10 dNTPs 混合溶液：将浓度为 10 mmol/L 的 dATP、dTTP、dGTP、dCTP 4 种脱氧核糖核苷酸溶液等体积混合。

5.11 *Taq* DNA 聚合酶、PCR 扩增缓冲液及 25 mmol/L 氯化镁($MgCl_2$)溶液。

5.12 普通 PCR 方法引物

检测参数的普通 PCR 方法引物序列及目的片段大小见表 1。

表 1 普通 PCR 方法引物组合信息表

检测参数	引物	序列(5′-3′)	目的片段大小，bp
SPS 基因	sps-F	ATCTGTTTACTCGTCAAGTGTCATCTC	287
	sps-R	GCCATGGATTACATATGGCAAGA	
CaMV 35S 启动子	PCaMV35S-F	GCTCCTACAAATGCCATCATTGC	195
	PCaMV35S-R	GATAGTGGGATTGTGCGTCATCCC	
Ubiquitin 启动子	Pubi-F	AACACTGGCAAGTTAGCAAT	314
	Pubi-R	CCGTAATAAATAGACACCC	
NOS 终止子	TNOS-F	GAATCCTGTTGCCGGTCTTG	180/220
	TNOS-R	TTATCCTAGTTTGCGCGCTA	
bar 基因	bar-F	ACAAGCACGGTCAACTTCC	175
	bar-R	ACTCGGCCGTCCAGTCGTA	
HPT 基因	hpt-F	GAAGTGCTTGACATTGGGGAGT	472
	hpt-R	AGATGTTGGCGACCTCGTATT	

注：*NOS* 终止子引物组合在 T1C-19 和 T2A-1 中的扩增产物片段大小为 220 bp，在其他 10 种转基因水稻转化体中扩增产物片段大小为 180 bp。

5.13 **实时荧光 PCR 方法引物和探针**

检测参数的实时荧光 PCR 方法引物/探针序列及目的片段大小见表 2，探针 5′端标记荧光报告基团（如 FAM、HEX 等），3′端标记对应的淬灭基团（如 TAMRA、BHQ1 等）。

表 2 实时荧光 PCR 方法引物和探针组合信息表

检测参数	引物/探针	序列(5′-3′)	目的片段大小，bp
SPS 基因	sps-qF	TTGCGCCTGAACGGATAT	81
	sps-qR	CGGTTGATCTTTTCGGGATG	
	sps-qP	TCCGAGCCGTCCGTGCGTC	
CaMV 35S 启动子	PCaMV35S-qF	CGACAGTGGTCCCAAAGA	74
	PCaMV35S-qR	AAGACGTGGTTGGAACGTCTTC	
	PCaMV35S-qP	TGGACCCCCACCCACGAGGAGCATC	
Ubiquitin 启动子	Pubi-qF	GTCCAGAGGCAGCGACAGA	126
	Pubi-qR	CGAGTAGATAATGCCAGCCTGTTA	
	Pubi-qP	TGCCGTGCCGTCTGCTTCGCTTG	
NOS 终止子	TNOS-qF	ATCGTTCAAACATTTGGCA	165/205
	TNOS-qR	ATTGCGGGACTCTAATCATA	
	TNOS-qP	CATCGCAAGACCGGCAACAGG	
bar 基因	bar-qF	ACAAGCACGGTCAACTTCC	175
	bar-qR	ACTCGGCCGTCCAGTCGTA	
	bar-qP	CCGAGCCGCAGGAACCGCAGGAG	
HPT 基因	hpt-qF	CAGGGTGTCACGTTGCAAGA	110
	hpt-qR	CCGCTCGTCTGGCTAAGATC	
	hpt-qP	TGCCTGAAACCGAACTGCCCGCTG	
注：*NOS* 终止子引物及探针组合在 T1C-19 和 T2A-1 中的扩增产物片段大小为 205 bp，在其他 10 种转基因水稻转化体中扩增产物片段大小为 165 bp。			

5.14 引物溶液：用 TE 缓冲液（见 5.6）或水分别将上述引物稀释到 10 μmol/L。

5.15 石蜡油。

5.16 DNA 提取试剂盒。

5.17 定性 PCR 试剂盒。

5.18 PCR 产物回收试剂盒。

5.19 实时荧光 PCR 试剂盒。

6 主要仪器和设备

6.1 分析天平：感量 0.1 g 和 0.1 mg。

6.2 PCR 扩增仪：升降温速度＞1.5 ℃/s，孔间温度差异＜1.0 ℃。

6.3 实时荧光 PCR 仪。

6.4 电泳槽、电泳仪等电泳装置。

6.5 凝胶成像系统或照相系统。

7 操作步骤

7.1 抽样

按 NY/T 672 和农业部 2031 号公告—19—2013 的规定执行。

7.2 试样制备

按 NY/T 672 和农业部 2031 号公告—19—2013 的规定执行。

7.3 试样预处理

按农业部 1485 号公告—4—2010 的规定执行。

7.4 **DNA模板制备**

按农业部1485号公告—4—2010的规定执行。

7.5 **PCR扩增**

7.5.1 **普通PCR方法**

7.5.1.1 **试样PCR扩增**

7.5.1.1.1 每个试样PCR扩增设置3个平行。

7.5.1.1.2 按表3依次加入反应试剂，混匀，分装到PCR管中，再加25 μL石蜡油（有热盖功能的PCR仪可不加）。也可采用经验证的、效果相当的定性PCR试剂盒配制反应体系。

表3 普通PCR扩增体系

试剂	终浓度	体积
ddH_2O		—
10×PCR缓冲液	1×	2.5 μL
25 mmol/L氯化镁溶液	1.5 mmol/L	1.5 μL
dNTPs混合溶液（各2.5 mmol/L）	0.2 mmol/L	2.0 μL
10 μmol/L上游引物	0.4 μmol/L	1.0 μL
10 μmol/L下游引物	0.4 μmol/L	1.0 μL
Taq DNA聚合酶	0.025 U/μL	—
25 mg/L DNA模板	2.0 mg/L	2.0 μL
总体积		25.0 μL
"—"表示体积不确定，如果PCR缓冲液中含有氯化镁，则不加氯化镁溶液，根据*Taq*酶的浓度确定其体积，并相应调整ddH_2O的体积，使反应体系总体积达到25.0 μL。		
若采用定性PCR试剂盒，则按试剂盒说明书的推荐用量配制反应体系，但上下游引物用量按表3执行。		

7.5.1.1.3 将PCR管放在离心机上，500 *g*～3 000 *g*离心10 s，然后取出PCR管，放入PCR仪中。

7.5.1.1.4 进行PCR扩增。反应程序为：94 ℃变性5 min；94 ℃变性30 s，58 ℃退火30 s，72 ℃延伸30 s，共进行35次循环；72 ℃延伸7 min；10 ℃保存。

7.5.1.1.5 反应结束后取出PCR管，对PCR扩增产物进行电泳检测。

7.5.1.2 **对照PCR扩增**

在试样PCR扩增的同时，应设置PCR阳性对照、PCR阴性对照和PCR空白对照。

以含有对应调控元件或基因的质量分数为0.1%～1.0%的水稻基因组DNA（或采用对应调控元件或基因与非转基因水稻基因组相比拷贝数分数为0.1%～1.0%的DNA溶液）为阳性对照；以非转基因水稻基因组DNA作为阴性对照；以水作为空白对照。

除模板外，对照PCR扩增与试样PCR扩增相同（见7.5.1.1）。

7.5.1.3 **PCR产物电泳检测**

按20 g/L的质量浓度称量琼脂糖，加入1×TAE缓冲液中，加热溶解，配制成琼脂糖溶液。每100 mL琼脂糖溶液中加入5 μL EB溶液或适量的其他核酸染料，混匀，稍事冷却后，将其倒入电泳板上，插上梳板，室温下凝固成凝胶后，放入1×TAE缓冲液中，垂直向上轻轻拔去梳板。取12 μL PCR产物与3 μL加样缓冲液混合后加入凝胶点样孔，同时在其中一个点样孔中加入DNA分子量标准，接通电源在2 V/cm～5 V/cm条件下电泳检测。

7.5.1.4 **凝胶成像分析**

电泳结束后，取出琼脂糖凝胶，置于凝胶成像仪上成像。根据DNA分子量标准估计扩增条带的大小，将电泳结果形成电子文件存档或用照相系统拍照。如需通过序列分析确认PCR扩增片段是否为目的DNA片段，按照7.5.1.5和7.5.1.6的规定执行。

7.5.1.5 **PCR产物回收**

按PCR产物回收试剂盒说明书，回收PCR扩增的DNA片段。

7.5.1.6 **PCR 产物测序验证**

将回收的 PCR 产物测序,与对应调控元件或基因的序列(见附录 B)进行比对,确定 PCR 扩增的 DNA 片段是否为目的 DNA 片段。

7.5.2 **实时荧光 PCR 方法**

7.5.2.1 **试样 PCR 扩增**

7.5.2.1.1 每个试样 PCR 扩增设置 3 个平行。

7.5.2.1.2 按表 4 依次加入反应试剂,混匀,分装到 PCR 管中。也可采用经验证的、效果相当的实时荧光 PCR 试剂盒配制反应体系。

表 4 实时荧光 PCR 扩增体系

试剂	终浓度	体积
ddH_2O		—
10×PCR 缓冲液	1×	2.0 μL
25 mmol/L 氯化镁溶液	2.5 mmol/L	2.0 μL
dNTPs 混合溶液(各 2.5 mmol/L)	0.2 mmol/L	1.6 μL
10 μmol/L 上游引物	0.4 μmol/L	0.8 μL
10 μmol/L 下游引物	0.4 μmol/L	0.8 μL
10 μmol/L 探针	0.4 μmol/L	0.8 μL
Taq DNA 聚合酶	0.04 U/μL	—
25 mg/L DNA 模板	2.5 mg/L	2.0 μL
总体积		20.0 μL
"—"表示体积不确定。如果 PCR 缓冲液中含有氯化镁,则不加氯化镁溶液,根据 *Taq* 酶的浓度确定其体积,并相应调整 ddH_2O 的体积,使反应体系总体积达到 20.0 μL。 若采用实时荧光 PCR 试剂盒,则按试剂盒说明书的推荐用量配制反应体系,但上下游引物用量按表 4 执行。		

7.5.2.1.3 将 PCR 管放在离心机上,500 *g*~3 000 *g* 离心 10 s,然后取出 PCR 管,放入实时荧光 PCR 仪中。

7.5.2.1.4 进行实时荧光 PCR 扩增。反应程序为 95 ℃变性 5 min;95 ℃变性 15 s,60 ℃退火延伸 60 s,共进行 40 个循环;在第二阶段的退火延伸(60 ℃)时段收集荧光信号。

注:不同仪器可根据仪器要求将反应参数作适当调整。

7.5.2.2 **对照 PCR 扩增**

在试样 PCR 扩增的同时,应设置 PCR 阳性对照、PCR 阴性对照和 PCR 空白对照。

以含有对应调控元件或基因的质量分数为 0.1%~1.0%的水稻基因组 DNA(或采用对应调控元件或基因与非转基因水稻基因组相比拷贝数分数为 0.1%~1.0%的 DNA 溶液)为阳性对照;以非转基因水稻基因组 DNA 作为阴性对照;以水作为空白对照。

除模板外,对照 PCR 扩增与试样 PCR 扩增相同(见 7.5.2.1)。

8 结果分析与表述

8.1 普通 PCR 方法

8.1.1 **对照检测结果分析**

PCR 扩增中,阳性对照内标准基因及对应调控元件和基因均得到扩增,且扩增片段大小与预期片段大小一致;阴性对照仅扩增出水稻内标准基因片段;空白对照没有扩增片段,表明 PCR 扩增体系正常工作。否则,重新检测。

8.1.2 **样品检测结果分析和表述**

8.1.2.1 试样水稻内标准基因扩增出预期大小的片段,对应调控元件或基因 *CaMV* 35S 启动子、*Ubiquitin* 启动子、*NOS* 终止子、*bar* 基因、*HPT* 基因中任何一个扩增出预期大小的片段,表明样品中检测出调控元件或基因,表述为"样品中检测出×××(*CaMV* 35S 启动子、*Ubiquitin* 启动子、*NOS* 终止子、*bar*

基因、*HPT* 基因)成分，检测结果为阳性”。

8.1.2.2 试样水稻内标准基因扩增出预期大小的片段，但对应调控元件或基因 *CaMV* 35S 启动子、*Ubiquitin* 启动子、*NOS* 终止子、*bar* 基因和 *HPT* 基因均未获得扩增，表明样品中未检测出调控元件或基因，表述为“样品中未检测出 *CaMV* 35S 启动子、*Ubiquitin* 启动子、*NOS* 终止子、*bar* 基因和 *HPT* 基因成分，检测结果为阴性”。

8.1.2.3 试样水稻内标准基因未扩增出预期大小的片段，表明样品中未检出水稻成分，结果表述为“样品中未检测出水稻基因组 DNA 成分”。

8.2 实时荧光 PCR 方法

8.2.1 基线与阈值的设定

实时荧光 PCR 扩增结束后，以 PCR 扩增刚好进入指数期来设置荧光信号阈值，并根据仪器噪声情况进行调整。

8.2.2 对照检测结果分析

PCR 扩增中，阳性对照内标准基因及对应调控元件和基因均出现典型扩增曲线且 *Ct* 值小于或等于 36；阴性对照仅水稻内标准基因出现典型扩增曲线且 *Ct* 值小于或等于 36；空白对照无典型扩增曲线，表明 PCR 扩增体系正常工作。否则，重新检测。

8.2.3 样品检测结果分析和表述

8.2.3.1 试样水稻内标准基因出现典型扩增曲线且 *Ct* 值小于或等于 36，对应调控元件或基因 *CaMV* 35S 启动子、*Ubiquitin* 启动子、*NOS* 终止子、*bar* 基因、*HPT* 基因中任何一个出现典型扩增曲线且 *Ct* 值小于或等于 36，表明样品中检测出调控元件或基因，表述为“样品中检测出×××(*CaMV* 35S 启动子、*Ubiquitin* 启动子、*NOS* 终止子、*bar* 基因、*HPT* 基因)成分，检测结果为阳性”。

8.2.3.2 试样水稻内标准基因出现典型扩增曲线且 *Ct* 值小于或等于 36，对应调控元件或基因 *CaMV* 35S 启动子、*Ubiquitin* 启动子、*NOS* 终止子、*bar* 基因和 *HPT* 基因均未出现典型扩增曲线或 *Ct* 值大于 36，表明样品中未检测出调控元件或基因，表述为“样品中未检测出 *CaMV* 35S 启动子、*Ubiquitin* 启动子、*NOS* 终止子、*bar* 基因和 *HPT* 基因成分，检测结果为阴性”。

8.2.3.3 试样水稻内标准基因未出现典型扩增曲线或 *Ct* 值大于 36，表明样品中未检出水稻成分，表述为“样品中未检测出水稻基因组 DNA 成分”。

注 1：3 个平行的 PCR 扩增结果出现不一致的，应重做 PCR 扩增样品 2 次，最终以多数结果为准。

注 2：×××为相应检测参数的名称。

9 检出限

9.1 普通 PCR 方法的检出限为 0.1%(含靶序列样品 DNA/总样品 DNA)。

9.2 实时荧光 PCR 方法的检出限为 0.1%(含靶序列样品 DNA/总样品 DNA)。

注：本文件的检出限是在 PCR 检测反应体系中加入 50 ng DNA 模板进行测算的。

10 转化体信息

本文件方法中检测参数覆盖的转化体信息见附录 C。

附 录 A
（规范性）
本文件适用的水稻转化体

本文件适用的水稻转化体见表 A.1。

表 A.1 本文件适用的水稻转化体

序号	转化体名称
1	TT51-1
2	科丰 2 号
3	科丰 6 号
4	科丰 8 号
5	KMD1
6	M12
7	G6H1
8	T1C-19
9	T2A-1
10	PA110-15
11	4-114-7-2
12	B2A68-1

附 录 B
（资料性）
PCR 产物扩增序列

B.1 *SPS* 基因普通 PCR 产物序列

1 ATCTGTTTAC TCGTCAAGTG TCATCTCCTG AAGTGGACTG GAGCTATGGG GAGCCTACTG
61 AAATGTTAAC TCCGGTTCCA CTGACGGAGA GGGAAGCGGT GAGAGTGCTG GTGCGTACAT
121 TGTGCGCATT CCGTGCGGTC CAAGGGACAA GTACCTCCGT AAAGAGCCCT GTGGCCTTAC
181 CTCCAAGAGT TTGTCGACGG AGCTCTCGCG CATATCTGAA CATGTCCAAG GCTCTGGGGG
241 AACAGGTTAG CAATGGGAAG CTGGTCTTGC CATATGTAAT CCATGGC

B.2 *SPS* 基因实时荧光 PCR 产物序列

1 TTGCGCCTGA ACGGATATCT TTCAGTTTGT AACCACCGGA TGACGCACGG ACGGCTCGGA
61 TCATCCCGAA AAGATCAACC G

B.3 *CaMV* 35S 启动子普通 PCR 产物序列

1 GCTCCTACAA ATGCCATCAT TGCGATAAAG GAAAGGCTAT CGTTCAAGAT GCCTCTACCG
61 ACAGTGGTCC CAAAGATGGA CCCCCACCCA CGAGGAACAT CGTGGAAAAA GAAGACGTTC
121 CAACCACGTC TTCAAAGCAA GTGGATTGAT GTGATATCTC CACTGACGTA AGGGATGACG
181 CACAATCCCA CTATC

B.4 *CaMV* 35S 启动子实时荧光 PCR 产物序列

1 CGACAGTGGT CCCAAAGATG GACCCCCACC CACGAGGAGC ATCGTGGAAA AAGAAGACGT
61 TCCAACCACG TCTT

B.5 *Ubiquitin* 启动子基因普通 PCR 产物序列

1 AACACTGGCA AGTTAGCAAT CAGAACATGT CTGATGTACA GGTCGCATCC GTGTACGAAC
61 GCTAGCAGCA CGGATCTAAC ACAAACACGG ATCTAACACA AACATGAACA GAAGTAGAAC
121 TACCGGGCCC TAACCATGGA CCGGAACGCC GATCTAGAGA AGGTAGAGAG AGGGGGGGGG
181 GGAGGATGAG CGGCGTACCT TGAAGCGGAG GTGCGACGGG TGGATTTGGG GGAGATCTGG
241 TTGTGTGTGT GTGCGCTCCG AACGAACACG AGGTTGGGGA AAGAGGGTGT GGAGGGGGTG
301 TCTATTTATT ACGG

B.6 *Ubiquitin* 启动子基因实时荧光 PCR 产物序列

1 GTCCAGAGGC AGCGACAGAG ATGCCGTGCC GTCTGCTTCG CTTGGCCCGA CGCGACGCTG
61 CTGGTTCGCT GGTTGGTGTC CGTTAGACTC GTCGACGGCG TTTAACAGGC TGGCATTATC
121 TACTCG

B.7 *NOS* 终止子普通 PCR 产物序列(180 bp)

1 GAATCCTGTT GCCGGTCTTG CGATGATTAT CATATAATTT CTGTTGAATT ACGTTAAGCA
61 TGTAATAATT AACATGTAAT GCATGACGTT ATTTATGAGA TGGGTTTTTA TGATTAGAGT
121 CCCGCAATTA TACATTTAAT ACGCGATAGA AAACAAAATA TAGCGCGCAA ACTAGGATAA

B.8 *NOS* 终止子普通 PCR 产物序列(220 bp)

1 GAATCCTGTT GCCGGTCTTG CGATGATTAT CATATAATTT CTGTTGAATT ACGTTAAGCA

61 TGTAATAATT AACATGTAAT GCACAGATAG GCCTAACGCT TGTCCAAGAT CTATTCAGGT
121 GCATGACGTT ATTTATGAGA TGGGTTTTTA TGATTAGAGT CCCGCAATTA TACATTTAAT
181 ACGCGATAGA AAACAAAATA TAGCGCGCAA ACTAGGATAA

B.9 *NOS* 终止子实时荧光 PCR 产物序列(165 bp)

1 ATCGTTCAAA CATTTGGCAA TAAAGTTTCT TAAGATTGAA TCCTGTTGCC GGTCTTGCGA
61 TGATTATCAT ATAATTTCTG TTGAATTACG TTAAGCATGT AATAATTAAC ATGTAATGCA
121 TGACGTTATT TATGAGATGG GTTTTTATGA TTAGAGTCCC GCAAT

B.10 *NOS* 终止子实时荧光 PCR 产物序列(205 bp)

1 ATCGTTCAAA CATTTGGCAA TAAAGTTTCT TAAGATTGAA TCCTGTTGCC GGTCTTGCGA
61 TGATTATCAT ATAATTTCTG TTGAATTACG TTAAGCATGT AATAATTAAC ATGTAATGCA
121 CAGATAGGCC TAACGCTTGT CCAAGATCTA TTCAGGTGCA TGACGTTATT TATGAGATGG
181 GTTTTTATGA TTAGAGTCCC GCAAT

B.11 *bar* 基因普通 PCR 产物序列

1 ACAAGCACGG TCAACTTCCG TACCGAGCCG CAGGAACCGC AGGAGTGGAC GGACGACCTC
61 GTCCGTCTGC GGGAGCGCTA TCCCTGGCTC GTCGCCGAGG TGGACGGCGA GGTCGCCGGC
121 ATCGCCTACG CGGGCCCCTG GAAGGCACGC AACGCCTACG ACTGGACGGC CGAGT

B.12 *bar* 基因实时荧光 PCR 产物序列

1 ACAAGCACGG TCAACTTCCG TACCGAGCCG CAGGAACCGC AGGAGTGGAC GGACGACCTC
61 GTCCGTCTGC GGGAGCGCTA TCCCTGGCTC GTCGCCGAGG TGGACGGCGA GGTCGCCGGC
121 ATCGCCTACG CGGGCCCCTG GAAGGCACGC AACGCCTACG ACTGGACGGC CGAGT

B.13 *HPT* 基因普通 PCR 产物序列

1 GAAGTGCTTG ACATTGGGGA GTTTAGCGAG AGCCTGACCT ATTGCATCTC CCGCCGTGCA
61 CAGGGTGTCA CGTTGCAAGA CCTGCCTGAA ACCGAACTGC CCGCTGTTCT ACAACCGGTC
121 GCGGAGGCTA TGGATGCGAT CGCTGCGGCC GATCTTAGCC AGACGAGCGG GTTCGGCCCA
181 TTCGGACCGC AAGGAATCGG TCAATACACT ACATGGCGTG ATTTCATATG CGCGATTGCT
241 GATCCCCATG TGTATCACTG GCAAACTGTG ATGGACGACA CCGTCAGTGC GTCCGTCGCG
301 CAGGCTCTCG ATGAGCTGAT GCTTTGGGCC GAGGACTGCC CCGAAGTCCG GCACCTCGTG
361 CACGCGGATT TCGGCTCCAA CAATGTCCTG ACGGACAATG GCCGCATAAC AGCGGTCATT
421 GACTGGAGCG AGGCGATGTT CGGGGATTCC CAATACGAGG TCGCCAACAT CT

B.14 *HPT* 基因实时荧光 PCR 产物序列

1 CAGGGTGTCA CGTTGCAAGA CCTGCCTGAA ACCGAACTGC CCGCTGTTCT ACAACCGGTC
61 GCGGAGGCTA TGGATGCGAT CGCTGCGGCC GATCTTAGCC AGACGAGCGG

注 1:序列方向为 5′-3′。

注 2:5′ 端划线部分为上游引物序列,3′ 端划线部分为下游引物的反向互补序列,中间双划线部分为实时荧光 PCR 方法的探针序列或探针的反向互补序列。

附　录　C
（资料性）
转化体信息

转化体信息见表 C.1。

表 C.1　转化体信息

元件/基因	转化体名称
CaMV 35S 启动子	科丰 2 号、科丰 6 号、KMD1、M12、T1C-19、T2A-1、B2A68-1
Ubiquitin 启动子	科丰 6 号、科丰 8 号、KMD1、G6H1、T1C-19、T2A-1、B2A68-1
NOS 终止子	TT51-1、科丰 2 号、科丰 6 号、科丰 8 号、KMD1、M12、PA110-15、4-114-7-2、B2A68-1、T1C-19、T2A-1
bar 基因	T1C-19、T2A-1、B2A68-1
HPT 基因	科丰 2 号、科丰 6 号、KMD1、M12、4-114-7-2

ICS 65.020.01
CCS B 04

中华人民共和国国家标准

农业农村部公告第628号—12—2022

转基因生物及其产品食用安全检测 大豆中寡糖含量的测定 液相色谱法

Food safety detection of genetically modified organisms and derived products—Determination of oligosaccharide in soybean by liquid chromatography

2022-12-19 发布　　2023-03-01 实施

中华人民共和国农业农村部　发布

前 言

本文件按照 GB/T 1.1—2020《标准化工作导则 第 1 部分：标准化文件的结构和起草规则》的规定起草。

请注意本文件的某些内容可能涉及专利。本文件的发布机构不承担识别专利的责任。

本文件由中华人民共和国农业农村部提出。

本文件由全国农业转基因生物安全管理标准化技术委员会归口。

本文件起草单位：农业农村部科技发展中心、中国疾病预防控制中心营养与健康所、安阳工学院。

本文件主要起草人：卓勤、张旭冬、刘婷婷、张元臣、梁晋刚、陈曦、沈莼、张雪松、王竹、杨晓光、霍军生。

转基因生物及其产品食用安全检测 大豆中寡糖含量的测定 液相色谱法

1 范围

本文件规定了大豆中蔗糖、棉子糖和水苏糖 3 种寡糖的液相色谱检测方法。

本文件适用于大豆中蔗糖、棉子糖和水苏糖 3 种寡糖含量的测定。

2 规范性引用文件

下列文件中的内容通过文中的规范性引用而构成本文件必不可少的条款。其中,注日期的引用文件,仅该日期对应的版本适用于本文件;不注日期的引用文件,其最新版本(包括所有的修改单)适用于本文件。

GB/T 6682 分析实验室用水规格和试验方法

3 术语和定义

本文件没有需要界定的术语和定义。

4 原理

大豆中寡糖用乙腈水溶液超声提取,经离心过滤后,氨基色谱柱分离,液相色谱仪测定,以保留时间定性,外标法定量。

5 试剂和材料

除另有规定外,仅使用色谱纯试剂,水为符合 GB/T 6682 规定的一级水。

5.1 乙腈(CH_3CN,CAS 号:75-05-8)。

5.2 标准品

蔗糖($C_{12}H_{22}O_{11}$,CAS 号:57-50-1);棉子糖($C_{18}H_{32}O_{16}$,CAS 号:512-69-6);水苏糖($C_{24}H_{42}O_{21}$,CAS 号:470-55-3)。标准品纯度≥98%,或经国家认证并授予标准物质证书的标准物质。

5.3 乙腈水溶液(60%,体积分数):量取乙腈 600 mL,加入水 400 mL,混匀。

5.4 标准储备溶液:准确称取蔗糖、棉子糖、水苏糖标准品各 100 mg(精确至 0.1 mg),分别用乙腈水溶液溶解,并定容至 10 mL 容量瓶中,得到 10.0 mg/mL 标准储备液,置于 4 ℃冰箱中密封储存,有效期为 1 个月。

5.5 混合标准中间液:准确吸取蔗糖标准储备液 5 mL、棉子糖储备液 1 mL 和水苏糖储备液 4 mL 于同一容器中混匀,得到浓度分别为蔗糖 5.0 mg/mL、棉子糖 1.0 mg/mL 和水苏糖 4.0 mg/mL 的混合标准液,现用现配。

5.6 混合标准工作液:分别准确吸取混合标准中间液 1 mL、2 mL、4 mL、6 mL、8 mL、10 mL 于 10 mL 容量瓶中,用乙腈水溶液定容至刻度,得到混合标准工作液,蔗糖浓度分别为 0.5 mg/mL、1.0 mg/mL、2.0 mg/mL、3.0 mg/mL、4.0 mg/mL、5.0 mg/mL;棉子糖浓度分别为 0.1 mg/mL、0.2 mg/mL、0.4 mg/mL、0.6 mg/mL、0.8 mg/mL、1.0 mg/mL;水苏糖浓度分别为 0.4 mg/mL、0.8 mg/mL、1.6 mg/mL、2.4 mg/mL、3.2 mg/mL、4.0 mg/mL。现用现配。

6 主要仪器和设备

6.1 高效液相色谱仪:配有示差折光检测器。

6.2　电子天平：感量为 0.001 g 和 0.000 1 g。

6.3　涡旋振荡器。

6.4　离心机：转速不小于 5 000 r/min。

6.5　超声波清洗器：可加热至 75 ℃。

6.6　食物粉碎机。

7　分析步骤

7.1　试样的制备及提取

7.1.1　取有代表性大豆样品至少 100 g，用粉碎机粉碎，通过 50 目筛，充分混匀，装入洁净容器，密封，放阴凉干燥处备用。

7.1.2　准确称取粉碎并混合均匀的试样 1 g(精确至 0.001 g)于离心管中，加入 20 mL 乙腈水溶液，振荡 2 min，放入 75 ℃水浴的超声波清洗器中超声提取 30 min，5 000 r/min 室温离心 10 min，上清液用 0.22 μm有机相滤膜过滤，待测定。

7.2　仪器参考条件

7.2.1　色谱柱：氨基色谱柱，柱长 100 mm，内径 2.1 mm，粒径 1.7 μm，或等效色谱柱。

7.2.2　柱温：40 ℃。

7.2.3　流通池温度：35 ℃。

7.2.4　流速：0.2 mL/min。

7.2.5　进样量：2 μL。

7.2.6　流动相：乙腈＋水＝60＋40(体积比)。

7.3　样品测定

7.3.1　标准工作曲线的制作

将系列标准工作液分别注入高效液相色谱中，测定相应的峰面积。以标准工作液的浓度为横坐标，以色谱峰面积为纵坐标，绘制标准曲线。蔗糖、棉子糖、水苏糖标准溶液色谱图见附录 A 中的图 A.1。

7.3.2　测定

将试样溶液注入高效液相色谱仪中，以保留时间定性，测得目标化合物相应的色谱峰面积，根据标准曲线得到待测样液中目标组分的浓度。待测样液中目标组分的响应值应在仪器检测的线性范围之内，超过线性范围时应根据测定浓度进行适当倍数稀释后再进行测试。试样溶液中蔗糖、棉子糖、水苏糖色谱图见图 A.2。

8　结果计算

8.1　试样中蔗糖(X_1)、棉子糖(X_2)、水苏糖(X_3)的含量分别按公式(1)计算。

$$X_i=\frac{C_i \times V \times f \times 1000}{m \times 1000} \quad (1)$$

式中：

X_i　——试样中大豆寡糖单一组分含量的数值，单位为克每千克(g/kg)；

C_i　——试样中大豆寡糖单一组分浓度的数值，单位为毫克每毫升(mg/mL)；

V　——试样提取液体积的数值，单位为毫升(mL)；

f　——试样的稀释倍数；

m　——试样的质量的数值，单位为克(g)；

1 000——换算系数。

8.2　试样中寡糖总含量，按公式(2)计算。

$$X=X_1+X_2+X_3 \quad (2)$$

式中：

X ——试样中大豆寡糖总含量的数值，单位为克每千克(g/kg)；

X_1——试样中蔗糖含量的数值，单位为克每千克(g/kg)；

X_2——试样中棉子糖含量的数值，单位为克每千克(g/kg)；

X_3——试样中水苏糖含量的数值，单位为克每千克(g/kg)。

计算结果以重复性条件下获得的 2 次独立测定结果的算术平均值表示，结果保留 3 位有效数字。

9 精密度

在重复性条件下获得的 2 次独立测定结果的绝对差值不得超过算术平均值的 10%。

10 其他

蔗糖、棉子糖和水苏糖的检出限为 0.1 g/kg，定量限为 0.3 g/kg。

附 录 A
（资料性）
标准溶液与试样溶液色谱图

A.1 蔗糖、棉子糖、水苏糖标准溶液色谱图

见图 A.1。

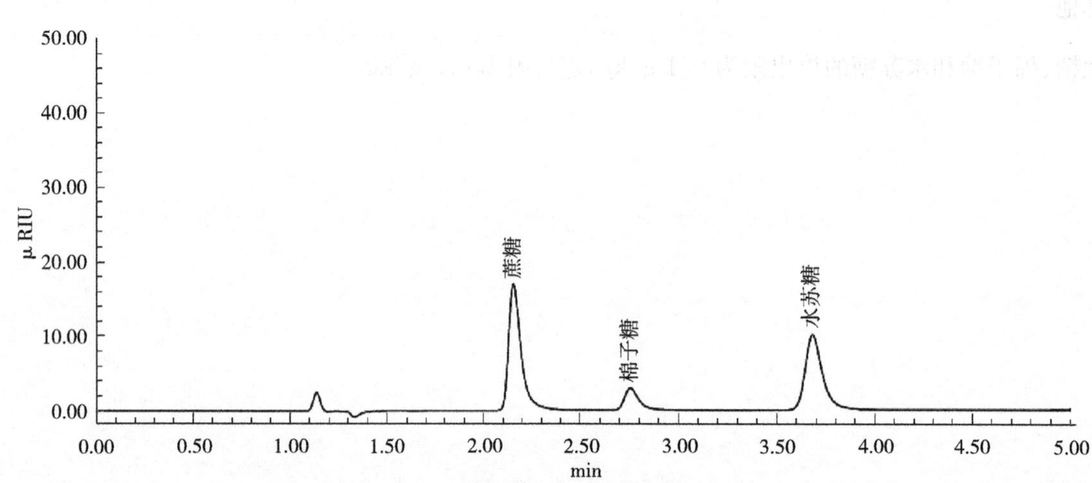

图 A.1 蔗糖、棉子糖、水苏糖标准溶液色谱图

A.2 蔗糖、棉子糖、水苏糖试样溶液色谱图

见图 A.2。

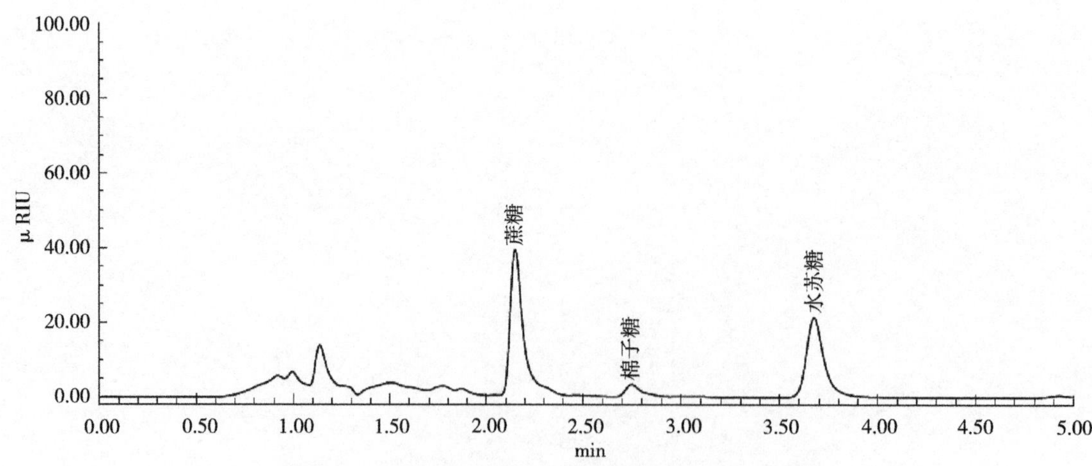

图 A.2 蔗糖、棉子糖、水苏糖试样溶液色谱图

ICS 65.020.01
CCS B 04

中华人民共和国国家标准

农业农村部公告第628号—13—2022

转基因生物及其产品食用安全检测 抗营养因子 大豆中凝集素检测方法 液相色谱-串联质谱法

Food safety detection of genetically modified organisms and derived products—Determination of anti-nutrient soybean agglutinin in soybean by liquid chromatography-tandem mass spectrometry

2022-12-19 发布 2023-03-01 实施

中华人民共和国农业农村部 发布

前　言

本文件按照 GB/T 1.1—2020《标准化工作导则　第 1 部分：标准化文件的结构和起草规则》的规定起草。

请注意本文件的某些内容可能涉及专利。本文件的发布机构不承担识别专利的责任。

本文件由中华人民共和国农业农村部提出。

本文件由全国农业转基因生物安全管理标准化技术委员会归口。

本文件起草单位：农业农村部科技发展中心、中国农业大学、谱尼测试集团股份有限公司。

本文件主要起草人：黄昆仑、梁晋刚、车会莲、张旭冬、杨柏崇、王军、韩诗雯、贺晓云、马丽艳、许文涛、罗云波。

转基因生物及其产品食用安全检测 抗营养因子 大豆中凝集素检测方法 液相色谱-串联质谱法

1 范围

本文件规定了大豆中凝集素的液相色谱-串联质谱检测方法。

本文件适用于转基因大豆及其产品中大豆凝集素含量的测定。

2 规范性引用文件

下列文件中的内容通过文中的规范性引用而构成本文件必不可少的条款。其中，注日期的引用文件，仅该日期对应的版本适用于本文件；不注日期的引用文件，其最新版本（包括所有的修改单）适用于本文件。

GB/T 6682 分析实验室用水规格和试验方法

3 术语和定义

本文件没有需要界定的术语和定义。

4 原理

试样经研磨粉碎过筛后，提取蛋白质，定量、还原烷基化、酶解后，利用反相高效液相色谱进行多肽分离，质谱仪进行检测，保留时间与质谱进行定性，质谱外标法定量。

5 试剂和材料

除另有规定外，仅使用分析纯试剂，水为符合 GB/T 6682 规定的一级水。

5.1 甲酸（CH_2O_2，CAS 号：64-18-6）：色谱纯。

5.2 乙腈（CH_3CN，CAS 号：75-05-8）：色谱纯。

5.3 丙酮（C_3H_6O，CAS 号：67-64-1）：色谱纯。

5.4 SDS 溶液（4%）：称取 0.4 g SDS，溶解在 10 mL 水中。

5.5 牛血清白蛋白（BSA）。

5.6 BSA 工作试剂：取 50 份标准工作液 A 与 1 份标准工作液 B 混合均匀。

5.6.1 标准工作液 A：分别称取 10 g BSA、20 g 碳酸钠（$Na_2CO_3 \cdot H_2O$）、1.6 g 酒石酸钠（$Na_2C_4H_4O_6 \cdot 2H_2O$）、4 g 氢氧化钠（NaOH）、9.5 g 碳酸氢钠（$NaHCO_3$），溶解在 1 L 水中，用氢氧化钠溶液或固体碳酸氢钠调节 pH 至 11.25。

5.6.2 标准工作液 B：称取 2 g 五水硫酸铜（$CuSO_4 \cdot 5H_2O$），溶解在 50 mL 水中。

5.7 二硫苏糖醇溶液（1 mol/L）：称取 0.16 g 二硫苏糖醇，溶解在 1 mL 水中，现用现配。

5.8 碘乙酰胺溶液（500 mmol/L）：称取 0.093 g 碘乙酰胺，溶解在 1 mL 水中。

5.9 碳酸氢铵溶液（50 mmol/L）：称取 0.04 g 碳酸氢铵，溶解在 10 mL 水中。

5.10 胰蛋白酶（称取 0.01 g 胰蛋白酶，溶解到 1 mL 冰上预冷 20 min 以上的 50 mmol/L 碳酸氢铵中，使用前配制）。

5.11 流动相。

A 液：0.1%甲酸，2%乙腈。

B 液：0.1%甲酸，80%乙腈。

5.12 标准多肽标准曲线

分别配制 0.05 μg/μL、1 μg/μL、5 μg/μL、10 μg/μL、20 μg/μL 合成的定性定量多肽(ALYSTPIHIWDK)和定性定量复合多肽(NSWDPPNPHIGINVNSIR)标准品溶液,并绘制曲线。

6 仪器和设备

6.1 分析天平:感量 0.000 1 g、0.001 g 和 0.01 g。

6.2 1.5 mL 离心管。

6.3 研磨振荡器。

6.4 恒温水浴锅/金属干浴。

6.5 多功能酶标仪。

6.6 60 目不锈钢筛。

6.7 离心机:转速不低于 24 000 *g*。

6.8 C_{18}固相萃取膜片(C_{18}固相萃取小柱)。

6.9 液相色谱串联质谱仪:配备电喷雾离子源(ESI)。

6.10 冻干仪。

6.11 高速粉碎机。

6.12 高速研磨提取仪。

7 试样制备

取干净样品质量大于 500 g,采用对角线分割法,取对角部分缩减至 200 g,将其粉碎通过 60 目不锈钢筛。加封后标识明确,一份做试样,一份做留样。充分混匀,装瓶,密封,避光备用。

8 测定步骤

8.1 蛋白质样品提取

准确称取 1.00 g(精确至 0.1 g)检测试样,加入 800 μL 4% SDS 溶液,加入锆珠,研磨振荡 10 min 后,95 ℃水浴 10 min,置于研磨振荡器中振荡 10 min。24 200 *g*、4 ℃下离心 10 min,取上清液 200 μL 用于 LC-MS/MS 定量,另取 100 μL 上清液用于蛋白质浓度定量。

8.2 蛋白质提取液定量(BCA 法)

制备一组蛋白质标准品:配制浓度为 0 μg/μL、0.125 μg/μL、0.250 μg/μL、0.500 μg/μL、0.750 μg/μL、1.000 μg/μL、1.500 μg/μL 的牛血清白蛋白标准品溶液。取 25 μL 标准品及待测样品于微孔板中,每孔中加入 200 μL BSA 工作试剂。在微孔板振荡器上混合 30 s 后,于 37 ℃孵育 30 min。冷却至室温后,在多功能酶标仪上测量 562 nm 处的吸光度。以标准品浓度为横坐标,以吸光值为纵坐标绘制线性标准曲线图,再依据测定的吸光值计算大豆样品中蛋白质浓度。

8.3 蛋白质还原烷基化与沉淀

加入 2 μL 1 mol/L 二硫苏糖醇溶液储备液至 200 μL 蛋白质提取液中,55 ℃恒温水浴锅中反应 40 min;加 20 μL 500 mmol/L 碘乙酰胺溶液,避光反应 30 min;用 900 μL 20 ℃预冷的丙酮沉淀,置于 −20 ℃过夜,24 200 *g* 离心 20 min,小心吸取并弃去上清液;用 800 μL 80%丙酮洗涤沉淀,−20 ℃静置 30 min,24 200 *g* 离心,小心吸取并弃去上清液;再用 800 μL 80%预冷丙酮洗涤沉淀;小心吸取并弃去上清液,通风橱中静置 15 min;待丙酮挥发,用 150 μL 50 mmol/L NH_3HCO_3 重悬蛋白质,以 8.2 所测得蛋白质浓度乘样品体积计算出蛋白质总量,按照 1∶50 的酶和蛋白质质量比例加入胰蛋白酶进行酶解。用醋酸或者氨水调节 pH 至 8 左右,补足体积至 190 μL,置于 37 ℃恒温水浴锅中进行酶解反应过夜。酶解后的溶液样品,加 10 μL 10% 甲酸溶液,置于 4 ℃冰箱静置 30 min,24 200 *g* 离心 30 min 后,吸取 150 μL,置于液相进样小瓶中待测。

8.4 测定

8.4.1 色谱条件

a) 色谱柱：C_{18}色谱柱(4.6 mm×50 mm,3.5 μm,130Å)，或性能相当者；
b) 柱温：50 ℃；
c) 流动相：流动相 A：0.1%甲酸，水；流动相 B：0.1%甲酸，80%乙腈；
d) 流速：200 μL/min；
e) 进样体积：10 μL；
f) 梯度洗脱程序见表 1。

表 1 梯度洗脱程序

时间，min	A 相，%	B 相，%
0	96	4
11	70	30
11.5	20	80
13	20	80
13.5	96	4
15	96	4

8.4.2 质谱参考条件

a) 离子源：电喷雾离子源；
b) 电离方式：正离子模式；
c) 检测方式：平行离子扫描(PRM)；
d) 喷雾电压、碰撞能量、离子源温度等参数优化至最优灵敏度；
e) 脱溶剂气、碰撞气为高纯氮气或者其他合适气体；
f) 定性定量离子设定见表 2。

表 2 质谱定性定量离子设定

多肽	离子对	碰撞能量
定性定量多肽(标准肽一)(氨基酸序列：TSNILSDVVDLK)	652.3/888.5(定量离子对)	30
	652.3/775.4(定性离子对)	30
	652.3/416.2(定性离子对)	30
定性定量复核多肽(标准肽二)(氨基酸序列：NSWDPPNPHIGINVNSIR)	677.3/764.4(定量离子对)	27
	677.3/503.1(定性离子对)	27
	677.3/388.1(定性离子对)	27

8.4.3 定性定量方法

8.4.3.1 定性测定

利用标准肽一和标准肽二的保留时间和二级谱图(或者子离子)进行定性。其中标准肽一作为本标准的定性与定量分子，标准肽二作为本标准的定性与定量复核分子。

样品与标准品保留时间的相对偏差不大于 0.5%。样品的 3 个特征离子基峰百分数与标准品允许差分别为：当基峰百分数>50%时，允许差±20%；当基峰百分数 20%～50%时，允许差±25%；当基峰百分数 10%～20%时，允许差±30%；当基峰百分数≤10%时，允许差±50%。

8.4.3.2 定量测定

用标准肽一的离子对(652.3/888.5)峰面积进行标准曲线外标法定量(记为 X μg/μL)。

9 结果的计算与表述

试样中大豆凝集素含量按公式(1)计算。

$$R = (30927.99/1303.47)X \times 0.8/m \quad (1)$$

R ——大豆凝集素含量的数值，以质量分数计，单位为克每千克(g/kg)；

X ——从标准曲线上得到的被测组分溶液质量浓度的数值，单位为毫克每毫升(mg/mL)；

m ——试样质量的数值，单位为千克(kg)。

注 1:大豆凝集素的分子量为 30 927.99；

注 2:多肽的分子量为 1 303.47；

注 3:大豆提取后的体积为 0.8 mL。

10 精密度

在重复性条件下获得的 2 次独立测定结果的绝对差值不得超过算术平均值的 15%。

11 其他

本方法大豆中凝集素的检出限为 2 pg/kg，定量限为 6 pg/kg。

第三部分

土壤肥料标准

ICS 65.080
CCS G 21

中华人民共和国农业行业标准

NY/T 886—2022
代替 NY/T 886—2016

农林保水剂

Agro-forestry absorbent polymer

2022-07-11 发布 2022-10-01 实施

中华人民共和国农业农村部 发布

前　　言

本文件按照 GB/T 1.1—2020《标准化工作导则　第1部分：标准化文件的结构和起草规则》的规定起草。

本文件代替 NY/T 886—2016《农林保水剂》，与 NY/T 886—2016 相比，除了结构性调整和编辑性改动外，主要技术变化如下：

——明确吸水倍数及重复吸水性测定用水为三级水；

——增加吸水倍数定义和重复吸水倍率测定方法；

——明确产品重复吸水倍率指标大于等于 70%；

——增加附录 A 中吸水（盐水）倍数测定时环境温度的要求；

——删掉了产品 pH 技术要求，仅作为标明值标注。

请注意本文件的某些内容可能涉及专利。本文件的发布机构不承担识别专利的责任。

本文件由农业农村部种植业管理司提出并归口。

本文件起草单位：全国农业技术推广服务中心、中国农业大学、中国农业科学院农业资源与农业区划研究所、甘肃省耕地质量建设保护总站。

本文件主要起草人：吴勇、杜太生、陈广锋、张赓、沈欣、刘红芳、王旭、杜森、郭世乾、高祥照、刘少君。

本文件及其所代替文件的历次版本发布情况为：

——NY 886—2004、NY 886—2010、NY/T 886—2016。

农林保水剂

1 范围

本文件规定了农林保水剂产品的技术要求、检验方法、检验规则、标识、包装、运输和储存要求。

本文件适用于中华人民共和国境内生产、销售、使用的农林保水剂。农林保水剂是以合成聚合型、淀粉接枝聚合型、纤维素接枝聚合型等吸水性树脂聚合物和有机无机聚合型为主要原料加工而成的土壤调理剂，用于农林业土壤保水保肥、种子包衣、苗木移栽或肥料添加剂等。

2 规范性引用文件

下列文件中的内容通过文中的规范性引用而构成本文件必不可少的条款。其中，注日期的引用文件，仅该日期对应的版本适用于本文件；不注日期的引用文件，其最新版本（包括所有的修改单）适用于本文件。

GB 190 危险货物包装标志

GB/T 191 包装储运图示标志

GB/T 6679 固体化工产品采样通则

GB/T 6682 分析实验室用水规格和试验方法

GB/T 8170 数值修约规则与极限数值的表示和判定

GB/T 8569 固体化学肥料包装

JJF 1070 定量包装商品净含量计量检验规则

NY/T 1978 肥料汞、砷、镉、铅、铬含量的测定

NY/T 1979 肥料和土壤调理剂 标签和标明值判定要求

NY/T 1980 肥料和土壤调理剂 急性经口毒性试验及评价要求

NY/T 3034—2016 土壤调理剂 通用要求

NY/T 3036 肥料和土壤调理剂 水分含量、粒度、细度的测定

3 术语和定义

下列术语和定义适用于本文件。

3.1

土壤调理剂 soil amendments/soil conditioners

加入障碍土壤中以改善土壤物理、化学和/或生物性状的物料，适用于改良土壤结构、降低土壤盐碱危害、调节土壤酸碱度、改善土壤水分状况或修复污染土壤等。

[来源：NY/T 3034—2016，3.1]

3.1.1

农林保水剂 agro-forestry absorbent polymer

用于农林生产中改善植物根系或种子周围土壤水分性状的土壤调理剂。

[来源：NY/T 3034—2016，3.1]

3.2

土壤改良措施 measures of soil amelioration

针对土壤障碍因素特性，基于自然和经济条件，所采取的改善土壤性状、提高土地生产能力的技术措施。

[来源：NY/T 3034—2016，3.1]

3.2.1

土壤保水　soil moisture preservation

通过施用一定量的物料来保蓄水分，提高土壤含水量，以满足植物生理活动与健康生长需要的技术措施。

[来源：NY/T 3034—2016，3.1]

3.3

重复吸水倍率　ratio of repeated water absorbing

物料吸水饱和后逐渐完全脱水，再吸水达到饱和，反复多次脱水再饱和后的吸水倍数与第一次饱和状态下吸水倍数的比值。

3.4

吸水倍数　multiple of water absorbing

物料第一次吸水至饱和后的质量和未吸水前质量的比值。

4　要求

4.1　外观

均匀粉末或颗粒。

4.2　技术指标

应符合表1的要求。

表1

项目	指标
吸水倍数[a]，g/g	100～700
吸盐水（0.9% NaCl）[b]倍数，g/g	≥30
水分（H_2O）含量，%	≤8
粒度（≤0.18 mm 或 0.18 mm～2.00 mm 或 2.00 mm～4.75 mm），%	≥90
重复吸水倍率（5次），%	≥70

[a] 所用水为满足 GB/T 6682 规定的三级水，具体产品吸水倍数指标范围最高值和最低值之差应不大于 200 g/g 要求。

[b] 0.9%氯化钠溶液：ρ(NaCl)＝9.0 g/L。

4.3　限量要求

4.3.1　农林保水剂中汞、砷、镉、铅、铬元素限量应符合表2的要求。

表2

单位为毫克每千克

项目	指标
汞（Hg）（以元素计）	≤5
砷（As）（以元素计）	≤5
镉（Cd）（以元素计）	≤5
铅（Pb）（以元素计）	≤25
铬（Cr）（以元素计）	≤25

4.3.2　本文件对农林保水剂产品中缩二脲、总铊、蛔虫卵死亡率和粪大肠菌群数不做技术要求。

4.4　毒性试验要求

农林保水剂毒性试验应符合 NY/T 1980 的要求。

4.5　原料要求

农林保水剂原料应符合农产品和环境安全要求。聚合物树脂类成分应具有可降解性，并经试验证明降解物具有土壤生态环境的安全性。

5 检验方法

5.1 外观

目视法测定。

5.2 吸水(或盐水)倍数的测定

按照附录A的规定执行。

5.3 pH的测定

按照附录B的规定执行。

5.4 重复吸水倍率的测定

按照附录C的规定执行。

5.5 水分的测定

按照NY/T 3036中烘箱法的规定执行。

5.6 粒度的测定

按照NY/T 3036的规定执行。

5.7 汞含量的测定

按照NY/T 1978的规定执行。

5.8 砷含量的测定

按照NY/T 1978的规定执行。

5.9 镉含量的测定

按照NY/T 1978的规定执行。

5.10 铅含量的测定

按照NY/T 1978的规定执行。

5.11 铬含量的测定

按照NY/T 1978的规定执行。

5.12 毒性试验

按照NY/T 1980的规定执行。

6 检验规则

6.1 产品按批检验,以一次配料为一批,最大批量为50 t。

6.2 产品采样按照GB/T 6679的规定执行。

6.3 将所采样品置于洁净、干燥的容器中,迅速混匀,取样品2 kg,分装于2个洁净、干燥的容器中,密封并贴上标签;注明生产企业名称、产品名称、批号或生产日期、采样日期、采样人姓名。其中,一部分用于产品质量分析;另一部分应保存至少2个月,以备复验。

6.4 按照产品试验要求进行试样的制备和储存。

6.5 生产企业进行出厂检验时,如果检验结果有一项或一项以上指标不符合本文件要求,应重新从采样批次中采样进行复验。复验结果有一项或一项以上指标不符合本文件要求,则整批产品不应被验收合格。

6.6 产品质量合格判定,采用GB/T 8170中"修约值比较法"。

6.7 用户有权按本文件规定的检验规则和检验方法对所收到的产品进行核验。

6.8 当供需双方对产品质量发生异议需仲裁时,应按照国家相关规定执行。

7 标识

7.1 产品质量证明书或合格证应载明:

7.1.1 企业名称、生产地址、联系方式、审批证号、产品通用名称、执行标准号、主要原料名称、剂型、包装规格、批号或生产日期。

7.1.2 吸水倍数的标明值范围；吸盐水（0.9% NaCl）倍数的最低标明值；粒度的最低标明值；pH 的标明值；水分含量的最高标明值；汞、砷、镉、铅、铬元素含量的最高标明值。

7.1.3 外包装袋上的标识内容可作为产品质量证明书或合格证所需标识内容的一部分。

7.2 产品包装标签应载明：

7.2.1 吸水倍数的标明值范围。

7.2.2 吸盐水倍数的最低标明值。吸盐水倍数测定值应符合其最低标明值要求。

7.2.3 重复吸水率最低标明值。重复吸水率测定值应符合其最低标明值要求。

7.2.4 粒度的最低标明值。粒度测定值应符合其最低标明值要求。

7.2.5 pH 的标明值。pH 测定值应符合其标明值正负偏差 pH±1.0 要求。

7.2.6 水分含量的最高标明值。水分测定值应符合其标明值要求。

7.2.7 汞、砷、镉、铅、铬元素含量的最高标明值。

7.2.8 主要原料名称。

7.2.9 产品使用量等使用说明介绍。

7.3 作为肥料等产品的添加物时，应注明。

7.4 其余按照 NY/T 1979 的规定执行。

8 包装、运输和储存

8.1 产品包装采用袋装或桶装，其余按照 GB/T 8569 的规定执行。净含量按照 JJF 1070 的规定执行。

8.2 在销售包装容器中的物料应混合均匀，不应附加其他成分小包装物料。

8.3 产品运输和储存过程中应防潮、防晒、防破裂，相关化学标志按照 GB 190 和 GB/T 191 的规定执行。

附　录　A
（规范性）
农林保水剂　吸水（盐水）倍数测定　重量法

A.1　原理

试样吸水或吸 0.9％氯化钠溶液后的质量与原质量之比即为吸水（盐水）倍数。

A.2　试剂和溶液

A.2.1　实验室用水符合 GB/T 6682 中规定三级水要求。

A.2.2　0.9％氯化钠溶液：$\rho(NaCl)=9.0$ g/L，称取 9.0 g 分析纯氯化钠（NaCl），溶于 1 000 mL 水中，摇匀。

A.3　仪器设备

A.3.1　通常实验室用仪器。

A.3.2　标准试验筛：孔径 0.18 mm。

A.3.3　电子天平：分度值 0.01 g。

A.4　试验步骤

A.4.1　吸水倍数的测定

A.4.1.1　在（25±3.0）℃环境条件下，称取约 1 g 试样（精确至 0.01 g），置于 2 000 mL 烧杯中，迅速加入 1 000 mL 水，搅拌 5 min，静置至少 30 min，使试样充分吸水膨胀。

A.4.1.2　将凝胶状试样移入已知质量的标准试验筛（A.3.2）中，自然过滤 10 min。

A.4.1.3　将试验筛倾斜放置，再过滤 10 min。称量试验筛和凝胶状试样的质量。

A.4.2　吸盐水（0.9％ NaCl）倍数的测定

A.4.2.1　在（25±3.0）℃环境条件下，称取约 1 g 试样（精确至 0.01 g），置于 500 mL 烧杯中，迅速加入 200 mL 0.9％氯化钠溶液（A.2.2），搅拌 5 min，静置至少 30 min，使试样充分吸 0.9％氯化钠溶液膨胀。

A.4.2.2　将凝胶状试样移入已知质量的标准试验筛（A.3.2）中，自然过滤 10 min。

A.4.2.3　将试验筛倾斜放置，再过滤 10 min。称量试验筛和凝胶状试料的质量。

A.5　结果表述

吸水（盐水）倍数 v 以（g/g）表示，按公式（A.1）计算。

$$v=\frac{m_1-m_2}{m} \qquad \text{(A.1)}$$

式中：

m_1——试验筛与试样吸水（盐水）后的质量的数值，单位为克（g）；

m_2——试验筛的质量的数值，单位为克（g）；

m ——试料的质量的数值，单位为克（g）。

取平行测定结果的算术平均值为测定结果，结果保留到小数点后 1 位。

A.6　精密度

A.6.1　平行测定结果的相对相差不大于 10％。

A.6.2 吸水倍数不同实验室测定结果的相对相差不大于 20%，吸盐水倍数不同实验室测定结果的相对相差不大于 30%。

注：相对相差为 2 次测量值相差与 2 次测量值均值之比。

附 录 B
（规范性）
农林保水剂 pH 的测定 电极法

B.1 原理

pH 由测量电池的电动势而得。该电池通常由参比电极和氢离子指示电极组成。溶液每变化 1 个 pH 单位，在同一温度下电位差的改变是常数，据此在仪器上直接以 pH 的读数表示。

B.2 试剂和溶液

实验室用水符合 GB/T 6682 中规定三级水要求。

B.2.1 pH 4.00 标准缓冲溶液(25 ℃)

称取在 120 ℃烘 2 h 的邻苯二甲酸氢钾($C_8H_5KO_4$)10.12 g，用去二氧化碳水溶解后定容至 1 L。

B.2.2 pH 6.86 标准缓冲溶液(25 ℃)

称取在 120 ℃烘 2 h 的磷酸二氢钾(KH_2PO_4)3.39 g 和无水磷酸氢二钠(Na_2HPO_4)3.53 g，用去二氧化碳水溶解后定容至 1 L。

B.2.3 pH 9.18 标准缓冲溶液(25 ℃)

称取在 120 ℃烘 2 h 的四硼酸钠($Na_2B_4O_7 \cdot 10H_2O$)3.80 g，用去二氧化碳水溶解后定容至 1 L。

B.3 仪器和设备

B.3.1 通常实验室用仪器。

B.3.2 酸度计：精密度为 0.01 pH 单位，具有温度补偿功能，pH 测定范围为 0～14。

B.3.3 电极：分体式 pH 电极或复合 pH 电极。

B.4 测定步骤

B.4.1 试样的制备

样品缩分至约 100 g，将其迅速研磨至全部通过 0.50 mm 孔径试验筛(如样品潮湿，可通过 1.00 mm 孔径试验筛)，混合均匀，置于洁净、干燥的容器中。

B.4.2 测定

B.4.2.1 称取约 1 g 试样(精确至 0.01 g)，置于 2 000 mL 烧杯中，加 1 000 mL 去二氧化碳的水，搅拌 5 min，静置 30 min。

B.4.2.2 立即将电极浸入样品上清液中，待读数稳定后记下 pH。测定前，应使用 pH 标准缓冲液对酸度计进行校准。每个样品测定后用水冲洗电极。

B.5 结果表述

取平行测定结果的算术平均值为测定结果，结果保留到小数点后 2 位，并注明样品测定时的温度。

B.6 精密度

平行测定结果的绝对差值不大于 0.20 pH 单位。

附 录 C
（规范性）
农林保水剂重复吸水倍率测定

C.1 原理

在(25±3.0)℃环境条件下，称取约1 g(精确至0.01 g)保水剂样品于烧杯中，加入水使其充分吸水，按照附录A的方法测定吸水倍数V_1，然后将吸胀后的保水剂置于蒸发皿中，于80 ℃恒温干燥，再加入水，将试样充分吸水后记录吸水倍数V_2，按照该方式连续测试5次，第五次与第一次的吸水倍数相除的百分比值，为农林保水剂重复吸水率。

C.2 试剂和溶液

实验室用水符合GB/T 6682中规定三级水要求。

C.3 仪器和设备

C.3.1 通常实验室用仪器。

C.3.2 标准试验筛：孔径0.18 mm。

C.3.3 天平：分度值0.01 g。

C.3.4 恒温干燥箱：温度可控制在50 ℃～110 ℃范围内恒温干燥。

C.4 测定步骤

C.4.1 在(25±3.0)℃环境条件下，称取约1 g试样(精确至0.01 g)，按照附录A吸水倍数的测定方法，测得吸水倍数V_1。

C.4.2 将该试样放入恒温干燥箱中在(80±3.0)℃下恒温干燥，干燥到(1.0±0.1)g。

C.4.3 再次称量干燥后的试样(精确至0.01 g)，按1 000 mL/g的比例加纯水量，再按照附录A吸水倍数的测定方法，测得吸水倍数V_2。

C.4.4 重复5次后，测得吸水倍数V_5。

C.5 结果表述

重复吸水倍率R以(%)表示，按公式(C.1)计算。

$$R=(V_5 \div V_1)\times 100 \qquad (C.1)$$

式中：

V_5——重复5次后吸水倍数；

V_1——吸水倍数。

取平行测定结果的算术平均值为测定结果，结果保留到小数点后1位。

C.6 精密度

平行测定的相对相差不大于10%。

注：相对相差为2次测量值相差与2次测量值均值之比。

ICS 65.020
Z 04

中华人民共和国农业行业标准

NY/T 1263—2022
代替 NY/T 1263—2007

农业环境损害事件损失评估技术准则

Technical regulation of agro-environment damage accident losses

2022-07-11 发布　　2022-10-01 实施

中华人民共和国农业农村部　发布

前　　言

本文件按照 GB/T 1.1—2020《标准化工作导则　第 1 部分：标准化文件的结构和起草规则》的规定起草。

本文件代替 NY/T 1263—2007《农业环境污染事故损失评价技术准则》，与 NY/T 1263—2007 相比，除编辑性修改外，主要技术变化如下：

——本文件名称修改为"农业环境损害事件损失评估技术准则"；

——修改了"范围"(见第 1 章，2007 年版的第 1 章)；

——修改了农产品损失中农产品产量下降损失和农产品质量下降损失计算方法，并删除了农业生物死亡损失计算(见 8.1.1、8.1.2，2007 年版的 4.1.1.1～4.1.1.3)；

——删除了人员伤亡损失计算(见 2007 年版的 4.3)；

——增加了"评估原则、评估程序、损害调查、评估方法与指标、误差分析与控制、评估意见书、其他规定、附录 A、附录 B 及附录 C"章节(见第 4 章～第 7 章、第 9 章～第 11 章、附录 A～附录 C)；

——将"4　计算方法"修改为"8　损失计算"(见第 8 章，2007 年版第 4 章)；

——将"生产设施损失、生活设施损失"修改为农业设施损失(见 8.2，2007 年版的 4.1.2、4.1.3)；

——增加了 11 个术语和定义，删除了"农业环境污染事故""污染事故损失"2 个术语和定义(见第 3 章，2007 年版的 3.1、3.2)；

——增加并细化了除农业环境污染事故外其他一般性农业环境污染或生态破坏引起的资源环境损失评估及损失计算的方法(见 8.3.1～8.3.4，2007 年版的 4.2)。

本文件由农业农村部科技教育司提出并归口。

本文件起草单位：农业农村部环境保护科研监测所、农业生态环境及农产品质量安全司法鉴定中心。

本文件主要起草人：王伟、张国良、强沥文、米长虹、王璐、赵晋宇、刘岩、董如茵、孙希超、姜雪锋、李佳、艾欣、刘月仙、张萌。

本文件及其所代替文件的历次版本发布情况为：

——2007 年首次发布为 NY/T 1263—2007；

——本次为第一次修订。

农业环境损害事件损失评估技术准则

1 范围

本文件规定了由环境污染或生态破坏引起的农业环境损害的评估原则、评估程序、损害调查、评估方法与指标、损失计算、误差分析与控制的内容。

本文件适用于由环境污染或生态破坏引起的农产品、农业设施、资源环境的损失计算，不适用于由核、军事设施等引起的农产品、农业设施、资源环境的损失计算。

2 规范性引用文件

下列文件中的内容通过文中的规范性引用而构成本文件必不可少的条款。其中，注日期的引用文件，仅该日期对应的版本适用于本文件；不注日期的引用文件，其最新版本（包括所有的修改单）适用于本文件。

GB 2762 食品安全国家标准 食品中污染物限量

GB 2763 食品安全国家标准 食品中农药最大残留限量

NY/T 398 农、畜、水产品污染监测技术规范

NY/T 3665 农业环境损害鉴定调查技术规范

SF/Z JD0601001—2014 农业环境污染事故司法鉴定经济损失估算实施规范

3 术语和定义

下列术语和定义适用于本文件。

3.1

农产品损失 agricultural products loss

由环境污染或生态破坏引起的，农产品产量、质量下降的损失。

3.2

后期投资 late investment

由环境污染或生态破坏引起的农业环境损害发生时至农产品生长到商品规格所需投入但尚未投入的费用，包括肥料费、农药费、饲料费、养护费、人员费等。

3.3

农业设施损失 agricultural facilities loss

因环境污染或生态破坏引起的，农业机械、种养设施、污染防护设施、房屋、水井等的废置或功能的损失，包括生产设施损失和生活设施损失。

3.4

资源环境损失 resources and environment loss

由环境污染、生态破坏引起的，农田土壤、农用水体、农区大气等农业资源正常状态，以及生态服务功能的丧失或毁损。

3.5

对照水平 control level

本次环境污染、生态破坏未发生时，对照区域内农业资源及其生态服务功能状态的水平。

3.6

期间损失 interim loss

环境污染或生态破坏发生至农业资源及其生态服务功能恢复到对照水平期间产生的损失。

3.7

永久性损害　permanent damage

农业资源环境及其生态服务功能难以恢复,其向公众或其他生态系统提供服务的能力完全丧失。

3.8

生态服务功能　ecosystem service

人类从资源环境或生态系统获得的惠益,包括供给服务(提供农产品)、调节服务(气体调节、大气净化以及涵养水源)、支持服务(土壤保育、生物多样性等)和文化服务。

3.9

生态服务功能损失　ecosystem service loss

由环境污染或生态破坏引起的农业资源(农田土壤、农用水体及农区大气)生态服务功能的丧失或损毁。

3.10

损失评估　loss assessment

对环境污染或生态破坏引起的农产品、农业设施、资源环境损失做出定量化判断的过程。

4　评估原则

损失评估原则按照 SF/Z JD0601001—2014 中第 4 章的规定执行。

5　评估程序

损失评估按以下步骤开展:接受委托、损害调查、确定损失评估项目、开展损失评估、编制评估意见书。具体流程见图 1。

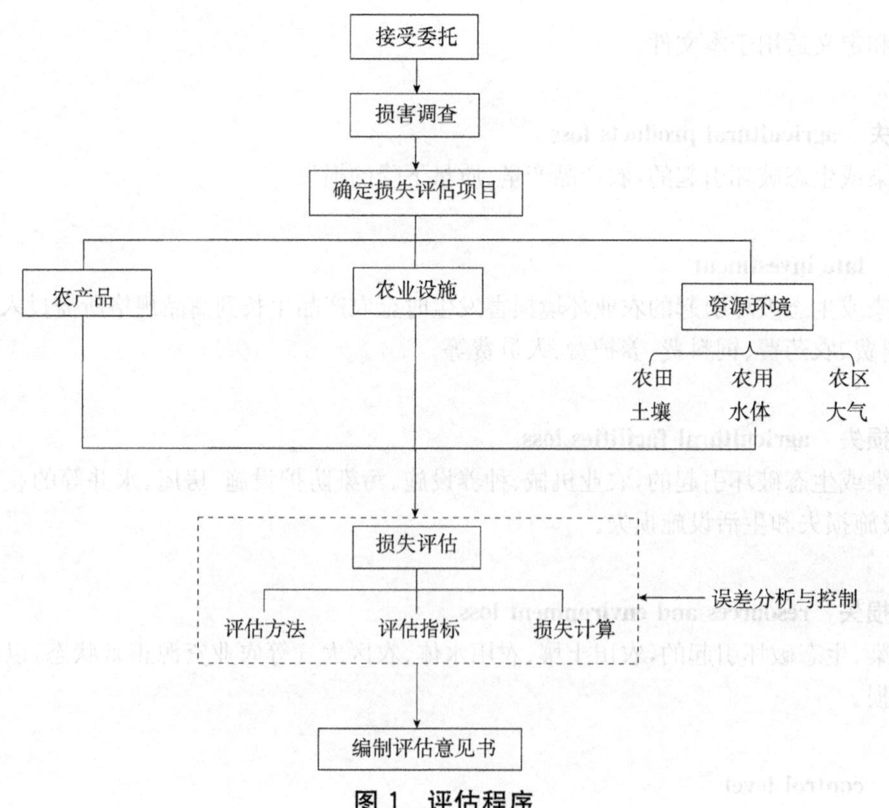

图 1　评估程序

6　损害调查

按照 NY/T 3665 的规定执行。

7 评估方法与指标

各类评估方法的内容及适用性见附录 B。

评估方法与指标见表 1。

表 1 评估方法与指标一览表

<table>
<tr><th colspan="3">指标类别</th><th colspan="2">评估指标</th><th>评估方法</th></tr>
<tr><td colspan="3" rowspan="2">农产品</td><td colspan="2">产量</td><td rowspan="2">市场价值法</td></tr>
<tr><td colspan="2">质量</td></tr>
<tr><td colspan="3" rowspan="2">农业设施</td><td colspan="2">生产设施</td><td rowspan="2">按实际费用计</td></tr>
<tr><td colspan="2">生活设施</td></tr>
<tr><td rowspan="12">资源环境</td><td colspan="2" rowspan="2">恢复费用</td><td colspan="2">直接费用</td><td>按实际费用或虚拟治理成本法、费用明细法、工程定额，辅以类比法、专家评判法</td></tr>
<tr><td colspan="2">间接费用</td><td>按实际或预计产生费用计</td></tr>
<tr><td colspan="2">期间损失</td><td colspan="2">期间生态服务功能损失</td><td>农产品供给一般按市场价值法计；文化服务一般按旅游费用计；其他生态服务功能建议以恢复费用计</td></tr>
<tr><td rowspan="9">生态服务功能损失</td><td rowspan="7">农田土壤</td><td>供给</td><td>农产品</td><td>市场价值法</td></tr>
<tr><td rowspan="3">调节</td><td>气体调节</td><td>碳汇成本法和影子价格法</td></tr>
<tr><td>大气净化</td><td>按污染物的治理费用计</td></tr>
<tr><td>涵养水源</td><td>影子价格法</td></tr>
<tr><td rowspan="2">支持</td><td>土壤保育</td><td>机会成本法和影子价格法</td></tr>
<tr><td>生物多样性</td><td>参照 GB/T 39792.2—2020 中的附录 A</td></tr>
<tr><td>文化</td><td>娱乐、休闲</td><td>旅游费用法</td></tr>
<tr><td>农用水体</td><td colspan="3">参照 GB/T 39792.2—2020 附录 A 中的相关内容</td></tr>
<tr><td>农区大气</td><td colspan="3">大气污染通过大气传输或大气沉降直接作用于农田土壤或农用水体的，按农田土壤及农用水体生态服务功能损失计</td></tr>
</table>

8 损失计算

8.1 农产品损失

包括农产品产量下降损失和农产品质量下降损失。

8.1.1 农产品产量下降损失

按公式(1)计算。

$$L_y=\sum_{i=1}^{n}\left[(Q_{yi}^{0}-Q_{yi})\times P_{yi}-F_i\right] \quad\cdots\cdots(1)$$

式中：

L_y ——因环境污染或生态破坏导致农产品产量下降所造成经济损失的数值，单位为元；

Q_{yi}^{0}——i 类农产品在正常年份产量的数值，单位为千克(kg)，确定方式按照附录 A 的规定执行；

Q_{yi}——i 类农产品受到损害后产量的数值，单位为千克(kg)；

P_{yi}——i 类农产品的单位产品市场价格的数值，单位为元每千克(元/kg)；

F_i ——i 类农产品的后期投资的数值，单位为元；

n ——因环境污染或生态破坏导致产量下降的农产品种类的数值，单位为种。

8.1.2 农产品质量下降损失

按公式(2)计算。

$$L_q=\sum_{i=1}^{n}\left[(P_{qi}^{0}-P_{qi})\times Q_{qi}-F_i\right] \quad\cdots\cdots(2)$$

式中：

L_q ——因环境污染或生态破坏导致农产品质量下降所造成经济损失的数值，单位为元；

P_{qi}^{0}——正常年份 i 类农产品单位产品市场价格的数值,单位为元每千克(元/kg),确定方式按照附录A的规定执行;

P_{qi}——i 类农产品受到损害后单位产品市场价格的数值,单位为元每千克(元/kg);

Q_{qi}——受环境污染或生态破坏影响质量变差的 i 类农产品数量的数值,单位为千克(kg);

F_i——i 类农产品后期投资的数值,单位为元;

n——因环境污染或生态破坏导致产量下降的农产品种类的数值,单位为种。

8.2 农业设施损失

按修缮恢复或重建所需费用计算。

8.3 资源环境损失

8.3.1 计算原则

a) 利用恢复技术使受损的农业资源恢复至对照水平的,资源环境损失按恢复费用及期间损失计,通过自然恢复至对照水平的,只计算期间损失;

b) 农业资源环境因环境污染或生态破坏受到永久性损害的,按其他环境价值评估法,估算生态服务功能损失;

c) 可利用现有恢复技术改善农业资源环境,但无法将农业资源恢复到对照水平的,涉及恢复的按恢复费用及期间损失计算,未予恢复的按永久性损害计算。

8.3.2 恢复费用

8.3.2.1 直接费用

直接费用为农艺调控、植物修复等恢复技术实施所需要的费用,可选择费用明细法、工程定额、虚拟治理成本法等方法的一种或几种,辅以类比法、专家评判法进行估算;恢复措施已经完成或正在进行的,以实际发生费用计算。

8.3.2.2 间接费用

间接费用为恢复方案编制费、监测检测费、恢复效果评估费、监管费用、清理费用、处理处置费等,以实际发生或预计产生的费用计算。

8.3.3 期间损失

期间农产品供给损失按公式(3)计算。

$$A_p = \sum_{i=1}^{m}\sum_{t=0}^{n}[(D_i \times A_i \times P_{yi} - F_i) \times T_2](1+r)^{(t-T)} \quad \cdots\cdots (3)$$

式中:

A_p——恢复期间农产品供给损失的数值,单位为元;

D_i——正常年份 i 类农产品单位面积产量的数值,单位为千克每公顷(kg/hm²);

A_i——恢复期间受损面积的数值,单位为公顷(hm²);

P_{yi}——正常年份 i 类农产品价格,单位为元每千克(元/kg);

F_i——i 类农产品的后期投资的数值,单位为元;

T_2——每年受损农产品收获次数的数值,单位为次;

T——恢复基准年的数值,一般为实施恢复方案当年;

r——贴现(或复利)率,单位为百分号(%);

t——恢复期间任意给定年(0~n 之间);

n——恢复终止年。

m——受损农产品种类的数值,单位为种。

8.3.4 生态服务功能损失

根据评估区资源环境特性,原有主要生态服务功能,结合现场实际和专家意见,选择其中一项或几项进行计算。

生态服务功能损失的计算方法见公式(4)。

$$V_f = \sum_{i} \sum_{t=0}^{n} V_s \times (1+r)^{T-t} \qquad (4)$$

式中：

V_f ——生态服务功能价值损失的数值，单位为元；

i ——生态服务功能类型；

V_s ——各类生态服务功能价值的数值，单位为元每年（元/年）；

r ——贴现（或复利）率的数值，单位为百分号（%）；

t ——评估期内的任意给定年（0～n 之间）；

T ——评估基准年；

$t=0$——损害起始年；

n ——损害终止年，由鉴定人员根据实际情况确定。

8.3.4.1 农田土壤

根据对照水平的生态服务功能价值，结合评估区域的受损现状及专家意见进行计算，或按照表 1 中的评估方法估算，计算公式参照附录 C。

8.3.4.2 农用水体

参照 GB/T 39792.2—2020 附录 A 中的相关内容计算。

8.3.4.3 农区大气

因大气传输或大气沉降等造成农田土壤及农用水体服务功能损失的，按农田土壤及农用水体生态服务功能损失计算。

9 误差分析与控制

a） 采用虚拟治理成本法、替代成本法、机会成本法等估算损失时，宜同时考虑采用多种替代技术或工程，筛选最符合实际的替代技术或工程，或取价值相近的几类替代技术或工程价值的平均值进行估算；

b） 其他按照 SF/Z JD0601001—2014 中第 8 章的规定执行。

10 评估意见书

评估意见书内容及格式按 SF/Z JD0601001—2014 中附录 B 的规定执行。

11 其他规定

a） 结合农业环境污染或生态破坏的影响范围、受损程度、损害类型、鉴定要求等实际情况选择本文件损失计算方法中的一项或几项进行计算；

b） 本文件中各类生态服务功能损失计算方法仅作为参照，评估人员可根据实际情况，结合最新研究成果，现有资料以及专家意见等，采用其他评估方法进行计算；

c） 农产品质量安全分析按照 GB 2762、GB 2763、农产品质量分等分级标准执行；

d） 其他注意事项及规定按照 SF/Z JD0601001—2014 中第 9 章的规定执行。

附 录 A
(规范性)
参 数 确 定

A.1 正常年份产量

按近3年估算范围内同期产量平均值确定,近3年估算范围内同期产量无法通过调查获取的,以对照区同期产量为准。

A.2 农产品价格确定

正常年份农产品价格以当时当地市场平均价格计,无法获取时,按近3年当地市场平均价格计。市场平均价格以政府相关部门公布或实地调查获取的价格为准。

受损农产品价格以当时当地市场平均价格计,但能证明实际销售价格的,以实际销售价格计。

A.3 受损农产品产量确定

农产品受损后的产量通过现场调查、测产等方式确定,必要时以实验数据作为补充。

A.4 农产品质量损失确定

农产品样品采集及测定按照NY/T 398的规定执行,质量损失按超标样品所占比例、受损面积或数量,并结合受损特点等因素综合确定;也可通过与对照区农产品质量的比较获得。

农产品中有毒有害物质超过有关标准,或失去原有经济价值时,视为全部损失。

附 录 B
（资料性）
评估方法一览表

评估方法	内容	适用条件	误差及优缺点
市场价值法	评估区内农产品、设施、农业环境等市场价格，或经换算的市场价格发生的变化来估算损失	农业环境资源或其替代物具有市场价值，且易获取	评估相对客观，争议较少，可信度较高；评估对象的价格数据需全面、易获取，可优先选择
机会成本法	农业资源存在多种用途，将失去使用机会的方式中能获得的最大收益作为机会成本估算价值	农业资源具有多种用途，具有稀缺性，农业资源已经得到充分利用	农业资源具有稀缺性，随市场行情变动性较大
替代成本法	在无市场价格的情形下，农业环境资源的成本用替代用途价值的机会成本来估算损失	无市场价格的情况下，农业环境资源具有特定的用途，其使用成本可以用所牺牲的替代用途的价值估算	农业资源具有稀缺性，随市场行情变动性较大
专家评判法	通过咨询有关专家，利用专家的经验和专业能力估算损失	适用于损害价值高低不主要取决于成本，难以通过成本法、市场法等方法直接评估	此方法受主观因素影响较大，专家的专业水平和权威性、专家的心理状态、鉴定人员对专家的引导等，都可能影响评估结论的准确性
类比法	与已发生的类型相同或相似的农业环境损害事件相比较，参照相同或类似事件中农产品或农业环境损失估算方法，确定估算损失的方法	适用于存在相同或相似已发生的农业环境损害事件，并且由具有资质的鉴定机构承担农业生物或环境损失估算鉴定，其鉴定意见已被人民法院采信	现实中可获取的类似案例较少，早期案例受估算技术成熟度等影响，可参考性不高，但简单易行
虚拟治理成本法	按照现行的科学技术和水平治理排放到农业环境中的污染物所产生的费用估算损失	适用于环境污染所致农业生态环境损害无法通过恢复技术完全恢复，或恢复成本远远大于其收益，或因时间久，污染物已无法检出导致损害事实不明确的情形	该方法以现行科学技术和水平治理排放到农业环境中的污染物所需要的支出估算农业环境损失，相对比较客观，也易于操作，但受恢复治理技术差异性影响，损失估算会存在较大差异
影子价格法	用具有市场价格且与其相类似的或替代品的影子价格作为没有市场价格的资源的价值	农业资源要素具有与其相似的或替代品的市场价格	随市场行情变动性较大

附 录 C
(资料性)
常见农田生态系统服务功能损失计算方法

C.1 供给功能

农田生态系统供给功能主要为农产品供给，采用市场价值法估算。

C.2 调节功能

生态系统调节功能包括气体调节、大气净化及涵养水源等。

C.2.1 气体调节

气体调节功能主要为农产品的固碳释氧功能，包括两个方面：一方面是农产品吸收CO_2的量，另一方面是农产品所释放O_2的量。固碳释氧损失的价值通过农产品生物产量，采用碳税法和机会成本法估算，计算方法见公式(C.1)。

$$L_1 = \sum_{i=1}^{n} D_{CO_2} \times W_i \times K_C \times P_C + \sum_{i=1}^{n} D_{O_2} \times W_i \times P_O \quad \cdots\cdots (C.1)$$

式中：

L_1 ——气体调节损失价值的数值，单位为元每年(元/年)；

D_{CO_2}——光作用下每生产1 kg干物质需要的二氧化碳含量，取1.62；

D_{O_2} ——光作用下每生产1 kg干物质释放的氧气含量，取1.2；

W_i ——第i种受损农产品的干重的数值，单位为千克每年(kg/年)；

K_C ——二氧化碳中的碳含量，取27.27%；

P_C ——固碳成本的数值，单位为元每千克(元/kg)，以当时碳汇价格计；

P_O ——氧气现行市价的数值，单位为元每千克(元/kg)；

n ——受损农产品种类的数值，单位为种。

其中，受损农产品干重(W_i)包括亩产和秸秆重，通过农产品的亩产，经济系数以及经济产量含水量获得，计算方法见公式(C.2)。

$$W_i = \sum_{i=1}^{n} \frac{D_i - E_{wi} \times D_i}{E_{ci}} \times A_i \times a \quad \cdots\cdots (C.2)$$

式中：

W_i ——第i种受损农产品干物质重量的数值，单位为千克每年(kg/年)；

E_{wi}——第i种受损农作物经济产量含水量的数值，单位为百分号(%)；

D_i ——正常年份i类农作物单位产量的数值，单位为千克每公顷每年[kg/(hm^2·年)]；

a ——i类农作物减产幅度的数值，单位为百分号(%)，与正常年份产量或对照区农产品产量的比较获得；

A_i ——i类农作物受损面积的数值，单位为公顷(hm^2)；

E_{ci}——第i类受损农作物经济系数；

n ——受损农作物种类的数值，单位为种。

C.2.2 大气净化

大气净化功能价值表现为滞尘和净化有害气体的功能，采用实际中治理大气污染物的费用进行估算，计算方法见公式(C.3)。

$$L_2=\sum_{i=1}^{n}(X_{io}-X_i)\times A\times P_i \quad\text{(C.3)}$$

式中：

L_2 ——农田净化大气的损失价值的数值，单位为元每年(元/年)；

X_{io} ——正常情况下农田对第 i 种污染物的吸收能力的数值，单位为千克每公顷每年[kg/(hm^2·年)]；

X_i ——受损后农田对第 i 种污染物的吸收能力的数值，单位为千克每公顷每年[kg/(hm^2·年)]；

A ——农田受损面积的数值，单位为公顷(hm^2)；

P_i ——第 i 种污染物的削减成本的数值，单位为元每千克(元/kg)；

n ——污染物种类的数值，单位为种。

C.2.3 涵养水源

涵养水源功能表现为吸纳降水、调节地表径流和水分循环等，采用机会成本法估算涵养水源损失，计算方法见公式(C.4)。

$$L_3=100(H_1-H_2)\times A\times C_Q \quad\text{(C.4)}$$

式中：

L_3 ——涵养水源损失价值的数值，单位为元每年(元/年)；

H_1 ——对照区单位农田涵养水分量的数值，单位为厘米每年(cm/年)；

H_2 ——单位受损农田涵养水分量的数值，单位为厘米每年(cm/年)；

A ——农田受损面积的数值，单位为公顷(hm^2)；

C_Q ——单位库容水库蓄水成本的数值，单位为元每立方米(元/m^3)。

其中单位农田涵养水分量(H)利用土壤非毛管静态蓄水量法获得，计算方法见公式(C.5)。

$$H=\sum_{i=1}^{n}D_i\times N_i \quad\text{(C.5)}$$

式中：

H ——单位农田涵养水分量的数值，单位为厘米(cm)；

D_i ——第 i 类土层厚度的数值，单位为厘米(cm)；

N_i ——第 i 类土层非毛管孔隙度的数值。

C.3 支持功能

生态系统支持功能包括土壤保育和生物多样性等。

C.3.1 土壤保育

土壤保育包括固土和保肥，固土是消减降雨侵蚀力，增加土壤抗蚀性，减少土壤流失，保持土壤的功能，保肥是保持土壤吸持和保存养分的能力。土壤保育的损失采用机会成本法进行估算，计算方法见公式(C.6)、公式(C.7)。

a) 固土

$$L_4=\frac{1}{100}\sum_{i=1}^{n}\frac{A_i(A_{li}-A_{bi})}{\rho_i\times h_i}\times B_i \quad\text{(C.6)}$$

式中：

L_4 ——固土损失价值的数值，单位为元每年(元/年)；

A_i ——受损面积的数值，单位为公顷(hm^2)；

A_{li} —— i 类农产品受损后土壤侵蚀模数的数值，单位为吨每公顷每年[t/(hm^2·年)]；

A_{bi} —— i 类农产品受损前土壤侵蚀模数的数值，单位为吨每公顷每年[t/(hm^2·年)]；

ρ_i —— i 类土壤容重的数值，单位为吨每立方米(t/m^3)；

h_i —— i 类农产品表层土平均厚度的数值，单位为厘米(cm)；

B_i ——单位面积 i 类农产品产值的数值，单位为元每公顷每年[元/(hm^2 · 年)]，可取损害发生地近3年产值平均值；

n ——受损农作物种类。

其中土壤侵蚀模数以政府相关部门公布或实地调查获取的数据为准。优先使用政府相关部门公布的数据；若无相应数据，可通过实地测量或者采用土壤侵蚀数学模型获取，实地测量方法和采用的数学模型可参照 SL 190。

b) 保肥

$$L_5 = \sum_{i=1}^{n} (N_{ei} - C_{ei}) \times P_i \times A \quad \cdots\cdots (C.7)$$

式中：

L_5 ——保肥损失的数值，单位为元每年(元/年)；

N_{ei}——正常年份单位面积农田 i 类养分含量的数值，单位为千克每公顷每年[kg/(hm^2 · 年)]；

C_{ei}——评估区域土壤 i 类养分含量的数值，单位为千克每公顷每年[kg/(hm^2 · 年)]；

P_i ——含有 i 类养分肥料的市场价格的数值，单位为元每千克(元/kg)；

A ——土壤受损面积的数值，单位为公顷(hm^2)。

C.3.2 生物多样性

采用支付意愿法估算生物多样性损失，计算方法参照 GB/T 39792.2—2020 中附录 A 的 A.2.2.1。

C.4 文化功能

当受损资源环境有休闲旅游等特定用途时，需考虑文化功能损失，其损失价值以受损前后旅游费用的差异等作为评估指标进行计算。

参 考 文 献

[1] GB/T 39792.2—2020 生态环境损害鉴定评估技术指南 环境要素 第2部分:地表水和沉积物
[2] SL 190 土壤侵蚀分类分级标准

ICS 65.080
CCS G 20

中华人民共和国农业行业标准

NY/T 1978—2022
代替 NY/T 1978—2010

肥料　汞、砷、镉、铅、铬、镍含量的测定

Determination of mercury, arsenic, cadmium, lead, chromium and nickel in fertilizers

2022-07-11 发布　　2022-10-01 实施

中华人民共和国农业农村部　发布

前　　言

本文件按照 GB/T 1.1—2020《标准化工作导则　第 1 部分:标准化文件的结构和起草规则》和 GB/T 20001.4—2015《标准编写规则　第 4 部分:试验方法标准》的规定起草。

本文件代替 NY/T 1978—2010《肥料　汞、砷、镉、铅、铬含量的测定》,与 NY/T 1978—2010 相比,除了结构性调整和编辑性改动外,主要技术变化如下:

a)　增加了肥料镍含量的测定方法(见第 9 章);

b)　增加了肥料砷、镉、铅、铬、镍含量测定电感耦合等离子体质谱法(见附录 B);

c)　删除了仲裁法描述(见 2010 年版的 4.1,5.1,6.1,7.1)。

请注意本文件的某些内容可能涉及专利。本文件的发布机构不承担识别专利的责任。

本文件由农业农村部种植业管理司提出并归口。

本文件起草单位:中国农业科学院农业资源与农业区划研究所、国家化肥质量监督检验中心(北京)、全国农业技术推广服务中心、农业农村部肥料质量监督检验测试中心(杭州)、农业农村部肥料质量监督检验测试中心(郑州)、临沂市检验检测中心、农业农村部肥料质量监督检验测试中心(成都)。

本文件主要起草人:汪洪、刘蜜、孔令娥、孙钊、孙蓟锋、李亚丽、孙又宁、范洪黎、韦东普、何冠睿、郭伟、钟杭、王小琳、赵旭东、李昆、潘雪、荣向农、季天委、谢先进、杜建光。

本文件及其所代替文件的历次版本发布情况为:

——NY 1110—2006《水溶肥料汞、砷、镉、铅、铬的限量及其含量测定》附录;

——NY/T 1978—2010《肥料　汞 、砷、镉、铅、铬含量的测定》;

——本次为第二次修订。

肥料　汞、砷、镉、铅、铬、镍含量的测定

1　范围

本文件规定了肥料中汞、砷、镉、铅、铬、镍含量的测定方法。

本文件适用于肥料中汞、砷、镉、铅、铬、镍含量的测定，也适用于土壤调理剂中汞、砷、镉、铅、铬、镍含量的测定。

2　规范性引用文件

下列文件中的内容通过文中的规范性引用而构成本文件必不可少的条款。其中，注日期的引用文件，仅该日期对应的版本适用于本文件；不注日期的引用文件，其最新版本（包括所有的修改单）适用于本文件。

GB/T 6682　分析实验室用水规格和试验方法

GB/T 7686　化工产品中砷含量测定的通用方法

HG/T 2843　化肥产品　化学分析中常用标准滴定溶液、标准溶液、试剂溶液和指示剂溶液

3　术语和定义

本文件没有需要界定的术语和定义。

4　汞含量的测定

4.1　原子荧光光谱法

4.1.1　原理

在酸性介质中，硼氢化钾可将经消化的试样中汞还原成原子态汞，后由氩气载入石英原子化器中，在汞空心阴极灯的发射光激发下产生原子荧光，利用荧光强度在特定条件下与被测液中的汞浓度成正比的特性，对汞进行测定。

4.1.2　试剂和材料

除非另有说明，所用试剂和溶液的配制均应符合 HG/T 2843 的规定；实验室用水应符合 GB/T 6682 规定的三级水要求。

4.1.2.1　氢氧化钾（KOH）：优级纯。

4.1.2.2　硼氢化钾（KBH_4）：优级纯。

4.1.2.3　重铬酸钾（$K_2Cr_2O_7$）：优级纯。

4.1.2.4　盐酸：优级纯。

4.1.2.5　硝酸：优级纯。

4.1.2.6　王水：将盐酸（4.1.2.4）与硝酸（4.1.2.5）按体积比 3∶1 混合，放置 20 min 后使用。

4.1.2.7　盐酸溶液：$\varphi(HCl)=3\%$。量取 30 mL 盐酸（4.1.2.4），缓慢加入约 970 mL 水中，用水稀释至 1 000 mL，混匀。

4.1.2.8　盐酸溶液：$\varphi(HCl)=50\%$。量取 50 mL 盐酸（4.1.2.4），缓慢加入约 50 mL 水中，用水稀释至 100 mL，混匀。

4.1.2.9　硝酸溶液：$\varphi(HNO_3)=3\%$。量取 30 mL 硝酸（4.1.2.5），缓慢加入约 970 mL 水中，用水稀释至 1 000 mL，混匀。

4.1.2.10　氢氧化钾溶液：$\rho(KOH)=5$ g/L。称取 5 g 氢氧化钾（4.1.2.1），溶解于 1 000 mL 水中，混匀。

4.1.2.11　硼氢化钾溶液：$\rho(KBH_4)$＝10 g/L。称取 5.0 g 硼氢化钾(4.1.2.2)，溶解于 500 mL 氢氧化钾溶液(4.1.2.10)中，混匀(此溶液于 4 ℃冰箱中可保存 10 d，常温下应当日使用)。

4.1.2.12　重铬酸钾-硝酸溶液：$\rho(K_2Cr_2O_7\text{-}HNO_3)$＝0.5 g/L。称取 0.5 g 重铬酸钾(4.1.2.3)，溶解于 1 000 mL 硝酸溶液(4.1.2.9)中。

4.1.2.13　汞标准储备溶液：$\rho(Hg)$＝1 000 μg/mL。可使用经国家认证并授予标准物质证书的标准溶液。

4.1.2.14　汞标准溶液：$\rho(Hg)$＝10 μg/mL。吸取汞标准储备溶液(4.1.2.13)10.00 mL，用重铬酸钾-硝酸溶液(4.1.2.12)定容至 1 000 mL，混匀。

4.1.2.15　汞标准溶液：$\rho(Hg)$＝0.1 μg/mL。吸取汞标准溶液(4.1.2.14)10.00 mL，用重铬酸钾-硝酸溶液(4.1.2.12)定容至 1 000 mL，混匀。

4.1.2.16　氩气：纯度≥99.995%。

4.1.3　仪器设备

4.1.3.1　原子荧光光度计，配有汞空心阴极灯。

4.1.3.2　可调式电热板：温度在室温至 250 ℃内可调。

4.1.3.3　分析天平：分度值为 0.000 1 g。

4.1.3.4　常规实验室仪器设备。

4.1.4　样品

4.1.4.1　试样制备

固体样品经多次缩分后，取出约 100 g，将其迅速研磨至全部通过 0.50 mm 孔径试验筛(如样品潮湿，可通过 1.00 mm 尼龙试验筛)，混合均匀，置于洁净、干燥的容器中；液体样品经多次摇动后，迅速取出约 100 mL，置于洁净、干燥的容器中。

4.1.4.2　试样溶液的制备

称取试样 0.2 g～2 g(精确至 0.000 1 g)于 100 mL 烧杯中，加入 20 mL 王水(4.1.2.6)(保证消化完全前提下，根据试样具体情况可适当增减王水加入量)，盖上表面皿，于 150 ℃～200 ℃可调式电热板上消化 30 min，取下冷却，过滤，滤液直接收集于 50 mL 容量瓶中。滤干后用少量水冲洗 3 次以上，合并于滤液中，加入 3 mL 盐酸溶液(4.1.2.8)，用水定容，混匀待测。

注：有机物含量较高样品建议加入王水浸泡过夜后加热消化。

4.1.5　试验步骤

4.1.5.1　仪器条件

根据原子荧光光度计使用说明书的要求，选择仪器的工作条件。

仪器参考条件：光电倍增管负高压 270 V；汞空心阴极灯电流 30 mA；原子化器温度 200 ℃；高度 8 mm；氩气流速 400 mL/min；屏蔽气 1 000 mL/min；测量方式：荧光强度或浓度直读；读数方式：峰面积；积分时间：12 s；载流为盐酸溶液(4.1.2.7)和硼氢化钾溶液(4.1.2.11)。

4.1.5.2　标准曲线的制作

吸取汞标准溶液(4.1.2.15)0.00 mL、0.20 mL、0.40 mL、0.60 mL、0.80 mL、1.00 mL 于 6 个 50 mL容量瓶中，加入 3 mL 盐酸溶液(4.1.2.8)，用水定容，混匀。此标准系列溶液汞的质量浓度为 0.00 ng/mL、0.40 ng/mL、0.80 ng/mL、1.20 ng/mL、1.60 ng/mL、2.00 ng/mL。以汞的质量浓度为 0.00 ng/mL 的标准溶液为参比，测定各标准溶液的原子荧光强度。以各标准溶液汞的质量浓度(ng/mL)为横坐标、相应的原子荧光强度为纵坐标，制作标准曲线。

注：可根据不同仪器灵敏度、待测元素含量调整标准曲线的质量浓度。

4.1.5.3　测定

试样溶液直接(或适当稀释后)在与测定标准系列溶液相同的条件下，测定试样溶液的原子荧光强度，在标准曲线上查出相应汞的质量浓度(ng/mL)。

4.1.5.4 空白试验

除不加试样外，其他步骤同试样溶液的制备(4.1.4.2)与试样溶液的测定(4.1.5.3)。

4.1.6 试验数据处理

试样中汞(Hg)含量 ω_1 以质量分数计，单位为毫克每千克(mg/kg)，按公式(1)计算。

$$\omega_1 = \frac{(\rho - \rho_0) \times D \times 50}{m \times 10^3} \quad \cdots\cdots (1)$$

式中：

ρ ——由标准曲线查出的试样溶液汞的质量浓度的数值，单位为纳克每毫升(ng/mL)；

ρ_0 ——由标准曲线查出的空白试验溶液汞的质量浓度的数值，单位为纳克每毫升(ng/mL)；

D ——测定时试样溶液的稀释倍数；

50 ——试样溶液体积的数值，单位为毫升(mL)；

m ——试料质量的数值，单位为克(g)；

10^3——将克换算成毫克的系数。

以重复性条件下获得的 2 次独立测定结果的算术平均值表示，结果保留到小数点后 1 位。

4.1.7 精密度

在重复条件下获得的 2 次独立测定结果的相对相差应符合表 1 的要求。

表 1 在重复条件下获得的 2 次独立测定结果的相对相差要求

汞的质量分数，mg/kg	0.2≤ω<2.5	2.5≤ω≤4.0	ω>4.0
相对相差，%	≤50	≤30	≤10
注：相对相差(%)是 2 次测定结果的绝对差值与 2 次测量结果的算术平均值之比乘以 100。			

不同实验室测定结果的相对相差应符合表 2 的要求。

表 2 不同实验室测定结果的相对相差要求

汞的质量分数，mg/kg	2.5≤ω≤4.0	ω>4.0
相对相差，%	≤100	≤50

4.2 砷、汞同时测定 原子荧光光谱法

按照附录 A 的规定执行。

5 砷含量的测定

5.1 原子荧光光谱法

5.1.1 原理

试样经消化后，加入硫脲使五价砷预还原为三价砷。在酸性介质中，硼氢化钾使砷还原生成砷化氢，由氩气载入石英原子化器中，在砷空心阴极灯的发射光激发下产生原子荧光，利用荧光强度在特定条件下与被测液中的砷浓度成正比的特性，对砷进行测定。

5.1.2 试剂和材料

除非另有说明，所用试剂和溶液的配制均应符合 HG/T 2843 的规定；实验室用水应符合 GB/T 6682 规定的三级水要求。

5.1.2.1 氢氧化钾(KOH)：优级纯。

5.1.2.2 硼氢化钾(KBH_4)：优级纯。

5.1.2.3 硫脲(NH_2CSNH_2)：优级纯。

5.1.2.4 盐酸：优级纯。

5.1.2.5 硝酸：优级纯。

5.1.2.6 王水：将盐酸(5.1.2.4)与硝酸(5.1.2.5)按体积比 3∶1 混合，放置 20 min 后使用。

5.1.2.7 盐酸溶液：$\varphi(HCl)$＝3%。量取 30 mL 盐酸（5.1.2.4），缓慢加入约 970 mL 水中，用水稀释至 1 000 mL，混匀。

5.1.2.8 盐酸溶液：$\varphi(HCl)$＝50%。量取 50 mL 盐酸（5.1.2.4），缓慢加入约 50 mL 水中，用水稀释至 100 mL，混匀。

5.1.2.9 氢氧化钾溶液：$\rho(KOH)$＝5 g/L。称取 5 g 氢氧化钾（5.1.2.1），溶解于 1 000 mL 水中，混匀。

5.1.2.10 硼氢化钾溶液：$\rho(KBH_4)$＝20 g/L。称取 10.0 g 硼氢化钾（5.1.2.2），溶解于 500 mL 氢氧化钾溶液（5.1.2.9）中，混匀（此溶液于 4 ℃冰箱中可保存 10 d，常温下应当日使用）。

5.1.2.11 硫脲溶液：$\rho(NH_2CSNH_2)$＝50 g/L。称取 50.0 g 硫脲（5.1.2.3），溶解于 1 000 mL 水中，混匀，现用现配。

5.1.2.12 砷标准储备溶液：$\rho(As)$＝1 000 μg/mL。可使用经国家认证并授予标准物质证书的标准溶液。

5.1.2.13 砷标准溶液：$\rho(As)$＝100 μg/mL。吸取砷标准储备溶液（5.1.2.12）10.00 mL，用盐酸溶液（5.1.2.7）定容至 100 mL，混匀。可使用经国家认证并授予标准物质证书的标准溶液。

5.1.2.14 砷标准溶液：$\rho(As)$＝1 μg/mL。吸取砷标准溶液（5.1.2.13）10.00 mL，用水定容至 1 000 mL，混匀。

5.1.2.15 氩气：纯度≥99.995%。

5.1.3 仪器设备

5.1.3.1 原子荧光光度计，配有砷空心阴极灯。

5.1.3.2 可调式电热板：温度在室温至 250 ℃内可调。

5.1.3.3 分析天平：分度值为 0.000 1 g。

5.1.3.4 常规实验室仪器设备。

5.1.4 样品

5.1.4.1 试样的制备

见 4.1.4.1。

5.1.4.2 试样溶液的制备

称取试样 0.2 g～2 g（精确至 0.000 1 g）于 100 mL 烧杯中，加入 20 mL 王水（5.1.2.6）（保证消化完全前提下，根据试样具体情况可适当增减王水加入量），盖上表面皿，于 150 ℃～200 ℃可调式电热板上消化。烧杯内容物近干时，用滴管滴加盐酸（5.1.2.4）数滴，驱赶剩余硝酸，反复数次，直至再次滴加盐酸时无棕黄色烟雾出现为止。用少量水冲洗表面皿及烧杯内壁并继续煮沸 5 min，取下冷却，过滤，滤液直接收集于 50 mL 容量瓶中。滤干后用少量水冲洗 3 次以上，合并于滤液中，加入 10 mL 硫脲溶液（5.1.2.11）和 3 mL 盐酸溶液（5.1.2.8），用水定容，混匀，放置至少 30 min 后测试。

注：有机物含量较高样品建议加入王水浸泡过夜后加热消化。

5.1.5 试验步骤

5.1.5.1 仪器条件

根据原子荧光光度计使用说明书的要求，选择仪器的工作条件。

仪器参考条件：光电倍增管负高压 270 V；砷空心阴极灯电流 45 mA；原子化器温度 200 ℃；高度 9 mm；氩气流速 400 mL/min；屏蔽气 1 000 mL/min；测量方式：荧光强度或浓度直读；读数方式：峰面积；积分时间：12 s；载流为盐酸溶液（5.1.2.7）和硼氢化钾溶液（5.1.2.10）。

5.1.5.2 标准曲线的制作

吸取砷标准溶液（5.1.2.14）0.00 mL、0.50 mL、1.00 mL、1.50 mL、2.00 mL、2.50 mL 于 6 个 50 mL容量瓶中，加入 10 mL 硫脲溶液（5.1.2.11）和 3 mL 盐酸溶液（5.1.2.8），用水定容，混匀。此标准系列溶液砷的质量浓度为 0.00 ng/mL、10.00 ng/mL、20.00 ng/mL、30.00 ng/mL、40.00 ng/mL、50.00 ng/mL。以砷的质量浓度为 0.00 ng/mL 的标准溶液为参比，测定各标准溶液的原子荧光强度。

以各标准溶液中砷的质量浓度(ng/mL)为横坐标、相应的原子荧光强度为纵坐标,制作标准曲线。

注:可根据不同仪器灵敏度、待测元素含量调整标准曲线的质量浓度。

5.1.5.3 测定

试样溶液直接(或适当稀释后)在与测定标准系列溶液相同的条件下,测定试样溶液的荧光强度,在标准曲线上查出相应砷的质量浓度(ng/mL)。

5.1.5.4 空白试验

除不加试样外,其他步骤同试样溶液的制备(5.1.4.2)与试样溶液的测定(5.1.5.3)。

5.1.6 试验数据处理

试样中砷(As)含量 ω_2 以质量分数计,单位为毫克每千克(mg/kg),按公式(2)计算。

$$\omega_2 = \frac{(\rho - \rho_0) \times D \times 50}{m \times 10^3} \quad \cdots\cdots (2)$$

式中:

ρ ——由标准曲线查出的试样溶液砷的质量浓度的数值,单位为纳克每毫升(ng/mL);

ρ_0 ——由标准曲线查出的空白试验溶液砷的质量浓度的数值,单位为纳克每毫升(ng/mL);

D ——测定时试样溶液的稀释倍数;

50 ——试样溶液体积的数值,单位为毫升(mL);

m ——试料质量的数值,单位为克(g);

10^3——将克换算成毫克的系数。

以重复性条件下获得的 2 次独立测定结果的算术平均值表示,结果保留到小数点后 1 位。

5.1.7 精密度

在重复条件下获得的 2 次独立测定结果的相对相差应符合表 3 的要求。

表 3 在重复条件下获得的 2 次独立测定结果的相对相差要求

砷的质量分数,mg/kg	0.5≤ω<5.0	5.0≤ω≤8.0	ω>8.0
相对相差,%	≤50	≤30	≤10
注:相对相差是 2 次测定结果的绝对差值与 2 次测量结果的算术平均值之比乘以 100。			

不同实验室测定结果的相对相差应符合表 4 的要求。

表 4 不同实验室测定结果的相对相差要求

砷的质量分数,mg/kg	5.0≤ω≤8.0	ω>8.0
相对相差,%	≤100	≤50

5.2 二乙基二硫代氨基甲酸银分光光度法

按照 GB/T 7686 的规定执行。

5.3 砷、汞同时测定 原子荧光光谱法

按照附录 A 的规定执行。

5.4 电感耦合等离子体质谱法

按照附录 B 的规定执行。

6 镉含量的测定

6.1 原子吸收分光光度法

6.1.1 原理

试样经王水消化后,试样溶液中的镉在空气-乙炔火焰中原子化,所产生的原子蒸气吸收从镉空心阴极灯射出的特征波长 228.8 nm 的光,吸光度值与镉基态原子浓度成正比。

6.1.2 试剂和材料

除非另有说明,所用试剂和溶液的配制均应符合 HG/T 2843 的规定;实验室用水应符合 GB/T 6682 规定的三级水要求。

6.1.2.1 盐酸:优级纯。

6.1.2.2 硝酸:优级纯。

6.1.2.3 王水:将盐酸(6.1.2.1)与硝酸(6.1.2.2)按体积比 3∶1 混合,放置 20 min 后使用。

6.1.2.4 镉标准储备溶液:ρ(Cd)=1 000 μg/mL。可采用经国家认证并授予标准物质证书的元素标准储备液。

6.1.2.5 镉标准溶液:ρ(Cd)=100 μg/mL。吸取镉标准储备溶液(6.1.2.4)10.00 mL 于 100 mL 容量瓶中,加入盐酸(6.1.2.1)5 mL,用水定容,混匀。可使用经国家认证并授予标准物质证书的标准溶液。

6.1.2.6 镉标准溶液:ρ(Cd)=10 μg/mL。吸取镉标准溶液(6.1.2.5)10.00 mL 于 100 mL 容量瓶中,加入盐酸(6.1.2.1)5 mL,用水定容,混匀。

6.1.2.7 溶解乙炔:纯度≥98.0%。

6.1.3 仪器设备

6.1.3.1 原子吸收分光光度计,配有空气-乙炔燃烧器及镉空心阴极灯。

6.1.3.2 可调式电热板:温度在室温至 250 ℃内可调。

6.1.3.3 分析天平:分度值为 0.001 g。

6.1.3.4 常规实验室仪器设备。

6.1.4 样品

6.1.4.1 试样的制备

见 4.1.4.1。

6.1.4.2 试样溶液的制备

称取试样 1 g～5 g(精确至 0.001 g),置于 100 mL 烧杯中,用少量水润湿,加入 20 mL 王水(6.1.2.3)(保证消化完全前提下,根据试样具体情况可适当增减王水加入量),盖上表面皿,在 150 ℃～200 ℃电热板上微沸 30 min 后,移开表面皿继续加热,蒸至近干,取下。冷却后加 2 mL 盐酸(6.1.2.1),加热溶解,取下冷却,过滤,滤液直接收集于 50 mL 容量瓶中,滤干后用少量水冲洗 3 次以上,合并于滤液中,定容,混匀。

注:有机物含量较高样品建议加入王水浸泡过夜后加热消化。

6.1.5 试验步骤

6.1.5.1 标准曲线的制作

分别吸取镉标准溶液(6.1.2.6)0.00 mL、1.00 mL、2.00 mL、4.00 mL、8.00 mL、16.00 mL、20.00 mL于 7 个 100 mL 容量瓶中,加入 4 mL 盐酸(6.1.2.1),用水定容,混匀。此标准系列溶液镉的质量浓度分别为 0.00 μg/mL、0.10 μg/mL、0.20 μg/mL、0.40 μg/mL、0.80 μg/mL、1.60 μg/mL、2.00 μg/mL。在选定最佳工作条件下,于波长 228.8 nm 处,使用空气-乙炔火焰,以镉的质量浓度为 0.00 μg/mL 的标准溶液为参比溶液调零,测定各标准溶液的吸光度值。

以各标准溶液的镉的质量浓度(μg/mL)为横坐标、相应的吸光度值为纵坐标,制作标准曲线。

注:可根据不同仪器灵敏度、待测元素含量调整标准曲线的质量浓度。

6.1.5.2 测定

试样溶液直接(或适当稀释后)在与测定标准系列溶液相同的条件下,测定其吸光度值,在标准曲线上查出相应镉的质量浓度(μg/mL)。

6.1.5.3 空白试验

除不加试样外,其他步骤同试样溶液的制备(6.1.4.2)与试样溶液的测定(6.1.5.2)。

6.1.6 试验数据处理

镉(Cd)含量以质量分数 ω_3 计,单位为毫克每千克(mg/kg),按公式(3)计算。

$$\omega_3 = \frac{(\rho - \rho_0) \times D \times 50}{m} \quad \cdots\cdots (3)$$

式中：

ρ ——由标准曲线查出的试样溶液中镉的质量浓度的数值，单位为微克每毫升(μg/mL)；

ρ_0 ——由标准曲线查出的空白溶液中镉的质量浓度的数值，单位为微克每毫升(μg/mL)；

D ——测定时试样溶液的稀释倍数；

50——试样溶液体积的数值，单位为毫升(mL)；

m ——试料质量的数值，单位为克(g)。

以重复性条件下获得的 2 次独立测定结果的算术平均值表示，结果保留到小数点后 1 位。

6.1.7 精密度

在重复条件下获得的 2 次独立测定结果的相对相差应符合表 5 的要求。

表 5 在重复条件下获得的 2 次独立测定结果的相对相差要求

镉的质量分数，mg/kg	$0.5 \leqslant \omega < 5.0$	$5.0 \leqslant \omega \leqslant 8.0$	$\omega > 8.0$
相对相差，%	≤50	≤30	≤10
注：相对相差是 2 次测定结果的绝对差值与 2 次测量结果的算术平均值之比乘以 100。			

不同实验室测定结果的相对相差应符合表 6 的要求。

表 6 不同实验室测定结果的相对相差要求

镉的质量分数，mg/kg	$5.0 \leqslant \omega \leqslant 8.0$	$\omega > 8.0$
相对相差，%	≤100	≤50

6.2 电感耦合等离子体质谱法

按照附录 B 的规定执行。

6.3 电感耦合等离子体发射光谱法

按照附录 C 的规定执行。

7 铅含量的测定

7.1 原子吸收分光光度法

7.1.1 原理

试样经王水消化后，试样溶液中的铅在空气-乙炔火焰中原子化，所产生的原子蒸气吸收从铅空心阴极灯射出的特征波长 283.3 nm 的光，吸光度值与铅基态原子浓度成正比。

7.1.2 试剂和材料

除非另有说明，所用试剂和溶液的配制均应符合 HG/T 2843 的规定；实验室用水应符合 GB/T 6682 规定的三级水要求。

7.1.2.1 盐酸：优级纯。

7.1.2.2 硝酸：优级纯。

7.1.2.3 王水：将盐酸(7.1.2.1)与硝酸(7.1.2.2)按体积比 3∶1 混合，放置 20 min 后使用。

7.1.2.4 铅标准储备溶液：ρ(Pb)＝1 000 μg/mL。可使用经国家认证并授予标准物质证书的标准溶液。

7.1.2.5 铅标准溶液：ρ(Pb)＝50 μg/mL。吸取铅标准储备溶液(7.1.2.4)5.00 mL 于 100 mL 容量瓶中，加入盐酸(7.1.2.1)5 mL，用水定容，混匀。

7.1.2.6 溶解乙炔：纯度≥98.0%。

7.1.3 仪器设备

7.1.3.1 原子吸收分光光度计，配有空气-乙炔燃烧器及铅空心阴极灯。

7.1.3.2 可调式电热板：温度在室温至 250 ℃内可调。

7.1.3.3 分析天平：分度值为 0.001 g。

7.1.3.4 常规实验室仪器设备。

7.1.4 样品

7.1.4.1 试样的制备

见 4.1.4.1。

7.1.4.2 试样溶液的制备

见 6.1.4.2。

7.1.5 试验步骤

7.1.5.1 标准曲线的制作

分别吸取铅标准溶液（7.1.2.5）0.00 mL、1.00 mL、2.00 mL、4.00 mL、6.00 mL、8.00 mL、10.00 mL于 7 个 100 mL 容量瓶中，加入 4 mL 盐酸(7.1.2.1)，用水定容，混匀。此标准系列溶液铅的质量浓度分别为 0.00 μg/mL、0.50 μg/mL、1.00 μg/mL、2.00 μg/mL、3.00 μg/mL、4.00 μg/mL、5.00 μg/mL。在选定最佳工作条件下，于波长 283.3 nm 处，使用空气-乙炔火焰，以铅的质量浓度 0.00 μg/mL的标准溶液为参比溶液调零，测定各标准溶液的吸光度值。

以各标准溶液铅的质量浓度(μg/mL)为横坐标、相应的吸光度值为纵坐标，制作标准曲线。

注：可根据不同仪器灵敏度、待测元素含量调整标准曲线的质量浓度。

7.1.5.2 测定

试样溶液直接(或适当稀释后)在与测定标准系列溶液相同的条件下，测定其吸光度值，在标准曲线上查出相应铅的质量浓度(μg/mL)。

7.1.5.3 空白试验

除不加试样外，其他步骤同试样溶液的制备(7.1.4.2)与试样溶液的测定(7.1.5.2)。

7.1.6 试验数据处理

铅(Pb)含量 ω_4 以质量分数计，单位为毫克每千克(mg/kg)，按公式(4)计算。

$$\omega_4 = \frac{(\rho - \rho_0) \times D \times 50}{m} \quad \cdots\cdots (4)$$

式中：

ρ ——由标准曲线查出的试样溶液中铅的质量浓度的数值，单位为微克每毫升(μg/mL)；

ρ_0 ——由标准曲线查出的空白试验溶液中铅的质量浓度的数值，单位为微克每毫升(μg/mL)；

D ——测定时试样溶液的稀释倍数；

50——试样溶液体积的数值，单位为毫升(mL)；

m ——试料质量的数值，单位为克(g)。

以重复性条件下获得的 2 次独立测定结果的算术平均值表示，结果保留到小数点后 1 位。

7.1.7 精密度

在重复条件下获得的 2 次独立测定结果的相对相差应符合表 7 的要求。

表 7 在重复条件下获得的 2 次独立测定结果的相对相差要求

铅的质量分数，mg/kg	10.0≤ω<20.0	20.0≤ω≤40.0	ω>40.0
相对相差，%	≤50	≤30	≤10
注：相对相差是 2 次测定结果的绝对差值与 2 次测量结果的算术平均值之比乘以 100。			

不同实验室测定结果的相对相差应符合表 8 的要求。

表 8 不同实验室测定结果的相对相差要求

铅的质量分数，mg/kg	20.0≤ω≤40.0	ω>40.0
相对相差，%	≤100	≤50

7.2 电感耦合等离子体质谱法

按照附录B的规定执行。

7.3 电感耦合等离子体发射光谱法

按照附录C的规定执行。

8 铬含量的测定

8.1 原子吸收分光光度法

8.1.1 原理

试样经王水消化后，试样溶液中的铬在富燃性空气-乙炔火焰中原子化，所产生的原子蒸气吸收从铬空心阴极灯射出的特征波长 357.9 nm 的光，吸光度值与铬基态原子浓度成正比。加焦硫酸钾作抑制剂，可消除试样溶液中钼、铅、铝、铁、镍和镁离子对铬测定的干扰。

8.1.2 试剂和材料

除非另有说明，所用试剂和溶液的配制均应符合 HG/T 2843 的规定；实验室用水应符合 GB/T 6682 规定的三级水要求。

8.1.2.1 焦硫酸钾($K_2S_2O_7$)，优级纯。

8.1.2.2 盐酸：优级纯。

8.1.2.3 硝酸：优级纯。

8.1.2.4 王水：将盐酸(8.1.2.2)与硝酸(8.1.2.3)按体积比 3∶1 混合，放置 20 min 后使用。

8.1.2.5 焦硫酸钾溶液：$\rho(K_2S_2O_7)=100$ g/L。称取 100.0 g 焦硫酸钾(8.1.2.1)，溶解于 1 000 mL 水中，混匀。

8.1.2.6 铬标准储备溶液：$\rho(Cr)=1\ 000$ μg/mL。可使用经国家认证并授予标准物质证书的标准溶液。

8.1.2.7 铬标准溶液：$\rho(Cr)=50$ μg/mL。吸取铬标准储备溶液(8.1.2.6)5.00 mL 于 100 mL 容量瓶中，加入盐酸(8.1.2.2)5 mL，用水定容，混匀。

8.1.2.8 溶解乙炔：纯度≥98.0%。

8.1.3 仪器设备

8.1.3.1 原子吸收分光光度计，附有空气-乙炔燃烧器及铬空心阴极灯。

8.1.3.2 可调式电热板：温度在室温至 250 ℃内可调。

8.1.3.3 分析天平：分度值为 0.001 g。

8.1.3.4 常规实验室仪器设备。

8.1.4 样品

8.1.4.1 试样的制备

见 4.1.4.1。

8.1.4.2 试样溶液的制备

见 6.1.4.2。

8.1.5 试验步骤

8.1.5.1 标准曲线的制作

分别吸取铬标准溶液(8.1.2.7)0.00 mL、1.00 mL、2.00 mL、4.00 mL、6.00 mL、8.00 mL、10.00 mL于 7 个 100 mL 容量瓶中，加入 4 mL 盐酸(8.1.2.2)和 20 mL 焦硫酸钾溶液(8.1.2.5)，用水定容，混匀。此标准系列溶液铬的质量浓度分别为 0.00 μg/mL、0.50 μg/mL、1.00 μg/mL、2.00 μg/mL、3.00 μg/mL、4.00 μg/mL、5.00 μg/mL。在选定最佳工作条件下，于波长 357.9 nm 处，使用富燃性空气-乙炔火焰，以铬的质量浓度为 0 μg/mL 的标准溶液为参比溶液调零，测定各标准溶液的吸光度值。

以各标准溶液铬的质量浓度(μg/mL)为横坐标、相应的吸光度值为纵坐标，制作标准曲线。

注：可根据不同仪器灵敏度、待测元素含量调整标准曲线的质量浓度。

8.1.5.2 测定

吸取一定量试样溶液于 25 mL 容量瓶内，加入 1 mL 盐酸(8.1.2.2)和 5 mL 焦硫酸钾溶液(8.1.2.5)，用水定容，混匀。在与测定标准系列溶液相同的条件下，测定其吸光度值，在标准曲线上查出相应铬的质量浓度(μg/mL)。

8.1.5.3 空白试验

除不加试样外，其他步骤同与试样溶液的制备(8.1.4.2)与试样溶液的测定(8.1.5.2)。

8.1.6 试验数据处理

铬(Cr)含量以 ω_5 以质量分数计，单位为毫克每千克(mg/kg)，按公式(5)计算。

$$\omega_5 = \frac{(\rho - \rho_0) \times D \times 50}{m} \quad (5)$$

式中：

ρ ——由标准曲线查出的试样溶液中铬的质量浓度的数值，单位为微克每毫升(μg/mL)；

ρ_0 ——由标准曲线查出的空白试验溶液中铬的质量浓度的数值，单位为微克每毫升(μg/mL)；

D ——测定时试样溶液的稀释倍数；

50——试样溶液体积的数值，单位为毫升(mL)；

m ——试料质量的数值，单位为克(g)。

以重复性条件下获得的 2 次独立测定结果的算术平均值表示，结果保留到小数点后 1 位。

8.1.7 精密度

在重复条件下获得的 2 次独立测定结果的相对相差应符合表 9 的要求。

表 9 在重复条件下获得的 2 次独立测定结果的相对相差要求

铬的质量分数，mg/kg	$5.0 \leqslant \omega < 10.0$	$10.0 \leqslant \omega \leqslant 40.0$	$\omega > 40.0$
相对相差，%	≤50	≤30	≤10
注：相对相差是 2 次测定结果的绝对差值与 2 次测量结果的算术平均值之比乘以 100。			

不同实验室测定结果的相对相差应符合表 10 的要求。

表 10 不同实验室测定结果的相对相差要求

铬的质量分数，mg/kg	$10.0 \leqslant \omega \leqslant 40.0$	$\omega > 40.0$
相对相差，%	≤100	≤50

8.2 电感耦合等离子体质谱法

按照附录 B 的规定执行。

8.3 电感耦合等离子体发射光谱法

按照附录 C 的规定执行。

9 镍含量的测定

9.1 原子吸收分光光度法

9.1.1 原理

试样经王水消化后，试样溶液中的镍在空气-乙炔火焰中原子化，所产生的原子蒸气吸收从镍空心阴极灯射出的特征波长 232.0 nm 的光，吸光度值与镍基态原子浓度成正比。

9.1.2 试剂和材料

除非另有说明，所用试剂和溶液的配制均应符合 HG/T 2843 的规定；实验室用水不低于 GB/T 6682 规定的三级水要求。

9.1.2.1 盐酸：优级纯。

9.1.2.2 硝酸：优级纯。

9.1.2.3 王水：将盐酸(9.1.2.1)与硝酸(9.1.2.2)按体积比 3∶1 混合，放置 20 min 后使用。

9.1.2.4 镍标准储备溶液：$\rho(Ni)=1\ 000\ \mu g/mL$。可使用经国家认证并授予标准物质证书的标准溶液。

9.1.2.5 镍标准溶液：$\rho(Ni)=50\ \mu g/mL$。吸取镍标准储备溶液(9.1.2.4)5.00 mL 于 100 mL 容量瓶中，加入盐酸(9.1.2.1)5 mL，用水定容，混匀。

9.1.2.6 溶解乙炔：纯度≥98.0%。

9.1.3 仪器设备

9.1.3.1 原子吸收分光光度计，附有空气-乙炔燃烧器及镍空心阴极灯。

9.1.3.2 可调式电热板：温度在室温至 250 ℃内可调。

9.1.3.3 分析天平：分度值为 0.001 g。

9.1.3.4 常规实验室仪器设备。

9.1.4 样品

9.1.4.1 试样的制备

见 4.1.4.1。

9.1.4.2 试样溶液的制备

见 6.1.4.2。

9.1.5 试验步骤

9.1.5.1 标准曲线的制作

分别吸取镍标准溶液(9.1.2.5)0.00 mL、1.00 mL、2.00 mL、4.00 mL、6.00 mL、8.00 mL、10.00 mL于 7 个 100 mL 容量瓶中，加入 4 mL 盐酸(9.1.2.1)，用水定容，混匀。此标准系列溶液镍的质量浓度分别为 0.00 μg/mL、0.50 μg/mL、1.00 μg/mL、2.00 μg/mL、3.00 μg/mL、4.00 μg/mL、5.00 μg/mL。在选定最佳工作条件下，于波长 232.0 nm 处，使用空气-乙炔火焰，以镍的质量浓度为 0.00 μg/mL 的标准溶液为参比溶液调零，测定各标准溶液的吸光度值。

以各标准溶液的镍的质量浓度(μg/mL)为横坐标、相应的吸光度值为纵坐标，制作标准曲线。

注：可根据不同仪器灵敏度、待测元素含量调整标准曲线的质量浓度。

9.1.5.2 测定

试样溶液直接(或适当稀释后)在与测定标准系列溶液相同的条件下，测定其吸光度值，在标准曲线上查出相应镍的质量浓度(μg/mL)。

注：使用 232.0 nm 线作为吸收线，存在波长距离很近的镍三线，应选用较窄的光谱通带予以克服。232.0 nm 线处于紫外区，盐类颗粒物、分子化合物产生的光散射和分子吸收比较严重，会影响测定，使用背景校正可以克服这类干扰。如浓度允许，也可采用将试液稀释的方法来减少背景干扰。

9.1.5.3 空白试验

除不加试样外，其他步骤同与试样溶液的制备(9.1.4.2)与试样溶液的测定(9.1.5.2)。

9.1.6 试验数据处理

镍(Ni)含量以 ω_6 以质量分数计，单位为毫克每千克(mg/kg)，按公式(6)计算。

$$\omega_6=\frac{(\rho-\rho_0)\times D\times 50}{m} \tag{6}$$

式中：

ρ ——由标准曲线查出的试样溶液中镍的质量浓度的数值，单位为微克每毫升(μg/mL)；

ρ_0 ——由标准曲线查出的空白试验溶液中镍的质量浓度的数值，单位为微克每毫升(μg/mL)；

D ——测定时试样溶液的稀释倍数；

50——试样溶液体积的数值，单位为毫升(mL)；

m ——试料质量的数值，单位为克(g)。

以重复性条件下获得的 2 次独立测定结果的算术平均值表示，结果保留到小数点后 1 位。

本部分方法的检出限见附录 D。

9.1.7 精密度

在重复条件下获得的 2 次独立测定结果的相对相差应符合表 11 的要求。

表 11 在重复条件下获得的 2 次独立测定结果的相对相差要求

镍的质量分数,mg/kg	5.0≤ω<10.0	10.0≤ω≤40.0	ω>40.0
相对相差,%	≤50	≤30	≤10
注:相对相差是 2 次测定结果的绝对差值与 2 次测量结果的算术平均值之比乘以 100。			

不同实验室测定结果的相对相差应符合表 12 的要求。

表 12 不同实验室测定结果的相对相差要求

镍的质量分数,mg/kg	10.0≤ω≤40.0	ω>40.0
相对相差,%	≤100	≤50

9.2 电感耦合等离子体质谱法

按照附录 B 的规定执行。

9.3 电感耦合等离子体发射光谱法

按照附录 C 的规定执行。

10 废物处理

实验产生的废液应集中收集,统一保管,做好相应标识,并分类进行无害化处理。

附 录 A
(规范性)
肥料 汞、砷含量的同时测定 原子荧光光谱法

A.1 原理

试样经消化后,加入硫脲使五价砷预还原为三价砷。在酸性介质中,硼氢化钾使汞还原成原子态汞,砷还原生成砷化氢,由氩气载入石英原子化器中,在汞、砷空心阴极灯的发射光激发下产生原子荧光,利用荧光强度在特定条件下与被测液中的汞、砷质量浓度成正比的特性,对汞、砷进行测定。本方法适合于二者浓度差不大于1 000倍的样品。

A.2 试剂和材料

除非另有说明,所用试剂和溶液的配制均应符合HG/T 2843的规定;实验室用水应符合GB/T 6682规定的三级水要求。

A.2.1 氢氧化钾(KOH):优级纯。

A.2.2 硼氢化钾(KBH_4):优级纯。

A.2.3 硫脲(NH_2CSNH_2):优级纯。

A.2.4 重铬酸钾($K_2Cr_2O_7$):优级纯。

A.2.5 盐酸:优级纯。

A.2.6 硝酸:优级纯。

A.2.7 王水:将盐酸(A.2.5)与硝酸(A.2.6)按体积比3∶1混合,放置20 min后使用。

A.2.8 盐酸溶液:$\varphi(HCl)=3\%$。量取30 mL盐酸(A.2.5),缓慢加入约970 mL水中,用水稀释至1 000 mL,混匀。

A.2.9 盐酸溶液:$\varphi(HCl)=50\%$。量取50 mL盐酸(A.2.5),缓慢加入约50 mL水中,用水稀释至100 mL,混匀。

A.2.10 硝酸溶液:$\varphi(HNO_3)=3\%$。量取30 mL硝酸(A.2.6),缓慢加入约970 mL水中,用水稀释至1 000 mL,混匀。

A.2.11 氢氧化钾溶液:$\rho(KOH)=5$ g/L。称取5 g氢氧化钾(A.2.1),溶解于1 000 mL水中,混匀。

A.2.12 硼氢化钾溶液:$\rho(KBH_4)=20$ g/L。称取硼氢化钾(A.2.2)10.0 g,溶于500 mL氢氧化钾溶液(A.2.11)中,混匀(此溶液于4 ℃冰箱中可保存10 d,常温下应当日使用)。

A.2.13 硫脲溶液:$\rho(NH_2CSNH_2)=50$ g/L。称取50.0 g硫脲(A.2.3),溶解于1 000 mL水中,混匀,现用现配。

A.2.14 重铬酸钾-硝酸溶液:$\rho(K_2Cr_2O_7)=50$ g/L。称取0.5 g重铬酸钾(A.2.4)溶解于1 000 mL硝酸溶液(A.2.10)中。

A.2.15 汞标准储备溶液:$\rho(Hg)=1\ 000\ \mu g/mL$。可使用经国家认证并授予标准物质证书的标准溶液。

A.2.16 砷标准储备溶液:$\rho(As)=1\ 000\ \mu g/mL$。可使用经国家认证并授予标准物质证书的标准溶液。

A.2.17 汞标准溶液:$\rho(Hg)=10\ \mu g/mL$。吸取汞标准储备溶液(A.2.15)10.00 mL,用重铬酸钾-硝酸溶液(A.2.14)定容至1 000 mL,混匀。

A.2.18 汞标准溶液:$\rho(Hg)=0.1\ \mu g/mL$。吸取汞标准溶液(A.2.17)10.00 mL,用重铬酸钾-硝酸溶液(A.2.14)定容至1 000 mL,混匀。

A.2.19 砷标准溶液：ρ(As)=100 μg/mL。吸取砷标准储备溶液(A.2.16)10.00 mL，用盐酸溶液(A.2.8)定容至100 mL，混匀。可使用经国家认证并授予标准物质证书的标准溶液。

A.2.20 砷标准溶液：ρ(As)=1 μg/mL。吸取砷标准溶液(A.2.19)10.00 mL，用水定容至1 000 mL，混匀。

A.2.21 氩气：纯度≥99.995%。

A.3 仪器设备

A.3.1 原子荧光光度计，配有砷、汞空心阴极灯。

A.3.2 可调式电热板：温度在室温至250 ℃内可调。

A.3.3 分析天平：分度值为0.000 1 g。

A.3.4 常规实验室仪器设备。

A.4 样品

A.4.1 试样的制备

见4.1.4.1。

A.4.2 试样溶液的制备

称取试样0.2 g～2 g(精确至0.000 1 g)于100 mL烧杯中，加入20 mL王水(A.2.7)(保证消化完全前提下，根据试样具体情况可适当增减王水加入量)，盖上表面皿，于150 ℃～200 ℃可调式电热板上消化。烧杯内容物近干时，用滴管滴加盐酸(A.2.5)数滴，驱赶剩余硝酸，反复数次，直至再次滴加盐酸时无棕黄色烟雾出现为止。用少量水冲洗表面皿及烧杯内壁并继续煮沸5 min，取下冷却，过滤，滤液直接收集于50 mL容量瓶中。滤干后用少量水冲洗3次以上，合并于滤液中，加入10.0 mL硫脲溶液(A.2.13)和3 mL盐酸溶液(A.2.9)，用水定容，混匀，放置至少30 min后测试。

注：有机物含量较高样品建议加入王水浸泡过夜后加热消化。

A.5 试验步骤

A.5.1 混合标准曲线的制作

吸取汞标准溶液(A.2.18)0.00 mL、0.20 mL、0.40 mL、0.60 mL、0.80 mL、1.00 mL，吸取砷标准溶液(A.2.20)0.00 mL、0.50 mL、1.00 mL、1.50 mL、2.00 mL、2.50 mL于6个50 mL容量瓶中，加入10 mL硫脲溶液(A.2.13)和3 mL盐酸溶液(A.2.9)，用水定容，混匀。此混合标准系列溶液的质量浓度为：汞0.00 ng/mL、0.40 ng/mL、0.80 ng/mL、1.20 ng/mL、1.60 ng/mL、2.00 ng/mL；砷0.00 ng/mL、10.00 ng/mL、20.00 ng/mL、30.00 ng/mL、40.00 ng/mL、50.00 ng/mL。

根据原子荧光光度计使用说明书，选择仪器的工作条件。

仪器参考条件：光电倍增管负高压270 V；汞空心阴极灯电流30 mA；砷空心阴极灯电流45 mA；原子化器温度200 ℃；高度9 mm；氩气流速400 mL/min；屏蔽气1 000 mL/min；测量方式：荧光强度或浓度直读；读数方式：峰面积；积分时间：12 s。

以盐酸溶液(A.2.8)和硼氢化钾溶液(A.2.12)为载流，汞、砷质量浓度为0.00 ng/mL的标准溶液为参比溶液调零，测定各标准溶液的荧光强度。以各标准溶液汞、砷的质量浓度(ng/mL)为横坐标，相应的荧光强度为纵坐标，制作标准曲线。

注：可根据不同仪器灵敏度、待测元素含量调整标准曲线的质量浓度。

A.5.2 测定

试样溶液直接(或适当稀释后)在与测定标准系列溶液相同的条件下，测定试样溶液的荧光强度，在标准曲线上查出相应汞、砷的质量浓度(ng/mL)。

A.5.3 空白试验

除不加试样外，其他步骤同与试样溶液的制备(A.4.2)与试样溶液的测定(A.5.2)。

A.6 试验数据处理

汞(Hg)或砷(As)含量 ω 以质量分数计,单位为毫克每千克(mg/kg),按公式(A.1)计算。

$$\omega=\frac{(\rho-\rho_0)\times D\times 50}{m\times 10^3} \quad \text{(A.1)}$$

式中:

ρ ——由标准曲线查出的试样溶液汞或砷的质量浓度的数值,单位为纳克每毫升(ng/mL);

ρ_0 ——由标准曲线查出的空白试验溶液汞或砷的质量浓度的数值,单位为纳克每毫升(ng/mL);

D ——测定时试样溶液的稀释倍数;

50 ——试样溶液体积的数值,单位为毫升(mL);

m ——试料质量的数值,单位为克(g);

10^3——将克换算成毫克的系数。

以重复性条件下获得的 2 次独立测定结果的算术平均值表示,结果保留到小数点后 1 位。

A.7 精密度

在重复条件下获得的 2 次独立测定结果的相对相差应符合表 A.1 的要求。

表 A.1 在重复条件下获得的 2 次独立测定结果的相对相差要求

汞的质量分数,mg/kg	$0.2\leqslant\omega<2.5$	$2.5\leqslant\omega\leqslant4.0$	$\omega>4.0$
砷的质量分数,mg/kg	$0.5\leqslant\omega<5.0$	$5.0\leqslant\omega\leqslant8.0$	$\omega>8.0$
相对相差,%	≤50	≤30	≤10
注:相对相差是 2 次测定结果绝对差值与 2 次测量结果算术平均值之比乘以 100。			

不同实验室测定结果的相对相差应符合表 A.2 的要求。

表 A.2 不同实验室测定结果的相对相差要求

汞的质量分数,mg/kg	$2.5\leqslant\omega\leqslant4.0$	$\omega>4.0$
砷的质量分数,mg/kg	$5.0\leqslant\omega\leqslant8.0$	$\omega>8.0$
相对相差,%	≤100	≤50

附 录 B
（规范性）
肥料 砷、镉、铅、铬、镍含量的测定 电感耦合等离子体质谱法

B.1 原理

样品经酸消化后，试样溶液经过蠕动泵提升，从雾化系统由载气送入电感耦合等离子体（ICP）炬焰中，经过蒸发、解离、原子化、电离等过程转化为带正电荷的离子，经离子采集系统进入质谱仪（MS），质谱仪根据离子的质荷比进行分离。在一定的浓度范围内，待测元素浓度与其质量数所对应的质谱信号强度成正比。通过测定质谱的信号强度（CPS）对试样溶液中的待测元素进行定量分析。

B.2 试剂与材料

除非另有说明，所使用的试剂均为优级纯或以上等级的试剂，实验用水应符合 GB/T 6682 中规定的一级水。所用试剂和溶液的配制，在未注明规格和配制方法时，均应按 HG/T 2843 的规定执行。

B.2.1 盐酸：优级纯。

B.2.2 硝酸：优级纯。

B.2.3 王水：将盐酸（B.2.1）与硝酸（B.2.2）按体积比 3∶1 混合，放置 20 min 后使用。

B.2.4 硝酸溶液：$\varphi(HNO_3)=1\%$。量取 10 mL 硝酸（B.2.2），缓慢加入约 990 mL 水中，用水稀释至 1 000 mL，混匀。

B.2.5 元素标准储备溶液：$\rho(As)=1\ 000\ \mu g/mL$、$\rho(Cd)=1\ 000\ \mu g/mL$、$\rho(Pb)=1\ 000\ \mu g/mL$、$\rho(Cr)=1\ 000\ \mu g/mL$、$\rho(Ni)=1\ 000\ \mu g/mL$。

B.2.6 内标元素储备溶液：钪（^{45}Sc）、锗（^{72}Ge）、钇（^{89}Y）、铟（^{115}In）、铑（^{103}Rh）铼（^{185}Re）、铋（^{209}Bi）混合溶液或者单元素溶液，各元素质量浓度 $\rho=10\ \mu g/mL$。内标元素根据待测样品情况进行选择。

B.2.7 内标元素溶液：准确移取内标元素储备溶液（B.2.6）用硝酸溶液（B.2.4）逐级稀释至 $\rho=0.5\ \mu g/mL$。

B.2.8 质谱仪调谐液：锂（^{7}Li）、钴（^{59}Co）、钇（^{89}Y）、铈（^{140}Ce）和铊（^{205}Tl）混合溶液，各元素质量浓度 $\rho=1\ \mu g/L$。

B.2.9 多元素混合标准溶液：准确移取元素标准储备溶液（B.2.5），用硝酸溶液（B.2.4）逐级稀释至以下浓度：$\rho(As)=1\ \mu g/mL$、$\rho(Cd)=0.5\ \mu g/mL$、$\rho(Pb)=2\ \mu g/mL$、$\rho(Cr)=2\ \mu g/mL$、$\rho(Ni)=2\ \mu g/mL$。现用现配。

B.2.10 高纯氩气：纯度≥99.999%。

B.2.11 高纯氦气：纯度≥99.999%。

注：可使用经国家认证并授予标准物质证书的单元素或多元素标准溶液。

B.3 仪器设备

B.3.1 电感耦合等离子体质谱仪（ICP-MS）。

B.3.2 可调式电热板：温度在室温至 250 ℃内可调。

B.3.3 分析天平：分度值为 0.000 1 g。

B.3.4 常规实验室仪器设备。

B.4 样品

B.4.1 试样的制备

见 4.1.4.1。

B.4.2 试样溶液的制备

称取试样 0.2 g～1 g(精确至 0.000 1 g)于 100 mL 烧杯中，加入 10 mL～20 mL 王水(B.2.3)(保证消化完全的前提下，根据试样具体情况可适当增减王水加入量)，盖上表面皿，在 150 ℃～200 ℃可调式电热板上微沸 30 min 后，移开表面皿继续加热，蒸至近干，取下冷却，用少量水冲洗表面皿及烧杯内壁，过滤，滤液直接收集于 50 mL 容量瓶中。滤干后用少量水冲洗 3 次以上，合并于滤液中，用水定容，混匀待测。

注：有机物含量较高的样品建议加入王水浸泡过夜后加热消化。

B.5 试验步骤

B.5.1 ICP-MS 仪器测定参考条件

测定前，根据待测元素性质和仪器性能，进行 ICP-MS 测量条件优化。工作条件可参照表 B.1。

表 B.1 ICP-MS 仪器测定参考工作条件

仪器参数	设定值	仪器参数	设定值
高频入射功率	1 200 W～1 600 W	采样锥孔径	1.0 mm
等离子体气流量	15 L/min	截取锥的孔径	0.4 mm
辅助气流量	0.8 L/min	锥的材质	镍锥
载气流量	0.8 L/min	采样深度	8 mm～10 mm
雾化器/雾化室	高盐雾化器/同心雾化器	重复次数	1～3
雾化室温度	2 ℃	测量点/峰	1～3
补偿气流量	0.35 L/min	扫描次数	100
蠕动泵	0.1 r/s	检测器模式	双模
样品稳定时间	40 s	碰撞氦气(He)流量	4.3 L/min
样品提升时间	30 s	四极杆真空度	待机模式 1×10^{-5} Pa ～6×10^{-4} Pa， 分析模式 1×10^{-4} Pa ～2×10^{-3} Pa

调整仪器工作条件，用调谐液(B.2.8)进行调谐，在调谐仪器达到测定要求后，编辑测定方法，根据待测元素性质选择相应的内标元素溶液(B.2.7)。推荐待测元素的质量数 m/z 及内标元素参见表 B.2。

表 B.2 推荐待测元素的质量数及内标元素

待测元素	As	Cd	Pb	Cr	Ni
质量数，m/z	75	111	206，207，208	52	60
内标元素	^{72}Ge/	^{103}Rh/^{115}In	^{185}Re/^{209}Bi	^{45}Sc/^{72}Ge	^{45}Sc/^{72}Ge

推荐使用氦气碰撞/反应池技术消除测定干扰。若不具备碰撞/反应池的条件，采用干扰校正方程对铅、镉、砷的测定结果进行校正，推荐元素干扰校正方程见表 B.3。测定铅时，无论是否采用碰撞/反应池技术，均应采用校正方程。

表 B.3 推荐元素干扰校正方程

同位素	推荐的校正方程
^{75}As	$[^{75}As]=[75]-3.127\times[77]+2.548\,5\times[82]-2.571\,4[83]$
^{111}Cd	$[^{111}Cd]=[111]-1.073\times[108]+0.763\,976\times[106]$
^{111}Cd	$[^{111}Cd]=[114]-0.026\,83\times[118]$
^{208}Pb	$[^{208}Pb]=[206]+[207]+[208]$
注：[X]为质量数 X 的质谱信号强度(离子每秒计数值 CPS)。	

B.5.2 混合标准曲线的制作

准确移取 0.00 mL、0.10 mL、0.50 mL、1.00 mL、2.00 mL、5.00 mL、10.00 mL 多元素混合标准溶液(B.2.9),分别置于 50 mL 容量瓶中,用硝酸溶液(B.2.4)稀释至刻度,摇匀。此标准系列溶液砷的质量浓度分别为 0.00 ng/mL、2.0 ng/mL、10.0 ng/mL、20.0 ng/mL、40.0 ng/mL、100.0 ng/mL、200.0 ng/mL,镉的浓度分别为 0.00 ng/mL、1.0 ng/mL、5.0 ng/mL、10.0 ng/mL、20.0 ng/mL、50.0 ng/mL、100.0 ng/mL,铅、铬、镍的质量浓度均为 0.00 ng/mL、4.0 ng/mL、20.0 ng/mL、40.0 ng/mL、80.0 ng/mL、200.0 ng/mL、400.0 ng/mL。依次将标准各系列溶液注入电感耦合等离子体质谱仪,测定待测元素和内标元素的质谱信号强度(CPS),以各元素标准溶液的质量浓度(ng/mL)为横坐标、相应待测元素和内标元素的质谱信号强度比值为纵坐标,制作标准曲线。

注:可根据不同仪器灵敏度、待测元素含量调整标准曲线的质量浓度。

B.5.3 测定

将试样溶液注入电感耦合等离子体质谱仪中,测定待测元素和内标元素的质谱信号强度(CPS)值,得到待测元素和内标元素的质谱信号强度比值,在标准曲线上查出相应的质量浓度。使用仪器蠕动泵在线加入内标溶液。

注:若试样溶液中待测元素的质量浓度超出标准曲线范围,应用硝酸溶液(B.2.4)适当稀释后重新测定。

B.5.4 空白试验

除不加试样外,其他步骤同与试样溶液的制备(B.4.2)与试样溶液的测定(B.5.3)。

B.6 试验数据处理

待测元素含量 ω 以质量分数计,单位为毫克每千克(mg/kg),按公式(B.1)计算。

$$\omega = \frac{(\rho - \rho_0) \times D \times 50}{m \times 10^3} \quad \cdots\cdots (B.1)$$

式中:

ρ ——由标准曲线查出的试样溶液中待测元素的质量浓度的数值,单位为纳克每毫升(ng/mL);

ρ_0 ——由标准曲线查出的空白试验溶液中待测元素的质量浓度的数值,单位为纳克每毫升(ng/mL);

D ——测定时试样溶液的稀释倍数;

50 ——试样溶液体积的数值,单位为毫升(mL);

m ——试料质量的数值,单位为克(g)。

10^3 ——将克换算成毫克的系数。

以重复性条件下获得的 2 次独立测定结果的算术平均值表示,结果保留到小数点后 1 位。

本部分方法的检出限见附录 D。

B.7 精密度

在重复条件下获得的 2 次独立测定结果的相对相差应符合表 B.4 的要求。

表 B.4 在重复条件下获得的 2 次独立测定结果的相对相差要求

砷的质量分数,mg/kg	$0.5 \leqslant \omega < 2.5$	$2.5 \leqslant \omega \leqslant 8.0$	$\omega > 8.0$
镉的质量分数,mg/kg	$0.5 \leqslant \omega < 2.5$	$2.5 \leqslant \omega \leqslant 8.0$	$\omega > 8.0$
铅的质量分数,mg/kg	$1.0 \leqslant \omega < 5.0$	$5.0 \leqslant \omega \leqslant 20.0$	$\omega > 20.0$
铬的质量分数,mg/kg	$1.0 \leqslant \omega < 5.0$	$5.0 \leqslant \omega \leqslant 20.0$	$\omega > 20.0$
镍的质量分数,mg/kg	$1.0 \leqslant \omega < 5.0$	$5.0 \leqslant \omega \leqslant 20.0$	$\omega > 20.0$
相对相差,%	≤50	≤30	≤10
注:相对相差是 2 次测定结果绝对差值与 2 次测定结果算术平均值之比乘以 100。			

不同实验室测定结果的相对相差符合表 B.5 的要求。

表 B.5　不同实验室测定结果的相对相差要求

砷的质量分数,mg/kg	2.5≤ω≤8.0	ω>8.0
镉的质量分数,mg/kg	2.5≤ω≤8.0	ω>8.0
铅的质量分数,mg/kg	5.0≤ω≤20.0	ω>20.0
铬的质量分数,mg/kg	5.0≤ω≤20.0	ω>20.0
镍的质量分数,mg/kg	5.0≤ω≤20.0	ω>20.0
相对相差,%	≤100	≤50

附 录 C
(规范性)
肥料 镉、铅、铬、镍含量的测定 电感耦合等离子体发射光谱法

C.1 原理

试样经王水消化后，试样溶液中的镉、铅、铬、镍在电感耦合等离子体(ICP)光源中原子化并激发至高能态，处于高能态的原子跃迁至基态时产生具有特征波长的电磁辐射，辐射强度与镉、铅、铬、镍原子浓度成正比。

C.2 试剂和材料

除非另有说明，所用试剂和溶液的配制均应符合 HG/T 2843 的规定；实验室用水应符合 GB/T 6682 规定的三级水要求。

C.2.1 盐酸：优级纯。

C.2.2 硝酸：优级纯。

C.2.3 王水：将盐酸(C.2.1)与硝酸(C.2.2)按体积比 3∶1 混合，放置 20 min 后使用。

C.2.4 盐酸溶液：$\varphi(HCl)=50\%$。量取 50 mL 盐酸(C.2.1)，缓慢加入约 50 mL 水中，用水稀释至 100 mL，混匀。

C.2.5 镉标准储备溶液：$\rho(Cd)=1\ 000\ \mu g/mL$。

C.2.6 镉标准溶液：$\rho(Cd)=100\ \mu g/mL$。吸取镉标准储备溶液(C.2.5)10.00 mL 于 100 mL 容量瓶中，加入盐酸溶液(C.2.1)5 mL，用水定容，混匀。

C.2.7 镉标准溶液：$\rho(Cd)=20\ \mu g/mL$。吸取镉标准溶液(C.2.6)20.00 mL 于 100 mL 容量瓶中，加入盐酸溶液(C.2.1)5 mL，用水定容，混匀。

C.2.8 铅标准储备溶液：$\rho(Pb)=1\ 000\ \mu g/mL$。

C.2.9 铅标准溶液：$\rho(Pb)=50\ \mu g/mL$。吸取铅标准储备溶液(C.2.8)5.00 mL 于 100 mL 容量瓶中，加入盐酸溶液(C.2.1)5 mL，用水定容，混匀。

C.2.10 铬标准储备溶液：$\rho(Cr)=1\ 000\ \mu g/mL$。

C.2.11 铬标准溶液：$\rho(Cr)=100\ \mu g/mL$。吸取铬标准储备溶液(C.2.10)10.00 mL 于 100 mL 容量瓶中，加入盐酸溶液(C.2.1)5 mL，用水定容，混匀。

C.2.12 铬标准溶液：$\rho(Cr)=20\ \mu g/mL$。吸取铬标准溶液(C.2.11)20.00 mL 于 100 mL 容量瓶中，加入盐酸溶液(C.2.1)5 mL，用水定容，混匀。

C.2.13 镍标准储备溶液：$\rho(Ni)=1\ 000\ \mu g/mL$。

C.2.14 镍标准溶液：$\rho(Ni)=50\ \mu g/mL$。吸取镍标准储备溶液(C.2.13)5.00 mL 于 100 mL 容量瓶中，加入盐酸溶液(C.2.1)5 mL，用水定容，混匀。

C.2.15 氩气：纯度≥99.995%。

注：可使用经国家认证并授予标准物质证书的单元素或多元素标准溶液。

C.3 仪器设备

C.3.1 电感耦合等离子体发射光谱仪。

C.3.2 可调式电热板：温度在室温至 250 ℃内可调。

C.3.3 分析天平：分度值为 0.001 g。

C.3.4 常规实验室仪器设备。

C.4 样品

C.4.1 试样的制备

见 4.1.4.1。

C.4.2 试样溶液的制备

称取试样 1 g～5 g（精确至 0.001 g），置于 100 mL 烧杯中，加入 20 mL 王水（C.2.3）（保证消化完全的前提下，根据试样具体情况可适当增减王水加入量），盖上表面皿，在 150 ℃～200 ℃可调式电热板上微沸 30 min，烧杯内容物近干时，取下，用少量水冲洗表面皿及烧杯内壁。冷却后加 2 mL 盐酸（C.2.1），加热溶解，取下冷却，过滤，滤液直接收集于 50 mL 容量瓶中，滤干后用少量水冲洗 3 次以上，合并于滤液中，定容，混匀。

注：有机物含量较高的样品建议加入王水浸泡过夜后加热消化。

C.5 试验步骤

C.5.1 混合标准曲线的制作

分别吸取镉标准溶液（C.2.7）、铅标准溶液（C.2.9）、铬标准溶液（C.2.12）和镍标准溶液（C.2.14）0.00 mL、1.00 mL、2.00 mL、4.00 mL、8.00 mL、10.00 mL 于 6 个 100 mL 容量瓶中，加入 4 mL 盐酸（C.2.1），用水定容，混匀。此标准系列溶液镉的质量浓度分别为 0.00 μg/mL、0.20 μg/mL、0.40 μg/mL、0.80 μg/mL、1.60 μg/mL、2.00 μg/mL；铅的质量浓度分别为 0.00 μg/mL、0.50 μg/mL、1.00 μg/mL、2.00 μg/mL、4.00 μg/mL、5.00 μg/mL；铬的质量浓度分别为 0.00 μg/mL、0.20 μg/mL、0.40 μg/mL、0.80 μg/mL、1.60 μg/mL、2.00 μg/mL；镍的质量浓度分别为 0.00 μg/mL、0.50 μg/mL、1.00 μg/mL、2.00 μg/mL、4.00 μg/mL、5.00 μg/mL。

测定前，根据待测元素性质和仪器性能，进行氩气流量、观测高度、射频发生器功率、积分时间等测量条件优化。然后，用电感耦合等离子体发射光谱仪在各元素特征波长处（参考波长：镉：214.439 nm；铅：220.353 nm；铬：267.716 nm；镍：231.604 nm）测定各标准溶液的辐射强度。以各元素标准溶液的质量浓度（μg/mL）为横坐标、相应的辐射强度为纵坐标，制作标准曲线。

注：可根据不同仪器灵敏度、待测元素含量调整标准曲线的质量浓度。

C.5.2 测定

试样溶液直接（或适当稀释后）在与测定标准系列溶液相同的条件下，测得待测元素的辐射强度，在标准曲线上查出相应的质量浓度（μg/mL）。

C.5.3 空白试验

除不加试样外，其他步骤同与试样溶液的制备（C.4.2）与试样溶液的测定（C.5.2）。

C.6 试验数据处理

待测元素含量 ω 以质量分数计，单位为毫克每千克（mg/kg），按公式（C.1）计算。

$$\omega=\frac{(\rho-\rho_0)\times D\times 50}{m} \qquad \text{(C.1)}$$

式中：

ρ ——由标准曲线查出的试样溶液中待测元素的质量浓度的数值，单位为微克每毫升（μg/mL）；

ρ_0 ——由标准曲线查出的空白试验溶液中待测元素的质量浓度的数值，单位为微克每毫升（μg/mL）；

D ——测定时试样溶液的稀释倍数；

50——试样溶液体积的数值，单位为毫升（mL）；

m ——试料质量的数值，单位为克（g）。

以重复性条件下获得的 2 次独立测定结果的算术平均值表示，结果保留到小数点后 1 位。

C.7 精密度

在重复条件下获得的 2 次独立测定结果的相对相差应符合表 C.1 的要求。

表 C.1 在重复条件下获得的 2 次独立测定结果的相对相差要求

镉的质量分数，mg/kg	$0.5<\omega<5.0$	$5.0\leqslant\omega\leqslant8.0$	$\omega>8.0$
铅的质量分数，mg/kg	$10.0<\omega<20.0$	$20.0\leqslant\omega\leqslant40.0$	$\omega>40.0$
铬的质量分数，mg/kg	$5.0<\omega<10.0$	$10.0\leqslant\omega\leqslant40.0$	$\omega>40.0$
镍的质量分数，mg/kg	$5.0<\omega<10.0$	$10.0\leqslant\omega\leqslant40.0$	$\omega>40.0$
相对相差，%	≤50	≤30	≤10
注：相对相差是 2 次测定结果绝对差值与 2 次测量结果算术平均值之比乘以 100。			

不同实验室测定结果的相对相差应符合表 C.2 的要求。

表 C.2 不同实验室测定结果的相对相差要求

镉的质量分数，mg/kg	$5.0\leqslant\omega\leqslant8.0$	$\omega>8.0$
铅的质量分数，mg/kg	$20.0\leqslant\omega\leqslant40.0$	$\omega>40.0$
铬的质量分数，mg/kg	$10.0\leqslant\omega\leqslant40.0$	$\omega>40.0$
镍的质量分数，mg/kg	$10.0\leqslant\omega\leqslant40.0$	$\omega>40.0$
相对相差，%	≤100	≤50

附　录　D
（资料性）
方法检出限和定量限数据汇总

表 D.1 为固体称重量为 0.2 g，定容体积 50 mL，液体称重量 1.0 g，定容体积 50 mL，电感耦合等离子体质谱法测定肥料中砷、镉、铅、铬、镍的方法检出限和定量限。

表 D.1　电感耦合等离子体质谱法测定肥料中砷、镉、铅、铬、镍的方法检出限和定量限

单位为毫克每千克

元素	样品种类	检出限	定量限
Cr	固体	0.018	0.061
	液体	0.004	0.012
Ni	固体	0.050	0.167
	液体	0.010	0.033
As	固体	0.008	0.025
	液体	0.002	0.005
Cd	固体	0.005	0.016
	液体	0.001	0.003
Pb	固体	0.021	0.069
	液体	0.004	0.014

表 D.2 为当固体试样称样量为 2.00 g，定容体积 50 mL，液体试样称样量 5.00 g，定容体积 50 mL，原子吸收光谱法和电感耦合等离子体发射光谱法测定肥料中镍的方法检出限和定量限。

表 D.2　原子吸收光谱法和电感耦合等离子体发射光谱法测定肥料中镍的方法检出限和定量限

单位为毫克每千克

测定方法	样品种类	检出限	定量限
原子吸收光谱法	固体	0.52	1.72
	液体	0.21	0.69
电感耦合等离子体发射光谱法	固体	0.57	1.85
	液体	0.22	0.37

ICS 65.080
CCS B 10

中华人民共和国农业行业标准

NY/T 4076—2022

有机肥料　钙、镁、硫含量的测定

Determination of calcium, magnesium and sulphur in organic fertilizer

2022-07-11 发布　　2022-10-01 实施

中华人民共和国农业农村部　发布

前　言

本文件按照 GB/T 1.1—2020《标准化工作导则　第 1 部分：标准化文件的结构和起草规则》和 GB/T 20001.4—2015《标准编写规则　第 4 部分：试验方法标准》的规定起草。

请注意本文件的某些内容可能涉及专利。本文件的发布机构不承担识别专利的责任。

本文件由农业农村部种植业管理司提出并归口。

本文件起草单位：中国农业科学院农业资源与农业区划研究所、国家化肥质量监督检验中心（北京）、全国农业技术推广服务中心、农业农村部肥料质量监督检验测试中心（成都）、农业农村部肥料质量监督检验测试中心（郑州）、农业农村部肥料质量监督检验测试中心（武汉）、农业农村部肥料质量监督检验测试中心（沈阳）。

本文件主要起草人：汪洪、孔令娥、孙蓟锋、孙钊、刘蜜、韦东普、李亚丽、于立华、巩细民、王小琳、赵迪、何冠睿、张宇航、潘雪、赵林萍、胡劲红、马振海、陈宏、明亮、荣向农。

有机肥料　钙、镁、硫含量的测定

1　范围

本文件规定了有机肥料中钙、镁、硫含量的测定方法。

本文件适用于以畜禽粪便、秸秆等有机废弃物为原料，并经发酵腐熟后制成的商品化有机肥料，以及绿肥、农家肥和其他自积自造自用的有机肥料中钙、镁、硫含量的测定。水溶性钙、镁、硫含量测定采用水浸提处理方法，总钙、镁、硫含量测定采用硝酸-双氧水消化或硝酸-高氯酸消化处理方法。

2　规范性引用文件

下列文件中的内容通过文中的规范性引用而构成本文件必不可少的条款。其中，注日期的引用文件，仅该日期所对应的版本适用于本文件；不注日期的引用文件，其最新版本（包括所有的修改单）适用于本文件。

GB/T 6682　分析实验室用水规格和试验方法

GB/T 8576　复混肥料中游离水含量测定　真空干燥法

GB/T 11415　实验室烧结（多孔）过滤器　孔径、分级和牌号

GB/T 19203　复混肥料中钙、镁、硫含量的测定

HG/T 2843　化肥产品　化学分析中常用标准滴定溶液、标准溶液、试剂溶液和指示剂溶液

3　术语和定义

本文件没有需要界定的术语和定义。

4　试样及试样溶液的制备

4.1　试样的制备

风干后的固体样品经多次缩分后，取出约 100 g，将其迅速研磨至全部通过 0.5 mm 孔径试验筛（如样品潮湿，可通过 1.0 mm 试验筛），混合均匀，置于洁净、干燥的容器中；液体样品经多次摇动后，迅速取出约 100 mL，置于洁净、干燥的容器中。

4.2　试样溶液的制备

4.2.1　试剂和材料

除非另有说明，所用试剂和溶液的配制均应符合 HG/T 2843 的规定；实验室用水应符合 GB/T 6682 规定的三级水要求。

4.2.1.1　硝酸（HNO_3）：分析纯。

4.2.1.2　过氧化氢（H_2O_2）：分析纯。

4.2.1.3　高氯酸（$HClO_4$）：分析纯。

4.2.2　仪器设备

4.2.2.1　分析天平：分度值 0.000 1 g。

4.2.2.2　可调式电热炉。

4.2.2.3　可调式电热板。

4.2.2.4　水平往复式振荡器，振荡频率可控制在（180±20）r/min，温度可控制在（25±2）℃。

4.2.2.5　常规实验仪器设备。

4.2.3　制备方法

4.2.3.1　水浸提

称取试样 0.5 g～1 g（精确至 0.000 1 g），置于 250 mL 容量瓶中，加水约 150 mL，置于(25±2)℃振荡器内，在(180±20)r/min 的振荡频率下振荡 30 min。取出，加水定容，混匀，干过滤，弃去最初几毫升滤液后，滤液待测。

注：实验用水提前置于(25±5)℃环境条件下进行温度平衡后使用。

4.2.3.2 硝酸-过氧化氢消化

称取试样 0.5 g～1 g（精确至 0.000 1 g），置于消化管中，加 5 mL 硝酸(4.2.1.1)和 1.5 mL 过氧化氢(4.2.1.2)摇匀，管口可放一弯颈小漏斗，在通风橱内用可调电热炉消解，缓慢升温至硝酸冒烟回流 10 min～15 min，移开消化管，稍冷后滴加 0.5 mL 过氧化氢(4.2.1.2)，轻轻摇动消化管，继续加热，后重复此过程，直至消化液清亮呈无色或淡黄色，取下小漏斗继续加热，除尽剩余的过氧化氢。取出消化管，冷却至室温。将消化液转移至 100 mL 容量瓶中，加水定容，混匀，干过滤，弃去最初几毫升滤液后，滤液待测。也可采用锥形瓶或凯氏烧瓶，于可调式电热板上，按照上述操作方法进行试样消化。

注：试样加入 5 mL 硝酸(4.2.1.1)和 1.5 mL 过氧化氢(4.2.1.2)摇匀，可放置过夜。消化过程中遇到难以消化的试样，可再加入适量硝酸(4.2.1.1)，继续加热，回流，冷却，再次加入适量过氧化氢(4.2.1.2)数次，消化，直至消化液清亮不再变色。

4.2.3.3 硝酸-高氯酸消化

称取试样 0.5 g～1 g（精确至 0.000 1 g），置于锥形瓶或高型烧杯中，加 5 mL 硝酸(4.2.1.1)，小心摇匀，在通风橱内用电热板慢慢煮沸消化至近干涸以分解试样和赶尽硝酸。稍冷后，加入 3 mL 高氯酸(4.2.1.3)，锥形瓶盖上小漏斗(高脚烧杯上盖上表面皿)，缓慢加热至冒高氯酸的白烟，继续加热直至消化液呈无色或淡色清液(注意：不要蒸干！)，冷却至室温。将消化液转移至 100 mL 容量瓶中，加水定容，混匀，干过滤，弃去最初几毫升滤液后，滤液待测。也可采用消化管，于可调电热炉上，按照上述操作方法进行试样消化。

注：试样加入 5 mL 硝酸(4.2.1.1)摇匀，可放置过夜。消化过程中遇到难以消化的试样，可补加适量硝酸(4.2.1.1)，继续加热消化，稍冷后，补加适量高氯酸(4.2.1.3)，直至消化液清亮不再变色。

5 钙含量的测定

5.1 原子吸收分光光度法

5.1.1 原理

试样溶液中的钙在微酸性介质中，以一定量的镧盐或锶盐作释放剂，在贫燃性空气-乙炔焰中原子化，所产生的原子蒸气吸收从钙空心阴极灯射出特征波长为 422.7 nm 的光，吸光度值与一定浓度范围内的钙含量成正比。

5.1.2 试剂和材料

除非另有说明，所用试剂和溶液的配制均应符合 HG/T 2843 的规定；实验室用水应符合 GB/T 6682 规定的三级水要求。

5.1.2.1 氯化镧($LaCl_3 \cdot 7H_2O$)：分析纯。

5.1.2.2 氯化锶($SrCl_2 \cdot 6H_2O$)：分析纯。

5.1.2.3 盐酸(HCl)：分析纯。

5.1.2.4 盐酸溶液(1+1)：量取 500 mL 盐酸(5.1.2.3)，与 500 mL 水混合均匀。

5.1.2.5 氯化镧溶液：$\rho(La) = 50$ g/L。称取 13.4 g 氯化镧(5.1.2.1)溶于 100 mL 水中。

5.1.2.6 氯化锶溶液：$\rho(SrCl_2) = 60.9$ g/L。称取 60.9 g 氯化锶(5.1.2.2)，溶于 300 mL 水和 420 mL 盐酸溶液(5.1.2.4)中，用水定容至 1 000 mL，混匀。

5.1.2.7 钙标准储备液：$\rho(Ca) = 1\ 000$ μg/mL。或使用经国家认证并授予标准物质证书的标准溶液。

5.1.2.8 钙标准溶液：$\rho(Ca) = 100$ μg/mL。吸取钙标准储备液(5.1.2.7) 10.00 mL 于 100 mL 容量瓶中，加入 10 mL 盐酸溶液(5.1.2.4)，用水定容，混匀。或使用经国家认证并授予标准物质证书的标准溶液。

5.1.2.9 溶解乙炔。

注:钙离子测定的干扰离子有磷酸根(PO_4^{3-})、硅酸根(SiO_3^{2-})、硫酸根(SO_4^{2-})等,可以用释放剂氯化镧溶液(5.1.2.5)或氯化锶溶液(5.1.2.6)消除其影响。氯化镧溶液(5.1.2.5)或氯化锶溶液(5.1.2.6)添加量可根据样品中干扰离子含量适当调整。

5.1.3 仪器设备

5.1.3.1 原子吸收分光光度计,附有空气-乙炔燃烧器及钙空心阴极灯。

5.1.3.2 常规实验室仪器设备。

5.1.4 试验步骤

5.1.4.1 标准曲线的制作

分别吸取钙标准溶液(5.1.2.8)0.00 mL、0.50 mL、1.00 mL、2.00 mL、5.00 mL、10.00 mL 于 6 个 50 mL 容量瓶中,分别加入 2 mL 盐酸溶液(5.1.2.4)和 1 mL 氯化镧溶液(5.1.2.5)或氯化锶溶液(5.1.2.6),用水定容,混匀。此标准系列钙的质量浓度分别为 0.00 μg/mL、1.00 μg/mL、2.00 μg/mL、4.00 μg/mL、10.0 μg/mL、20.0 μg/mL。在选定最佳工作条件下,于波长 422.7 nm 处,使用贫燃性空气-乙炔火焰,以钙的质量浓度为 0.00 μg/mL 的标准溶液为参比溶液调零,测定各标准溶液的吸光度值。

以各标准溶液钙的质量浓度(μg/mL)为横坐标、相应吸光度值为纵坐标,制作标准曲线。

注:可根据不同仪器灵敏度、待测元素含量调整标准曲线的质量浓度。

5.1.4.2 试样溶液测定

吸取一定体积的试样溶液(含钙 0.05 mg~1 mg)于 50 mL 容量瓶内,加入 2 mL 盐酸溶液(5.1.2.4)和 1 mL氯化镧溶液(5.1.2.5)或氯化锶溶液(5.1.2.6),用水定容,混匀。在与测定标准系列溶液相同的仪器条件下,测定其吸光度值,与标准系列比较,得到试样溶液中钙的相应质量浓度(μg/mL)。

5.1.4.3 空白试验

除不加试样外,其他步骤同试样溶液的制备(4.2)与试样溶液的测定(5.1.4.2)。

5.1.5 试验数据处理

钙(Ca)含量以质量分数 ω_1 计,单位为百分号(%),按公式(1)计算。

$$\omega_1=\frac{(\rho_1-\rho_0)\times D\times V}{m\times 10^6}\times 100 \qquad (1)$$

式中:

ρ_1 ——由标准曲线查出的试样溶液钙的质量浓度的数值,单位为微克每毫升(μg/mL);

ρ_0 ——空白试验钙的质量浓度的数值,单位为微克每毫升(μg/mL);

D ——测定时试样溶液的稀释倍数;

V ——试样溶液体积的数值,单位为毫升(mL);

m ——试料质量的数值,单位为克(g);

10^6——将克换算成微克的系数。

以重复性条件下获得的 2 次独立测定结果的算术平均值表示,结果保留到小数点后 2 位。

5.1.6 精密度

在重复性条件下,获得的 2 次独立测试结果的相对相差不大于 15%。在再现性条件下,获得的 2 次独立测试结果的相对相差不大于 30%。钙含量低于 0.15%时,重复性和再现性条件下的相对相差结果均不做要求。

注:相对相差(%)是 2 次测定结果的绝对差值与 2 次测量结果的算术平均值之比乘以 100。

5.2 电感耦合等离子体发射光谱法

5.2.1 原理

试样溶液中的钙在电感耦合等离子(ICP)光源中原子化并激发至高能态,处于高能态的原子跃迁至基态时产生具有特征波长的发射谱线,辐射强度与钙原子浓度成正比。

5.2.2 试剂和材料

除非另有说明，所用试剂和溶液的配制均应符合 HG/T 2843 的规定；实验室用水应符合 GB/T 6682 规定的三级水要求。

5.2.2.1 盐酸(HCl)：分析纯。

5.2.2.2 盐酸溶液(1+1)：量取 500 mL 盐酸(5.2.2.1)，与 500 mL 水混合均匀。

5.2.2.3 钙标准储备液：$\rho(Ca)$= 1 000 μg/mL。或使用经国家认证并授予标准物质证书的标准溶液。

5.2.2.4 钙标准溶液：$\rho(Ca)$= 100 μg/mL。吸取钙标准储备液(5.2.2.3) 10.00 mL 于 100 mL 容量瓶中，加入 10 mL 盐酸溶液(5.2.2.2)，用水定容，混匀。或使用经国家认证并授予标准物质证书的标准溶液。

5.2.2.5 氩气(Ar)：氩气(纯度≥99.995%)或液氩(纯度≥99.995%)。

5.2.3 仪器设备

5.2.3.1 电感耦合等离子体发射光谱仪。

5.2.3.2 常规实验室仪器设备。

5.2.4 试验步骤

5.2.4.1 标准曲线的制作

分别吸取钙标准溶液(5.2.2.4)0.00 mL、0.50 mL、1.00 mL、2.00 mL、5.00 mL、10.00 mL 于 6 个 50 mL 容量瓶中，用水定容，混匀。此标准系列钙的质量浓度分别为 0.00 μg/mL、1.00 μg/mL、2.00 μg/mL、4.00 μg/mL、10.0 μg/mL、20.0 μg/mL。

测定前，根据待测元素性质和仪器性能，进行氩气流量、观测高度、射频发生器功率、积分时间等测量条件优化。然后用等离子体发射光谱仪在波长 317.933 nm 处测定各标准溶液的辐射强度。以各标准溶液钙的质量浓度(μg/mL)为横坐标、相应的辐射强度为纵坐标，制作标准曲线。

注：可根据不同仪器灵敏度、待测元素含量调整标准曲线的质量浓度。

5.2.4.2 试样溶液的测定

试样溶液直接(或适当稀释后)，在与测定标准系列溶液相同的条件下，测得钙的辐射强度，与标准系列比较，得到试样溶液中钙的相应质量浓度(μg/mL)。

5.2.4.3 空白试验

除不加试样外，其他步骤同试样溶液的制备(4.2)与试样溶液的测定(5.2.4.2)。

5.2.5 试验数据处理

按 5.1.5 的规定执行。

5.2.6 精密度

按 5.1.6 的规定执行。

5.3 乙二胺四乙酸二钠容量法

本方法试样制备按 4.1 的规定执行，试样溶液制备按 4.2 的规定执行，分析方法按 GB/T 19203 的规定执行。

6 镁含量的测定

6.1 原子吸收分光光度法

6.1.1 原理

试样溶液中的镁在微酸性介质中，以一定量的镧盐或锶盐作释放剂，在贫燃性空气-乙炔焰中原子化，所产生的原子蒸气吸收从镁空心阴极灯射出特征波长为 285.2 nm 的光，吸光度值与镁基态原子浓度成正比。

6.1.2 试剂和材料

除非另有说明，所用试剂和溶液的配制均应符合 HG/T 2843 的规定；实验室用水应符合 GB/T 6682 规定的三级水要求。

6.1.2.1 氯化镧($LaCl_3 \cdot 7H_2O$):分析纯。

6.1.2.2 氯化锶($SrCl_2 \cdot 6H_2O$):分析纯。

6.1.2.3 盐酸(HCl):分级纯。

6.1.2.4 盐酸溶液(1+1):量取 500 mL 盐酸(6.1.2.3),与 500 mL 水混合均匀。

6.1.2.5 氯化镧溶液:ρ(La) = 50 g/L。称取 13.4 g 氯化镧(6.1.2.1)溶于 100 mL 水中。

6.1.2.6 氯化锶溶液:$\rho(SrCl_2)$ = 60.9 g/L。称取 60.9 g 氯化锶(6.1.2.2),溶于 300 mL 水和 420 mL 盐酸溶液(6.1.2.4)中,用水定容至 1 000 mL,混匀。

6.1.2.7 镁标准储备液:ρ(Mg) = 1 000 μg/mL。或使用经国家认证并授予标准物质证书的标准溶液。

6.1.2.8 镁标准溶液:ρ(Mg) = 100 μg/mL。吸取镁标准储备液(6.1.2.7) 10.00 mL 于 100 mL 容量瓶中,加入 10 mL 盐酸溶液(6.1.2.4),用水定容,混匀。或使用经国家认证并授予标准物质证书的标准溶液。

6.1.2.9 溶解乙炔。

注:测镁离子时干扰离子有磷酸根(PO_4^{3-})、硅酸根(SiO_3^{2-})、硫酸根(SO_4^{2-})等,可以用释放剂氯化镧溶液(6.1.2.5)或氯化锶溶液(6.1.2.6)消除其影响。氯化镧溶液(6.1.2.5)或氯化锶溶液(6.1.2.6)添加量可根据样品中干扰离子等含量适当调整。

6.1.3 仪器设备

6.1.3.1 原子吸收分光光度计,附有空气-乙炔燃烧器及镁空心阴极灯。

6.1.3.2 常规实验室仪器设备。

6.1.4 试验步骤

6.1.4.1 标准曲线的制作

分别吸取镁标准溶液(6.1.2.8)0.00 mL、0.50 mL、1.00 mL、2.00 mL、5.00 mL、10.00 mL 于 6 个 50 mL 容量瓶中,分别加入 2 mL 盐酸溶液(6.1.2.4)和 1 mL 氯化镧溶液(6.1.2.5)或氯化锶溶液(6.1.2.6),用水定容,混匀。此标准系列镁的质量浓度分别为 0.00 μg/mL、1.00 μg/mL、2.00 μg/mL、4.00 μg/mL、10.0 μg/mL、20.0 μg/mL。在选定最佳工作条件下,于波长 285.2 nm 处,使用贫燃性空气-乙炔火焰,以镁的质量浓度为 0.00 μg/mL 的标准溶液为参比溶液调零,测定各标准溶液的吸光度值。以各标准溶液镁的质量浓度(μg/mL)为横坐标、相应吸光度值为纵坐标,制作标准曲线。

注:可根据不同仪器灵敏度、待测元素含量调整标准曲线的质量浓度。

6.1.4.2 试样溶液的测定

吸取一定体积的试样溶液(含镁 0.05 mg~1 mg)于 50 mL 容量瓶内,加入 2 mL 盐酸溶液(6.1.2.4)和 1 mL氯化镧溶液(6.1.2.5)或氯化锶溶液(6.1.2.6),用水定容,混匀。在与测定标准系列溶液相同的仪器条件下,测定其吸光度值,与标准系列比较,得到试样溶液中镁的相应质量浓度(μg/mL)。

6.1.4.3 空白试验

除不加试样外,其他步骤同试样溶液的制备(4.2)与试样溶液的测定(6.1.4.2)。

6.1.5 试验数据处理

镁(Mg)含量以质量分数 ω_2 计,单位为百分号(%),按公式(2)计算。

$$\omega_2 = \frac{(\rho_2 - \rho_0) \times D \times V}{m \times 10^6} \times 100 \quad \cdots\cdots (2)$$

式中:

ρ_2 ——由标准曲线查出的试样溶液镁的质量浓度的数值,单位为微克每毫升(μg/mL);

ρ_0 ——空白试验镁的质量浓度的数值,单位为微克每毫升(μg/mL);

D ——测定时试样溶液的稀释倍数;

V ——试样溶液的体积的数值,单位毫升(mL);

m ——试料的质量的数值,单位为克(g);

10^6——将克换算成微克的系数。

以重复性条件下获得的 2 次独立测定结果的算术平均值表示，结果保留到小数点后 2 位。

6.1.6 精密度

在重复性条件下，获得的 2 次独立测试结果的相对相差不大于 15%。在再现性条件下，获得的 2 次独立测试结果的相对相差不大于 30%。镁含量低于 0.15%时，重复性和再现性条件下的相对相差结果均不做要求。

注：相对相差(%)是 2 次测定结果的绝对差值与 2 次测量结果的算术平均值之比乘以 100。

6.2 电感耦合等离子体发射光谱法

6.2.1 原理

试样溶液中的镁在电感耦合等离子(ICP)光源中原子化并激发至高能态，处于高能态的原子跃迁至基态时产生具有特征波长的发射谱线，辐射强度与镁原子浓度成正比。

6.2.2 试剂和材料

除非另有说明，所用试剂和溶液的配制均应符合 HG/T 2843 的规定；实验室用水应符合 GB/T 6682 规定的三级水要求。

6.2.2.1 盐酸(HCl)：分级纯。

6.2.2.2 盐酸溶液(1+1)：量取 500 mL 盐酸(6.2.2.1)，与 500 mL 水混合均匀。

6.2.2.3 镁标准储备液：$\rho(\mathrm{Mg}) = 1\ 000\ \mu g/mL$。或使用经国家认证并授予标准物质证书的标准溶液。

6.2.2.4 镁标准溶液：$\rho(\mathrm{Mg}) = 100\ \mu g/mL$。吸取镁标准储备液(6.2.2.3) 10.00 mL 于 100 mL 容量瓶中，加入 10 mL 盐酸溶液(6.2.2.2)，用水定容，混匀。或使用经国家认证并授予标准物质证书的标准溶液。

6.2.2.5 氩气(Ar)：氩气(纯度≥99.995%)或液氩(纯度≥99.995%)。

6.2.3 仪器和设备

6.2.3.1 电感耦合等离子体发射光谱仪。

6.2.3.2 常规实验室仪器设备。

6.2.4 试验步骤

6.2.4.1 标准曲线的制作

分别吸取镁标准溶液(6.2.2.4) 0.00 mL、0.50 mL、1.00 mL、2.00 mL、5.00 mL、10.00 mL 于 6 个 50 mL 容量瓶中，用水定容，混匀。此标准系列镁的质量浓度分别为 0.00 μg/mL、1.00 μg/mL、2.00 μg/mL、4.00 μg/mL、10.0 μg/mL、20.0 μg/mL。

测定前，根据待测元素性质和仪器性能，进行氩气流量、观测高度、射频发生器功率、积分时间等测量条件优化。然后用等离子体发射光谱仪在波长 285.213 nm 处测定各标准溶液的辐射强度。以各标准溶液镁的质量浓度(μg/mL)为横坐标、相应的辐射强度为纵坐标，制作标准曲线。

注：可根据不同仪器灵敏度、待测元素含量调整标准曲线的质量浓度。

6.2.4.2 试样溶液的测定

试样溶液直接(或适当稀释后)，在与测定标准系列溶液相同的条件下，测得其辐射强度，与标准系列比较，得到试样溶液中镁的相应质量浓度(μg/mL)。

6.2.4.3 空白试验

除不加试样外，其他步骤同试样溶液的制备(4.2)与试样溶液的测定(6.2.4.2)。

6.2.5 试验数据处理

按 6.1.5 的规定执行。

6.2.6 精密度

按 6.1.6 的规定执行。

6.3 乙二胺四乙酸二钠容量法

本方法试样制备按 4.1 的规定执行，试样溶液制备按 4.2 的规定执行，分析方法按 GB/T 19203 的规定执行。

7 硫含量的测定

7.1 电感耦合等离子体发射光谱法

7.1.1 原理

试样溶液中的硫在电感耦合等离子(ICP)光源中原子化并激发至高能态,处于高能态的原子跃迁至基态时产生具有特征波长的发射谱线,辐射强度与硫原子浓度成正比。

7.1.2 试剂和材料

除非另有说明,所用试剂和溶液的配制均应符合 HG/T 2843 的规定;实验室用水应符合 GB/T 6682 规定的三级水要求。

7.1.2.1 硫标准溶液 $\rho(S) = 1\ 000\ \mu g/mL$。或使用经国家认证并授予标准物质证书的标准溶液。

7.1.2.2 氩气(Ar):氩气(纯度≥99.995%)或液氩(纯度≥99.995%)。

7.1.3 仪器设备

7.1.3.1 电感耦合等离子体发射光谱仪。

7.1.3.2 常规实验室仪器设备。

7.1.4 试验步骤

7.1.4.1 标准曲线的制作

分别吸取硫标准溶液(7.1.2.1) 0.00 mL、0.25 mL、0.50 mL、2.00 mL、4.00 mL、5.00 mL 于 6 个 50 mL 容量瓶中,用水定容,混匀。此标准系列硫的质量浓度分别为 0.00 μg/mL、5.00 μg/mL、10.0 μg/mL、40.0 μg/mL、80.0 μg/mL、100.0 μg/mL。

测定前,根据待测元素性质和仪器性能,进行氩气流量、观测高度、射频发生器功率、积分时间等测量条件优化。然后用等离子体发射光谱仪在波长 181.972 nm 处测定各标准溶液的辐射强度。以各标准溶液硫的质量浓度(μg/mL)为横坐标、相应的辐射强度为纵坐标,制作标准曲线。

注:可根据不同仪器灵敏度、待测元素含量调整标准曲线的质量浓度。

7.1.4.2 试样溶液的测定

试样溶液直接(或适当稀释后),在与测定标准系列溶液相同的条件下,测得其辐射强度,与标准系列比较,得到试样溶液中硫的相应质量浓度(μg/mL)。

7.1.4.3 空白试验

除不加试样外,其他步骤同试样溶液的制备(4.2)与试样溶液的测定(7.1.4.2)。

7.1.5 试验数据处理

硫(S)含量以质量分数 ω_3 计,单位为百分号(%),按公式(3)计算。

$$\omega_3 = \frac{(\rho_3 - \rho_0) \times D \times V}{m \times 10^6} \times 100 \qquad (3)$$

式中:

ρ_3 ——由标准曲线查出的试样溶液硫的质量浓度的数值,单位为微克每毫升(μg/mL);

ρ_0 ——空白试验中硫的质量浓度的数值,单位为微克每毫升(μg/mL);

D ——测定时试样溶液的稀释倍数;

V ——试样溶液的体积的数值,单位为毫升(mL);

m ——试料的质量的数值,单位为克(g);

10^6——将克换算成微克的系数。

以重复性条件下获得的 2 次独立测定结果的算术平均值表示,结果保留到小数点后 2 位。

7.1.6 精密度

在重复性条件下,获得的 2 次独立测试结果的相对相差不大于 15%。在再现性条件下,获得的 2 次独立测试结果的相对相差不大于 30%。硫含量低于 0.15%时,重复性和再现性条件下的相对相差结果均不做要求。

注：相对相差(%)是2次测定结果的绝对差值与2次测量结果的算术平均值之比乘以100。

7.2 硫酸钡比浊法

7.2.1 原理

试样溶液中的硫酸根，加入氯化钡($BaCl_2$)，结合成硫酸钡($BaSO_4$)，比浊法于440 nm处用可见分光光度计进行测定。

7.2.2 试剂和材料

除非另有说明，所用试剂和溶液的配制均应符合HG/T 2843的规定；实验室用水应符合GB/T 6682规定的三级水要求。

7.2.2.1 氯化钡晶粒($BaCl_2 \cdot 2H_2O$)，筛取0.25 mm～0.5 mm的晶粒。

7.2.2.2 氯化镁($MgCl_2 \cdot 6H_2O$)：分析纯。

7.2.2.3 乙酸钠(CH_3COONa)：分析纯。

7.2.2.4 三水合乙酸钠($CH_3COONa \cdot 3H_2O$)：分析纯。

7.2.2.5 硝酸钾(KNO_3)：分析纯。

7.2.2.6 无水乙醇(CH_3CH_2OH)：分析纯。

7.2.2.7 盐酸(HCl)：分级纯。

7.2.2.8 盐酸溶液(1+1)：量取500 mL盐酸(7.2.2.7)，与500 mL水混合均匀。

7.2.2.9 缓冲盐溶液：称取40 g氯化镁(7.2.2.2)、4.1 g乙酸钠(7.2.2.3)或6.8 g三水合乙酸钠(7.2.2.4)、0.8 g硝酸钾(7.2.2.5)和28 mL无水乙醇(7.2.2.6)，用水溶解后稀释至1 L。

7.2.2.10 硫标准储备液$\rho(S)=1\,000\ \mu g/mL$。或使用经国家认证并授予标准物质证书的标准溶液。

7.2.2.11 硫标准溶液$\rho(S)=50\ \mu g/mL$。吸取硫标准储备液(7.2.2.10) 10.00 mL于200 mL容量瓶中，用水定容，混匀。

7.2.3 仪器设备

7.2.3.1 电磁搅拌器。

7.2.3.2 分光光度计。

7.2.3.3 常规实验室仪器设备。

7.2.4 试验步骤

7.2.4.1 标准曲线的绘制

分别吸取硫标准溶液(7.2.2.11) 0.00 mL、2.00 mL、4.00 mL、8.00 mL、12.00 mL、16.00、20.00 mL于7个50 mL容量瓶中，加20 mL水和10 mL缓冲盐溶液(7.2.2.9)及1 mL盐酸溶液(7.2.2.8)，用水定容，摇匀，得到0.00 μg/mL、2.00 μg/mL、4.00 μg/mL、8.00 μg/mL、12.0 μg/mL、16.0 μg/mL、20.0 μg/mL硫标准溶液，倒入150 mL烧杯中，加0.30 g氯化钡晶粒(7.2.2.1)，立即于电磁搅拌器上搅拌1 min，静置1 min后，在分光光度计上440 nm波长下，以0.00 μg/mL硫标准溶液调吸光度值到零。以各标准溶液硫的质量浓度(μg/mL)为横坐标、相应的吸光度值为纵坐标，制作标准曲线。

7.2.4.2 试样溶液的测定

吸取一定体积(含硫酸根0.1 mg～2 mg)的试样溶液于50 mL容量瓶，加20 mL水和10 mL缓冲盐溶液(7.2.2.9)及1 mL盐酸溶液(7.2.2.8)用水定容，摇匀。倒入150 mL烧杯中，加0.30 g氯化钡晶粒(7.2.2.1)，立即于电磁搅拌器上搅拌1 min，静置1 min后，在与测定标准系列溶液相同的仪器条件下，测定其吸光度值，与标准系列比较，得到试样溶液中硫的相应质量浓度(μg/mL)。

注1：在酸性介质中，硫酸根(SO_4^{2-})和氯化钡($BaCl_2$)作用即生成溶解度很小的硫酸钡($BaSO_4$)白色沉淀。为了使形成的沉淀能均匀地悬浮在溶液中，需在形成的硫酸钡浊液中加一定量的稳定剂，有利于比浊。由于硫酸钡沉淀的颗粒大小与沉淀时的温度、酸度、氯化钡的局部浓度、加入氯化钡的结晶大小、静置时间长短等条件有关，所以制作工作曲线和试样测定的条件应尽可能一致，以减小误差。

注 2:硫酸根浓度在 2 μg/mL～40 μg/mL 范围内,其浑浊度与溶液中硫酸根浓度成正比。为了防止待测液中碳酸根(CO_3^{2-})与钡(Ba^{2+})作用形成碳酸钡($BaCO_3$)沉淀而影响测定结果,在加氯化钡之前,试待测液需是酸性条件。为了增加沉淀剂钡的局部浓度,以利于形成细微的硫酸钡沉淀微粒,直接用固体氯化钡($BaCl_2 \cdot 2H_2O$)晶粒为沉淀剂。

7.2.4.3 空白试验

除不加试样外,其他步骤同试样溶液的制备(4.2)与试样溶液的测定(7.2.4.2)。

7.2.5 试验数据处理

按 7.1.5 的规定执行。

7.2.6 精密度

按 7.1.6 的规定执行。

7.3 重量法

7.3.1 原理

在酸性溶液中,硫酸根和钡离子生成难溶的 $BaSO_4$ 沉淀,用重量法测定硫的含量。

7.3.2 试剂和材料

除非另有说明,所用试剂和溶液的配制均应符合 HG/T 2843 的规定;实验室用水应符合 GB/T 6682 规定的三级水要求。

7.3.2.1 氯化钡($BaCl_2 \cdot 2H_2O$):分析纯。

7.3.2.2 硝酸银($AgNO_3$):分析纯。

7.3.2.3 乙二胺四乙酸二钠($C_{10}H_{14}N_2Na_2O_8$):分析纯。

7.3.2.4 甲基红($C_{15}H_{15}N_3O_2$):分析纯。

7.3.2.5 盐酸(HCl):分级纯。

7.3.2.6 硝酸(HNO_3):分析纯。

7.3.2.7 氨水($NH_3 \cdot H_2O$):分析纯。

7.3.2.8 无水乙醇(CH_3CH_2OH):分析纯。

7.3.2.9 盐酸溶液(1+1):量取 500 mL 盐酸(7.3.2.5),与 500 mL 水混合均匀。

7.3.2.10 硝酸溶液(1+1):量取 500 mL 硝酸(7.3.2.6),与 500 mL 水混合均匀。

7.3.2.11 氨水溶液(1+1):量取 500 mL 氨水(7.3.2.7),与 500 mL 水混合均匀。

7.3.2.12 氯化钡溶液:$c(BaCl_2) = 0.5$ mol/L。称取 122 g 氯化钡(7.3.2.1)于 800 mL 水中,使之溶解,稀释至 1 L,混匀。

7.3.2.13 硝酸银溶液:$\rho(AgNO_3) = 5$ g/L。称取 0.5 g 硝酸银(7.3.2.2)溶于 100 mL 水中,加入 2 滴～3 滴硝酸溶液,混匀,储存于棕色瓶中。

7.3.2.14 乙二胺四乙酸二钠溶液:$\rho(C_{10}H_{14}N_2Na_2O_8) = 10$ g/L。称取 10 g 乙二胺四乙酸二钠(7.3.2.3)溶于水中,稀释至 1 L,混匀。

7.3.2.15 甲基红指示液:$\rho(C_{15}H_{15}N_3O_2) = 10$ g/L。称取 1 g 甲基红(7.3.2.4)溶于 100 mL 无水乙醇(7.3.2.8)中。

7.3.3 仪器和设备

7.3.3.1 水平往复式振荡器或具有相同功效的振荡装置。

7.3.3.2 玻璃坩埚式滤器:应符合 GB/T 11415 的规定,牌号为 P10,滤板孔径为 4 μm～10 μm,容积为 30 mL。

7.3.3.3 干燥箱:温度可控制在(180±2)℃。

7.3.3.4 实验室一般常用仪器和设备。

7.3.4 试验步骤

7.3.4.1 试样溶液的测定

吸取一定体积的试样溶液(含硫酸根 40 mg～240 mg)于 400 mL 的烧杯中,加入 2 滴～ 3 滴甲基红指示液(7.3.2.15),用氨水溶液(7.3.2.11)调至试样溶液有沉淀生成或试样溶液呈橙黄色,加入 4 mL 盐酸溶液(7.3.2.9)和 5 mL 乙二胺四乙酸二钠溶液(7.3.2.14),用水稀释至 200 mL,盖上表面皿,放在电热板上加热近沸,取下,在搅拌下逐滴加入 20 mL 氯化钡溶液(7.3.2.12),继续加热使其慢慢沸腾 3 min～5 min 后,盖上表面皿在电热板上或水浴(约 60 ℃)中保温 1 h,使沉淀陈化,冷却至室温。

用已在(180±2)℃下干燥至恒重的玻璃坩埚式滤器(7.3.3.2)过滤沉淀,以倾泻法过滤,然后用温水洗涤沉淀至滤液中无 Cl^-[用硝酸银溶液(7.3.2.13)检验滤液,至不出现浑浊],再用温水洗涤沉淀 4 次～5 次,将沉淀连同过滤器置于(180±2)℃干燥箱内,待温度达到 180 ℃后,干燥 1 h,取出移入干燥器内,冷却至室温,称量。

注 1:硫酸钡沉淀重量法适用于含硫酸根量较高的试样溶液测定。硫含量低的待测样品建议采用其他方法。

注 2:硫酸钡沉淀应在微酸性溶液中进行,一方面可以防止某些阴离子如碳酸根、重碳酸根、磷酸根和氢氧根等与钡离子发生共沉淀现象;另一方面硫酸钡沉淀在微酸性溶液中能使结晶颗粒增大,更便于过滤和洗涤。沉淀溶液的酸度不能太高,因硫酸钡沉淀的溶解度随酸度增大而增大。

7.3.4.2 空白试验

除不加试样外,其他步骤同试样溶液的制备(4.2)与试样溶液的测定(7.3.4.1)。

7.3.5 试验数据处理

硫(以 S 计)含量以质量分数 ω_4 表示,单位为%,按公式(4)计算。

$$\omega_4=\frac{(m_2-m_1)\times V_1\times 0.1374}{m\times V_2}\times 100 \quad\cdots\cdots(4)$$

式中:

m_2 ——测定时沉淀的质量的数值,单位为克(g);

m_1 ——空白试验中沉淀的质量的数值,单位为克(g);

V_1 ——试样溶液体积的数值,单位为毫升(mL);

0.137 4——硫(S)的摩尔质量与硫酸钡($BaSO_4$)的摩尔质量的比值;

m ——试料质量的数值,单位为克(g);

V_2 ——吸取试样溶液体积的数值,单位为毫升(mL)。

以重复性条件下获得的 2 次独立测定结果的算术平均值表示,结果保留到小数点后 2 位。

7.3.6 精密度

在重复性条件下,获得的 2 次独立测试结果的绝对差值不大于 0.20%。在再现性条件下,获得的 2 次独立测试结果的绝对差值不大于 0.40%。

8 试样含水量测定

若计算结果以烘干基计,风干试样含水量测定按 GB/T 8576 的规定执行。

ICS 65.080
CCS B 10

中华人民共和国农业行业标准

NY/T 4077—2022

有机肥料　氯、钠含量的测定

Determination of chlorine and sodium in organic fertilizer

2022-07-11 发布　　　　2022-10-01 实施

中华人民共和国农业农村部　发布

前　　言

本文件按照 GB/T 1.1—2020《标准化工作导则　第 1 部分:标准化文件的结构和起草规则》和 GB/T 20001.4—2015《标准编写规则　第 4 部分:试验方法标准》的规定起草。

请注意本文件的某些内容可能涉及专利。本文件的发布机构不承担识别专利的责任。

本文件由农业农村部种植业管理司提出并归口。

本文件起草单位:中国农业科学院农业资源与农业区划研究所、国家化肥质量监督检验中心(北京)、全国农业技术推广服务中心、北京市农林科学院植物营养与资源研究所、农业农村部肥料质量监督检验测试中心(杭州)、农业农村部肥料质量监督检验测试中心(郑州)、临沂市检验检测中心。

本文件主要起草人:汪洪、孙蓟锋、孔令娥、孙钊、刘蜜、韦东普、李亚丽、张宇航、何冠睿、赵林萍、潘雪、刘善江、钟杭、王小琳、赵旭东、杜颖、沈月、杜建光、荣向农。

有机肥料　氯、钠含量的测定

1　范围

本文件规定了有机肥料中氯、钠含量的测定方法。

本文件适用于以畜禽粪便、秸秆等有机废弃物为原料，经发酵腐熟后制成的商品化有机肥料，以及绿肥、农家肥和其他自积自造自用的有机肥料中氯、钠含量的测定。

2　规范性引用文件

下列文件中的内容通过文中的规范性引用而构成本文件必不可少的条款。其中，注日期的引用文件，仅该日期对应的版本适用于本文件；不注日期的引用文件，其最新版本（包括所有的修改单）适用于本文件。

GB/T 6682　分析实验室用水规格和试验方法

GB/T 8576　复混肥料中游离水含量测定　真空干燥法

HG/T 2843　化肥产品化学分析中常用标准滴定溶液、标准溶液、试剂溶液和指示剂溶液

3　术语和定义

本文件没有需要界定的术语和定义。

4　试样及试样溶液的制备

4.1　试样的制备

风干后的样品经多次缩分后取出约 100 g，将其迅速研磨至全部通过 0.5 mm 孔径试验筛（如样品潮湿，可通过 1.0 mm 孔径筛），混合均匀，置于洁净、干燥的容器中；液体样品经多次摇动后，迅速取出约 100 mL，置于洁净、干燥的容器中。

4.2　试样溶液的制备

4.2.1　试剂和材料

实验用水应符合 GB/T 6682 规定的三级水要求。

4.2.2　仪器设备

4.2.2.1　天平：分度值为 0.000 1 g。

4.2.2.2　水平往复式振荡器：振荡频率可控制在（180±20）r/min，温度可控制在（25±2）℃。

4.2.3　制备步骤

称取试样 0.5 g～3 g（精确至 0.000 1 g），置于 250 mL 容量瓶中，加水约 150 mL，置于（25±2）℃振荡器内，在（180±20）r/min 的振荡频率下振荡 30 min。取出，用水定容，混匀，干过滤，弃去最初几毫升滤液后，滤液待测。

注：实验用水提前置于（25±5）℃环境条件下进行温度平衡后使用。

5　氯含量的测定　自动电位滴定法

5.1　原理

采用自动电位滴定仪测定，以银电极为指示电极，用硝酸银标准滴定溶液滴定试样溶液中的氯离子，以自动电位滴定仪的电位突变确定反应终点，由消耗的硝酸银标准滴定溶液体积计算氯离子含量。

5.2　试剂和材料

除非另有说明，所用试剂和溶液的配制均应符合 HG/T 2843 的规定；实验用水应符合 GB/T 6682 规

定的三级水要求。

5.2.1　硝酸银($AgNO_3$):分析纯。

5.2.2　氯化钠(NaCl):基准试剂。

5.2.3　硝酸银标准滴定溶液:$c(AgNO_3) = 0.01$ mol/L。称取 1.7 g 硝酸银(5.2.1)溶于水中,定容于 1 000 mL容量瓶,储存于棕色瓶中。使用前,需要进行浓度标定。

5.2.4　氯离子标准溶液:$\rho(Cl^-) = 1$ mg/mL。准确称取 1.648 7 g 经 270 ℃～300 ℃烘干 4 h 的基准氯化钠(5.2.2)于 100 mL 烧杯中,用水溶解后转移至 1 000 mL 容量瓶中,定容,混匀,储存于塑料瓶中。或使用经国家认证并授予标准物质证书的标准溶液。

5.3　仪器设备

5.3.1　天平:分度值为 0.01 g 和 0.000 1 g。

5.3.2　自动电位滴定仪,配有银电极。

5.4　试验步骤

5.4.1　硝酸银标准滴定溶液的标定

每次测定前,必须用氯离子标准溶液(5.2.4)准确标定硝酸银标准滴定溶液(5.2.3)的浓度。准确吸取 3.0 mL 氯离子标准溶液(5.2.4)于自动电位滴定仪的滴定杯中,加水至液面没过电极,置于搅拌装置下。按仪器说明书进行操作,在不断搅动下,由仪器自动滴定至终点。根据硝酸银的消耗量,计算硝酸银标准滴定溶液浓度。

硝酸银标准滴定溶液的准确浓度 C,单位为 mol/L,按公式(1)计算。

$$C = \frac{\rho_{Cl^-} \times V_{Cl^-}}{35.45 \times V_{Ag}} \quad \cdots\cdots (1)$$

式中:

ρ_{Cl^-} ——氯离子标准溶液质量浓度的数值,单位为微克每毫升(mg/mL);

V_{Cl^-} ——加入氯离子标准溶液体积的数值,单位为毫升(mL);

35.45 ——氯离子毫摩尔质量的数值,单位为毫克每毫摩尔(mg/mmol);

V_{Ag} ——标定时消耗硝酸银溶液体积的数值,单位为毫升(mL)。

5.4.2　测定

吸取一定体积(5 mL～30 mL)的试样溶液于自动电位滴定仪滴定杯中,加适量水至液面没过电极,用已标定的硝酸银标准滴定溶液(5.2.3)进行滴定,得到硝酸银标准滴定溶液的体积。若氯离子含量过高,可稀释一定倍数后测定。空白试验除不加试样外,其他步骤同试样的测定。

注:自动电位滴定仪参考条件与注意事项:①氯离子含量低于 10 mg/L 时:采用等体积电位模式测定。滴定参数:滴定速度为用户自定义,体积增加量为 0.02 mL,最小等待和最大等待时间同为 5 s,信号漂移为 20 mV/min,等当点识别标准为 10 mV,等当点识别为最大。②氯离子含量高于 10 mg/L 时:采用动态电位模式测定。滴定参数:滴定速度为最优,体积增加量为 0.01 mL,最小等待时间 0 s,最大等待时间为 26 s,信号漂移为 50 mV/min,等当点识别标准为 20 mV, 等当点识别为最大。实际测试时,应参照仪器说明,设定最佳测定参数。③测定样品前,需要清洗电极和滴定头,测定样品时电极和滴定头需要充分浸没在待测溶液中。④测定完毕,清洗电极后浸泡在 1 mol/L 硝酸钾溶液中。

5.5　试验数据处理

氯离子(Cl^-)含量以质量分数 ω_1 计,单位为%,按公式(2)计算。

$$\omega_1 = \frac{(V_1 - V_2)cD \times 0.03545}{m} \times 100 \quad \cdots\cdots (2)$$

式中:

V_1 ——测定试样时,消耗硝酸银标准滴定溶液体积的数值,单位为毫升(mL);

V_2 ——测定空白时,消耗硝酸银标准滴定溶液体积的数值,单位为毫升(mL);

c ——硝酸银标准滴定溶液浓度的数值,单位为摩尔每升(mol/L);

D ——浸提液体积与移取测定试样溶液体积之比;

0.035 45 ——氯离子的毫摩尔质量的数值,单位为克每毫摩尔(g/mmol);

m ——称取试样质量的数值,单位为克(g)。

以重复性条件下获得的 2 次独立测定结果的算术平均值表示,结果保留到小数点后 2 位。

5.6 精密度

在重复性条件下,获得的 2 次独立测试结果的绝对差值不大于 0.20%。在再现性条件下,获得的 2 次独立测试结果的绝对差值不大于 0.40%。

6 钠含量的测定

6.1 原子吸收分光光度计-火焰发射法

6.1.1 原理

利用原子吸收分光光度计的火焰发射法测定钠的含量,不使用钠空心阴极灯,试样溶液中的钠在空气-乙炔火焰的作用下转变为气态原子并使原子外层电子进一步被激发,当激发的电子从较高能级跃迁至较低能级时,原子会释放多余的能量从而产生特征发射谱线,在一定范围内发射谱线强度与钠原子浓度成正比,通过测量 589.0 nm(或次灵敏线 330.2 nm)的发射谱线强度,测定试样中钠元素的含量。

6.1.2 试剂和材料

除非另有说明,所用试剂和溶液的配制均应符合 HG/T 2843 的规定;实验用水应符合 GB/T 6682 规定的三级水要求。

6.1.2.1 钠标准溶液:ρ(Na) = 1 000 μg/mL。或使用经国家认证并授予标准物质证书的标准溶液。

6.1.2.2 钠标准溶液:ρ(Na) = 100 μg/mL。吸取钠标准溶液(6.1.2.1) 10.00 mL 于 100 mL 容量瓶中,用水定容,混匀。或使用经国家认证并授予标准物质证书的标准溶液。

6.1.2.3 溶解乙炔(纯度≥98.0%)。

6.1.3 仪器设备

原子吸收分光光度计,附有空气-乙炔燃烧器。

6.1.4 分析步骤

6.1.4.1 工作曲线的绘制

分别吸取钠标准溶液(6.1.2.2)0.00 mL、1.00 mL、2.00 mL、4.00 mL、8.00 mL、10.00 mL 于 6 个 100 mL 容量瓶中,用水定容,混匀。此标准系列钠的质量浓度分别为 0.00 μg/mL、1.00 μg/mL、2.00 μg/mL、4.00 μg/mL、8.00 μg/mL、10.00 μg/mL。在选定最佳工作条件下,于波长 589.0 nm(或次灵敏线 330.2 nm)处,使用空气-乙炔火焰,以钠最高浓度标准溶液为调整测量满度,以钠含量为 0.00 μg/mL的标准溶液为参比溶液调零,测定各标准溶液的发射谱线强度。以各标准溶液钠的质量浓度(μg/mL)为横坐标、相应的发射谱线强度为纵坐标,绘制工作曲线。

注:可根据不同仪器灵敏度、待测元素含量调整标准曲线钠的质量浓度。

6.1.4.2 试样溶液的测定

将试样溶液或经稀释一定倍数后,在与测定标准系列溶液相同的仪器条件下,测定其发射谱线强度,在工作曲线上查出相应钠的质量浓度(μg/mL)。

6.1.4.3 空白试验

除不加试样外,其他步骤同试样溶液的测定。

6.1.5 试验数据处理

钠(Na)含量以质量分数 ω_2 计,单位为%,按公式(3)计算。

$$\omega_2 = \frac{(\rho - \rho_1)D \times 250}{m \times 10^6} \times 100 \quad \cdots\cdots (3)$$

式中:

ρ ——由工作曲线查出的试样溶液钠质量浓度的数值,单位为微克每毫升(μg/mL);

ρ_0 ——由工作曲线查出的空白溶液中钠质量浓度的数值,单位为微克每毫升(μg/mL);

D ——测定时试样溶液的稀释倍数；

250——试样溶液体积的数值，单位为毫升(mL)；

m ——试料质量的数值，单位为克(g)；

10^6——将克换算成微克的系数。

以重复性条件下获得的 2 次独立测定结果的算术平均值表示，结果保留到小数点后 2 位。

6.1.6 精密度

在重复性条件下，获得的 2 次独立测试结果的相对相差不大于 15%。在再现性条件下，获得的 2 次独立测试结果的相对相差不大于 30%。钠含量低于 0.15%时，重复性和再现性条件下的相对相差结果均不做要求。

注：相对相差(%)是 2 次测定结果的绝对差值与 2 次测量结果的算术平均值之比乘以 100。

6.2 火焰光度计法

6.2.1 原理

试样溶液中的钠原子被火焰的热能所激发，当被激发的电子从较高能级跃迁到较低能级时，放出一定的能量而产生固定波长的谱线，通过光电系统对辐射光能的测量，从而测得试样中的钠含量。

6.2.2 试剂和材料

除非另有说明，所用试剂和溶液的配制均应符合 HG/T 2843 的规定；实验用水应符合 GB/T 6682 规定的三级水要求。

6.2.2.1 钠标准储备液：$\rho(Na) = 1\ 000\ \mu g/mL$。或使用经国家认证并授予标准物质证书的标准溶液。

6.2.2.2 液化石油气。

6.2.3 仪器设备

火焰光度计。

6.2.4 分析步骤

6.2.4.1 工作曲线的绘制

分别吸取钠标准溶液(6.2.2.1) 0.00 mL、0.50 mL、1.00 mL、1.50 mL、2.00 mL、3.00 mL、4.00 mL 于 7 个 100 mL 容量瓶中，用水定容，混匀。此标准系列钠的质量浓度分别为 0.00 μg/mL、5.00 μg/mL、10.0 μg/mL、15.0 μg/mL、20.0 μg/mL、30.0 μg/mL、40.0 μg/mL。以 0.00 μg/mL 标准溶液调节火焰光度计的零点，由低浓度到高浓度分别测定各标准溶液的辐射强度。以各标准溶液钠的质量浓度(μg/mL)为横坐标、相应的辐射强度为纵坐标，绘制工作曲线。

注：可根据不同仪器灵敏度、待测元素含量调整标准曲线钠的质量浓度。

6.2.4.2 试样溶液的测定

将试样溶液或经稀释一定倍数后，在与测定标准系列溶液相同的仪器条件下，测定其辐射强度，在工作曲线上查出相应钠的质量浓度(μg/mL)。

6.2.4.3 空白试验

除不加试样外，其他步骤同试样溶液的测定。

6.2.5 试验数据处理

按 6.1.5 的规定执行。

6.2.6 精密度

按 6.1.6 的规定执行。

6.3 电感耦合等离子体发射光谱法

6.3.1 原理

试样溶液中的钠在电感耦合等离子(ICP)光源中原子化并激发至高能态，处于高能态的原子跃迁至基态时产生具有特征波长的电磁辐射，发射谱线强度与钠原子浓度成正比，从而测得试样中的钠含量。

6.3.2 试剂和材料

除非另有说明,所用试剂和溶液的配制均应符合 HG/T 2843 的规定;实验室用水应符合 GB/T 6682 规定的三级水要求。

6.3.2.1 钠标准溶液:ρ(Na) = 1 000 μg/mL。或使用经国家认证并授予标准物质证书的标准溶液。

6.3.2.2 氩气(Ar):氩气(纯度≥99.995%)或液氩(纯度≥99.995%)。

6.3.3 仪器设备

电感耦合等离子体发射光谱仪。

6.3.4 试验步骤

6.3.4.1 工作曲线的绘制

分别吸取钠标准溶液(6.3.2.1) 0.00 mL、1.00 mL、2.00 mL、4.00 mL、6.00 mL、8.00 mL、10.00 mL 于 7 个 100 mL 容量瓶中,用水定容,混匀。此标准系列钠的质量浓度分别为 0.00 μg/mL、10.0 μg/mL、20.0 μg/mL、40.0 μg/mL、60.0 μg/mL、80.0 μg/mL、100.0 μg/mL。测定前,根据待测元素性质和仪器性能,进行氩气流量、观测高度、射频发生器功率、积分时间等测量条件优化。然后用等离子体发射光谱仪在波长 589.592 nm 处测定各标准溶液的发射谱线强度。以各标准溶液钠的质量浓度(μg/mL)为横坐标、相应的发射谱线强度为纵坐标,绘制工作曲线。

注:可根据不同仪器灵敏度、待测元素含量调整标准曲线的质量浓度。

6.3.4.2 试样溶液的测定

将试样溶液或经稀释一定倍数后,在与测定标准系列溶液相同的仪器条件下,测定其发射谱线强度,在工作曲线上查出相应钠的质量浓度(μg/mL)。

6.3.4.3 空白试验

除不加试样外,其他步骤同试样溶液的测定。

6.3.5 试验数据处理

按 6.1.5 的规定执行。

6.3.6 精密度

按 6.1.6 的规定执行。

7 试样含水量测定

若计算结果以烘干基计,风干试样含水量测定按 GB/T 8576 的规定执行。

ICS 65.020.01
CCS B 05

中华人民共和国农业行业标准

NY/T 4155—2022

农用地土壤环境损害鉴定评估技术规范

Technical specification for identification and assessment of soil environmental damage on agricultural land

2022-07-11 发布

2022-10-01 实施

中华人民共和国农业农村部 发布

前　言

本文件按照 GB/T 1.1—2020《标准化工作导则　第 1 部分:标准化文件的结构和起草规则》的规定起草。

本文件由农业农村部科技教育司提出并归口。

本文件起草单位:农业农村部环境保护科研监测所、农业生态环境及农产品质量安全司法鉴定中心。

本文件主要起草人:王伟、张国良、强沥文、米长虹、王璐、孙希超、刘岩、董如茵、赵晋宇、姜雪锋、李佳、艾欣。

农用地土壤环境损害鉴定评估技术规范

1 范围

本文件规定了农用地土壤环境损害鉴定评估的术语和定义、鉴定原则、鉴定范围、鉴定程序、鉴定方法、资料收集、损害调查、监测采样、破坏程度判定、污染因果关系判定、损失评估及鉴定评估意见书编制的技术要求。

本文件适用于农用地压占、硬化、挖损、塌陷、人工障碍层等破坏程度鉴定,农用地土壤污染因果关系鉴定,以及破坏和污染导致的损失评估。

2 规范性引用文件

下列文件中的内容通过文中的规范性引用而构成本文件必不可少的条款。其中,注日期的引用文件,仅该日期对应的版本适用于本文件;不注日期的引用文件,其最新版本(包括所有的修改单)适用于本文件。

GB/T 21010 土地利用现状分类

GB/T 28407 农用地质量分等规程

HJ 964 环境影响评价技术导则 土壤环境(试行)

NY/T 395 农田土壤环境质量监测技术规范

NY/T 1263 农业环境污染事故损失评价技术准则

NY/T 3665—2020 农业环境损害鉴定调查技术规范

SF/Z JD0601001 农业环境污染事故司法鉴定经济损失估算实施规范

SF/Z JD0606002—2018 农作物污染司法鉴定调查技术规范

TD/T 1031.3 土地复垦方案编制规程 第3部分:井工煤矿

TD/T 1036 土地复垦质量控制标准

司发通〔2016〕112号 司法部关于印发司法鉴定文书格式的通知

3 术语和定义

下列术语和定义适用于本文件。

3.1

农用地 agricultural land

直接或间接为农业生产所利用的土地,包含了GB/T 21010中规定的01耕地(0101水田、0102水浇地和0103旱地)、02园地(0201果园、0202茶园)、04草地(0401天然牧草地、0403人工牧草地)和其他土地(1202设施农用地)。

3.2

农用地土壤环境损害 soil environmental damage on agricultural land

由于人为原因导致农用地土壤环境质量下降、功能受损的现象,包括农用地破坏和农用地土壤污染。

3.3

农用地破坏 agricultural land destruction

农用地被压占、硬化、挖损,或出现塌陷、人工障碍层等情况,致使农用地原地表形态、土壤结构、农作物等受到直接或间接损害,导致农用地种植条件等原有功能部分或完全弱化、丧失的现象。

3.4

农用地压占 agricultural land occupancy

堆放生活垃圾、建筑材料、工矿废弃物、其他畜禽养殖垃圾、农业投入品及其包装物等，造成农用地形态、土壤结构及原有功能部分或完全弱化、丧失的行为。

3.5

农用地硬化　agricultural land hardening

在农用地上建设建筑物或构筑物，以及铺设沥青、水泥、碎石块、砖块路面等，造成农用地形态、土壤结构及原有功能部分或完全弱化、丧失的行为。

3.6

农用地挖损　agricultural land excavation

采矿、挖沙、取土、挖鱼塘等生产建设活动致使原地表形态、土壤结构、农作物等直接损毁或耕作层剥离，造成农用地形态、土壤结构及原有功能部分或完全弱化、丧失的行为。

3.7

农用地塌陷　agricultural land collapse

开采导致地表沉降、变形，造成农用地形态、土壤结构及原有功能部分或完全弱化、丧失的现象。

3.8

农用地人工障碍层　artificial barrier layer in agricultural land

在农用地土层内埋藏石块等硬化物、固体垃圾或其他不利于农用地质量的物体，形成一层或多层阻碍水、气、养分正常交换的障碍层，造成农用地形态、土壤结构及原有功能部分或完全弱化、丧失的现象。

3.9

农用地土壤污染　agricultural land pollution

人为因素导致某种物质进入农用地土壤，引起土壤化学、物理、生物等方面特性的改变，影响农用地土壤功能和有效利用，危害农产品质量安全或者破坏生态环境的现象。

3.10

因果关系鉴定　causal relationship identification

就环境污染行为与农用地土壤损害之间的因果关系做出技术判断的活动。

3.11

损失评估　loss assessment

就破坏、环境污染行为造成的农用地土壤损失做出定量化研判的活动。

3.12

对照区　control area

在鉴定区附近，相对未受损害，土壤母质、土壤类型及农作历史与鉴定区土壤相似的农用地土壤区域。

3.13

污染途径　pollution pathway

污染物从污染源经由空气、水体等介质到达被污染农用地土壤的路径。

3.14

原因力　causative potency

导致同一损害后果的数个污染致害原因中，各致害原因对于特定农用地土壤损害后果的发生或扩大所发挥的作用力或所占比例。

4　鉴定原则

4.1　科学性原则

从农用地土壤环境损害事实出发，通过现场调查、监测采样、实验检测等鉴定过程，科学分析损害原因和损害程度等。形成的鉴定意见应符合科学规律，且与客观事实相符。

4.2　公正性原则

鉴定人员应遵守工作纪律，按照鉴定程序和有关规定开展工作。不受来自各个方面因素的干扰和影响，独立公正地做出判断。

4.3 规范性原则

鉴定应当遵循科学技术规范，鉴定环节应留有痕迹，实验应当具有可重复性，检测数据应当具有重现性。

5 鉴定范围

5.1 农用地破坏

5.1.1 边界勘测

委托具有相关资质的勘测部门进行边界勘测，或由委托方提供勘测定界和查证地类等材料。

5.1.2 影像勘查

实地进行影像信息的采集，根据需要，拍摄能够反映农用地破坏情况的典型地形地貌、地表物质组成、土壤剖面等影像资料，根据影像勘查结果确定农用地破坏的空间范围。

5.1.3 不同类型区域确认

确认农用地破坏类型，排除因自然原因形成的沟渠、坑塘等情形。根据现场情况，同一鉴定区若存在多种破坏类型，运用测绘等手段确认每种破坏类型的空间范围。

5.2 农用地土壤污染

结合鉴定区周边污染源的空间分布情况及污染物排放情况（包括污染源与农用地间的距离，农用地灌溉排水设施是否与排污管道连接，农用地是否位于污染源的水流下向位置等），实地查看农作物的损害特征及损害规律，初步判断农用地土壤污染的空间和时间范围。

6 鉴定程序

农用地土壤环境损害鉴定评估可按照以下步骤开展：成立鉴定组并制订鉴定方案、资料收集、损害调查、监测采样、农用地破坏程度判定或农用地土壤污染因果关系判定、损失评估、编制鉴定评估意见书。详见图 1。

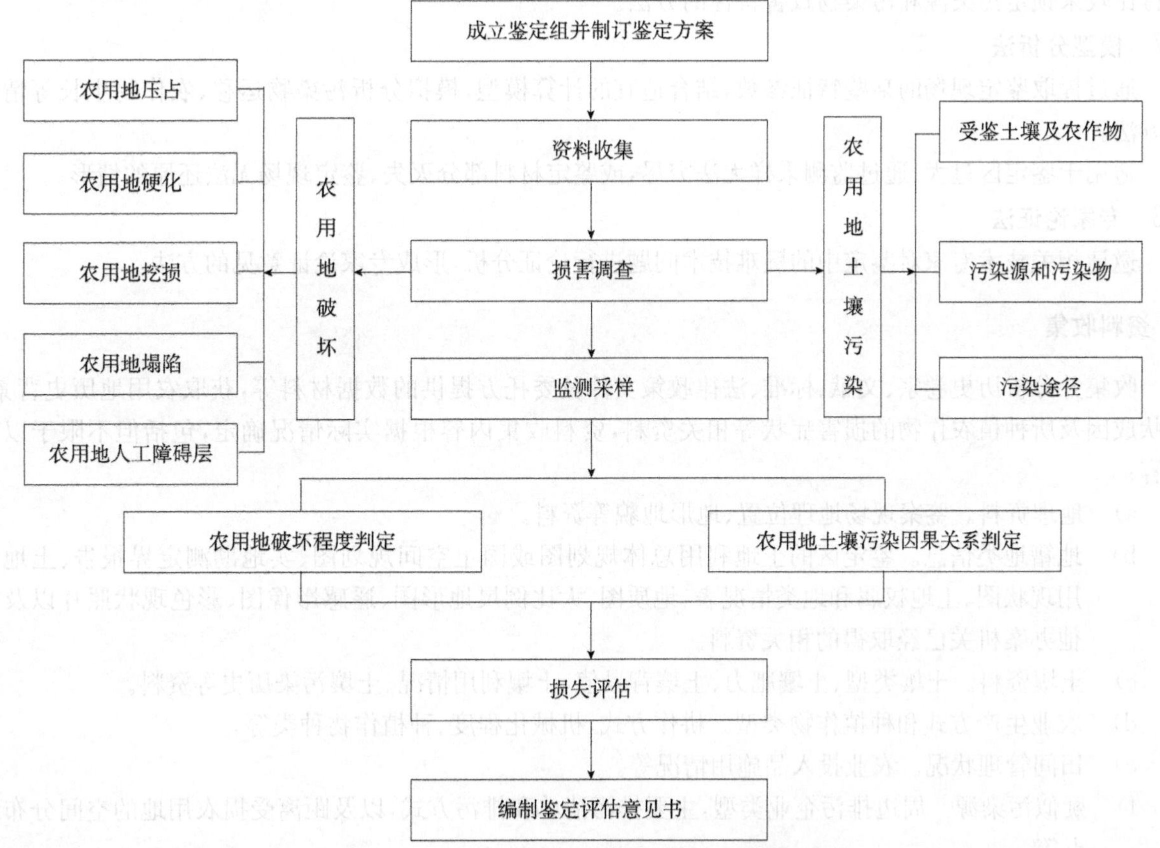

图 1 农用地土壤环境损害鉴定评估流程图

7 鉴定方法

7.1 走访座谈法

采取人员走访、电话访谈、会议座谈、问卷调查、书面调查等方式，对鉴定区和鉴定对象的知情人进行访谈的方法。

7.2 遥感调查法

利用卫星遥感技术或无人机对鉴定区环境特点及地表情况进行调查的方法。

适用于鉴定区较大或地形复杂险峻、通过人力踏勘难以完成情况下的土壤、农作物、周边疑似污染源、占地情况等的实时快速监测。遥感调查过程中必须辅助必要的现场勘查工作。

7.3 实地勘查法

根据损害类型、损害程度、损害范围等，对农用地受损情况进行实地勘验、辨识，初步判断鉴定区损害特征的方法。

一般采取由整体到局部、逐步深入细化的方式开展，损害情形不同时，需要按照损害行为进行区域划分，并分区域进行勘查，避免遗漏重要线索。

7.4 检测数据分析法

采集样品并进行分析测试，取得检测数据，将鉴定区样品检测数据与限量标准或对照区样品检测数据进行比较，分析鉴定区土壤中污染物质或理化性状的方法。

7.5 模拟实验法

通过模拟现场、情景再现、模拟培养观察等手段，还原鉴定现场情况的方法。

适用于鉴定现场灭失或大部分改变的情况。

7.6 毒性实验法

通过毒理分析和受体毒性实验，获知受体可以接受的某种或某几种污染物含量，并与排放源污染物质进行比较来锁定污染源和污染物致害特性的方法。

7.7 模型分析法

通过提取鉴定现场的某些特征参数，结合适宜的计算模型，模拟分析污染物运移、农作物生长等情况的方法。

适用于鉴定区过大，通过监测采样无法穷尽，或鉴定材料部分灭失、鉴定现场无法还原的情形。

7.8 专家论证法

邀请相关技术专家对鉴定中的疑难技术问题进行论证分析，形成专家论证意见的方法。

8 资料收集

收集并分析历史卷宗、文献、标准、法律政策文件及委托方提供的数据材料等，获取农用地历史背景、现状成因及所种植农作物的损害症状等相关资料，资料收集内容根据实际情况确定，包括但不限于以下内容：

a) 地理资料。鉴案现场地理位置、地形地貌等资料。

b) 地籍地类信息。鉴定区的土地利用总体规划图或国土空间规划图、实地勘测定界报告、土地利用现状图、土地权属和地类情况表、地质图、大比例尺地形图、遥感影像图、彩色现状照片以及其他办案机关已经取得的相关资料。

c) 土壤资料。土壤类型、土壤肥力、土壤背景值、土壤利用情况、土壤污染历史等资料。

d) 农业生产方式和种植作物类型。耕作方式、机械化程度、种植作物种类等。

e) 田间管理状况。农业投入品施用情况等。

f) 疑似污染源。周边排污企业类型，主要排污清单和排污方式，以及距离受损农用地的空间分布特点等。

g) 气候与气象资料。鉴定区的主要气候特性，年平均风速和主导风向、年平均气温、极端气温与月平均气温、年平均相对湿度、年平均降水量、降水天数、降水极值、日照时数等资料。

h) 水文状况。鉴定区地表水、水系、流域面积、水文特征、地下水资源及开发利用情况等资料。

9 损害调查

9.1 农用地破坏

9.1.1 农用地压占

调查压占物类型(如建筑垃圾、工业废渣、生活垃圾和农业废弃物等)、压占物高度、平台宽度、边坡高度、边坡坡度、土壤质量及农作物生长等情况。

9.1.2 农用地硬化

调查农用地硬化类型(如建窑、建坟、建房、建设其他建筑物和构筑物,铺设沥青、水泥路面,表面覆盖砖块、石块等)、硬化厚度、硬化面积、硬化物下耕层状态等情况。

9.1.3 农用地挖损

调查挖损类型(如挖沙、取土、采石、采矿、挖鱼塘等)、挖损范围、深度、坡度、积水面积、积水最大深度、地下水疏干的影响、农作物生长等情况。

9.1.4 农用地塌陷

调查塌陷类型(如采矿、地下工程建设等)、塌陷坑深度、坡度、面积、积水面积、积水最大深度、裂缝长度、宽度及分布等情况。

9.1.5 农用地人工障碍层

调查农用地人工障碍层类型(如砂石和石块等硬化物、固废垃圾或其他阻碍农用地土壤水、气、养分交换功能或改变土壤结构的阻断层等)、障碍层深度和厚度、障碍层分布特点、障碍层对排灌的影响、农作物生长等情况。

9.2 农用地土壤污染

9.2.1 排除性调查

按照 NY/T 3665—2020 中第 7 章的规定执行,查明农用地土壤污染是否系田间管理、背景值、气候变化、自然灾害等非污染因素所致;如仅系上述因素所致,则结束调查。

9.2.2 受鉴土壤调查

调查土壤颜色、质地、气味、形态、紧实程度等,勘查土层剖面结构,现场检测土壤酸碱度、土壤养分含量等,与对照区土壤进行比对分析,对鉴定区土壤受损情况进行初步判断。

调查农作物受损症状等辅助判断土壤受污染情况,按照 SF/Z JD0606002—2018 中第 8 章的规定执行。

9.2.3 污染源调查

调查疑似污染源的生产历史、生产工艺和污染物的产生环节,污染物堆放和处置区域,污染物排放量及排放浓度,历史污染事故及处理情况;对于突发污染事件,应调查事件发生的时间、地点,可能产生的污染物类型和性质、排放量、污染物浓度等信息。

9.2.3.1 点源污染调查

调查是否存在固定或临时排放源,可通过企业环评报告等资料进行排查,查看污染物排放方式、时间、频率、去向,特征污染物类别、浓度,可能产生的次生污染物种类、数量和浓度等信息;污染物清理、防止污染扩散措施的实施情况等;排污企业台账、固废堆存与污染防治现状等;是否发生过事故性排放或污染泄漏;是否进行相关监测工作,若进行了监测,应追踪监测数据。

9.2.3.2 非点源污染调查

调查农药、化肥、农膜、农用污泥、城镇垃圾和人畜粪便、粉煤灰等农用投入品的种类、使用方法、投放量、浓度、施用方式、施用时间等,以及是否存在污水灌溉的情况。

9.2.4 污染途径调查

按照 NY/T 3665—2020 中 8.1.1.3 的规定执行。

10 监测采样

监测采样按照 NY/T 395 的规定执行。

11 破坏程度判定

11.1 判定条件

符合 3.3 定义内容的，应对农用地破坏程度进行判定。

11.2 判定程序

11.2.1 破坏类型确认

结合前期调查结果确认破坏类型，明确是单一类型破坏（农用地压占、硬化、挖损、塌陷、人工障碍层）还是混合类型破坏。若鉴定区内存在多种农用地破坏类型，应对不同类型进行划分。

11.2.2 破坏程度判定

11.2.2.1 表观明显类型

针对表观明显异常的农用地（包括压占、硬化、挖损、塌陷、人工障碍层），应根据破坏类型确定是否需要采集土壤样品。不需要采集的，直接判定破坏程度；需要采集的，以该勘查点位获取的关键性指标最严重的破坏程度为准。若不同勘查点位检测结果显示破坏程度不同，应对不同破坏程度区域进行勘测定界并绘制农用地破坏程度分布图。破坏程度判定细则按照附录 A 的规定执行。

11.2.2.2 表观不明显类型

针对表观无明显异常的农用地（包括整治、复垦、修复后的土地，非农化耕地如荒废土地、种植景观植物用地等），应勘查土层剖面结构，并结合土壤样品检测结果来判断破坏程度，同时测定多项指标的，以该勘查点位获取的关键性指标最严重的破坏程度为准。若不同勘查点位检测结果显示破坏程度不同，应对不同破坏程度区域进行勘测定界并绘制农用地破坏程度分布图。破坏指标与破坏程度判定细则参照农用地压占类型，详见附表 A.1。

11.3 其他规定

出现下列情况，无须采集土壤样品，可直接视为重度破坏：

a) 生活垃圾、建筑垃圾、工矿废弃物等垃圾类压占物堆放量大，且难以移除；

b) 房屋建筑、构筑物、水泥混凝土覆盖、沥青铺路，以及铺设的砖块、石块等硬化物被水泥等固定，或硬化物体积大，且难以移除。

11.4 判定结论

判定结论应包括农用地破坏程度和面积，若涉及不同的破坏程度，应依次说明不同破坏程度的面积。

判定结论分为未受破坏、轻度破坏、中度破坏、重度破坏。农用地土壤未受破坏，即为种植条件未受毁坏；农用地土壤受到轻度、中度破坏，即为种植条件受到毁坏；农用地土壤受到重度破坏，即为种植条件严重毁坏。

12 污染因果关系判定

12.1 判定条件

同时符合下列条件的，可以判定污染行为与农用地土壤污染之间存在因果关系：

——在农用地土壤中检测出特征污染物，且含量超出国家或地方强制性标准最严限值，或者超出对照区含量；

——疑似土壤污染责任人存在向农用地土壤排放或者增加特征污染物的可能；

——无其他相似污染源，或者相似污染源对受污染农用地土壤的影响可以排除或者忽略；

——受污染农用地土壤可以排除仅受气候变化、自然灾害、高背景值等非人为因素的影响。

不能同时符合上述条件的，应当得出不存在或者无法认定因果关系的结论。

12.2 判定程序

12.2.1 损害确认

基于前期资料收集和现场调查获取的信息，判断农用地土壤是否因污染物的排放或泄露受到污染。出现以下情形之一的，可认定土壤受到污染：

a) 农用地土壤中污染物含量超出国家或地方强制性标准最严限值；

b) 鉴定区农用地土壤中污染物含量高于对照区含量，且农作物生长受到不利影响；

c) 若缺乏标准和对照区数据，鉴定人员可根据实际情况选用公开发表文献中反复验证的限值，或通过实验证实农用地土壤受到污染的。

12.2.2 污染源与污染物识别

以前期调查为基础，分析农用地土壤污染原因，锁定污染源，推断可能产生的污染物；或以污染结果为依据，分析损害症状特点，监测农用地土壤中的污染物，筛选特征污染物，反推污染源，注意区分固定污染源与流动污染源。

12.2.3 污染途径确定

分析污染物的释放机理、传输介质、传输机理，识别污染物从污染源到达农用地土壤的途径，辨识污染物环境迁移转化规律及环境影响范围。

12.2.4 关联性证明

通过建立污染途径，采取文献回顾、场地模拟、实验室研究和模型模拟等方法，对污染物与农用地土壤污染关联性进行科学证明，明确污染源与损害结果的关联性。

12.2.5 原因力确定

运用多元统计分析、构建数学模型等方法，获得各个污染源的贡献率，结合现场调查及其他资料，综合确定各类污染行为的原因力。

12.3 其他规定

在确定因果关系时，注意区分农用地土壤污染的毒理与病理效应，明确致害污染物的种类、数量及赋存形态，考虑污染物进入农用地土壤后的迁移转化情况，考虑多种污染物间的联合作用情况（独立、相加、协同、拮抗作用）。

对于慢性致害事件，注重分析农用地土壤的自然可变性；污染物的组成、强度、速率和持续时间的可变性；污染物在环境中的时空分布和农用地土壤规模间的一致性；污染物在传输过程中的数量、形态变化等情况。

对于有线索，或有固定污染源，或存在现有污染源，或历史关系相对明晰的情形应当优先启动鉴定工作。

12.4 判定结论

判定结论应说明具体污染行为与农用地土壤损害之间具备或不具备或无法判断因果关系。

13 损失评估

破坏或污染造成的农用地土壤损失估算，按照 NY/T 1263 或 SF/Z JD0601001 确定的损失评估方法计算。

14 鉴定评估意见书编制

鉴定评估意见书按照司发通〔2016〕112 号确定的格式书写。

鉴定评估意见书编写要求应符合附录 B 的规定。

附　录　A
（规范性）
农用地破坏类型及破坏程度判定一览表

农用地破坏类型及破坏程度判定一览表见表 A.1～表 A.5。

表 A.1　农用地压占

<table>
<tr><th rowspan="2">土层勘查深度</th><th rowspan="2" colspan="2">破坏指标</th><th rowspan="2" colspan="2">指标等级</th><th colspan="4">破坏程度</th><th rowspan="2">备注</th></tr>
<tr><th>对照区</th><th>轻度破坏</th><th>中度破坏</th><th>重度破坏</th></tr>
<tr><td rowspan="16">一般情形 0 cm～30 cm，深根类作物可酌情增加至 60 cm～100 cm</td><td rowspan="14">关键性指标[c]</td><td rowspan="2">土壤容重</td><td>对照区土壤容重在标准参考值[a]范围内</td><td>①土壤容重＞1.6 g/cm³
②土壤过于坚硬，标准方法已无法测定</td><td rowspan="2">—</td><td rowspan="2">①</td><td rowspan="2">②</td><td rowspan="2">—</td><td rowspan="16">1. 若生活垃圾、建筑垃圾、工矿废弃物等垃圾类压占物堆放量大，且难以移除时，无须采集压占物下土壤样品，可直接视为重度破坏
2. 同时测定多项破坏指标的，以该勘查点位获取的关键性指标最严重的破坏程度为准</td></tr>
<tr><td>对照区土壤容重超出标准参考值[a]</td><td>与对照区土壤容重相比：
①0%＜增率≤35%
②增加率＞35%</td></tr>
<tr><td rowspan="8">土壤 pH</td><td rowspan="4" colspan="2">①无酸化：5.5≤pH＜8.5
②轻度酸化：4.5≤pH＜5.5
③中度酸化：4.0≤pH＜4.5
④重度酸化：3.5≤pH＜4.0
⑤极重度酸化：pH＜3.5</td><td>①</td><td>②</td><td>③</td><td>④⑤</td></tr>
<tr><td>②</td><td>③</td><td>④</td><td>⑤</td></tr>
<tr><td>③</td><td colspan="2">④</td><td>⑤</td></tr>
<tr><td>④</td><td colspan="2">—</td><td>⑤</td></tr>
<tr><td rowspan="4" colspan="2">①无碱化：5.5≤pH＜8.5
②轻度碱化：8.5≤pH＜9.0
③中度碱化：9.0≤pH＜9.5
④重度碱化：9.5≤pH＜10.0
⑤极重度碱化：pH≥10.0</td><td>①</td><td>②</td><td>③</td><td>④⑤</td></tr>
<tr><td>②</td><td>③</td><td>④</td><td>⑤</td></tr>
<tr><td>③</td><td colspan="2">④</td><td>⑤</td></tr>
<tr><td>④</td><td colspan="2">—</td><td>⑤</td></tr>
<tr><td rowspan="4">土壤含盐量[b]（SSC），g/kg</td><td rowspan="4" colspan="2">①未盐化：SSC＜1
②轻度盐化：1≤SSC＜2
③中度盐化：2≤SSC＜4
④重度盐化：4≤SSC＜6
⑤极重度盐化（盐土）：SSC≥6</td><td>①</td><td>②</td><td>③</td><td>④⑤</td></tr>
<tr><td>②</td><td>③</td><td>④</td><td>⑤</td></tr>
<tr><td>③</td><td colspan="2">④</td><td>⑤</td></tr>
<tr><td>④</td><td colspan="2">—</td><td>⑤</td></tr>
<tr><td rowspan="2">参考性指标[d]</td><td>灌溉、排水条件</td><td colspan="2">①移除破坏源即可恢复灌溉、排水条件
②移除破坏源，仍需人力加以修复才可恢复灌溉、排水条件
③移除破坏源，仍需耗费大量人力物力财力和时间才能加以恢复或无法恢复灌溉、排水条件</td><td>—</td><td>①</td><td>②</td><td>③</td></tr>
<tr><td>恢复难易程度</td><td colspan="2">①成本低，恢复时间短，容易恢复，一般通过简单的人力和机械基本可恢复原状
②成本高，恢复时间长，较难恢复，需要动用大型机械，基本可恢复原状
③成本极高，恢复时间很长，动用大型机械也很难恢复原状</td><td>—</td><td>①</td><td>②</td><td>③</td></tr>
</table>

[a] 按 TD/T 1036 的规定确定土壤容重控制标准。

[b] 土壤含盐量指标等级为滨海、半湿润和半干旱地区分级标准，干旱、半荒漠和荒漠地区土壤含盐量分级标准按照 HJ 964 的规定执行。

[c] 农用地破坏程度鉴定过程中建议必须测定的破坏指标。

[d] 农用地破坏程度鉴定过程中在关键性指标基础上，增加的辅助性判定指标。通过关键性指标确定的破坏程度为轻度或中度时，参考性指标的补充可进一步判定为中度或重度。

表 A.2 农用地硬化

<table>
<tr><th rowspan="2">土层勘查深度</th><th rowspan="2" colspan="2">破坏指标</th><th rowspan="2" colspan="2">指标等级</th><th colspan="4">破坏程度</th><th rowspan="2">备注</th></tr>
<tr><th>对照区</th><th>轻度破坏</th><th>中度破坏</th><th>重度破坏</th></tr>
<tr><td rowspan="16">>0 cm</td><td rowspan="14">关键性指标[c]</td><td>土壤容重</td><td>对照区土壤容重在标准参考值[a]范围内</td><td>①土壤容重>1.6 g/cm³
②土壤过于坚硬，标准方法已无法测定</td><td rowspan="2">—</td><td rowspan="2">①</td><td rowspan="2">②</td><td rowspan="2">—</td><td rowspan="16">1. 房屋建筑、构筑物、水泥混凝土覆盖、沥青铺路，以及铺设的砖块、石块等硬化物已被水泥等固定，或硬化物体积大，且难以移除时，无须采集硬化物下土壤样品，可直接视为重度破坏
2. 表面覆盖规则砖块（方砖、空心植草砖等），不规则石块（碎石、砂石、鹅卵石等）等较易移除的地面硬化类型，需去除表面硬化物，勘查其下土层。若为人工障碍层，则按照人工障碍层的类型判定；若为土层，则通过剖面挖掘和土壤样品检测后进行判定；若下层土壤无异常，则视为轻度破坏
3. 同时测定多项破坏指标的，以该勘查点位获取的关键性指标最严重的破坏程度为准</td></tr>
<tr><td>土壤 pH</td><td>对照区土壤容重超出标准参考值[a]</td><td>与对照区土壤容重相比
①0%<增加率≤35%
②增加率>35%</td></tr>
<tr><td rowspan="12">土壤含盐量[b]（SSC）/（g/kg）</td><td colspan="2" rowspan="4">①无酸化：5.5≤pH<8.5
②轻度酸化：4.5≤pH<5.5
③中度酸化：4.0≤pH<4.5
④重度酸化：3.5≤pH<4.0
⑤极重度酸化：pH<3.5</td><td>①</td><td>②</td><td>③</td><td>④⑤</td></tr>
<tr><td>②</td><td>③</td><td>④</td><td>⑤</td></tr>
<tr><td>③</td><td colspan="2">④</td><td>⑤</td></tr>
<tr><td>④</td><td colspan="2">—</td><td>⑤</td></tr>
<tr><td colspan="2" rowspan="4">①无碱化：5.5≤pH<8.5
②轻度碱化：8.5≤pH<9.0
③中度碱化：9.0≤pH<9.5
④重度碱化：9.5≤pH<10.0
⑤极重度碱化：pH≥10.0</td><td>①</td><td>②</td><td>③</td><td>④⑤</td></tr>
<tr><td>②</td><td>③</td><td>④</td><td>⑤</td></tr>
<tr><td>③</td><td colspan="2">④</td><td>⑤</td></tr>
<tr><td>④</td><td colspan="2">—</td><td>⑤</td></tr>
<tr><td colspan="2" rowspan="4">①未盐化：SSC<1
②轻度盐化：1≤SSC<2
③中度盐化：2≤SSC<4
④重度盐化：4≤SSC<6
⑤极重度盐化（盐土）：SSC≥6</td><td>①</td><td>②</td><td>③</td><td>④⑤</td></tr>
<tr><td>②</td><td>③</td><td>④</td><td>⑤</td></tr>
<tr><td>③</td><td colspan="2">④</td><td>⑤</td></tr>
<tr><td>④</td><td colspan="2">—</td><td>⑤</td></tr>
<tr><td rowspan="2">参考性指标[d]</td><td>灌溉、排水条件</td><td colspan="2">①移除破坏源即可恢复灌溉、排水条件
②移除破坏源，仍需人力加以修复才可恢复灌溉、排水条件
③移除破坏源，仍需耗费大量人力物力财力和时间才能加以恢复或无法恢复灌溉、排水条件</td><td>—</td><td>①</td><td>②</td><td>③</td></tr>
<tr><td>恢复难易程度</td><td colspan="2">①成本低，恢复时间短，容易恢复，一般通过简单的人力和机械基本可恢复原状
②成本高，恢复时间长，较难恢复，需要动用大型机械，基本可恢复原状
③成本极高，恢复时间很长，动用大型机械也很难恢复原状</td><td>—</td><td>①</td><td>②</td><td>③</td></tr>
</table>

[a] 按 TD/T 1036 的规定确定土壤容重控制标准。

[b] 土壤含盐量指标等级为滨海、半湿润和半干旱地区分级标准，干旱、半荒漠和荒漠地区土壤含盐量分级标准按照 HJ 964 的规定执行。

[c] 农用地破坏程度鉴定过程中建议必须测定的破坏指标。

[d] 农用地破坏程度鉴定过程中在关键性指标基础上，增加的辅助性判定指标。通过关键性指标确定的破坏程度为轻度或中度时，参考性指标的补充可进一步判定为中度或重度。

表 A.3 农用地挖损

<table>
<tr><th rowspan="2">土层勘查深度</th><th rowspan="2">破坏指标</th><th colspan="3">破坏程度</th><th rowspan="2">备注</th></tr>
<tr><th>轻度破坏</th><th>中度破坏</th><th>重度破坏</th></tr>
<tr><td>>0 cm</td><td>挖损深度、有机质含量、土壤容重</td><td>挖损深度≤30 cm，且同时满足以下两种情形的：
①土壤有机质含量水平[a]相对于对照区降低不超过 1 个等级
②土壤容重相对于对照区增加不超过 15%</td><td>除轻度、重度破坏外的其他破坏情形</td><td>具备以下情形之一的：
①挖损深度>60 cm
② 30 cm<挖损深度≤60 cm，且土壤有机质含量水平相对于对照区降低 2 个等级及以上
③ 30 cm<挖损深度≤60 cm，且土壤容重相对于对照区增加 35%以上</td><td>可根据实际情况，适当补充其他指标：土壤肥力指标、土壤含盐量、pH、灌溉和排水条件损坏情况以及恢复难易程度等</td></tr>
<tr><td colspan="6">注：GB/T 28407 农用地质量分等规程确定的土壤有机质含量分级标准。</td></tr>
</table>

表 A.4 农用地塌陷

<table>
<tr><th rowspan="2">土层勘查深度</th><th rowspan="2" colspan="2">破坏指标</th><th rowspan="2" colspan="2">指标等级</th><th colspan="4">破坏程度</th><th rowspan="2">备注</th></tr>
<tr><th>对照区</th><th>轻度破坏</th><th>中度破坏</th><th>重度破坏</th></tr>
<tr><td rowspan="12">>0 cm</td><td rowspan="12">关键性指标[c]</td><td rowspan="3">地表坡度（斜率改变）[a]</td><td>水田</td><td>①≤4.0‰
②>4.0‰～10.0‰
③>10.0‰</td><td rowspan="3">—</td><td rowspan="3">①</td><td rowspan="3">②</td><td rowspan="3">③</td><td rowspan="12">同时测定多项破坏指标的，以该勘查点位获取的关键性指标最严重的破坏程度为准</td></tr>
<tr><td>水浇地</td><td>①≤6.0 ‰
②>6.0‰～12.0‰
③>12.0‰</td></tr>
<tr><td>旱地</td><td>①≤20.0‰
②>20.0‰～40.0‰
③>40.0‰</td></tr>
<tr><td rowspan="3">地表下沉值[a]</td><td>水田</td><td>①≤1.0 m
②>1.0 m～2.0 m
③>2.0 m</td><td rowspan="3">—</td><td rowspan="3">①</td><td rowspan="3">②</td><td rowspan="3">③</td></tr>
<tr><td>水浇地</td><td>①≤1.5 m
②>1.5 m～3.0 m
③>3.0 m</td></tr>
<tr><td>旱地</td><td>①≤2.0 m
②>2.0 m～5.0 m
③>5.0 m</td></tr>
<tr><td rowspan="3">水平变形[a]</td><td>水田</td><td>①≤3.0‰
②>3.0‰～6.0‰
③>6.0‰</td><td rowspan="3">—</td><td rowspan="3">①</td><td rowspan="3">②</td><td rowspan="3">③</td></tr>
<tr><td>水浇地</td><td>①≤4.0 ‰
②>4.0‰～8.0‰
③>8.0‰</td></tr>
<tr><td>旱地</td><td>①≤8.0‰
②>8.0‰～16.0‰
③>16.0‰</td></tr>
<tr><td rowspan="3">地下水位埋深[a]</td><td>水田</td><td>①≥1.0 m
②0 m～<1.0 m
③<0 m</td><td rowspan="3">—</td><td rowspan="3">①</td><td rowspan="3">②</td><td rowspan="3">③</td></tr>
<tr><td>水浇地</td><td>①≥1.5 m
②0.5 m～<1.5 m
③<0.5 m</td></tr>
<tr><td>旱地</td><td>①≥1.5 m
②0.5 m～<1.5 m
③<0.5 m</td></tr>
</table>

表 A.4（续）

<table>
<tr><th rowspan="2">土层勘查深度</th><th rowspan="2" colspan="2">破坏指标</th><th rowspan="2">指标等级</th><th colspan="4">破坏程度</th><th rowspan="2">备注</th></tr>
<tr><th>对照区</th><th>轻度破坏</th><th>中度破坏</th><th>重度破坏</th></tr>
<tr><td rowspan="17">>0 cm</td><td rowspan="15">关键性指标[c]</td><td rowspan="10">土壤 pH</td><td>①无酸化：5.5≤pH<8.5</td><td>①</td><td>②</td><td>③</td><td>④⑤</td><td rowspan="17">同时测定多项破坏指标的，以该勘查点位获取的关键性指标最严重的破坏程度为准</td></tr>
<tr><td>②轻度酸化：4.5≤pH<5.5</td><td>②</td><td>③</td><td>④</td><td>⑤</td></tr>
<tr><td>③中度酸化：4.0≤pH<4.5</td><td>③</td><td colspan="2">④</td><td>⑤</td></tr>
<tr><td>④重度酸化：3.5≤pH<4.0</td><td>④</td><td colspan="2">—</td><td>⑤</td></tr>
<tr><td>⑤极重度酸化：pH<3.5</td><td></td><td colspan="2"></td><td></td></tr>
<tr><td>①无碱化：5.5≤pH<8.5</td><td>①</td><td>②</td><td>③</td><td>④⑤</td></tr>
<tr><td>②轻度碱化：8.5≤pH<9.0</td><td>②</td><td>③</td><td>④</td><td>⑤</td></tr>
<tr><td>③中度碱化：9.0≤pH<9.5</td><td>③</td><td colspan="2">④</td><td>⑤</td></tr>
<tr><td>④重度碱化：9.5≤pH<10.0</td><td>④</td><td colspan="2">—</td><td>⑤</td></tr>
<tr><td>⑤极重度碱化：pH≥10.0</td><td></td><td colspan="2"></td><td></td></tr>
<tr><td rowspan="5">土壤含盐量[b]（SSC），(g/kg)</td><td>①未盐化：SSC<1</td><td>①</td><td>②</td><td>③</td><td>④⑤</td></tr>
<tr><td>②轻度盐化：1≤SSC<2</td><td>②</td><td>③</td><td>④</td><td>⑤</td></tr>
<tr><td>③中度盐化：2≤SSC<4</td><td>③</td><td colspan="2">④</td><td>⑤</td></tr>
<tr><td>④重度盐化：4≤SSC<6</td><td>④</td><td colspan="2">—</td><td>⑤</td></tr>
<tr><td>⑤极重度盐化(盐土)：SSC≥6</td><td></td><td colspan="2"></td><td></td></tr>
<tr><td rowspan="2">参考性指标[d]</td><td>灌溉/排水条件</td><td>①移除破坏源即可恢复灌溉、排水条件
②移除破坏源，仍需人力加以修复才可恢复灌溉、排水条件
③移除破坏源，仍需耗费大量人力物力财力和时间才能加以恢复或无法恢复灌溉、排水条件</td><td>—</td><td>①</td><td>②</td><td>③</td></tr>
<tr><td>恢复难易程度</td><td>①成本低，恢复时间短，容易恢复，一般通过简单的人力和机械基本可恢复原状
②成本高，恢复时间长，较难恢复，需要动用大型机械，基本可恢复原状
③成本极高，恢复时间很长，动用大型机械也很难恢复原状</td><td>—</td><td>①</td><td>②</td><td>③</td></tr>
<tr><td colspan="9">[a] 按照 TD/T 1031.3 确定的地表坡度，地表下沉值、水平变形、地下水位埋深的指标等级。
[b] 土壤含盐量指标等级为滨海、半湿润和半干旱地区分级标准，干旱、半荒漠和荒漠地区土壤含盐量分级标准按照 HJ 964 的规定执行。
[c] 农用地破坏程度鉴定过程中建议必须测定的破坏指标。
[d] 农用地破坏程度鉴定过程中在关键性指标基础上，增加的辅助性判定指标。通过关键性指标确定的破坏程度为轻度或中度时，参考性指标的补充可进一步判定为中度或重度。</td></tr>
</table>

表 A.5　农用地人工障碍层

<table>
<tr><th rowspan="2">土层勘查深度</th><th rowspan="2" colspan="2">破坏指标</th><th rowspan="2">指标等级</th><th colspan="3">破坏程度</th><th rowspan="2">备注</th></tr>
<tr><th>轻度破坏</th><th>中度破坏</th><th>重度破坏</th></tr>
<tr><td>>0 cm</td><td>关键性指标[a]</td><td>人工障碍层厚度</td><td>①人工障碍层厚度<5 cm，且很容易移除、清理
②人工障碍层厚度<5 cm，且较难清理
③人工障碍层厚度≥5 cm，难以进行彻底、有效清理</td><td>①</td><td>②</td><td>③</td><td>1. 若人工障碍层所在土层深度大于 60 cm、障碍层厚度小于 5 cm，且容易移除清理，可酌情增加土壤 pH、土壤含盐量等关键性指标用于补充说明障碍层的存在对于耕层土壤的影响程度
2. 同时测定多项破坏指标的，以该勘查点位获取的关键性指标最严重的破坏程度为准</td></tr>
</table>

表 A.5（续）

土层勘查深度	破坏指标		指标等级	破坏程度			备注
				轻度破坏	中度破坏	重度破坏	
>0 cm	参考性指标[b]	灌溉、排水条件	①移除破坏源即可恢复灌溉、排水条件 ②移除破坏源，仍需人力加以修复才可恢复灌溉、排水条件 ③移除破坏源，仍需耗费大量人力物力财力和时间才能加以恢复或无法恢复灌溉、排水条件	①	②	③	1. 若人工障碍层所在土层深度大于 60 cm、障碍层厚度小于 5 cm，且容易移除清理，可酌情增加土壤 pH、土壤含盐量等关键性指标用于补充说明障碍层的存在对于耕层土壤的影响程度 2. 同时测定多项破坏指标的，以该勘查点位获取的关键性指标最严重的破坏程度为准
		恢复难易程度	①成本低，恢复时间短，容易恢复，一般通过简单的人力和机械基本可恢复原状 ②成本高，恢复时间长，较难恢复，需要动用大型机械，基本可恢复原状 ③成本极高，恢复时间很长，动用大型机械也很难恢复原状	①	②	③	

[a] 农用地破坏程度鉴定过程中建议必须测定的破坏指标。

[b] 农用地破坏程度鉴定过程中在关键性指标基础上，增加的辅助性判定指标。通过关键性指标确定的破坏程度为轻度或中度时，参考性指标的补充可进一步判定为中度或重度。

附 录 B
（规范性）
农用地土壤环境损害鉴定评估意见书

××农用地土壤环境损害
鉴定评估意见书

声　明

1. 委托人应当向鉴定单位提供真实、完整、充分的鉴定材料，并对鉴定材料的真实性、合法性负责。

2. 鉴定人员按照法律、法规和规章规定的方式、方法和步骤，遵守和采用相关技术标准和技术规范进行鉴定。

3. 鉴定实行鉴定人员负责制度。鉴定人员依法独立、客观、公正地进行鉴定，不受任何个人和组织的非法干预。

4. 使用本鉴定文书应当保持其完整性和严肃性。

鉴定单位地址：

联系电话：

标题

[20××]农环鉴意字第×号

一、基本情况

委 托 方：

鉴定事项：

受理日期：

鉴定材料：

鉴定对象：

二、案情摘要

三、现场调查

1. 调查方法

2. 调查范围

3. 调查内容

四、监测采样

1. 监测项目

2. 监测依据

3. 监测点位布设

4. 样品采集

五、实验检测

1. 检测项目

2. 检测方法

3. 检测结果

六、分析说明

七、因果关系判定

八、损失评估

九、限定性条件说明

制约鉴定工作开展，并影响鉴定意见形成的不利条件。例如，鉴定现场发生部分变化、鉴定材料部分缺失、鉴定标准缺失等。

十、鉴定意见

十一、专家建议

根据致害原因和危害程度，提出的减轻、消除、杜绝损害再次发生及后期修复治理的科学建议。

十二、附件

1. 农用地土壤环境损害区域分布图

2. 检测数据报告单

3. 监测点位布设图

4. 农用地土壤环境损害照片或其他资料

5. 鉴定评估意见书中引用的鉴定资料，包括但不限于风向玫瑰图、主管部门监测报告、现场勘查记录、询问笔录

6. 鉴定标准或其他鉴定依据

鉴定人员签名（打印文本和亲笔签名）

（鉴定单位公章）

二〇××年×月×日

共　页第　页

ICS 65.080
CCS G 21

中华人民共和国农业行业标准

NY/T 4159—2022

生 物 炭

Biochar

2022-07-11 发布 2022-10-01 实施

中华人民共和国农业农村部 发布

前　　言

本文件按照 GB/T 1.1—2020《标准化工作导则　第 1 部分：标准化文件的结构和起草规则》的规定起草。

本文件由农业农村部科技教育司提出并归口。

本文件由农业农村部科技教育司归口。

本文件起草单位：沈阳农业大学、辽宁省土壤肥料测试中心、辽宁金和福农业科技股份有限公司、承德避暑山庄农业发展有限公司、云南威鑫农业科技股份有限公司、河南惠农土质保育研发有限公司、安徽德博生态环境治理有限公司、沈阳隆泰生物工程有限公司。

本文件主要起草人：孟军、于立宏、韩晓日、史国宏、兰宇、鄂洋、黄玉威、王永欢、张伟明、陈温福、刘赛男、程效义、明亮、赫天一、刘遵奇、杨旭、韩杰、刘金、张立军、蔡志远、袁占军、张守军、施凯。

生　物　炭

1　范围

本文件规定了生物炭的术语和定义、要求、取样、试验方法、检验规则、标识、包装、运输和储存。

本文件适用于以农林业植物源废弃生物质为原料生产的生物炭。

2　规范性引用文件

下列文件中的内容通过文中的规范性引用而构成本文件必不可少的条款。其中，注日期的引用文件，仅该日期对应的版本适用于本文件；不注日期的引用文件，其最新版本(包括所有的修改单)适用于本文件。

GB/T 483　煤炭分析试验方法一般规定

GB/T 8170　数值修约规则与极限数值的表示和判定

GB/T 8569　固体化学肥料包装

GB 15618　土壤环境质量　农用地土壤污染风险管控标准(试行)

GB 18382　肥料标识　内容和要求

GB/T 23349　肥料中砷、镉、铅、铬、汞生态指标

GB/T 28731　固体生物质燃料工业分析方法

GB 38400　肥料中有毒有害物质的限量要求

HJ 491　土壤和沉积物　铜、锌、铅、镍、铬的测定　火焰原子吸收分光光度法

HJ 892　固体废物　多环芳烃的测定　高效液相色谱法

NY/T 3041　生物炭基肥料

3　术语和定义

NY/T 3041 界定的术语和定义适用于本文件。

4　要求

4.1　外观

黑色块状、粉状，无肉眼可见机械杂质。

4.2　技术指标要求

生物炭应用于农业时，根据其炭化程度和污染物含量分为Ⅰ级和Ⅱ级，其各项技术指标应符合表1的要求。Ⅰ级和Ⅱ级生物炭的使用条件见表2。

表1　生物炭技术指标要求

项目	指标	
	Ⅰ级	Ⅱ级
总碳(C)，%	≥60	≥30
固定碳(FC)，%	≥50	≥25
氢碳摩尔比(H/C)	≤0.4	≤0.75
氧碳摩尔比(O/C)	≤0.2	≤0.4
砷(以 As 计)[a]，mg/kg	≤13	≤15
镉(以 Cd 计)[a]，mg/kg	≤0.3	≤3
铅(以 Pb 计)[a]，mg/kg	≤50	≤50
铬(以 Cr 计)[a]，mg/kg	≤90	≤150

表 1（续）

项目	指标	
	Ⅰ级	Ⅱ级
汞(以 Hg 计)[a]，mg/kg	≤0.5	≤2
铊(以 Tl 计)[a]，mg/kg	≤2.5	≤2.5
铜(以 Cu 计)[a]，mg/kg	≤50	≤200
镍(以 Ni 计)[a]，mg/kg	≤50	≤190
锌(以 Zn 计)[a]，mg/kg	≤200	≤300
多环芳烃(PAHs)[b]，mg/kg	≤6	≤6
苯并(a)芘(BaP)，mg/kg	≤0.55	≤0.55
水分(H_2O)[c,d]，%	≤30	≤30

[a] 重金属和类金属砷均按元素总量计。
[b] 萘、苊烯、苊、芴、菲、蒽、荧蒽、芘、苯并(a)蒽、䓛、苯并(b)荧蒽、苯并(k)荧蒽、苯并(a)芘、二苯并(a,h)蒽、苯并(g,h,i)苝和茚并(1,2,3-c,d)芘 16 种多环芳烃总量。
[c] 以出厂检验数据为准，当用户对水分含量有特殊要求时，可由供需双方协议确定。
[d] 水分以鲜样计，其余指标以烘干基计。

表 2　生物炭的推荐使用范围和条件

生物炭级别	使用范围	使用条件	推荐类型
Ⅰ级	直接还田	无限制条件	优先使用
	肥料产品原料	无限制条件	优先使用
Ⅱ级	直接还田	按 GB 15618 的规定执行	可使用
	肥料产品原料	按相关肥料产品标准的规定执行	可使用

5　取样

5.1　采样方案

按照 NY/T 3041 的规定执行。

5.2　样品缩分

将采取的样品迅速混匀，用缩分器或四分法将样品缩分至不少于 1 kg，再缩分成 2 份，分装于 2 个洁净、干燥的具有磨口塞的玻璃瓶或塑料瓶中，密封并贴上标签，注明生产企业名称、产品名称、产品级别、批号或生产日期、取样日期和取样人姓名，一瓶做产品检验，另一瓶保存 2 个月，以备查用。

6　试验方法

6.1　试样制备

由 5.2 中取一瓶样品，经多次缩分后取出约 100 g，迅速研磨至全部通过 Φ0.5 mm 孔径标准筛，收集样品置于 105 ℃恒温干燥箱中，待温度达到 105 ℃后，干燥 2 h，取出，在干燥器中冷却至室温，储存到干燥瓶中，作含量测定用。余下样品供外观、生物炭鉴别、水分含量测定用。

6.2　外观

感官法。

6.3　固定碳含量的测定

按照 GB/T 28731 的规定执行。

6.4　氢碳摩尔比

按照附录 A 测得总氢质量百分数与总碳质量百分数，折算为摩尔数后计算比值。

6.5　氧碳摩尔比

按照附录 A 测得总氧质量百分数与总碳质量百分数，折算为摩尔数后计算比值。

6.6　砷、镉、铅、铬、汞含量的测定

按照 GB/T 23349 的规定执行。

6.7 铊含量的测定

按照 GB 38400 的规定执行。

6.8 铜、锌、镍含量测定

按照 HJ 491 的规定执行。

6.9 多环芳烃含量的测定

按照 HJ 892 的规定执行。

6.10 苯并(a)芘含量的测定

按照 HJ 892 的规定执行。

6.11 水分含量的测定

按照 GB/T 28731 的规定执行。

6.12 生物炭的鉴别

按照附录 B 的规定执行。

7 检验规则

7.1 检验类别及检验项目

产品检验包括出厂检验和型式检验，外观、固定碳、水分含量为出厂检验项目，第 4 章的全部项目为型式检验项目。在有下列情况之一时进行型式检验：

——正式生产后，生物质原料种类、工艺及设备发生变化时；

——正常生产时，按周期进行型式检验，每 6 个月或每生产 2 500 t 至少检验一次；

——长期停产后恢复生产时；

——国家市场监督管理机构提出型式检验的要求时。

生物炭的鉴别在国家市场监督管理机构提出要求或需要仲裁时进行。

7.2 组批

产品按批进行出厂检验，以 1 周或 2 周的产量为一批，最大批量为 100 t。

7.3 结果判定

7.3.1 本文件中产品质量指标合格判定，按照 GB/T 8170 的规定执行。

7.3.2 生产企业应按本文件要求进行出厂检验和型式检验。检验项目全部符合本文件要求时，判该批产品合格。

7.3.3 出厂检验或型式检验结果中如有一项指标不符合本文件要求时，应重新自同批次二倍量采取样品进行检验，重新检验结果中，即使有一项指标不符合本文件要求时，则判该批产品不合格。

8 标识、包装、运输和储存

8.1 应在产品外包装标识中标明产品名称、商标、规格、级别(如Ⅰ级、Ⅱ级)、净含量、原料名称、本文件编号、生产许可证编号(适用于实施生产许可证管理的情况)、生产或经销单位名称、生产或经销单位地址等。

8.2 应在产品标签中标明总碳含量、固定碳含量、氢炭摩尔比、氧碳摩尔比、水分含量和外包装标识信息。

8.3 每批检验合格的出厂产品应附有质量证明书，其内容包括：生产企业名称、地址、产品名称、产品级别、批号或生产日期、产品净含量、总碳含量、固定碳含量、氢炭摩尔比、氧碳摩尔比、水分含量和本文件编号。非出厂检验项目标注最近一次型式检验的检测结果。

8.4 其余标识应符合 GB 18382 的要求。

8.5 产品用塑料编织袋内衬聚乙烯薄膜袋或内涂膜聚丙烯编织袋包装，在符合 GB/T 8569 规定的条件下宜使用经济实用型包装。产品每袋净含量(25±0.25) kg 或(10±0.1) kg。也可使用供需双方合同约定的其他包装规格。

8.6 产品应储存于阴凉干燥处，在运输过程中应防雨、防潮、防晒、防破裂。

附　录　A
（规范性）
生物炭中碳、氢、氧含量的测定　元素分析仪法

A.1　原理

生物炭中的碳和氢元素在有催化剂存在的高温条件下，与过量氧气反应生成二氧化碳和水，在载气推动下通过还原系统，采用吸附分离或色谱法分离混合气体，再通过适当检测器分别检测并计算出碳和氢元素的质量百分数。

生物炭中氧元素经高温裂解生成氧气，氧气与过量的碳粉反应生成一氧化碳，在载气的推动下，采用吸附分离或色谱法分离混合气体，再通过适当检测器检测并计算出氧元素的质量百分数。

A.2　试剂和材料

A.2.1　载气：选用仪器说明书指定的气体。

A.2.2　助燃气：氧气。

A.2.3　校准物质：选用仪器说明书指定的校准物质。

A.2.4　其他试剂及材料：根据测定元素选用仪器说明书指定试剂及材料。

A.3　仪器设备

A.3.1　分析天平，感量为 0.01 mg。

A.3.2　元素分析仪，主要组成及其附件应满足的条件如下：

a)　燃烧系统：燃烧温度、加氧量及加氧时间可调，以保证样品充分燃烧；

b)　裂解系统：裂解温度可调，以保证样品充分裂解；

c)　还原系统：还原温度可调，以保证气体产物充分还原；

d)　分离系统：应能滤除各种对测定有影响的因素，必要时，应有特定的程序将各元素的燃烧产物或裂解产物分离以便分别检测或过滤；

e)　检测系统：用于检测二氧化碳、一氧化碳、水或者氢气的量，如热导池检测器、非色散红外检测器等；

f)　仪器控制和数据处理系统：主要包括分析条件的设置、分析过程的监控、报警中断和分析数据的采集、计算、校准等程序。

A.4　分析步骤

A.4.1　开机

根据仪器使用说明运行开机程序。

A.4.2　仪器校准

系统空白：运行加氧气和不加氧气空白测试程序共计 3 次以上，直至不加氧气空白测试各元素的空白积分值满足仪器测试要求。

标准曲线的绘制：根据被测元素的含量范围称取不同质量的标准物质，运行标准物质测试程序，以标准物质的绝对质量和相应产物的积分值绘制标准曲线。

校准因子的测定：运行 4 次标准物质测试程序，4 次重复测试结果极差的绝对值应不超过算术平均值的 10%，以 4 次测试结果的平均值作为标准物质的测试值。计算测试值与标准值的比值得出校准因子，

如果校准因子为 0.9～1.1 时说明标定有效，否则应查明原因重新标定。

A.4.3　试样分析

称取适量试样，精确至 0.01 mg(碳、氢元素含量测定，应采用锡制容器包裹称量；氧元素含量测定，应使用银制容器包裹称量)，按样品测试程序运行 2 次平行测试。

A.5　结果表示

2 次平行测试结果应满足 A.6 的要求，取 2 次平行测试结果的算术平均值为测试结果，按照 GB/T 483 的规定修约到 0.01％报出。

A.6　精确度

在重复性条件下获得的 2 次平行测试结果的绝对差值不得超过算术平均值的 10％。

附　录　B
（规范性）
生物炭的鉴别　扫描电子显微镜法

B.1　原理

根据微观结构特征鉴别生物炭，用于区分非生物炭类产品。

B.2　仪器设备和材料

B.2.1　扫描电子显微镜：扫描电子显微镜由电子光学系统（含电子枪、电磁透镜、光阑、扫描线圈、合轴线圈、消像散器、样品室）、信号检测处理系统、真空系统、电子系统和计算机系统等组成。

B.2.2　恒温干燥箱：(105±2)℃。

B.2.3　导电双面胶带。

B.3　仪器设备的环境条件

B.3.1　电源电压及频率稳定：(220±22)V，(50±1)Hz。

B.3.2　室内相对湿度小于60%。

B.3.3　室温为(20±5)℃。

B.4　试样的制备

B.4.1　取样

块状样品：随机选取体积大于试样要求的样品，将样品切成直径不大于10 mm，高度为3 mm～5 mm的小块，备用。

粉末状样品：称取1 g试样，将样品均匀平铺在实验台上，用镊子在不同部位镊取不少于20处样点，混合均匀，备用。

B.4.2　粘样

用导电双面胶带将试样粘接在扫描电镜样品台上，使试样观察面朝上。

B.5　观察分析步骤

B.5.1　开启扫描电镜，待真空度达到仪器规定的高真空指标后进行观察前的仪器检查，对中电子束，消除图像像散。

B.5.2　关闭电子枪发射后对样品室放气，按要求将试样装入样品室，重新抽真空。对于设有换样预抽室的扫描电镜则可通过该装置进行换样操作，无需对电镜样品室放气和重新抽真空。

B.5.3　根据不同试样的观察要求，设置扫描电镜观察条件。高分辨率观察需要短工作距离，观察试样时工作距离选择3 mm～5 mm。大视野低分辨率观察需要长工作距离，观察试样时工作距离选择在10 mm左右。样品台倾斜角度根据试样情况进行调整，对于表面平整的试样选择30°～45°或更大的倾斜角度。对于导电性良好的试样，加速电压选择15 kV～20 kV；对于导电性差或容易产生荷电的试样，采用1 kV～3 kV或1 kV以下的低电压。

B.5.4　打开电子枪束流，选择需要的信号检测器，获得二次电子扫描图像。

B.5.5　根据观察选择合适的放大倍率，进行图像聚焦、消像散、亮度和反差调节等操作。

B.5.6　根据不同需要选择物镜可变光阑。

B.5.7 根据不同需要选择图像扫描模式和扫描速度。

B.5.8 对目标区域的试样形态结构进行图像记录。

B.5.9 观察结束后,关闭电子枪发射后对样品室放气,按要求将试样移出样品室,重新抽真空,待真空度达到仪器规定的高真空指标后,关闭主机电源和稳压器。

B.6 生物炭样品鉴别

参照附录C进行鉴别,如果在试样的扫描电子显微镜图像中能够观察到断面平齐、规律性聚集存在的植物细胞分室结构(图C.1),且试样符合生物炭指标要求,则判定该试样为生物炭。如果未观察到植物细胞分室结构或观察到生物炭类似物(图C.2),则判定该试样不符合生物炭指标要求。

附 录 C
（资料性）
代表性生物炭及其类似物微观图谱

C.1 代表性生物炭微观图谱

见图 C.1。

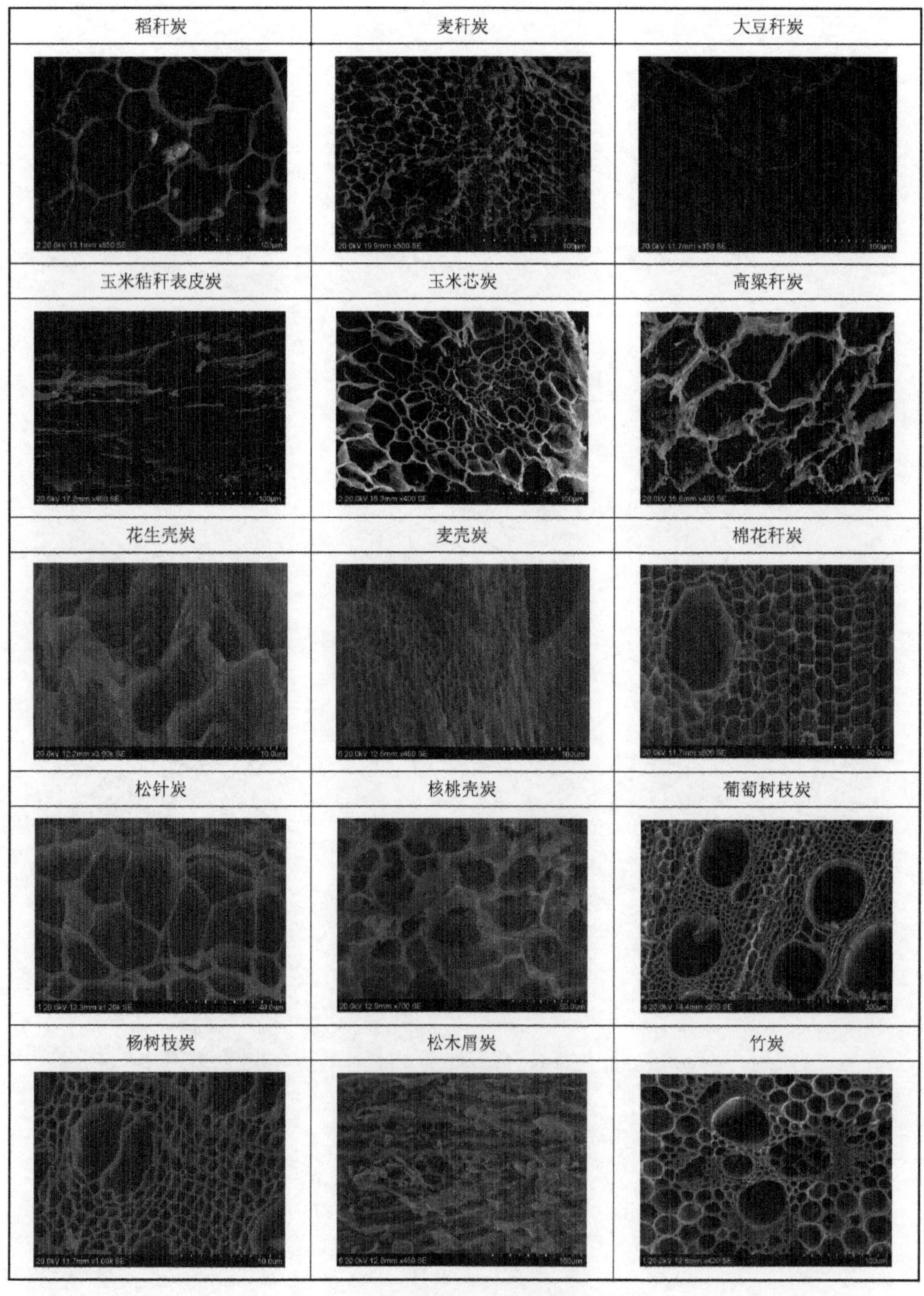

图 C.1 代表性生物炭微观图谱

C.2 代表性生物炭类似物微观图谱

见图 C.2。

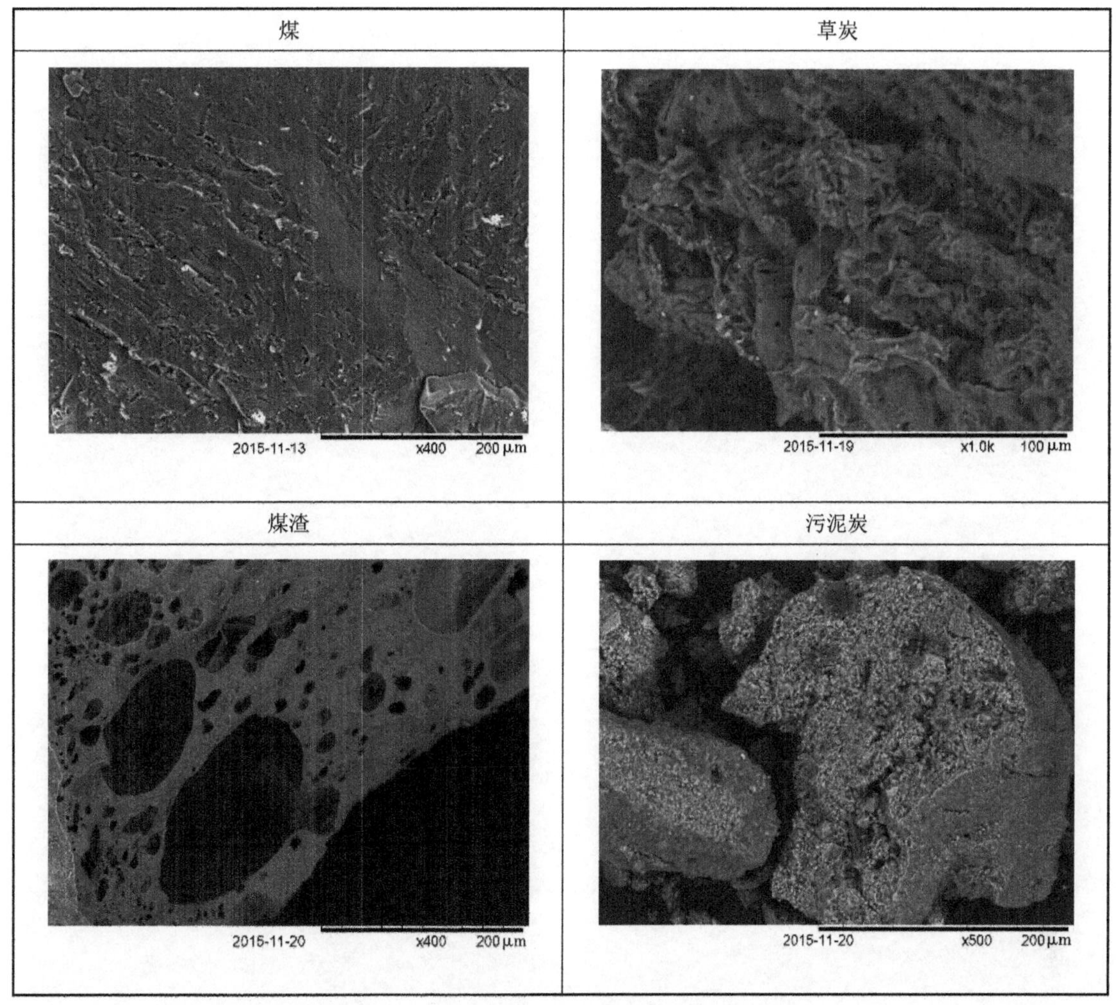

图 C.2 代表性生物炭类似物微观图谱

ICS 65.080
CCS G 21

中华人民共和国农业行业标准

NY/T 4160—2022

生物炭基肥料田间试验技术规范

Technical specification for field trial of biochar based fertilizer

2022-07-11 发布

2022-10-01 实施

中华人民共和国农业农村部 发布

前　　言

本文件按照 GB/T 1.1—2020《标准化工作导则　第 1 部分：标准化文件的结构和起草规则》的规定起草。

本文件由农业农村部科技教育司提出并归口。

本文件起草单位：沈阳农业大学、辽宁省土壤肥料测试中心。

本文件主要起草人：韩晓日、孟军、于立宏、任彬彬、王颖、付时丰、姜娟、史国宏、兰宇、陶姝宇、鄂洋、黄玉威、王岩、张伟明、刘赛男、程效义、陈温福、王丽、赫天一、刘遵奇、杨旭。

生物炭基肥料田间试验技术规范

1 范围

本文件规定了生物炭基肥料田间试验相关术语和定义、一般要求、试验、评价内容和试验报告等要求。

本文件适用于以生物炭基肥料进行的田间试验效果的综合评价。

2 规范性引用文件

下列文件中的内容通过文中的规范性引用而构成本文件必不可少的条款。其中，注日期的引用文件，仅该日期对应的版本适用于本文件；不注日期的引用文件，其最新版本（包括所有的修改单）适用于本文件。

GB/T 6274 肥料和土壤调理剂术语

NY/T 497 肥料效应鉴定田间试验技术规程

NY/T 2544 肥料效果试验和评价通用要求

NY/T 3041 生物炭基肥料

3 术语和定义

GB/T 6274、NY/T 3041 界定的以及下列术语和定义适用于本文件。

3.1

常规施肥 conventional fertilization

被当地普遍采用的肥料种类、施肥量、施肥方式及施肥时间等。

3.2

生物炭基肥料效应 biochar based fertilizer effect

生物炭基肥料对作物产量或农产品品质的影响效果，通常以生物炭基肥料单位养分施用量所产生的作物增产（或减产）量或农产品品质的增量（或减量）表示。

3.3

生物炭基肥料增产率 yield increasing rate of biochar based fertilizer

所施生物炭基肥料和常规施肥（或空白对照）处理的作物产量差值与常规施肥（或空白对照）作物产量的比率（以百分数表示）。

3.4

生物炭基肥料利用率 biochar based fertilizer use efficiency

作物吸收生物炭基肥料中的养分量与所施生物炭基肥料养分量的比率（以百分数表示），分为当季生物炭基肥料利用率和累积生物炭基肥料利用率。

3.5

生物炭基肥料农学效率 agronomic efficiency of biochar based fertilizer

生物炭基肥料单位养分施用量所增加的作物经济产量。

3.6

生物炭基肥施肥纯收益 net income of biochar based fertilization

施生物炭基肥增产值和施生物炭基肥成本的差值。

3.7

生物炭基肥施肥产投比 output/input rate of biochar based fertilization

施生物炭基肥增加产值和施生物炭基肥成本的比值。

4 一般要求

4.1 试验内容

基于供试作物需肥规律、常规施肥量、施肥方式，确定生物炭基肥料的施用量、施肥方式和时间，评价生物炭基肥料等量施肥、减量施肥或施肥方式变化对供试作物产量和品质的影响，推荐生物炭基肥料最佳施用量、施肥方式和时间，并根据肥料效应、收益和投入成本，评价施用生物炭基肥料效益。一般应采取小区试验和示范试验方式进行效果评价。

4.2 试验周期

每个效果试验应至少进行1个生长季。若进行轮作、连作或肥料后效试验应达到相应的周期要求。

4.3 试验处理

4.3.1 小区试验处理

小区试验处理应根据供试生物炭基肥料所含的养分进行设计，试验处理设计见表1。相应氮磷钾化肥对照应与生物炭基肥料中氮磷钾是等养分设计，可根据供试生物炭基肥料中氮磷钾含量确定相应氮磷钾化肥对照。各试验处理均应明确施肥时间和方式，包括基肥施用量、追肥施用量和次数。小区试验各处理应采用随机区组排列方式，不少于3次重复。

表1 小区试验处理设计

处理编号	处理设计
1	施磷钾肥(PK)
2	施氮钾肥(NK)
3	施氮磷肥(NP)
4	施氮磷钾肥(NPK)
5	生物炭基肥料(CNPK)

4.3.2 示范试验处理

设置常规施肥对照和生物炭基肥料2个处理，可不设空白对照。

4.4 试验条件

4.4.1 试验地

应选择平坦、整齐、肥力均匀，具有代表性的地块，前茬作物一致，浇排水条件良好；若是坡地应选择坡度平缓、肥力差异较小的田块；试验地应避开道路、堆肥场所及院墙、高大建筑物、林木遮阴阳光不充足等特殊地块。同一田块不能连续布置试验。

4.4.2 土壤和肥料

试验前采集土壤样品；依测试项目不同，分别制备新鲜或风干土样。根据需要分析试验前供试土壤基本理化性状，应至少包括土壤有机质(碳)、全氮、碱解氮、有效磷、速效钾、pH等。分析供试肥料养分含量等技术指标等。

4.4.3 作物品种

应选择当地主栽作物品种或推广品种。

4.5 试验管理

田间管理按常规措施管理。

4.6 试验记录

按照如下内容做好试验记录，见附录A。

a) 供试作物品种名称、播种数量(密度)；

b) 试验地点、试验时间、方案处理、小区面积、小区排列、重复次数；

c) 试验地基本情况、地形、土壤类型、质地、肥力等级、土壤基本理化性状、前茬作物等；

d) 施肥时间、施肥量、施肥方法及次数等；

e) 试验期间的积温、降水量及灌水量；

f) 病虫害情况、喷药种类次数及其他农事活动等；

g) 作物生物学性状调查，包括出苗率、移苗成活率、长势、生育期等。

4.7 数据分析

2个处理的配对设计，应按配对设计进行 t 检验；多于2个处理的完全随机区组设计，采用方差分析，用最小显著差数法(LSD检验)进行多重比较，应按照NY/T 497的规定执行。

5 试验

5.1 小区试验

5.1.1 试验内容

小区试验是在肥力均匀的田块上通过设置差异处理及试验重复而进行的效果试验。

5.1.2 小区设置要求

小区应设置保护行，小区划分应降低试验误差，单灌单排。

5.1.3 小区面积要求

水稻、小麦、玉米、蔬菜等小区面积宜为20 m^2～50 m^2；果树小区面积宜为50 m^2～200 m^2。

5.1.4 小区形状要求

应为长方形。小区面积较大时，长宽比以(3～5)∶1为宜；小区面积较小时，长宽比以(2～3)∶1为宜。

5.1.5 试验结果要求

各小区应进行单独收获，计算产量；室内考种样本应按试验要求采取，并系好标签，记录小区号、处理名称、取样日期、采样人等。统计处理小区节肥省工情况，计算纯收益和投产比。

5.2 示范试验

5.2.1 试验内容

示范试验是在代表性区域农田上进行的效果试验。

5.2.2 面积要求

水稻、小麦、玉米、蔬菜等示范面积应不小于10 000 m^2，对照应不小于1 000 m^2；果树、苗木等示范面积应不小于3 000 m^2，对照应不小于500 m^2。

5.2.3 试验结果要求

应根据示范试验效果，划分等面积区域进行综合评价。测产时应在示范区域内随机抽取3点～5点，每点不小于20 m^2。示范面积较大时，每块田地实收667 m^2以上进行测产；示范面积较小时，适当减少实收面积。

6 评价内容

6.1 评价原则

根据供试生物炭基肥料特性和施用效果，对不同处理的产量、农学效益、经济效益等进行综合评价，按照NY/T 2544和附录B的规定执行。

6.1.1 肥料农学效益评价

肥料效应、增产率、利用率和农学效率等综合指标评价。

6.1.2 施肥经济效益评价

施肥纯收益、施肥产投比、节肥和省工情况等指标评价。

6.1.3 其他效益评价

生态环境安全效果、品质效果、抗逆性效果等指标评价。

6.2 产量效果评价

6.2.1 供试生物炭基肥料与常规施肥比较的试验结果，进行生物炭基肥料处理与其他各处理间的产量差异分析。

6.2.2 用方差分析最小显著差数法(LSD检验)分析产量差异达到显著水平($P \leqslant 0.05$)为增产(或减产)。或以生物炭基肥料的增产达到5%以上判定该产品有增产效果,增产幅度越大,肥效越好。

6.2.3 田间示范试验也按上述方法进行分析和评价,确定其肥效。

6.3 肥料利用率分析与评价

6.3.1 利用差减法分别计算施用生物炭基肥料与普通肥料的氮磷钾利用率,包括肥料利用率和农学效率。

6.3.2 生物炭基肥料的氮磷钾肥料利用率比普通肥料的利用率提高5%以上判定施用生物炭基肥料比常规施肥有效。这里规定只要氮磷钾养分中有一个元素利用率提高就可以确定该肥料在该养分缓释上有作用,氮磷钾3个元素利用率提高得越多,可以认定该生物炭基肥料缓释和提高肥效作用更好。

6.4 经济效益分析与评价

6.4.1 按养分计节省肥料施用量的试验结果。

6.4.2 由于减少施肥量和用工时的经济效益评价结果。

7 试验报告

试验报告的撰写应采用科技论文格式,主要内容包括但不限于以下内容:试验来源、试验目的和内容、试验地点和时间、试验材料和设计、试验条件和管理措施、试验期间气候及灌排水情况、试验数据统计与分析、试验效果评价、试验主持人签字及承担单位盖章等。其中,试验效果评价应涉及以下内容,见附录C。

a) 不同处理对作物产量及增产率的影响效果评价,见表C.1;
b) 不同处理对肥料利用率的影响效果评价,见表C.2;
c) 不同处理对肥料农学效率的影响效果评价,见表C.3;
d) 不同处理的经济效益(纯收益、产投比、节肥和省工情况)评价,见表C.4;
e) 必要时,应进行作物生物学性状、品质或抗逆性影响效果评价;
f) 必要时,应进行保护和改善生态环境影响效果评价。

附 录 A
（资料性）
试 验 记 录

田间试验观察记录见表 A.1。

表 A.1 田间试验观察记录

<table>
<tr><td rowspan="9">试验布置</td><td>供试作物</td><td colspan="2"></td></tr>
<tr><td>品种名称</td><td colspan="2"></td></tr>
<tr><td>试验地点</td><td colspan="2"></td></tr>
<tr><td>试验时间</td><td colspan="2"></td></tr>
<tr><td>试验方案设计</td><td colspan="2"></td></tr>
<tr><td>试验处理</td><td colspan="2"></td></tr>
<tr><td>小区面积</td><td colspan="2"></td></tr>
<tr><td>重复次数</td><td colspan="2"></td></tr>
<tr><td>小区排列图示</td><td colspan="2"></td></tr>
<tr><td rowspan="11">试验地
基本情况</td><td>试验地地形</td><td colspan="2"></td></tr>
<tr><td>土壤类型、质地</td><td colspan="2"></td></tr>
<tr><td>肥力等级</td><td colspan="2"></td></tr>
<tr><td rowspan="5">土壤基本理化性状</td><td>有机质(碳)含量,g/kg</td><td></td></tr>
<tr><td>全氮,g/kg</td><td></td></tr>
<tr><td>有效磷,mg/kg</td><td></td></tr>
<tr><td>速效钾,mg/kg</td><td></td></tr>
<tr><td colspan="2">pH</td></tr>
<tr><td>前茬作物</td><td colspan="2"></td></tr>
<tr><td>前茬作物产量</td><td colspan="2"></td></tr>
<tr><td>前茬作物施肥量</td><td colspan="2"></td></tr>
<tr><td rowspan="9">田间管理</td><td>作物播种期和播种数量</td><td colspan="2"></td></tr>
<tr><td>出苗率</td><td colspan="2"></td></tr>
<tr><td>移苗成活率</td><td colspan="2"></td></tr>
<tr><td>长势、生育期</td><td colspan="2"></td></tr>
<tr><td>施肥品种、施肥时间、施肥量、施肥方法及次数</td><td colspan="2"></td></tr>
<tr><td>积温、降水量、灌水量</td><td colspan="2"></td></tr>
<tr><td>喷药种类次数</td><td colspan="2"></td></tr>
<tr><td>病虫害情况</td><td colspan="2"></td></tr>
<tr><td>其他农事活动</td><td colspan="2"></td></tr>
</table>

附 录 B
（规范性）
RE（肥料利用率）和 AE（肥料农学效率）计算方法

B.1 RE（肥料利用率）计算方法

RE 即肥料利用率，一般用差值法计算，指施肥处理作物吸收的养分量与不施肥处理作物吸收的养分量之差与肥料投入的比值，以质量分数计，单位为%，按公式（B.1）计算。

$$RE=(U_1-U_0)/F\times100\% \quad \text{(B.1)}$$

式中：

U_1——全肥处理作物吸收养分量的数值，单位为千克每 667 平方米（kg/667 m^2）；

U_0——缺素处理作物吸收养分量的数值，单位为千克每 667 平方米（kg/667 m^2）；

F ——肥料养分（N、P_2O_5、K_2O）投入量的数值，单位为千克每 667 平方米（kg/667 m^2）。

B.1.1 RE_N（常规施肥氮肥利用率）计算方法

RE_N即常规施肥氮肥利用率，单位为%，按公式（B.2）计算。

$$RE_N=(U_{NPK}-U_{PK})/F_N\times100\% \quad \text{(B.2)}$$

式中：

U_{NPK}——施氮磷钾肥处理作物吸收 N 养分量的数值，单位为千克每 667 平方米（kg/667 m^2）；

U_{PK} ——施磷钾肥处理作物吸收 N 养分量的数值，单位为千克每 667 平方米（kg/667 m^2）；

F_N ——肥料养分 N 投入量的数值，单位为千克每 667 平方米（kg/667 m^2）。

B.1.2 RE_P（常规施肥磷肥利用率）计算方法

RE_P即常规施肥磷肥利用率，单位为%，按公式（B.3）计算。

$$RE_P=(U_{NPK}-U_{NK})/F_P\times100\% \quad \text{(B.3)}$$

式中：

U_{NPK}——施氮磷钾肥处理作物吸收 P_2O_5养分量的数值，单位为千克每 667 平方米（kg/667 m^2）；

U_{NK} ——施氮钾肥处理作物吸收 P_2O_5养分量的数值，单位为千克每 667 平方米（kg/667 m^2）；

F_P ——肥料养分 P_2O_5投入量的数值，单位为千克每 667 平方米（kg/667 m^2）。

B.1.3 RE_K（常规施肥钾肥利用率）计算方法

RE_K即常规施肥钾肥利用率，单位为%，按公式（B.4）计算。

$$RE_K=(U_{NPK}-U_{NP})/F_K\times100\% \quad \text{(B.4)}$$

式中：

U_{NPK}——施氮磷钾肥处理作物吸收 K_2O 养分量的数值，单位为千克每 667 平方米（kg/667 m^2）；

U_{NP} ——施氮磷肥处理作物吸收 K_2O 养分量的数值，单位为千克每 667 平方米（kg/667 m^2）；

F_K ——肥料养分 K_2O 投入量的数值，单位为千克每 667 平方米（kg/667 m^2）。

B.1.4 RE_{C-N}（生物炭基肥料氮肥利用率）计算方法

RE_{C-N}即生物炭基肥料氮肥利用率，单位为%，按公式（B.5）计算。

$$RE_{C-N}=(U_{CNPK}-U_{PK})/F_N\times100\% \quad \text{(B.5)}$$

式中：

U_{CNPK}——施生物炭基肥料处理作物吸收 N 养分量的数值，单位为千克每 667 平方米（kg/667 m^2）；

U_{PK} ——施磷钾肥处理作物吸收 N 养分量的数值，单位为千克每 667 平方米（kg/667 m^2）；

F_N ——肥料养分 N 投入量的数值，单位为千克每 667 平方米（kg/667 m^2）。

B.1.5 RE_{C-P}(生物炭基肥料磷肥利用率)计算方法

RE_{C-P}即生物炭基肥料磷肥利用率,单位为%,按公式(B.6)计算。

$$RE_{C-P}=(U_{CNPK}-U_{CNK})/F_P \times 100\% \quad (B.6)$$

式中:

U_{CNPK}——施生物炭基肥料处理作物吸收P_2O_5养分量的数值,单位为千克每667平方米(kg/667 m^2);

U_{CNK} ——施氮钾肥处理作物吸收P_2O_5养分量的数值,单位为千克每667平方米(kg/667 m^2);

F_P ——肥料养分P_2O_5投入量的数值,单位为千克每667平方米(kg/667 m^2)。

B.1.6 RE_{C-K}(生物炭基肥料钾肥利用率)计算方法

RE_{C-K}即生物炭基肥料钾肥利用率,单位为%,按公式(B.7)计算。

$$RE_{C-K}=(U_{CNPK}-U_{CNP})/F_K \times 100\% \quad (B.7)$$

式中:

U_{CNPK}——施生物炭基肥料处理作物吸收K_2O养分量的数值,单位为千克每667平方米(kg/667 m^2);

U_{CNP} ——施碳氮磷肥处理作物吸收K_2O养分量的数值,单位为千克每667平方米(kg/667 m^2);

F_K ——肥料养分K_2O投入量的数值,单位为千克每667平方米(kg/667 m^2)。

B.2 AE(肥料农学效率)计算方法

AE即肥料的农学效率,是指肥料单位养分施用量所增加的作物经济产量,单位以kg/kg表示,按公式(B.8)计算。

$$AE=(Y_f-Y_o)/F \quad (B.8)$$

式中:

Y_f ——某一特定的化肥施用下作物经济产量的数值,单位为千克每667平方米(kg/667 m^2);

Y_o ——不施特定化肥条件下作物经济产量的数值,单位为千克每667平方米(kg/667 m^2);

F ——肥料养分(N、P_2O_5、K_2O)投入量的数值,单位为千克每667平方米(kg/667 m^2)。

B.2.1 AE_N(常规施肥氮肥农学效益)计算方法

AE_N即常规施肥氮肥农学效益,单位以kg/kg表示,按公式(B.9)计算。

$$AE_N=(Y_{NPK}-Y_{PK})/F_N \quad (B.9)$$

式中:

Y_{NPK}——施氮磷钾肥处理作物经济产量的数值,单位为千克每667平方米(kg/667 m^2);

Y_{PK} ——施磷钾肥处理作物经济产量的数值,单位为千克每667平方米(kg/667 m^2);

F_N ——肥料养分N投入量的数值,单位为千克每667平方米(kg/667 m^2)。

B.2.2 AE_P(常规施肥磷肥农学效益)计算方法

AE_P即常规施肥磷肥农学效益,单位以kg/kg表示,按公式(B.10)计算。

$$AE_P=(Y_{NPK}-Y_{NK})/F_P \quad (B.10)$$

式中:

Y_{NPK}——施氮磷钾肥处理作物经济产量的数值,单位为千克每667平方米(kg/667 m^2);

Y_{NK} ——施氮钾肥处理作物经济产量的数值,单位为千克每667平方米(kg/667 m^2);

F_P ——肥料养分P_2O_5投入量的数值,单位为千克每667平方米(kg/667 m^2)。

B.2.3 AE_K(常规施肥钾肥农学效益)计算方法

AE_K即常规施肥钾肥农学效益,单位以kg/kg表示,按公式(B.11)计算。

$$AE_K=(Y_{NPK}-Y_{NP})/F_K \quad (B.11)$$

式中:

Y_{NPK}——施氮磷钾肥处理作物经济产量的数值,单位为千克每667平方米(kg/667 m^2);

Y_{NP} ——施氮磷肥处理作物经济产量的数值,单位为千克每667平方米(kg/667 m^2);

F_K ——肥料养分 K_2O 投入量的数值,单位为千克每 667 平方米($kg/667\ m^2$)。

B.2.4 AE_{C-N}(生物炭基肥料氮肥农学效益)计算方法

AE_{C-N}即生物炭基肥料氮肥农学效益,单位以 kg/kg 表示,按公式(B.12)计算。

$$AE_{C-N} = (Y_{CNPK} - Y_{CPK}) / F_N \tag{B.12}$$

式中:

Y_{CNPK}——施生物炭基肥料处理作物经济产量的数值,单位为千克每 667 平方米($kg/667\ m^2$);

Y_{CPK} ——施碳磷钾肥处理作物经济产量的数值,单位为千克每 667 平方米($kg/667\ m^2$);

F_N ——肥料养分 N 投入量的数值,单位为千克每 667 平方米($kg/667\ m^2$)。

B.2.5 AE_{C-P}(生物炭基肥料磷肥农学效益)计算方法

AE_{C-P}即生物炭基肥料磷肥农学效益,单位以 kg/kg 表示,按公式(B.13)计算。

$$AE_{C-P} = (Y_{CNPK} - Y_{CNK}) / F_P \tag{B.13}$$

式中:

Y_{CNPK}——施生物炭基肥料处理作物经济产量的数值,单位为千克每 667 平方米($kg/667\ m^2$);

Y_{CNK} ——施碳氮钾肥处理作物经济产量的数值,单位为千克每 667 平方米($kg/667\ m^2$);

F_P ——肥料养分 P_2O_5投入量的数值,单位为千克每 667 平方米($kg/667\ m^2$)。

B.2.6 AE_{C-K}(生物炭基肥料钾肥农学效益)计算方法

AE_{C-K}即生物炭基肥料钾肥农学效益,单位以 kg/kg 表示,按公式(B.14)计算。

$$AE_{C-K} = (Y_{CNPK} - Y_{CNP}) / F_K \tag{B.14}$$

式中:

Y_{CNPK}——施生物炭基肥料处理作物经济产量的数值,单位为千克每 667 平方米($kg/667\ m^2$);

Y_{CNP} ——施碳氮磷肥处理作物经济产量的数值,单位为千克每 667 平方米($kg/667\ m^2$);

F_K ——肥料养分 K_2O 投入量的数值,单位为千克每 667 平方米($kg/667\ m^2$)。

附 录 C
（规范性）
试验数据计算示范

C.1 增产率计算

见表C.1。

表C.1 增产率计算

	试验处理	小区面积 （m^2）	小区产量 kg					产量 kg/667 m^2	增产量 kg/667 m^2	增产率 %
			重复1	重复2	重复3	重复 n	平均值			
小区产量结果	处理1(PK)									
	处理2(NK)									
	处理3(NP)									
	处理4(NPK)									
	处理5(CNPK)									

C.2 肥料利用率计算

见表C.2。

表C.2 氮肥利用率计算

处理	籽粒		茎叶		100 kg 经济产量 N养分吸收量 kg	作物吸氮量 kg/667 m^2	施氮量(N) kg/667 m^2	氮肥利用率 %
	平均产量 kg/667 m^2	平均N养分含量 %	平均产量 kg/667 m^2	平均N养分含量 %				
处理1(PK)								
处理2(NK)								
处理3(NP)								
处理4(NPK)								
处理5(CNPK)								

注：磷肥、钾肥利用率计算参照上表，根据需要选择不同处理，例如氮肥利用率选择处理1(PK)、处理4(NPK)、处理5(CNPK)，磷肥利用率选择处理2(NK)、处理4(NPK)、处理5(CNPK)，钾肥利用率选择处理3(NP)、处理4(NPK)、处理5(CNPK)。

C.3 肥料农学效率计算

见表C.3。

表C.3 氮肥农学效率计算

处理	产量 kg/667 m^2	增产量 kg/667 m^2	施氮量(N) kg/667 m^2	氮肥农学效率 %
处理1(PK)				
处理2(NK)				
处理3(NP)				
处理4(NPK)				
处理5(CNPK)				

注：磷肥、钾肥农学效率计算参照上表，根据需要选择不同处理，例如氮肥农学效率选择处理1(PK)、处理4(NPK)、处理5(CNPK)，磷肥农学效率选择处理2(NK)、处理4(NPK)、处理5(CNPK)，钾肥农学效率选择处理3(NP)、处理4(NPK)、处理5(CNPK)。

C.4 经济效益分析

见表 C.4。

表 C.4 经济效益分析

处理	增加肥料投入成本 元/667 m^2	施肥人工费 元/667 m^2	产量 kg/667 m^2	亩产值 元/667 m^2	亩效益 元/667 m^2	产投比	亩增效益 元/667 m^2
							与处理 4 比
处理 4(NPK)							—
处理 5(CNPK)							

ICS 65.080
CCS B 10

中华人民共和国农业行业标准

NY/T 4198—2022

肥料质量监督抽查　抽样规范

Sampling specification for fertilizer quality supervision

2022-11-11 发布　　2023-03-01 实施

中华人民共和国农业农村部　发布

前　言

本文件按照 GB/T 1.1—2020《标准化工作导则　第1部分：标准化文件的结构和起草规则》的规定起草。

请注意本文件的某些内容可能涉及专利。本文件的发布机构不承担识别专利的责任。

本文件由农业农村部种植业管理司提出并归口。

本文件起草单位：全国农业技术推广服务中心、河南省土壤肥料站、辽宁省农业发展服务中心、四川省耕地质量与肥料工作总站、农业农村部肥料质量监督检验测试中心(南宁)、浙江省耕地质量与肥料管理总站、河北省农业技术推广总站、农业农村部肥料质量监督检验测试中心(武汉)、北京市耕地建设保护中心。

本文件主要起草人：田有国、孟远夺、王小琳、赵英杰、于立宏、李昆、余焘、边武英、张世辉、谢先进、苏光麒、胡劲红、明亮、吴优、李艳萍、高飞。

肥料质量监督抽查　抽样规范

1　范围

本文件规定了肥料质量监督抽查抽样过程涉及的术语和定义、抽样准备、抽样和样品的运输与交接。

本文件适用于各级农业农村行政主管部门组织实施或发起的、针对生产和销售的肥料产品质量的监督抽查。

本文件不适用于生产企业内部质量控制和肥料产品验收检验的抽样。

2　规范性引用文件

下列文件中的内容通过文中的规范性引用而构成本文件必不可少的条款。其中，注日期的引用文件，仅该日期对应的版本适用于本文件；不注日期的引用文件，其最新版本（包括所有的修改单）适用于本文件。

GB/T 3358.2　统计学词汇及符号　第2部分：应用统计

GB/T 6679　固体化工产品采样通则

GB/T 6680　液体化工产品采样通则

GB/T 10111　随机数的产生及其在产品质量抽样检验中的应用程序

GB 18382　肥料标识　内容和要求

GB/Z 31233　分立个体类产品随机抽样实施指南

农业部农产品质量安全监督抽查实施细则（农办市〔2007〕21号）

3　术语和定义

下列术语和定义适用于本文件。

3.1

肥料质量监督抽查　fertilizer quality supervision spot-check

农业行政主管部门依法按照计划组织的，对生产和销售的可能危及农产品质量安全的肥料产品进行抽样、检验，并对抽查结果进行处理和发布信息的活动。

［来源：《农业部农产品质量安全监督抽查实施细则》（农办市〔2007〕21号），第一章第三条，有修改］

3.2

抽样　sampling

抽取或组成肥料样本的行动。

［来源：GB/T 3358.2，1.3.1，有修改］

3.3

总体　population

一次抽样中被抽查肥料产品的全体。

［来源：GB/T 3358.2，1.2.1，有修改］

3.4

抽样单元　sampling unit

将总体进行划分后的每一部分。

［来源：GB/T 3358.2，1.2.14］

3.5

样本　sample

按一定程序从总体或抽样单元中抽取的一个或多个肥料产品。

[来源:GB/Z 31233,3.5,有修改]

3.6

样品 specimen

从样本中采集、缩分的用于检验检测的肥料产品。

3.7

抽样基数 sampling unit

产生肥料样本总体的质量或体积。

3.8

随机抽样 random sampling

从总体中抽取 *n* 个抽样单元构成样本,使 *n* 个抽样单元每一可能组合都有一个特定被抽到概率的抽样。

[来源:GB/T 10111,3.1.9]

3.9

简单随机抽样 sample random sampling

从总体中抽取 *n* 个抽样单元构成样本,使 *n* 个抽样单元所有的可能组合都有相等被抽到概率的抽样。

[来源:GB/T 10111,3.1.13]

3.10

抽样量 sampling numbers

从总体或抽样单元中抽取的肥料产品的数量。

3.11

随机数 random number

从 1～*N*(正整数)的范围内随机抽取的整数,每个整数被抽中的概率都相等。

[来源:GB/Z 31233,3.10]

4 抽样准备

4.1 抽样单位

各级农业农村行政主管部门或受委托的单位(机构)。

4.2 抽样人员

各级农业农村行政主管部门或受委托单位(机构)有抽样资质的人员。

4.3 抽样文书

农业农村行政主管部门印发的监督抽查文件等书面材料。

4.4 抽样工具

4.4.1 采样器和缩分器

按照 GB/T 6679 和 GB/T 6680,根据被抽查肥料产品物理性状和采样需求,合理选择采样器和缩分器。若被抽查肥料产品标准中规定了采样器和缩分器,按其标准执行。

4.4.2 样品容器

样品容器应清洁、无污染、不渗漏、可密封、便于携带运输、不改变样品的物理和化学性状。固体样品应选择塑料或玻璃材质的广口瓶或袋,液体样品应选择可密封的聚乙烯样品瓶或袋。微生物类肥料样品容器应无菌。

4.4.3 其他工具

签字笔、样品封条、胶水(带)、印泥、剪刀、样品勺、量筒、音视频记录设备等。所用工具的材质不应对产品产生污染或影响产品的检测结果。

5 抽样

5.1 一般要求

5.1.1 抽样应在监督抽查规定范围内客观、公正开展。

5.1.2 对被抽查单位严格保密，不应提前告知被抽查单位。

5.1.3 随机确定抽样人员，每次抽样不少于2人。

5.1.4 抽样人员应当核实被抽查单位的营业执照、产品登记(备案)等信息。

5.1.5 现场抽样应采用随机抽样方法。

5.1.6 抽样过程应有被抽查单位代表全程参与。

5.1.7 被抽查产品应为生产企业自检合格产品，对有质量保证期规定的产品应在质量保证期内。

5.1.8 凡经上级行政主管部门监督抽查的同批次肥料产品，自抽样之日起6个月内农业农村行政主管部门不应另行重复抽查。依据有关规定为应对突发事件开展的监督抽查除外。

5.1.9 因停产、转产等原因导致无法抽样时，被抽查单位应出具书面证明材料，抽样人员应当予以核实确认，并记录备案。

5.1.10 当遇到不可抗因素或突发事件，在规定时间内不能完成抽样任务时，应及时向组织监督抽查单位报告情况。

5.2 抽样告知

抽样人员应主动向被抽查单位出示抽样文书及相关证件，告知任务来源、抽查依据、抽样范围、抽样方法等相关内容。被抽查单位无正当理由拒绝抽样的，抽样人员应现场填写《肥料质量监督抽查拒绝抽样认定书》(样式参考附录A)，由抽样人员和见证人共同签字确认，向监督抽查组织单位报告情况。

5.3 现场核查

5.3.1 抽样人员应核查被抽查肥料产品的合格证明，核查标签标识内容是否符合GB 18382和产品标准要求，保存其标签，记录其标识。

5.3.2 在生产企业抽样时，应核查并记录其生产、销售台账和质量检验检测记录。在市场抽样时，应核查并记录被抽查产品的进、出货台账信息。

5.4 现场抽样

5.4.1 选择抽样方法

5.4.1.1 当总体数量相对较小且集中存放，便于对肥料产品实施编号时，按照GB/T 10111，优先采用简单随机抽样。

5.4.1.2 当总体数量相对较大，不便于对肥料产品实施编号时，可先将总体按照码放位置、堆放方式等划分为若干个抽样单元，在方便抽取的范围内随机确定一个或多个抽样单元，采用简单随机抽样方法从确定的抽样单元中抽样。也可参照GB/T 10111或GB/Z 31233，采用系统抽样、分层抽样、等距抽样等方法。

5.4.2 确定抽样量

在生产企业抽样时，同一批次的产品抽样量不少于5袋(包、桶、瓶)，5袋～10袋逐袋采集，10袋以上选取10袋采集。散装产品抽样不少于5点。在市场抽样时，同一批次的产品抽样量不少于3袋(包、桶、瓶)，且抽样量应满足产品标准检测所规定的最低样品量要求。

5.4.3 抽取组成样本

按照现场产生的随机数抽取对应的肥料产品组成样本。

5.4.4 样品采集和缩分

5.4.4.1 固体样品按照GB/T 6679及相应产品标准，选用合适的采样器从样本中规范采集适量样品，混均后用缩分器或四分法等量缩分。

5.4.4.2 液体样品按照GB/T 6680及相应产品标准，选用合适的采样器从样本中规范采集适量样品，混均后等量缩分。

5.4.4.3 微生物肥料产品的采集和缩分参照相应产品标准的规定。

5.4.4.4 样品应不少于2份，每份样品一般不少于0.5 kg(或0.5 L)，产品标准中对样品量有特殊要求的，按其标准执行。

5.5 样品分装和密封

迅速将样品分装到样品容器中，密封并贴样品标签(样式参考附录B)。在样品最外层包装上粘贴封条(样式参考附录C)，防止封条脱落、破损、被篡改。

5.6 抽样记录

5.6.1 抽样人员应现场填写抽样单(样式参考附录D)，准确、详细记录抽样信息。

5.6.2 抽样单应由抽样人员和被抽查单位代表签字确认，并加盖双方单位印章。

5.6.3 样品封条应由抽样人员和被抽查单位代表签字或盖章确认。

5.6.4 被抽查产品标签标识核查记录应由抽样人员和被抽查单位代表签字或盖章确认。

5.6.5 抽样记录应采用钢笔或签字笔填写，字迹清晰工整。

5.6.6 抽样人员应留存抽样过程影像资料。至少包含以下信息：

a) 被抽查单位的外观；
b) 抽样人员与产品堆放现场，以及抽样过程；
c) 被抽查单位的营业执照和(或)肥料登记证等证照；
d) 被抽查产品包装袋正反面，必要时包括侧面；
e) 产品合格证或产品包装上的生产日期/批号；
f) 抽样人员、被抽查单位代表、粘贴封条样品的抽样完成情况。

6 样品的运输与交接

6.1 样品运输和保存过程中，应注意防潮、防晒、防破裂、防污染、防丢失，采取有效措施保证样品完好无损且理化性状不发生变化。如产品标签上标明或产品标准中有特殊储存要求，样品应按要求进行处置。

6.2 抽样人员应及时办理样品交接手续。

附　录　A
(资料性)
被抽查单位拒绝抽样认定书(样张)

被抽查单位拒绝抽样认定书

编号：　　　　　　　　　　　　　　　　　　　　　　　　共三联，第　联

被抽查单位	企业名称			
	企业地址			
	法人代表		联系方式	
	联 系 人		联系方式	
	产品名称		抽样日期	
抽样单位	抽样单位名称			
	任务来源		联系电话	
拒绝抽样事实认定(拒绝抽样过程描述)： 抽样人员签字： 年　月　日 见证人员签字： 年　月　日				

附 录 B
（资料性）
样品标签(样张)

样品标签

产品名称		抽样编号	
生产单位		抽样日期	
被抽查单位		抽 样 人	
产品主要技术指标			

附 录 C
(资料性)
样品封条(样张)

样品封条

抽样编号：

<table>
<tr><td>抽样人员(签字)：</td><td rowspan="2">被抽查单位代表(签字或单位公章)：

年 月 日</td></tr>
<tr><td>抽样单位(公章)：

年 月 日</td></tr>
<tr><td colspan="2">注：所有抽样人员均需在抽样人员签字处签字。</td></tr>
</table>

附 录 D
(资料性)
抽样单(样张)

抽样单

抽样编号: 共四联,第 联

<table>
<tr><td>任务来源</td><td colspan="3"></td><td>被抽查单位类型</td><td colspan="3">□生产企业; □市场; □其他______</td></tr>
<tr><td colspan="8">被抽查单位信息</td></tr>
<tr><td>单位名称</td><td colspan="7"></td></tr>
<tr><td>通信地址
(邮编)</td><td colspan="7"></td></tr>
<tr><td>法人姓名</td><td></td><td>联系方式</td><td></td><td>联系人姓名</td><td></td><td>联系方式</td><td></td></tr>
<tr><td colspan="8">被抽查产品信息</td></tr>
<tr><td>通用名称</td><td colspan="7">□复合肥料;□大量元素水溶肥料;□有机肥料;□其他:________</td></tr>
<tr><td>(标称)生产企业</td><td colspan="7">□同被抽查单位;□其他:________</td></tr>
<tr><td>生产地址</td><td colspan="7">□同被抽查单位;□其他:________</td></tr>
<tr><td>商标名称</td><td colspan="2"></td><td colspan="3">生产日期/批号</td><td colspan="2"></td></tr>
<tr><td>包装规格</td><td colspan="2"></td><td>执行标准</td><td colspan="2"></td><td>登记(备案)证号</td><td></td></tr>
<tr><td>主要技术指标</td><td colspan="7"></td></tr>
<tr><td>产品包装</td><td colspan="7">□袋装 □瓶装 □桶装 □其他________</td></tr>
<tr><td>产品状态</td><td colspan="7">形态:□颗粒状;□粉状;□圆柱状;□球状;□棒状;□液体;□膏状;其他________</td></tr>
<tr><td colspan="8">样品抽取和封装信息</td></tr>
<tr><td>抽样方式</td><td colspan="3">□随机;□其他:________</td><td>抽样点</td><td colspan="3">□生产企业; □经销企业门店;
□经销企业仓库;□其他:________</td></tr>
<tr><td>抽样基数</td><td colspan="3"></td><td>样品数量</td><td colspan="3">____袋(瓶、桶),共______千克(升)</td></tr>
<tr><td colspan="4">本次抽样始终在本人陪同下完成,对抽样过程无异议,上述记录经核实无误。
被抽查单位代表(签字):
被抽查单位(签章):
年 月 日</td><td colspan="4">本次抽样已按要求完成,样品经双方人员共同封样,并做记录如上。
抽查人员(签字):
抽样单位(公章):
年 月 日</td></tr>
<tr><td>备注</td><td colspan="7"></td></tr>
<tr><td colspan="8">注:此抽样单应逐项填写,需要做选择的项目在选中项目的"□"中打"√",无内容填"/";此抽样单一式四联,依次为抽样单位、被抽查单位、检验检测机构、任务下达部门留存。</td></tr>
</table>

第四部分

农 机 标 准

ICS 65.060.01
CCS B 90

中华人民共和国农业行业标准

NY/T 1408.7—2022

农业机械化水平评价 第7部分:丘陵山区

The evaluation for the level of agricultural mechanization—Part 7:Hills and mountains

2022-11-11 发布　　2023-03-01 实施

中华人民共和国农业农村部 发布

前　言

本文件按照GB/T 1.1—2020《标准化工作导则　第1部分：标准化文件的结构和起草规则》的规定起草。

本文件是NY/T 1408《农业机械化水平评价》的第7部分。NY/T 1408已经发布了以下部分：

——第1部分：种植业；

——第2部分：畜禽养殖；

——第3部分：水产养殖；

——第4部分：农产品初加工；

——第5部分：果、茶、桑；

——第6部分：设施农业；

——第7部分：丘陵山区。

请注意本文件的某些内容可能涉及专利。本文件的发布机构不承担识别专利的责任。

本文件由农业农村部农业机械化管理司提出。

本文件由全国农业机械标准化技术委员会农业机械化分技术委员会(SAC/TC 201/SC 2)归口。

本文件起草单位：农业农村部南京农业机械化研究所、江苏大学。

本文件主要起草人：张宗毅、吴萍、曹蕾、陈天旻、魏娟。

农业机械化水平评价　第 7 部分:丘陵山区

1　范围

本文件规定了丘陵山区农业机械化水平的评价方法。

本文件适用于丘陵山区县(市、区)种植业、林果业的单个或多个产业、环节的农业机械化水平评价。

2　规范性引用文件

下列文件中的内容通过文中的规范性引用而构成本文件必不可少的条款。其中,注日期的引用文件,仅该日期对应的版本适用于本文件;不注日期的引用文件,其最新版本(包括所有的修改单)适用于本文件。

NY/T 1408.1　农业机械化水平评价　第 1 部分:种植业

NY/T 2852　农业机械化水平评价　第 5 部分:果、茶、桑

3　术语和定义

下列术语和定义适用于本文件。

3.1

丘陵山区农业机械化水平　agricultural mechanization level in hilly and mountainous areas

丘陵山区农业生产单环节或多环节中采用机械化生产方式替代人力畜力生产的程度。

3.2

普及率法　the method of popularizing rate

使用农业机械完成的作业面积占全部作业面积的百分比来表示农业机械化水平的方法。

3.3

能量占比法　the method of energy proportion

用投入农业机械的能量占农事活动中投入全部能量的百分比来表示农业机械化水平的方法。

3.4

宜机化农田　farmland suitable for mechanization

适宜大中型农业机械安全通行、进出便利、高效作业和满足农作物生产要求的农田。

4　评价方法

4.1　普及率法

丘陵山区农业机械化水平用普及率法进行评价按公式(1)计算。

$$L_{P}=(\alpha A+\beta B)\times 100 \qquad (1)$$

式中:

L_{P}——普及率法计算出的丘陵山区农业机械化水平数值,单位为百分号(%);

α ——评价区域当年种植业面积除以种植业面积与林果业面积之和的值;

A ——按照 NY/T 1408.1 计算出的种植业耕种收综合机械化水平;

β ——评价区域当年林果业面积除以种植业面积与林果业面积之和的值;

B ——按照 NY/T 2852 计算出的林果业机械化水平。

4.2　能量占比法

4.2.1　丘陵山区林果业或种植业单环节农业机械化水平用能量占比法进行评价按公式(2)计算。

$$L_{Ek}^{i}=\frac{P_{Mk}^{i}\times t_{Mk}^{i}}{P_{Mk}^{i}\times t_{Mk}^{i}+P_{Hk}^{i}\times t_{Hk}^{i}+P_{Ak}^{i}\times t_{Ak}^{i}}\times 100 \qquad (2)$$

式中：

L^i_{Ek} ——第 k 个作物或林果品类第 i 个环节用能量占比法计算出的农业机械化水平数值，单位为百分号(%)；

P^i_{Mk} ——第 k 个作物或林果品类第 i 个环节投入农机的功率，单位为千瓦(kW)；

t^i_{Mk} ——第 k 个作物或林果品类第 i 个环节农机作业的时间，单位为小时(h)；

P^i_{Hk} ——第 k 个作物或林果品类第 i 个环节投入人力的功率，1 个人的功率按照 0.1 kW 折算，单位为千瓦(kW)；

t^i_{Hk} ——第 k 个作物或林果品类第 i 个环节投入人力的时间，单位为小时(h)；

P^i_{Ak} ——第 k 个作物或林果品类第 i 个环节投入畜力的功率，1 头牛的功率按 0.5 kW 折算，单位为千瓦(kW)；

t^i_{Ak} ——第 k 个作物或林果品类第 i 个环节投入畜力的时间，单位为小时(h)。

示例 1：

某农场耕地面积 10 hm^2，耕地环节投入 80 kW 拖拉机作业时长 12 h，有 0.1 hm^2 耕地农机无法到达使用牛耕 8 h，一共投入人力 20 工时(机手投入 12 h，耕牛手投入 8 h)；则投入机械能量为 80×12＝960 kW·h，投入畜力能量为 0.5×8＝4 kW·h，投入人力能量为 0.1×20＝2 kW·h。该农场机耕环节机械化水平为 960 kW·h/(960 kW·h ＋4 kW·h ＋2 kW·h)≈99.38%。

示例 2：

某农场耕地面积 10 hm^2，耕地环节投入 6 kW 的微耕机作业时长 238 h，有 0.1 hm^2 耕地农机无法到达使用牛耕 8 h，一共投入人力 246 工时(机手投入 238 h，耕牛手投入 8 h)；则投入机械能量为 6×238＝1 428 kW·h，投入畜力能量为 0.5×8＝4kW·h，投入人力能量为 0.1×246＝24.6 kW·h。该农场机耕环节机械化水平为 1 428 kW·h/(1 428 kW·h＋4 kW·h＋24.6 kW·h) ≈98.04%。

4.2.2 单个作物或林果品类机械化水平用能量占比法进行评价按公式(3)计算。

$$L_{Ek}=\frac{\sum_{i=1}^{N}P^i_{Mk}\times t^i_{Mk}}{\sum_{i=1}^{N}P^i_{Mk}\times t^i_{Mk}+\sum_{i=1}^{N}P^i_{Hk}\times t^i_{Hk}+\sum_{i=1}^{N}P^i_{Ak}\times t^i_{Ak}}\times 100 \quad\cdots\cdots(3)$$

式中：

L_{Ek} ——能量占比法计算出的第 k 个作物或林果品类机械化水平数值，单位为百分号(%)；

N ——第 k 个作物或林果品类的生产环节数量。

4.2.3 丘陵山区农业机械化水平，用能量占比法进行评价按公式(4)计算。

$$L_E=\sum_{k=1}^{M}\omega_k\times L_{Ek}\times 100 \quad\cdots\cdots(4)$$

式中：

L_E——能量占比法计算出的评价区域丘陵山区农业机械化水平数值，单位为百分号(%)；

M ——评价区域主要种植作物品种数量与主要林果品类数量之和；

ω_k ——表示第 k 个作物或林果品类种植面积占区域内全部作物或林果种植面积比例。

4.2.4 以上参数通过调查方式获取，调查表见附录 A。

4.3 方法选用

4.3.1 从农机普及率维度考察丘陵山区农业机械化水平，使用普及率法。

注：普及率法体现农机普及程度，可直接利用当前已有统计指标进行测算。

4.3.2 从投入能量构成维度考察丘陵山区农业机械化水平，使用能量占比法。

注 1：能量法侧重反映机械化能量占比，如需侧重反映机械化做功能量占比则可选择能量占比法。

注 2：各地宜在准确调查宜机化农田面积基础上，分别测算区域整体农业机械化水平和宜机化农田农业机械化水平，以反映丘陵山区农业机械化水平的制约因素。

附 录 A
(资料性)
能量占比法调查表

能量占比法调查表见表 A.1。

表 A.1 能量占比法调查表

作物或林果品类	生产环节	投入农业机械的功率,kW	投入农业机械的工作时长,h	投入人工工时,h	投入畜力工时,h
小麦	耕地				
	播种				
	植保				
	收获				
	烘干				
水稻	耕地				
	种植				
	植保				
	收获				
	烘干				
玉米	耕地				
	播种				
	植保				
	收获				
	烘干				
……	……	……	……	……	……
苹果	中耕				
	施肥				
	植保				
	修剪				
	采收				
	田间转运				
梨	中耕				
	施肥				
	植保				
	修剪				
	采收				
	田间转运				
……	……	……	……	……	……
注:投入人工工时包含投入机手在内的全部人工的作业工时。					

ICS 65.060.01
CCS B 90

中华人民共和国农业行业标准

NY/T 2900—2022
代替 NY/T 2900—2016

报废农业机械回收拆解技术规范

Technical specification for recycling and dismantling of scraped agricultural machine

2022-11-11 发布　　2023-03-01 实施

中华人民共和国农业农村部　发布

前　言

本文件按照 GB/T 1.1—2020《标准化工作导则　第 1 部分：标准化文件的结构和起草规则》的规定起草。

本文件代替 NY/T 2900—2016《报废农业机械回收拆解技术规范》，与 NY/T 2900—2016 相比，除结构调整和编辑性改动外，主要技术变化如下：

a) 增加了参照执行标准的农业机械范围(见第 1 章)；
b) 增加了规范性引用文件(见第 2 章)；
c) 修改了报废农业机械、回收、拆解、废液的定义，并增加了拆解线、回用件、动力蓄电池的术语和定义(见第 3 章)；
d) 修改了标准结构为：基本要求、回收技术要求、拆解技术要求、拆解后储存和拆解后处置等；
e) 修改了报废农业机械回收拆解一般流程(见 4.1，2016 年版 4.1)；
f) 修改了技术人员资质及培训要求(见 4.2，2016 年版 4.2)；
g) 修改了场地建设要求，将原标准的 300 m^2 修改为 2 000 m^2，并设置了相关作业区域(见 4.3，2016 年版 4.3)；
h) 增加了设备设施要求，针对不同环节规定相应设备设施(见 4.4，2016 年版 4.4)；
i) 修改了信息管理要求、安全要求、环境要求等(见 4.5、4.6、4.7，2016 年版 4.8、4.9)；
j) 增加了回收技术要求，将回收过程作为农机报废回收拆解中的单独环节，提出规范性技术要求(见第 5 章)；
k) 修改了检查和登记、拆解前储存、拆解预处理过程的有关要求(见 6.1，2016 年版 5.1)；
l) 增加了新能源自走式农业机械的拆解要求(见 6.2.2)；
m) 增加了再生利用和回收利用的基本条件(见 6.5.2)；
n) 增加并明确了固体废弃物储存、回用件储存、电子器件储存、动力蓄电池储存的基本要求(见第 7 章)；
o) 增加了对新能源自走式农业机械拆卸件的储存要求(见 8.6)；
p) 增加了报废农业机械拆解过程常用设备使用示例(见附录 A)；
q) 增加了报废农业机械固体废物拆解储存及注意事项(见附录 B)。

请注意本文件的某些内容可能涉及专利。本文件的发布机构不承担识别专利的责任。

本文件由农业农村部农业机械化管理司提出。

本文件由全国农业机械标准化技术委员会农业机械化分技术委员会(SAC/TC 201/SC 2)归口。

本文件起草单位：农业农村部农业机械化总站、生态环境保护部固体废物与化学品管理技术中心、中国物资再生协会、玉成有限公司、山东三禾机械科技有限公司、江苏省农机化服务站。

本文件主要起草人：李宏、陈谦、王心颖、王东峰、李安保、田金明、王济华、侯贵光、李淑媛、邓毅、于可利、周翔、彭彬、杨茜、温旭歌。

本文件及其所代替文件的历次版本发布情况为：

——2016 年首次发布为 NY/T 2900—2016；
——本次为第一次修订。

报废农业机械回收拆解技术规范

1 范围

本文件规定了报废农业机械回收拆解的基本要求、回收技术要求、拆解技术要求，以及拆解后零部件、废液的存储和处置等。

本文件适用于报废回收拆解企业进行报废的拖拉机、收获机械等自走式农业机械回收拆解。其他报废农业机械的回收拆解可参照执行。

2 规范性引用文件

下列文件中的内容通过文中的规范性引用而构成本文件必不可少的条款。其中，注日期的引用文件，仅该日期对应的版本适用于本文件；不注日期的引用文件，其最新版本(包括所有的修改单)适用于本文件。

GB 2894　安全标志及其使用导则

GB 12348　工业企业厂界环境噪声排放标准

GB 15562.2　环境保护图形标志　固体废物贮存(处置)场

GB 18484　危险废物焚烧污染控制标准

GB 18597　危险废物贮存污染控制标准

GB 18599　一般工业固体废物贮存和填埋污染控制标准

GB 22128　报废机动车回收拆解企业技术规范

GB/T 33000　企业安全生产标准化　基本规范

GB 50037　建筑地面设计规范

GBZ 188　职业健康监护技术规范

HJ 348　报废机动车拆解环境保护技术规范

HJ 1186　废锂离子动力蓄电池处理污染控制技术规范

HJ 2025　危险废物收集贮存运输技术规范

WB/T 1061　废蓄电池回收管理规范

3 术语和定义

下列术语和定义适用于本文件。

3.1

报废农业机械　scrapped agricultural machinery

符合国家标准、行业标准规定的报废条件和农业机械所有人自愿作报废处理的农业机械。

3.2

回收　collecting

依据国家的相关法律法规及有关规定对报废农业机械进行接收或收购、登记、标记、储存并发放回收证明的过程。

3.3

拆解　dismantling

对报废农业机械进行无害化处理，拆除可再利用的总成和零部件，对机体和结构件等进行拆分或压扁、破碎的过程。

3.4

废液　waste liquid

存留在报废农业机械中的燃料、机油、变速器/齿轮箱(包括差速器、分动器)油、冷却液、制动液、液压转向油、减震器油、空调制冷剂、风窗玻璃清洗液、液压悬架液、液压缸油液、尿素溶液等。

3.5

拆解线　dismantling lines

按特定的拆解工艺,将报废农业机械有序拆分的成套设备及装置的集合。

3.6

回用件　reused parts

从报废农业机械上拆解的能够再使用的零部件。

3.7

动力蓄电池　traction battery

为自走式电动农业机械的动力系统提供能量的蓄电池,不包含铅酸蓄电池。

3.8

再生利用　reuse

经过对拆解物的再加工处理,使之能够满足其原来的使用要求或者用于其他用途,不包括使其产生能量的处理过程。

3.9

回收利用　recycling

经过对拆解物的再加工处理,使之能够满足其原来的使用要求或者用于其他用途,包括使其产生能量的处理过程。

4　基本要求

4.1　报废农业机械回收拆解一般流程

报废农业机械回收拆解一般作业流程见图 1。

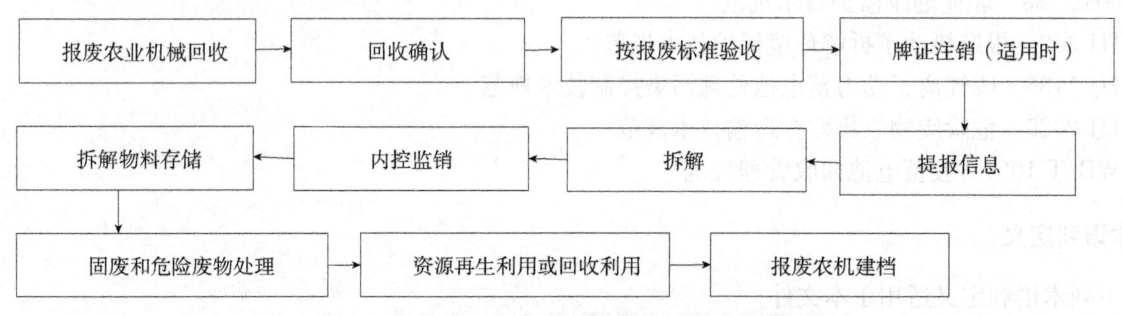

图 1　报废农业机械回收拆解一般作业流程

4.2　报废农业机械拆解人员要求

4.2.1　企业应具有专业技术人员,其专业能力应能达到规范拆解、环保作业、安全操作(含危险物质收集存储、运输)等相应要求,并配备专业安全生产管理人员和环保人员,国家有持证上岗规定的岗位,应持证上岗。

4.2.2　具有拆解电动自走式农业机械业务的企业,应具有动力蓄电池储存管理人员及 2 名以上持电工特种作业操作证人员。动力蓄电池储存管理人员应具有动力蓄电池防火、防泄漏、防短路等相关专业知识。拆解人员应在机械生产企业提供的拆解信息指导下进行拆解。

4.3　场地建设要求

4.3.1　报废农业机械拆解作业场地应有独立的拆解区、产品及拆解后物料储存区、固体废物或危险废物料储存控制区等各功能区,各功能区场地面积应与拆解能力相匹配,场地总面积宜不低于 2 000 m^2,作业场地(包括拆解和储存场地)面积不低于场地总面积的 70%。报废农机回收拆解企业应通过环境影响评价,选址合理。

4.3.2　拆解区、产品及拆解后物料储存区、固体废物或危险废物储存控制区功能设计符合拆解能力，标识明显，具有防风、防雨和防雷功能，并满足 GB 18599 规定的要求。固体废物储存场地应具有满足 GB 18599要求的一般工业固废储存设施和满足 GB 18597 要求的危险废物储存设施。

4.3.3　拆解车间应为封闭或半封闭车间，通风、光线良好，地面硬化且防渗漏，安全防范设施齐全；存储场地（包括临时存储）的地面应硬化并防渗漏。所有场所应满足 GB 50037 规定的防渗漏要求。

4.3.4　场地建设应包含有害气体、易燃气体处置场所，且工艺符合 HJ 348 的相关规定。应对污水进行无害处理，污水、清水做好分流，符合 HJ 348 的相关规定；拆解车间消防设施齐全，应有足够的安全通道、紧急照明及疏散标识。

4.3.5　拆解电动自走式农业机械企业的场地建设应符合 GB 22128 的规定。

4.4　设备设施要求

4.4.1　报废农业机械拆解企业宜配备达标的设备（见附录 A），包括但不限于农业机械拆解线、称重设备、起重运输设备、剪断设备、挤压设备、切割设备、破碎设备、专用容器等。在排空易燃易爆及有毒有害液体、气体物品时，应使用专用处理设备，且工作环境安全可靠，防爆等级符合标准要求。危险拆解工位增加智能化工艺装备，实现无人自动拆解。

4.4.2　应具备环保设备，包括但不限于专用废液收集容器、油水分离器、专用制冷液收集容器、蓄电池/锂电池/氢燃料电池等专用收集容器。

4.4.3　应具备电脑、拍照设备和监控设备。

4.4.4　拆解电动自走式农业机械还应配备绝缘工作服、绝缘工具、绝缘辅助器具、绝缘检测设备等。

4.4.5　应建立设备管理制度，制定设备操作规程，并定期维护保养、更新。

4.5　信息管理要求

4.5.1　在报废农业机械拆解及主要总成解体销毁过程中，至少对回收确认、零部件拆解、对机体等零部件拆分或压扁破碎 3 个环节进行录像监控，应剪辑保留 10 s 以上的重要时段视频资料进行存档，同时拍摄（或截图）机体解体销毁前、中、后的照片各 1 张。相关信息的保存期限不应少于 5 年。

4.5.2　拆解企业根据生产企业提供的产品说明书、产品图册编制拆解作业流程图，保证零部件和材料可再回收利用。拆解作业流程图应详细注明拆解流程，拆解方法，所需设备或工具，拆解后物料的搬运、储存，并做好标识；对于复杂产品或部件，需编制拆解作业指导书。

4.5.3　应建立报废农业机械回收拆解档案和数据库，对回收报废的农业机械逐台登记；记录农业机械和所有者信息，信息主要包括：机主（单位或个人）名称、证件号码、牌照号码（适用时）、品牌型号、机架号、发动机号、出厂年份、接收或收购日期等；记录回收、拆解、废弃物处理及拆解后零部件、材料和废弃物的数量/重量和流向等，并做好标识，处理批次和拆解数量与重量应统一；纸质档案保存期限不应少于 3 年，备份的电子档案和数据库，保存期限不应少于 5 年。

4.6　安全要求

4.6.1　应符合 GB/T 33000 的规定，具有安全管理制度，水电气等安全使用说明，安全生产规程，防火、防汛应急预案等。

4.6.2　拆解场地内应设置安全标志，安全标志应符合 GB 2894 的规定。

4.6.3　对接触有害化学因素、物理因素、粉尘等的作业人员，应按照 GBZ 188 规定的要求进行监护。

4.7　环保要求

4.7.1　拆解区环境噪声限值应符合 GB 12348 规定的三类声环境功能区的要求。

4.7.2　拆解时存在有害气体或易燃气体，应做好导流和无害处理。

5　回收技术要求

5.1　回收企业收到报废自走式农业机械后，应检查发动机、散热器、变速箱、差速器、油箱、后处理装置和燃料罐等总成部件的密封和破损情况。对于出现泄漏的总成部件，应采取适当的方式收集泄漏的液体或封住泄漏处，防止废液渗入地下。

5.2 回收电动自走式农业机械时，应检查动力蓄电池和驱动电机等部件的密封和破损情况。对于出现动力蓄电池破损、电极头和线束裸露存在漏电风险等情况，应采取适当的方式进行绝缘处理。

6 拆解技术要求

6.1 检查和登记

6.1.1 应对报废自走式农业机械的发动机、变速箱、传动箱、转向器、散热器、差速器、油箱、液压油箱、空调压缩机、铅酸电池、锂电池、氢燃料电池等总成部件的密封情况进行检查。对出现泄漏的地方，应采取适当的方式收集泄漏的液体或封住泄漏处，防止废液渗入地下。

6.1.2 按照4.5.3的规定对报废农业机械的主要信息进行登记拍照，并在机身醒目处设置唯一性标识。

6.2 拆解前储存

6.2.1 报废农业机械应与其他废弃物分开储存，严禁侧放、倒放；如需叠放，应做到堆放合理，方便装卸，保障人身财产安全。

6.2.2 电动自走式农业机械在动力蓄电池未拆卸前应单独存放，并采取防火、防水、绝缘、隔热等安全保障措施。

6.2.3 回收报废农业机械后，应在3个月内将其拆解完毕。

6.3 拆解预处理

6.3.1 先对报废农业机械进行清洁处理，去除机械外部的非原机所属的覆盖物。

6.3.2 在拆解预处理区域排空并分类收集农业机械内的废液。

6.3.3 拆卸动力蓄电池，拆除铅酸蓄电池、油箱、气泵、水泵、气罐、液罐、锂电池、液压泵、空调器等外围附属件。

6.4 拆解

拆解过程如下：

a) 拆除驾驶室玻璃（适用时）；
b) 拆除覆盖件；
c) 拆除燃油箱、液压油箱；
d) 拆除各类滤清器、空气过滤器；
e) 拆除各类灯具；
f) 拆除电控系统中各电子元器件；
g) 拆除液压系统管路、泵、阀、马达及相关控制元件；
h) 拆除冷却系统水箱、管道；
i) 拆除各种塑料件；
j) 拆除橡胶制品部件；
k) 拆除含金属铜、铝、镁等能有效回收的部件；
l) 拆除含有铅、汞、镉、铬等有毒物质的部件；
m) 拆除其他各类非金属件。

6.5 主要总成解体销毁（适用时）

6.5.1 拆解的发动机、变速箱总成，具备再制造条件的，可按照国家规定交售给具有再制造能力的企业进行再制造循环利用。不具备再制造条件的，可将发动机、变速箱总成交售给有资质的拆解企业进行拆解和破碎；或按照6.5.1.1、6.5.1.2方式销毁后作为废金属，交给钢铁企业进行冶炼。不可再利用的总成及配件按6.5.1.1、6.5.1.2或其他等效方式处理。

6.5.1.1 发动机

可选择如下任何一种处理方式进行：

a) 挤压机体、曲轴及齿轮为块状金属；

b) 在机体钻通孔至每个缸筒缸壁(直径大于 10 mm)；

c) 在机体切通孔至每个缸筒缸壁(直径大于 10 mm)；

d) 冲击机体至变形，变形的程度不低于原机体外形尺寸的 20%。

6.5.1.2 **变速箱**

可选择如下任何一种处理方式进行：

a) 挤压箱体和齿轮轴为块状金属；

b) 在输入/输出轴轴承与密封结合处钻通孔(直径大于 10 mm)；

c) 在输入/输出轴轴承与密封结合处切通孔(直径大于 10 mm)；

d) 冲击箱体至变形，变形的程度不低于原箱体外形尺寸的 20%。

6.5.2 拆解的转向器、前后桥、机架、机身总成具备再制造条件的，可按照国家规定出售给具有再制造能力的企业经过再制造循环利用；不具备再制造条件的，可按照 6.5.2.1～6.5.2.3 方式销毁后作为废金属，交给钢铁企业进行冶炼。

6.5.2.1 **转向器**

可选择如下任何一种处理方式进行：

a) 挤压壳体和蜗轮蜗杆为块状金属；

b) 冲击壳体和蜗轮蜗杆至变形，变形的程度不低于原尺寸的 20%。

6.5.2.2 **前后桥**

前后桥应彻底切断。

6.5.2.3 **机架、机身**

可选择如下任何一种处理方式进行：

a) 有机架的报废农业机械，在机架的右前、左后的纵梁 1/3 处切割下 200 mm；

b) 无机架的报废农业机械，应将骨架部分挤压或冲击至变形。

6.6 动力蓄电池拆卸

6.6.1 电动农业机械拆卸前应检查动力蓄电池布局和安装位置，确认诊断接口是否完好，对动力蓄电池电压、温度等参数进行检测和安全状态评估，断开动力蓄电池高压回路等。

6.6.2 电动农业机械拆卸时应断开电压线束(电缆)。拆卸不同安装位置的动力蓄电池，应对拆卸下的动力蓄电池线束接头、正负极片等外露线束和金属物进行绝缘处理，并在其明显位置处贴上标签，标明绝缘状况。收集采用液冷结构方式散热的动力蓄电池包(组)内的冷却液和驱动电机总成内残余冷却液后，拆除驱动电机。

7 拆解后储存

7.1 固体废物储存

7.1.1 固体废物的储存应符合 GB 18599、GB 18597 和 HJ 2025 的规定。

7.1.2 一般工业固体废物储存设施及包装物应按照 GB 15562.2 的规定进行标识，危险废物储存设施及包装物的标志应符合 GB 18597 和 HJ 2025 的规定。所有固体废物避免混合、混放。

7.1.3 妥善处置固体废物，不应非法转移、倾倒、利用和处置。

7.1.4 制冷剂应使用专用设备进行回收，有条件的可分类收集，并使用专门容器单独储存。

7.1.5 废弃电器、铅酸蓄电池储存场地不得有明火。

7.1.6 容器和装置要防漏和防止洒溅，并对其进行日常性检查。

7.1.7 对拆解后的所有固体废物分类储存和标识。

7.1.8 报废农业机械主要固体废物的储存方法和注意事项见附录 B。

7.2 回用件储存

7.2.1 回用件应分类储存和标识，存放在封闭或半封闭的储存场地中。

7.2.2 回用件储存前应做清洁等处理。

7.3 电子元器件储存

拆解后的电子元器件应分类储存，电路板等属于危险废物的，应单独储存。

7.4 动力蓄电池储存

7.4.1 动力蓄电池的储存应按照 WB/T 1061 和 HJ 1186 规定的储存要求执行。

7.4.2 动力蓄电池多层储存时应采取框架结构并确保承重安全，且便于存取。

7.4.3 存在漏电、漏液、破损等安全隐患的动力蓄电池应采取适当方式处理，并隔离存放。

8 拆解后处置

8.1 废液应使用专用密闭容器存储，防漏、防洒溅、防挥发，并交给具有相应资质的废液回收处理企业处置。

8.2 拆解后的可再利用零部件存储前，应做清洗和防锈等处理后在室内存储，并标明“回用件”。

8.3 拆解后的所有的零部件、材料、废物，应按照 GB 18484 的规定分类存储和标识，废物不得焚烧、丢弃。

8.4 对列入国家危险废物名录的危险废物应按照 GB 18599 的规定进行储存和污染控制管理。

8.5 拆解后有毒有害的危险废物的存储和处置应符合 GB 18597 的规定，危险废物应交由具有相应资质的企业进行处置。

8.6 动力蓄电池、电子元器件拆解后应单独存放，对锂电池进行整体拆解存放，做好防止自燃措施，并交由有资质的处置企业进行回收处理。电子元器件应交由有废电器资质企业拆解，不可自行拆解。

附 录 A
（资料性）
报废农业机械拆解过程常用设备使用示例

报废农业机械拆解过程常用设备使用示例见表 A.1。

表 A.1 报废农业机械拆解过程常用设备使用示例

<table>
<tr><th>农业机械类型</th><th colspan="2">用途、目的</th><th>拆解设备</th></tr>
<tr><td rowspan="14">燃油自走式农业机械</td><td rowspan="6">预处理</td><td>在室内或有防雨顶棚的拆解预处理平台上使用专用工具排空存留在机体内的废液，并使用专用容器分类回收</td><td>室内或有防雨顶棚的拆解预处理平台、抽油机、接油机、油液储存容器等</td></tr>
<tr><td>拆除铅酸蓄电池</td><td>扳手、螺丝刀、钢筋剪、铅酸蓄电池存放箱等</td></tr>
<tr><td>用专门设备回收农机空调制冷剂</td><td>制冷剂回收机、钢瓶等</td></tr>
<tr><td>拆除燃料罐(油箱、碳纤维储氢瓶)</td><td>气动工具、套筒、钢筋剪等</td></tr>
<tr><td>拆除机油滤清器</td><td>扳手、机油滤清器存放箱等</td></tr>
<tr><td>拆除催化系统(催化转化器、SCR 选择性催化系统、DPF 柴油尾气颗粒捕捉器等)</td><td>液压剪，气动工具等</td></tr>
<tr><td rowspan="8">拆解</td><td>拆除玻璃</td><td>气动工具、真空吸盘等</td></tr>
<tr><td>拆除消声器、转向器总成、停车装置、倒车雷达及电子控制模块</td><td>气动工具、液压剪、螺丝刀、钢丝剪等</td></tr>
<tr><td>拆除车轮并拆下轮胎</td><td>气动工具、套筒等</td></tr>
<tr><td>拆除能有效回收的含金属铜、铝、镁的部件</td><td>气动工具，螺丝刀等，并视部件定</td></tr>
<tr><td>拆除能有效回收的大型塑料件(机罩、仪表板、塑料油箱、液体容器等)</td><td>气动工具、套、钢筋剪、钳、螺丝刀、扳手等</td></tr>
<tr><td>拆除橡胶制品部件</td><td>气动工具、螺丝刀等</td></tr>
<tr><td>拆解有关总成和其他零部件</td><td>动力总成拆解平台、举升机、气动工具、套筒、钢筋剪、挤压设备、等离子切割机等</td></tr>
<tr><td>拆解农机机架及壳体</td><td>多功能拆解机、等离子切割机、挤压设备等</td></tr>
<tr><td rowspan="9">电动自走式农业机械</td><td rowspan="6">动力蓄电池拆卸预处理</td><td>检查机身有无漏液、有无带电</td><td>绝缘检测设备等</td></tr>
<tr><td>检查动力蓄电池布局和安装位置，确认诊断接口是否完好</td><td>绝缘电弧防护服等安全防护及救援设备</td></tr>
<tr><td>对动力蓄电池电压、温度等参数进行检测，评估其安全状态</td><td>绝缘检测设备、温度探测仪等</td></tr>
<tr><td>断开动力蓄电池高压回路</td><td>断电阀、止锁杆、保险器、专用测试转换接口、高压绝缘棒等</td></tr>
<tr><td>在室内或有防雨顶棚的拆解预处理平台上使用防静电工具排空存留在机械内的废液，并使用专用容器分类回收</td><td>防静电绝缘真空抽油机、油液储存容器等</td></tr>
<tr><td>使用防静电设备回收电动农机空调制冷剂</td><td>防静电塑料接口制冷剂回收机、钢瓶等</td></tr>
<tr><td rowspan="3">动力蓄电池拆卸</td><td>动力蓄电池阻挡部件，如机罩、覆盖件、防护件等</td><td>绝缘气动扳手等</td></tr>
<tr><td>断开电压线束(电缆)，拆卸不同位置的动力蓄电池</td><td>绝缘气动扳手、绝缘剪、绝缘材料、绝缘吊具、夹 臂、机 械手和升降工装设备、绝缘气动扳手等</td></tr>
<tr><td>收集采用液冷结构方式散热的动力蓄电池包(组)内的冷却液</td><td>专用绝缘卡钳、废液收集装置等</td></tr>
</table>

表 A.1（续）

农业机械类型	用途、目的		拆解设备
电动自走式农业机械	动力蓄电池拆卸	对拆卸下的动力蓄电池线束接头、正负极片等外露线束和金属物进行绝缘处理，并在其明显位置处贴上标签，标明绝缘状况	绝缘处理材料、绝缘检测设备、温度探测仪等
		收集驱动电机总成内残余冷却液后，拆除驱动电机	气动工具、举升平台、吊具、废液收集装置等
注：拆卸动力蓄电池后机体的其他预处理和拆解程序的设备使用参照传统燃料农业机械。			

附　录　B
（资料性）
报废农业机械固体废物拆解和储存方法及注意事项

报废农业机械固体废物拆解和储存方法及注意事项见表 B.1。

表 B.1　报废农业机械固体废物拆解和储存方法及注意事项

固体废物分类	拆解和储存方法及注意事项
燃料罐（油箱、碳纤维储氢瓶）	1. 接收或收购报废农业机械后应尽快拆下燃料罐，并充分排空里面的燃油和气体； 2. 区分燃油和气体是否可再利用，并分别存放于密闭容器
废油类[发动机油、变速器、齿轮箱（包括后差速器和/或分动器）油、动力转向油、制动液等石油基油或者合成润滑剂]	1. 将废油收集于密封容器储存，并置于远离水源的混凝土地面； 2. 各种废油可以混合在一起储存于同一容器； 3. 不能将废油与冷却液、溶剂、汽油、去污剂、油漆或者其他物质混合； 4. 不能使用氯化溶剂清洁装废油的容器
电池（铅酸蓄电池、锂电池、氢燃料电池）	1. 企业应按国家相关要求收集、储存、运输废铅酸蓄电池，并将废铅酸电池交由有相应资质的企业收集处理； 2. 锂电池应单独存放，做好绝缘、防自燃，在转运、运输中严禁挤压、碰撞； 3. 氢燃料电池应单独存放，按要求交由有相应资质的企业收集处理
制冷剂	制冷剂需要符合环保规定的专门容器储存，并交由有相应资质的企业回收利用
玻璃	挡风玻璃如不能分离其中的塑料层，则作为固体废物填埋
废旧轮胎	1. 废旧轮胎的存放要符合有关安全和环保法规的要求； 2. 废旧轮胎交给符合国家相关规定的废旧轮胎处理企业处理
塑料	由于塑料材料的多样性，应区分各种材料并分别回收处理
密封胶条（带、圈）	1. 根据胶体种类进行分类收集，并交由专门的环保机构进行化学处理； 2. 根据胶体种类和性质，可以选择一部分进行加工再制造，实现废物再利用
液压油管	拆解时先行检查液压系统压力，确保无压时方可拆解，将管中液压油清理干净后单独存放，并交由有相应资质的企业回收处理利用
催化器（配套发动机的农业机械）	1. 催化器拆除前，应先拆下电线接头； 2. 拆除催化器时应保持催化器的完整性； 3. 随后拆下氧传感器，清除催化器表面污垢，分类标识、集中储存，交由有资质的企业进行回收利用； 4. 应对催化器拆解过程进行全流程监管
电子电器产品/元器件（传感器、摄像头、喇叭、指示灯、电路板及模块、控制器、开关、风扇、线束、电机、仪表、继电器、显示器、遥控器、路由器、激光雷达、电磁阀、液压多路阀等）	1. 拆解的电器产品及电子元器件分类存放，由专业企业进行拆检、回收处理利用； 2. 拆解的电路板及附属模块应统一存放，并交由有相应资质的企业拆检、回收处理利用

ICS 65.060.01
CCS B 90

中华人民共和国农业行业标准

NY/T 4256—2022

丘陵山区农田宜机化改造技术规范

Technical specification for farmland construction for mechanized farming in hilly and mountainous areas

2022-11-11 发布　　2023-03-01 实施

中华人民共和国农业农村部 发布

前　言

本文件按照 GB/T 1.1—2020《标准化工作导则　第 1 部分：标准化文件的结构和起草规则》的规定起草。

请注意本文件的某些内容可能涉及专利。本文件的发布机构不承担识别专利的责任。

本文件由农业农村部农业机械化管理司提出。

本文件由全国农业机械标准化技术委员会农业机械化分技术委员会(SAC/TC 201/SC 2)归口。

本文件起草单位：农业农村部南京农业机械化研究所、农业农村部农业机械化总站、江苏大学、重庆市农业机械化技术推广总站、山西省农业机械发展中心。

本文件主要起草人：张宗毅、王聪玲、陈燕、敖方源、王飞、吴萍、蔡晶晶、桑春晓、陈天旻、张玉峰、王桂显。

丘陵山区农田宜机化改造技术规范

1 范围

本文件规定了丘陵山区农田宜机化改造的区域选择、勘测设计、农田改造技术要求、机耕道技术要求等内容。

本文件适用于丘陵山区农田宜机化改造活动(以下简称农田宜机化改造)。

2 规范性引用文件

下列文件中的内容通过文中的规范性引用而构成本文件必不可少的条款。其中,注日期的引用文件,仅该日期对应的版本适用于本文件;不注日期的引用文件,其最新版本(包括所有的修改单)适用于本文件。

GB/T 16453.1—2008 水土保持综合治理 技术规范 坡耕地治理技术

GB/T 30600 高标准农田建设通则

NY/T 2194 农业机械田间行走道路技术规范

3 术语和定义

下列术语和定义适用于本文件。

3.1

机耕道 field road for agricultural machinery

为满足大中型农业机械农田作业通行、农业物资与农产品运输等农业生产活动而修建的道路。

3.2

宜机化农田 farmland suitable for mechanization

适宜大中型农业机械安全通行、进出便利、高效作业和满足农作物生产要求的农田。

注:宜机化农田具有机耕道与田块相通、相邻田块互联互通、地块内部沟渠与河道贯通、田块平整连片等特征。

3.3

农田宜机化改造 farmland construction for mechanized farming

在一定农田区域内,采用工程技术措施,对零散、异形、坡度较大的田块进行"小并大、短并长、弯变直、陡变缓"改造,并完善机耕道及配套水系,以得到宜机化农田的过程。

3.4

水平条田 horizontal strip-field

在地形相对较缓区域,依据排灌水方向和路网布局修建的几何形状为长方形或近似长方形的水平条带状田块。

示例:见图1。

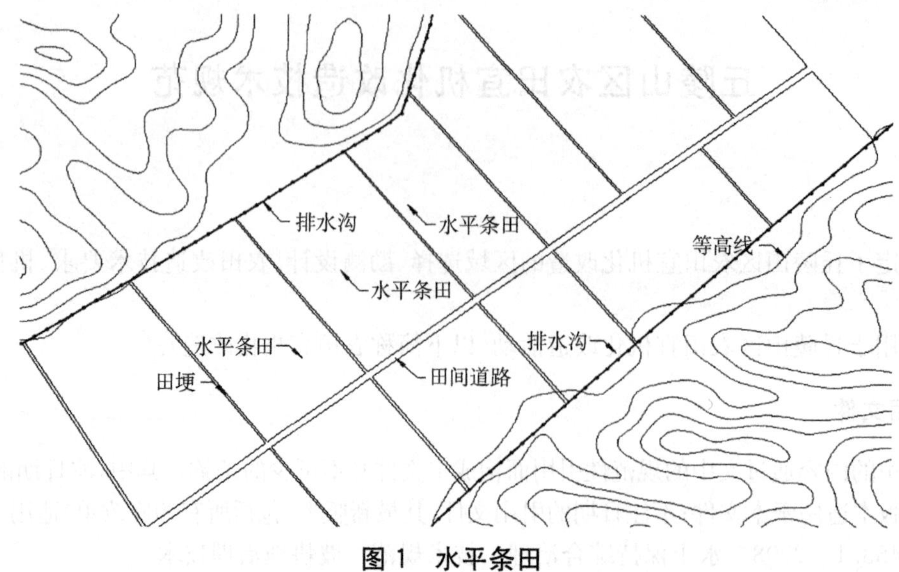

图1 水平条田

3.5

缓坡田 gentle slope field

在地形相对较缓区域，沿与等高线垂直的方向修建的几何形状为长方形或近似长方形的条带状田块。

示例：见图2。

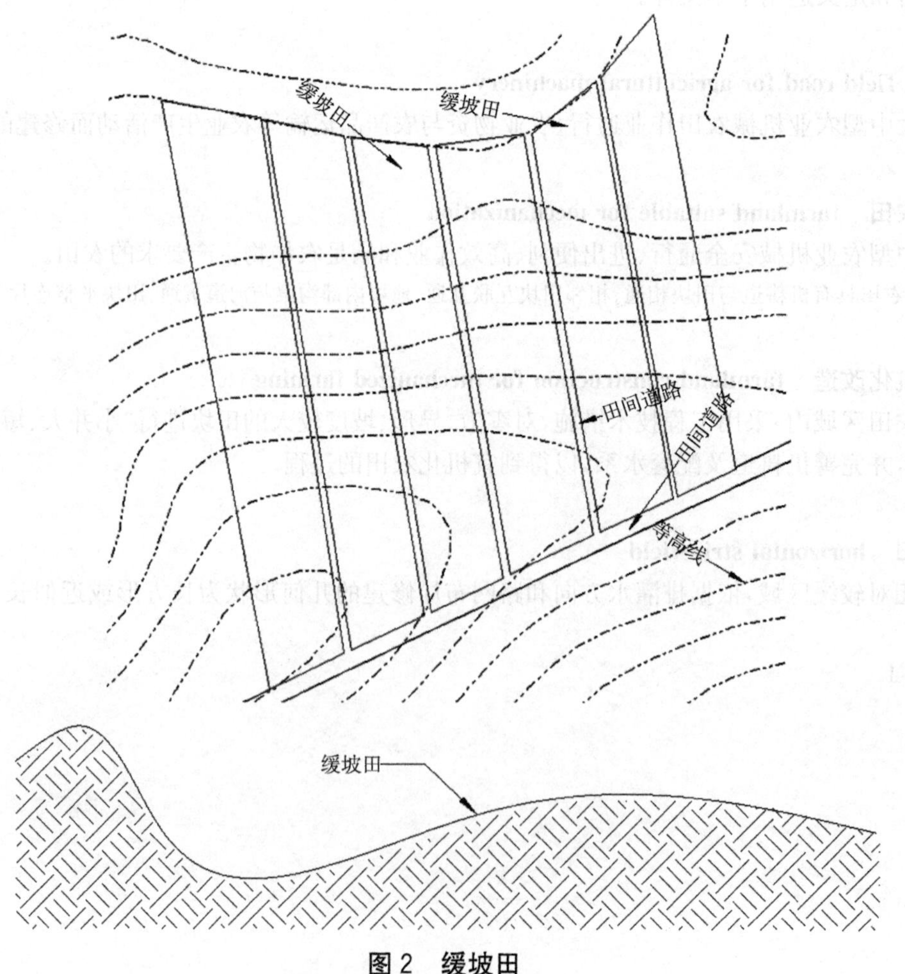

图2 缓坡田

3.6

水平梯田 horizontal terrace

在地面坡度相对较陡区域，依据地形和等高线修筑的阶梯状水平田块。

示例：见图 3。

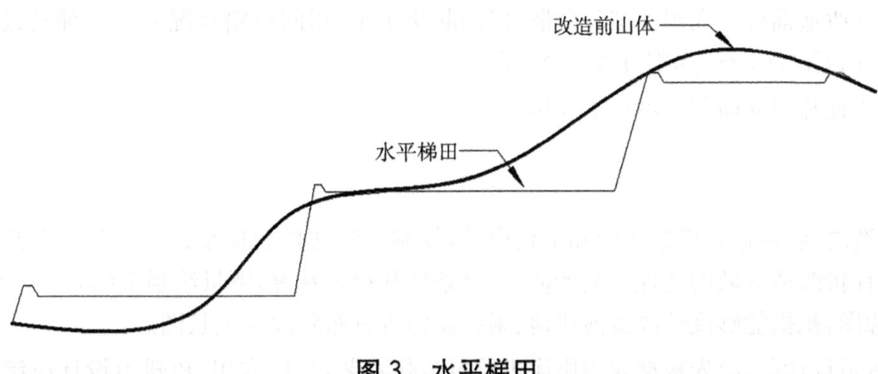

图 3 水平梯田

3.7

坡式梯田 sloping terrace

在地面坡度相对较陡地区，依据地形和等高线修筑的阶梯状田块，田面存在一定坡度，其中横坡可以是顺坡亦可是反坡。为保土保墒，应以反坡梯田为主。

示例：见图 4。

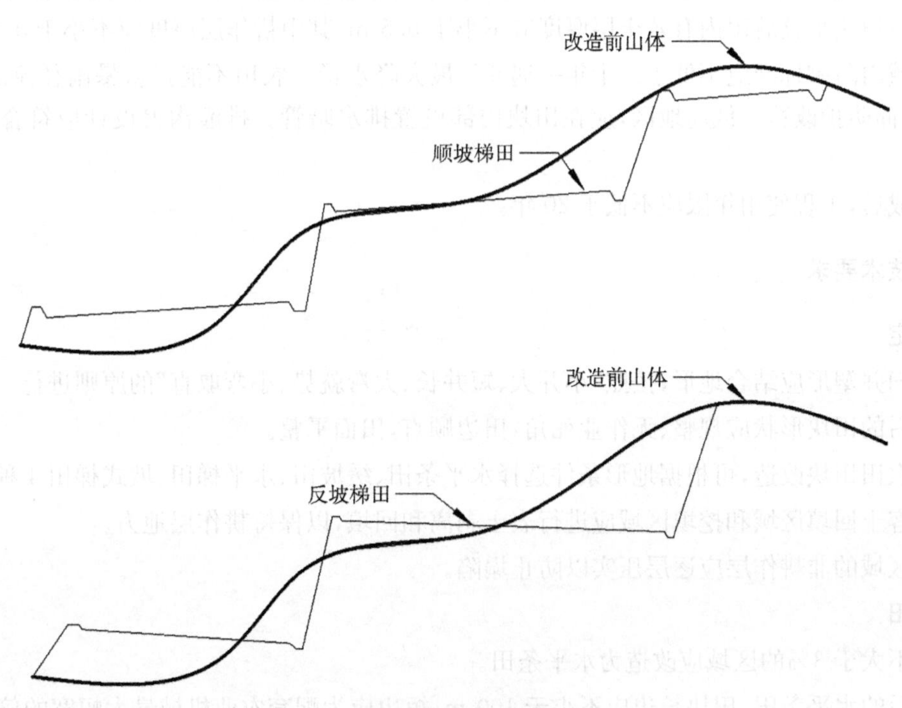

图 4 坡式梯田

3.8

坡口 connection ramp

为了便于大中型农业机械进出田块，设置的连接机耕道与田块或连接田块与田块的坡道。

4 宜机化改造区域选择

4.1 应符合国土空间规划和土地利用总规划。

4.2 在选定宜机化改造区域前，应开展调查准备工作。调查内容主要包括改造区域的社会经济状况、气象水文资料及公众意愿，确保改造工作及后续管护使用的技术条件能满足、产业发展有需求、经济效益较显著、生态环境可持续。

4.3 改造区域的田块应相对集中、适宜农作物生长、有对外交通条件。

4.4 选址应遵循先易后难、逐步推进的原则。

4.5 禁止在自然保护区的核心区域、退耕还林还草区,河流、湖泊、水库保护范围及25°以上陡坡地实施。

4.6 改造区域在改造前应存在田块细碎分散、田面起伏不平、田间道路状况差等一种及以上特征。改造田块坡度应以15°以下为重点,局部可放宽至25°。

4.7 建成后集中连片耕地面积应不小于3 hm^2。

5 勘测设计

5.1 宜机化改造之前,应进行勘察测绘和工程设计,编制勘测文件和初步设计报告。勘测应根据改造要求,查明、分析、评价改造区域的地理环境特征、土壤条件和耕地状况,测量绘制1:500～1:2 000原貌地形图或正射影像图,拍摄能够反映改造前耕地、附属设施等分布状况的现状图。

5.2 农田、机耕道设计前,应先根据农田用途进行机械化农艺设计,农田、机耕道设计应满足配套大中型农业机械安全通行和高效作业。

5.3 农田设计宜内部土方挖填平衡,轻简工程量。设计参数应包括改造区域田块分布、田面长宽、田面高程、田面高差、田面平整度、田面横纵坡降、田埂、田坎等内容,并计算土方工程量。

5.4 机耕道设计应包括路线、路基、路面及错车点、掉头点、路边沟、坡口等内容。

5.5 农田最大填挖高度应不大于2 m,填土厚度应根据实际情况多出10%～20%的余量;若耕层浅薄,应使用客土回填;田块平整后田内有效土层厚度应不小于0.5 m,其中耕作层厚度应不小于0.25 m。

5.6 建设区域内防御标准应不低于二十年一遇6 h最大降水量。农田不能拦蓄暴雨径流的坡面应进行农田排水和坡面防护改造。低洼地区,应在田块内部设置排水暗管。排灌沟渠设计应符合GB/T 30600的规定。

5.7 改造完成后,工程使用年限应不低于20年。

6 农田改造技术要求

6.1 一般规定

6.1.1 田块归并塑形应结合地形,按照“小并大、短并长、大弯就势、小弯取直”的原则进行。

6.1.2 改造后的田块形状应规整、无作业死角,田边顺直,田面平整。

6.1.3 单个农田田块改造,可根据地形条件选择水平条田、缓坡田、水平梯田、坡式梯田4种技术模式。

6.1.4 使用客土回填区域和挖填区域应进行表土剥离和回填,以保持耕作层地力。

6.1.5 填土区域的非耕作层应逐层压实以防止塌陷。

6.2 水平条田

6.2.1 坡降不大于3%的区域应改造为水平条田。

6.2.2 改造后的水平条田,田块长边应不小于100 m;短边应为配套农业机械最大幅宽的倍数(田块仅有一条进出通道的应为偶数倍),且以不小于20 m为宜。

6.2.3 用于水田种植的水平条田田面高差不应超过±3 cm,用于旱地种植的水平条田田面高差应不超过±5 cm。

6.3 缓坡田

6.3.1 坡降在3%且小于10%的区域改造成缓坡田为宜。

6.3.2 改造后的缓坡田,田块长边应不小于100 m;短边应为配套农业机械最大幅宽的倍数(田块仅有一条进出通道的应为偶数倍),且以不小于30 m为宜。

6.3.3 改造后的缓坡田,田面纵向坡降应比改造前下降3%以上、横向坡降应不大于3%。

6.4 水平梯田

6.4.1 坡降不小于10%且小于46.6%的区域,应优先沿等高线改造为水平梯田。

6.4.2 改造后的水平梯田，田块长边应不小于 80 m；短边应为配套农业机械最大幅宽的倍数（田块仅有一条进出通道的应为偶数倍），且以不小于 10 m 为宜。

6.4.3 用于水田种植的水平梯田田面高差不应超过±3 cm，用于旱地种植的水平梯田应不超过±5 cm。

6.5 坡式梯田

6.5.1 坡降处于 10%～46.6%的区域，受水源限制或种植需要改做旱地，沿等高线改造为坡式梯田为宜。

6.5.2 改造后的坡式梯田，田块长边应不小于 80 m；短边应为配套农业机械最大幅宽的倍数（田块仅有一条进出通道的应为偶数倍），且以不小于 5 m 为宜。

6.5.3 改造后的坡式梯田，纵向坡降应不大于 10%、横向坡降应不大于 3%。

6.6 梯田田坎

6.6.1 田坎以安全稳定、占地少、工程量小为原则，高度应小于 2 m。田坎坡度按照 GB/T 16453.1—2008 中附录 A 的有关规定选取。

6.6.2 纯土田坎应采用黏性较强的泥土，逐层压实修坡，拍打成形。沙土地区采用编织袋装土构筑或石料累积。

7 机耕道技术要求

7.1 机耕道应结合改造区域内现有机耕道进行布设，合理规划密度，减少耕地占用和田块割裂。

7.2 机耕道路基宽度应不小于 3.5 m，路面宽度应不小于 3 m；设置路肩的路段，路肩宽度应不小于 0.5 m；最大纵坡不大于 9%，特殊困难路段可适当放宽。

7.3 田块应与机耕道连通或至少与相邻田块通过简易机耕道路连通，确保农业机械通达率为 100%。

7.4 当机耕道与田面、需要连通的相邻田块之间高差大于 0.5 m 时应设置坡口。

7.5 坡口应设在田角，以避免与边沟交叉为宜，如遇沟渠应埋设涵管。

7.6 坡口宽度应不小于 2.5 m，坡降应不大于 18%，压实度应不小于 94%，转弯半径应满足该区域配套农业机械通行。

7.7 行驶速度、路线、路基、路面、边沟、坡口、错车道、掉头处、桥梁和涵洞、路线交叉等设计应符合 NY/T 2194 的规定。

ICS 65.060.01
CCS B 90

中华人民共和国农业行业标准

NY/T 4257—2022

农业机械通用技术参数一般测定方法

General method for determination of agricultural machinery technical parameters

2022-11-11 发布　　　　2023-03-01 实施

中华人民共和国农业农村部　发布

前　言

本文件按照 GB/T 1.1—2020《标准化工作导则　第 1 部分：标准化文件的结构和起草规则》的规定起草。

请注意本文件的某些内容可能涉及专利。本文件的发布机构不承担识别专利的责任。

本文件由农业农村部农业机械化管理司提出。

本文件由全国农业机械标准化技术委员会农业机械化分技术委员会（SAC/TC 201/SC 2）归口。

本文件主要起草单位：北京市农业机械试验鉴定推广站、北京农业智能装备技术研究中心。

本文件主要起草人：安红艳、刘旺、胡浩、盛顺、秦贵、梅鹤波、张京开、孟志军、付卫强、董建军、苗秋生。

农业机械通用技术参数一般测定方法

1 范围

本文件规定了农业机械通用技术参数测定的通用要求、测定内容及方法。

本文件适用于田间移动作业和固定作业的农业机械(除拖拉机以外)的通用技术参数的测定。

2 规范性引用文件

下列文件中的内容通过文中的规范性引用而构成本文件必不可少的条款。其中,注日期的引用文件,仅该日期对应的版本适用于本文件;不注日期的引用文件,其最新版本(包括所有的修改单)适用于本文件。

GB/T 335 非自行指示秤

GB/T 3768—2017 声学 声压法测定噪声源声功率级和声能量级 采样反射面上方包络测量面的简易法

GB/T 5262 农业机械试验条件 测定方法的一般规定

GB/T 7722 电子台案秤

GBZ/T 192.1 工作场所空气中粉尘测定 第1部分:总粉尘浓度

AQ/T 4268—2015 工作场所空气中粉尘浓度快速检测方法——光散射法

MT/T 163—2019 直读式粉尘浓度测量仪通用技术条件

3 术语和定义

GB/T 5262界定的以及下列术语和定义适用于本文件。

3.1

农业机械通用技术参数 general technical parameters of agricultural machinery

在农业机械试验中常用的与技术规格、作业性能有关的几何量、力学、电学和声学等参数。包括外形尺寸、作业性能尺寸、整机质量、样品质量、粉尘浓度、振动、转速、扭矩、压力、电功率、绝缘电阻和噪声等。

3.2

作业性能尺寸 operational performance dimensions

试验样机在技术文件规定的条件下,完成正常作业后形成的与作业性能有关的涉及长度的参数。包括作业深度、碎土率、农副产品加工后的几何尺寸等。

4 通用要求

4.1 农业机械产品规格核测或性能试验时,样机按产品技术文件规定调整到测定状态。

4.2 测定样机配套动力应符合产品技术文件规定,处于正常工作状态。

4.3 测定场地、田间条件、气象条件、物料条件的特殊要求应符合产品或作业技术文件要求。

4.4 测定用仪器量程、准确度和试验环境要求应符合产品或作业技术文件要求规定,测定前应经检定或校准,并在有效期内。

4.5 田间作业机械的测区和测点、场上作业机械的取样和测量次数以及数据处理,执行产品或作业技术文件规定。

4.6 测定人员应经过上岗培训,对仪器设备操作使用熟练。

5 测定内容及方法

5.1 几何量参数

5.1.1 外形尺寸

5.1.1.1 测定仪器设备、工具

钢卷尺、标尺、铅锤、水平尺、外形尺寸自动测量装置。

5.1.1.2 人工测定方法

5.1.1.2.1 长度、宽度

将样机停放在平整、硬实的地面上，在样机前后和两侧突出位置，使用铅锤在地面画出"＋"字标记，在地面的长宽标记点上分别画出平行线，在地面形成一个长方形(可用对角线进行校正)找出样机中心位置，用钢卷尺分别测量出长和宽的直线距离，作为样机的长度和宽度。样机可折叠或拆卸部分除外或特别标注。

5.1.1.2.2 高度

将样机停放在平整、硬实的地面上，将水平尺放在样机的最高处并且保持与地面水平。在水平尺一端点放铅锤到地面画出"＋"字标记，用钢卷尺测量水平尺该端点与地面"＋"字标记之间的距离示值即为该样机的实际高度。

5.1.1.3 自动测量装置测定方法

将样机正直居中驶入测量仪，按测量仪使用说明书的要求，测得样机长度、宽度和高度数值。

5.1.2 作业性能尺寸

5.1.2.1 测定仪器设备、工具

钢卷尺、耕深尺、卡尺、电子秤、水平尺、标尺等。

5.1.2.2 测定方法

5.1.2.2.1 作业深度

样机正常作业完成后，用钢卷尺或耕深尺测量规定位置与地表之间的距离，即为作业深度，结果取测点平均值。

5.1.2.2.2 碎土率

在测点测定 0.5 m×0.5 m 面积内(小于 0.5 m 幅宽测定整个幅宽)的全耕层土块，按产品或作业技术要求对土块分级，用电子秤分别称量最小级别土块质量和土块总质量，以最小级别的土块质量占总质量的百分比为碎土率。

5.1.2.2.3 农副产品加工后几何尺寸

农副产品经初加工后，根据加工要求，选用钢卷尺或卡尺测量加工后的几何量尺寸。

5.2 力学参数

5.2.1 整机质量

5.2.1.1 测定仪器设备

地秤、台秤、吊秤(准确度等级为 GB/T 335 规定的中准确度等级)。

5.2.1.2 测定方法

5.2.1.2.1 使用地秤时，秤台面应能容纳被测样机的全部支撑点，将样机置于地秤台面平稳后，读取地秤读数即为被测样机的整机质量。

5.2.1.2.2 使用台秤时，台秤应放在平整、硬实的支撑面上，被测样机的质量应全部作用在台秤表面，稳定后读取被测样机质量。

5.2.1.2.3 使用吊秤时，吊秤支撑点应稳固，起吊钢丝绳应在允许的安全载荷范围内，缓慢吊起样机，待读数稳定后读取被测样机质量。

5.2.2 取样质量

5.2.2.1 测定仪器设备

台秤、电子天平(准确度等级为 GB/T 335 或 GB/T 7722 规定的中准确度等级)。

5.2.2.2 测定方法

测定应在无风环境下进行。使用台秤或电子天平称量样品时，应将台秤或电子天平调整水平后，在台面上放置样品，待仪器显示稳定后读取被测样品质量。

5.2.3 粉尘浓度

5.2.3.1 测定仪器设备

粉尘浓度测定装置、1/10 000 天平、粉尘采样器、滤膜。

5.2.3.2 测定条件

5.2.3.2.1 试验环境温度应在 10 ℃～35 ℃，相对湿度不大于 85%。

5.2.3.2.2 检测仪的量程、流量、准确度应满足有关标准要求，在正常工作状态各联接管路不应漏气，测试前应校准合格。

5.2.3.3 快速采样测定方法

用 MT/T 163—2019 直读式粉尘浓度测量仪，按 AQ/T 4268—2015 的方法测定。

5.2.3.4 滤膜平衡采样测定方法

5.2.3.4.1 滤膜准备

5.2.3.4.1.1 选择过氯乙烯滤膜或其他测尘滤膜，空气中粉尘浓度≤50 mg/m³ 时，用直径 37 mm 或 40 mm的滤膜；粉尘浓度＞50 mg/m³ 时，用直径 75 mm 的滤膜。

5.2.3.4.1.2 滤膜去静电后，用镊子将滤膜平放在洁净的白纸上，分开摆放，不得重叠，将其置于干燥器内平衡 24 h 后取出称其质量；然后再放回到干燥器内平衡 1 h 后再次称其质量，直至前后两次质量差不大于 0.4 mg 则认为质量恒定。

5.2.3.4.1.3 将称量后的滤膜编号，并记录其质量，用镊子放在对应编号的采样夹上装入滤膜盒备用。

5.2.3.4.2 粉尘采样器准备

5.2.3.4.2.1 采样器性能和技术指标应满足 GBZ/T 192.1 的要求。需要防爆的工作场所应使用防爆型粉尘采样器。

5.2.3.4.2.2 采样夹应满足总粉尘采样效率的要求，气密性检查应符合 GBZ/T 192.1 的规定，采样夹安装尺寸应符合使用滤膜的要求。

5.2.3.4.3 测定方法

5.2.3.4.3.1 测试点位置应选择在操作人员工作区域及粉尘浓度较大区域，启动样机正常运行 5 min 后，测量粉尘浓度。

5.2.3.4.3.2 测试时，将滤膜夹取出装在采样头上，滤膜毛面应朝进气方向，打开采样器，按粉尘采样仪使用说明书规定的使用方法调整好采样流量。根据样机产生粉尘程度确定采样时间，一般取样时间为 5 min～15 min。

5.2.3.4.3.3 采样结束后，将采样后的滤膜用镊子轻轻取下，放在洁净的白纸上，分开摆放，不得重叠，到实验室后放在干燥器内平衡 24 h 后称重并记录。

5.2.3.4.3.4 每个测点取 2 个平行样品，其偏差值小于 20%时则测试有效，取 2 个平行样品的平均值为该点的粉尘浓度。取多个测点测量时，结果取平均粉尘浓度值中较大值。分别按公式(1)、公式(2)、公式(3)、公式(4)计算标准状态下的抽气量、粉尘浓度、平均粉尘浓度和 2 个平行样品的偏差值。

a) 标准状态下的抽气量：

$$V_0 = V \times \frac{273}{273+t} \times \frac{p}{p_0} \quad (1)$$

式中：

V_0——换算为标准状态下抽气量的数值，单位为升(L)；

V——实际采样体积的数值，单位为升(L)；

t——采样时记录温度的数值，单位为摄氏度(℃)；

p——采样时记录大气压的数值，单位为帕(Pa)；

p_0——标准大气压(101 325 Pa),单位为帕(Pa)。

b) 粉尘浓度:

$$N=\frac{1000(W_2-W_1)}{V_0} \quad \cdots\cdots (2)$$

式中:

N ——粉尘浓度的数值,单位为毫克每立方米(mg/m³);

W_2——采样后滤膜质量的数值,单位为克(g);

W_1——采样前滤膜质量的数值,单位为克(g)。

c) 平均粉尘浓度:

$$N_i=\frac{N_1+N_2}{2} \quad \cdots\cdots (3)$$

式中:

N_i——第 i 测点粉尘浓度平均值的数值,单位为毫克每立方米(mg/m³);

N_1——第 1 个样品粉尘浓度的数值,单位为毫克每立方米(mg/m³);

N_2——第 2 个样品粉尘浓度的数值,单位为毫克每立方米(mg/m³)。

d) 2 个平行样品偏差值:

$$N_n=\frac{|N_1-N_2|}{N_i}\times 100 \quad \cdots\cdots (4)$$

式中:

N_n——2 个平行样品偏差值的数值,单位为百分号(%)。

5.3 振动

5.3.1 测定仪器设备

三维振动测量仪、测振仪。

5.3.2 测定条件

试验环境温度应在−5 ℃~35 ℃范围内。测定样机按工作要求配置完整附件、原料后,启动样机达到规定的工况状态,并保持运转平稳。调试振动测量仪达到正常测量状态后,将测量传感器固定垂直安装在技术文件规定的位置处。

5.3.3 测定方法

5.3.3.1 按产品使用说明书的规定要求操作样机,样机预热 15 min 后开始测试。

5.3.3.2 按样机规定工况要求,选择合适的测量挡位和量程,测量样机规定位置处的振动加速度。对于要求 x、y、z 3 个方向的振动加速度测量,宜使用三维振动仪一次测量,将振动传感器分别垂直于 x、y、z 3 个平面,连接仪表,选择挡位,测量读取振动有效值 a_{hwx}、a_{hwy}、a_{hwz},并按公式(5)计算总振动值 a_{hw}。对于被测样机要求一个方向测量的,将振动传感器垂直于该平面,测量读取振动有效值。结果测量 3 次,取其平均值。

$$a_{hw}=\sqrt{a_{hwx}^2+a_{hwy}^2+a_{hwz}^2} \quad \cdots\cdots (5)$$

式中:

a_{hw} ——总振动值的数值,单位为米每平方秒(m/s²);

a_{hwx}——为 x 方向上的频率计权加速度有效值的数值,单位为米每平方秒(m/s²);

a_{hwy}——为 y 方向上的频率计权加速度有效值的数值,单位为米每平方秒(m/s²);

a_{hwz}——为 z 方向上的频率计权加速度有效值的数值,单位为米每平方秒(m/s²)。

5.4 转速

5.4.1 测定仪器设备、工具

手持机械式转速表、手持光电式转速表、反光贴片。

5.4.2 接触式测定方法

缓慢地将手持机械式转速表探头与被测轴轴心接触并尽量使两轴共线，待转动稳定后读取转速值。

5.4.3 非接触式测定方法

将测定转速用的反光贴片粘贴在旋转轴的轴表面或端面远离轴中心位置；启动样机，使被测的旋转轴达到测定状态并保持稳定运转；打开手持光电式转速表测量按钮，使传感器接近反光贴片，待接收到信号读数显示正常后读取转速值。

5.5 扭矩

5.5.1 测定仪器设备

扭力扳手或扭矩测量仪、扭矩测量系统。

5.5.2 紧固件拧紧力矩测定方法

先在被测螺栓或螺母头部与被联结体上划一道线，确定相互的原始位置，然后将螺栓或螺母松开 1/4 圈，再用扭力扳手或扭矩测量仪将螺栓或螺母拧紧到原始位置，并读取扭矩值。

5.5.3 传动轴扭矩测定方法

5.5.3.1 将扭矩传感器接入被测的动力轴与负载轴之间，固定传感器外壳和信号输出线，使其保持相对固定状态，避免信号线发生缠绕。

5.5.3.2 启动样机，使样机进入正常工作状态并保持稳定运转。

5.5.3.3 开启扭矩测量系统，按扭矩测量系统使用说明书要求测定被测轴的实际扭矩。

5.6 压力

5.6.1 测定仪器设备

大气压力表、微压计、毕托管、压力表或压力测量仪。

5.6.2 测定方法

5.6.2.1 大气压力选择大气压力表放置在样机使用的环境中进行读数测定。

5.6.2.2 与大气相通的流动气压测定应选择微压计、毕托管组合，按微压计使用说明书规定分别测量总压力和静压力；对密闭气体选择压力表或压力测量仪测量，压力仪表安装应符合测量仪表的使用要求。

5.6.2.3 液体压力测定选择压力表或压力测量仪测量，压力仪表安装应符合测量仪表的使用要求。

5.7 电参数

5.7.1 电功率

5.7.1.1 测定仪器设备

电参数测量仪、电压表、电流表。

5.7.1.2 测定方法

5.7.1.2.1 测定单相负载功率时，应使用单表法测量。测定三相负载功率，三相负载均衡配置时，宜采用三相二表法测量；当三相负载配置不均衡时，应采用三相四线的方法。

5.7.1.2.2 将电参数测量仪按仪器使用说明书要求连接到被测电路，接入仪表电源，在被测量设备断电的情况下，按顺序接好电压接线，再依电压顺序将对应的电流卡钳分别卡入被测设备电源输入端，所有电流卡钳方向应一致并指向用电负载方向。

5.7.1.2.3 打开电参数测量仪开关，观察电源各相电压应与被测电压一致，根据被测设备实际工作情况，选择测量参数量程。

5.7.1.2.4 开启被测样机设备，按规定工况测量所需时间内的功率、耗电量、电流、电压等参数。

5.7.2 绝缘电阻

5.7.2.1 测定仪器设备

绝缘电阻表。

5.7.2.2 测定方法

5.7.2.2.1 应根据测量设备输入电压进行选择，通常 100 V～500 V 电气设备或回路，采用 500 V

100 MΩ及以上绝缘电阻表。

5.7.2.2.2 绝缘电阻测定时，必须切断电源。

5.7.2.2.3 测定电机绝缘电阻时，应将绝缘电阻表一端(L)接通电机绕组的出线一端，另一端(E)触及电机裸露的金属外壳或铭牌，读数稳定后，以电阻最小值为最终测量值。

5.7.2.2.4 测定设备绝缘电阻时，应避免测量回路断路，测量带电端与设备外壳之间的最小电阻值。

5.8 声学参数

5.8.1 测定仪器设备

声级计。

5.8.2 测定条件

5.8.2.1 噪声测试时环境温度应在−5 ℃～35 ℃范围内，离地表1.2 m处的平均风速不大于5 m/s。风速大于1 m/s时，应使用声级计配带的防风罩。

5.8.2.2 室内噪声测定时，样机周围不应有影响测试的障碍物，样机与墙壁的距离应大于2 m。当房间长度和宽度小于顶棚高度3倍时，应按GB/T 3768—2017中附录A规定的要求进行环境修正。

5.8.2.3 场地噪声测定时，测试场地应平坦、空旷，在距离测区中心半径50 m的范围内(受试验场地限制时，允许距离测区中心半径不小于25 m)，不应有建筑物、围墙、树、机器设备和车辆等反射物。

5.8.2.4 在声级计传声器和被测样机之间不应有人或其他障碍物。传声器附近不应有影响声场的障碍物，观测人员应处于不影响声级计读数的地方。

5.8.2.5 测量前，样机应经过预热，使各部分达到正常工作温度后再开始测量。

5.8.2.6 测试前或测试后应测量背景噪声。测量时样机应停止工作。所测背景噪声应比实际测量噪声值至少低10 dB(A)，否则应按以下原则修正：

a) 当每个测点上测量的噪声值与背景噪声之差小于3 dB(A)时，测量结果无效；

b) 当每个测点上测量的噪声值与背景噪声之差大于10 dB(A)时，则背景噪声的影响可忽略不计；

c) 当每个测点上测量的噪声值与背景噪声之差为3 dB(A)～10 dB(A)时，则应按表1进行修正。

表1 背景噪声修正值

背景噪声与样机测量噪声的差值(ΔL_1)，dB(A)	$3\leqslant\Delta L_1\leqslant4$	$4\leqslant\Delta L_1<6$	$6\leqslant\Delta L_1\leqslant10$
从测量值中应减去，dB(A)	3	2	1

5.8.3 固定设备的噪声测定方法

5.8.3.1 将样机轮廓尺寸作为基准体，在基准体外表面距离为1 m的空间假定为噪声源测量面，一般选择平行六面体为测量面。

5.8.3.2 根据噪声源测量面积、测试室内表面总面积及“A”计权平均吸声系数，按GB/T 3768—2017中附录A进行环境修正，确定环境修正值。对于平行六面体为测量面，按GB/T 3768—2017中7.2.4条规定的方法计算测量面积。

5.8.3.3 传声器置于噪声源测量面水平位置，面向噪声源并与测量面垂直，距离地面高度为1.5 m，用声级计的慢挡测量。除有特殊要求外，测点不应少于4点，每个测点沿样机四周的矩形测量面中心各取1点。在试验过程中的前期、中期、后期分别进行测量，当相邻测点实测噪声值相差超过5 dB(A)时，应在其间矩形测量面上增加测点，每个测点测量3次，每次测量中，取各点噪声的平均值为测定结果。取3次结果的算术平均值作为样机噪声值。

5.8.3.4 当样机的长度大于等于4倍的宽度时，测量点应在正对样机长度方向测量面1 m处，用声级计沿被测样机测量面移动，每间隔1 m作为一个参考点，测量样机的噪声值，经对背景噪声修正后，计算样机噪声值。

5.8.4 操作者位置处噪声测定方法

样机应在规定的工作状态下正常运转，用声级计的“A”计权网络和“慢”挡进行测量。将声级计传声器安放在操作者位置处噪声较大的一侧，并使传声器朝前，与眼眉等高，距头部中心平面(200±20)mm 的耳旁处。测 3 次取最大值为测定结果。

5.8.5 **动态环境噪声测定方法**

5.8.5.1 动态环境噪声测定时，试验场地应有 20 m 以上的平直、干燥的混凝土、沥青或类似硬质材料路面。

5.8.5.2 试验场地示意图见图 1。在跑道上应标出跑道中心线 CC，跑道中心线垂直并通过测试场地的中心线 PP，始端线 AA 和终端线 BB 与 PP 线平行并与其相距 10 m，传声器与中心线 CC 相距(7.5±0.05)m，并高出地面(1.2±0.05)m，传声器应朝向测试样机且与地面平行。

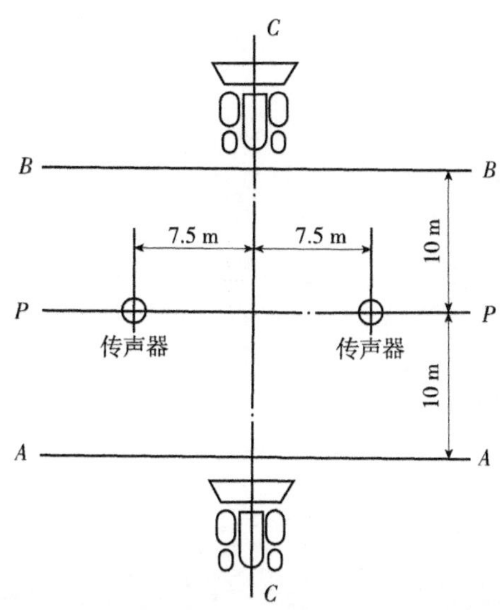

图 1 动态环境噪声测定试验场地示意图

5.8.5.3 测试时，样机工作部件停止运动，样机的中心线应在跑道的中心线上。样机以 3/4 的最高行驶速度平稳地驶进 AA 线，立即将油门加大到最大位置，一直保持到样机后端通过 BB 线。

5.8.5.4 采用声级计的“A”计权和“快”挡进行测量。试验至少往返各测 2 次。样机通过测区时，记录声级计的最大读数。在样机同一侧两次测量结果之差不大于 2 dB(A)时，测得的结果有效。

ICS 65.060.40
CCS B 91

中华人民共和国农业行业标准

NY/T 4258—2022

植保无人飞机　作业质量

Crop protection UAS—Spraying quality

2022-11-11 发布　　2023-03-01 实施

中华人民共和国农业农村部　发布

前　　言

本文件按照 GB/T 1.1—2020《标准化工作导则　第 1 部分：标准化文件的结构和起草规则》的规定起草。

请注意本文件的某些内容可能涉及专利。本文件的发布机构不承担识别专利的责任。

本文件由农业农村部农业机械化管理司提出。

本文件由全国农业机械标准化技术委员会农业机械化分技术委员会(SAC/TC 201/SC 2)归口。

本文件起草单位：农业农村部南京农业机械化研究所、中国农业机械化协会、广州极飞科技有限公司、华南农业大学、中国农业科学院植物保护研究所、安阳全丰航空植保科技股份有限公司、深圳市大疆创新科技有限公司、深圳高科新农技术有限公司、无锡汉和航空技术有限公司、北大荒通用航空有限公司、中国农业机械化科学研究院、南京模拟技术研究所、南京南机智农农机科技研究院有限公司、苏州极目机器人科技有限公司、广西田园生化股份有限公司。

本文件主要起草人：薛新宇、顾伟、彭斌、杨林、兰玉彬、袁会珠、孙竹、徐阳、王志国、程忠义、毛越东、孙向东、李光旭、朱立成、韩正伟、张毅、董雪松、李卫国。

植保无人飞机　作业质量

1　范围

本文件规定了植保无人飞机施药作业的作业质量要求、检验方法和检验规则。

本文件适用于植保无人飞机施药作业的质量评定。

2　规范性引用文件

下列文件中的内容通过文中的规范性引用而构成本文件必不可少的条款。其中，注日期的引用文件，仅该日期对应的版本适用于本文件；不注日期的引用文件，其最新版本（包括所有的修改单）适用于本文件。

NY/T 3213　植保无人飞机　质量评价技术规范

3　术语和定义

NY/T 3213 界定的术语和定义适用于本文件。

4　作业质量要求

4.1　作业条件

4.1.1　机具

植保无人飞机应符合 NY/T 3213 的规定。

4.1.2　操控员

操控员应经过专业的培训，取得操控植保无人飞机作业的资质。

4.1.3　农药

4.1.3.1　应有农药登记证、生产许可证和注册商标。

4.1.3.2　应有明确的产品名称、用量、配兑、毒性、生产日期和有效期等说明。

4.1.3.3　宜使用低容量或超低容量液剂。

4.1.4　田块

4.1.4.1　连片的林地、草场或大田，种植密度均匀的果树或作物，单一田块面积宜不小于 0.2 hm^2。

4.1.4.2　作业为单块田时，沿田块长宽方向的对边中点连接十字线，把田块划分成 4 块，随机抽取对角的 2 块作为检测样本。

4.1.4.3　作业为多块田时，随机选取其中的 2 块作为检测样本。

4.1.5　环境

应无雨、少露，气温在 5 ℃～35 ℃，风速不大于 5 m/s。

4.2　作业质量指标

在 4.1 规定的作业条件下，作业质量应符合表 1 的规定。

表 1　作业质量要求

序号	项目		施液量 q，L/hm^2				检测方法对应的条款号
			$q\leqslant7.5$	$7.5<q\leqslant15$	$15<q\leqslant45$	$q>45$	
1	雾滴密度，滴/cm^2	内吸性药剂	≥10	≥15	≥20	≥30	5.2
		非内吸性药剂		≥20	≥30	≥50	
2	雾滴密度分布均匀性变异系数		≤65%	≤45%			5.3

5 检测方法

5.1 检测前准备

5.1.1 检测用仪器、设备应经过计量检定或校准,并在有效期内。

5.1.2 将植保无人飞机调整到正常工作状态,校准喷雾量,设置飞行速度、飞行高度、喷洒幅宽、喷洒量等作业参数。

5.1.3 应标记检测边界,以便于检测。

5.2 雾滴密度检测

5.2.1 采样点分布设置

采样点按以下原则设置:

a) 高大作物(如橡胶树、果树等),选取有代表性高度的 3 株,在每株树冠上、中、下的每一个等高平面内均布 10 个点设置采样点,采样面朝上。

b) 一般作物(如玉米、高粱、棉花、水稻、小麦等作物的中、后期),在每个作业喷幅内,随机选取一行,每行中均匀间隔选取 10 株。每株在其最高处(上)、株高 3/4 处(中)、株高 1/4 处(下)设置采样点,采样面朝上。

c) 低矮作物(如牧草、山芋、花生或其他作物的苗期),在每个作业喷幅内,随机选取一行,每行中均匀间隔选取 10 株,每株随机设置采样点一处,采样面朝上。

5.2.2 雾滴收集测量

5.2.2.1 雾滴的收集采样选择以下 2 种方法之一进行:

a) 纸卡法。在喷洒的药液中加入染色剂,在每一个采样点固定一片纸卡,喷洒后收回纸卡。水田等潮湿环境宜采用纸卡法。

b) 水敏纸法。在每一个采样点固定一片水敏纸,喷洒后收回水敏纸。

5.2.2.2 读取每一个纸卡或水敏纸上的雾滴数量。计算平均每平方厘米的雾滴数,即雾滴密度。读数计算可选择以下 2 种方法之一进行:

a) 在纸卡或水敏纸表面覆盖 1 cm^2 方孔的纸卡,通过方孔以 5 倍~10 倍手持放大镜观察计数;

b) 纸卡或水敏纸经拍照或扫描后,使用专用图像分析软件分析计算。

5.3 雾滴密度分布均匀性检测

5.3.1 采样点分布设置

在作业区均匀间隔选取 10 行,每行均匀分成 10 段。然后选取每个取样段内作物冠层顶部作为一个采样点,采样点尽可能地均布,采样面朝上。可与 5.2 同步进行。

5.3.2 变异系数的计算

平均雾滴密度按公式(1)计算。

$$\bar{q}=\frac{\sum_{i=1}^{n} q_i}{n} \qquad (1)$$

式中:

$\bar{q}$ ——平均雾滴密度的数值,单位为滴每平方厘米(滴/cm^2);

q_i——各采样点雾滴密度的数值,单位为滴每平方厘米(滴/cm^2);

n ——采样点数。

雾滴密度标准差按公式(2)计算。

$$S=\sqrt{\frac{\sum_{i=1}^{n}(q_i-\bar{q})^2}{n-1}} \qquad (2)$$

式中:

S——雾滴密度标准差的数值,单位为滴每平方厘米(滴/cm^2)。

雾滴密度分布均匀性变异系数按公式(3)计算。

$$V=\frac{S}{\bar{q}}\times 100 \quad \cdots\cdots (3)$$

式中:

V——雾滴密度分布均匀性变异系数的数值,单位为百分号(%)。

6 检验规则

6.1 作业质量考核项目

作业质量考核项目应符合表2的规定。

表2 作业质量考核项目表

序号	考核项目
1	雾滴密度
2	雾滴密度分布均匀性

6.2 判定规则

对所有的考核项目进行逐项考核。项目全部合格,则判定作业质量为合格;否则为不合格。

ICS 65.060.40
CCS B 91

中华人民共和国农业行业标准

NY/T 4259—2022

植保无人飞机　安全施药技术规程

Crop protection UAS—Technical code for safe application of pesticides

2022-11-11 发布　　2023-03-01 实施

中华人民共和国农业农村部　发布

前　言

本文件按照 GB/T 1.1—2020《标准化工作导则　第 1 部分:标准化文件的结构和起草规则》的规定起草。

请注意本文件的某些内容可能涉及专利。本文件的发布机构不承担识别专利的责任。

本文件由农业农村部农业机械化管理司提出。

本文件由全国农业机械标准化技术委员会农业机械化分技术委员会(SAC/TC 201/SC 2)归口。

本文件起草单位:农业农村部南京农业机械化研究所、中国农业机械化协会、北大荒通用航空有限公司、华南农业大学、中国农业机械化科学研究院、中国农业科学院植物保护研究所、安阳全丰航空植保科技股份有限公司、广州极飞科技有限公司、深圳市大疆创新科技有限公司、无锡汉和航空技术有限公司、深圳高科新农技术有限公司、南京模拟技术研究所、苏州极目机器人科技有限公司、北京韦加智能科技股份有限公司、南京南机智农农机科技研究院有限公司。

本文件主要起草人:薛新宇、孙竹、顾伟、兰玉彬、郭庆才、杨林、袁会珠、孔伟、徐阳、朱立成、王志国、彭斌、程忠义、孙向东、毛越东、韩正伟、董雪松、于保宏。

植保无人飞机　安全施药技术规程

1　范围

本文件规定了植保无人飞机安全施药作业的基本条件、作业准备、施药作业和作业后要求。

本文件适用于植保无人飞机的安全施药操作。

2　规范性引用文件

下列文件中的内容通过文中的规范性引用而构成本文件必不可少的条款。其中，注日期的引用文件，仅该日期对应的版本适用于本文件；不注日期的引用文件，其最新版本（包括所有的修改单）适用于本文件。

NY/T 3213　植保无人飞机　质量评价技术规范

3　术语和定义

NY/T 3213 界定的术语和定义适用于本文件。

4　基本条件

4.1　植保无人飞机运营人应具有法律、法规所规定的相应资质。

4.2　植保无人飞机的操控员应持有法律、法规所认定的相应证照。

4.3　参与施药的作业人员应掌握以下知识和技能：

a）涉及植保无人飞机作业的法律和法规；

b）植保基础知识和常识；

c）飞行作业的基本流程；

d）化学农药基础知识和安全处理方法，承装农药容器的正确处置方法；

e）人体在农药中毒后的主要症状，以及应当采取的紧急措施。

4.4　下列人员不应参与植保无人飞机施药作业活动：

a）饮酒或服用国家管制的精神或者麻醉药品的；

b）过度疲劳或出现身体不适的；

c）皮肤损伤未愈者及哺乳期妇女、孕妇；

d）患有妨碍安全操作疾病的。

4.5　植保无人飞机应在主管部门注册登记，并已直接或间接加入了政府主管部门批准的远程监管平台。

4.6　植保无人飞机的作业环境应符合：气温在 5 ℃～35 ℃，风速不大于 5 m/s，以及非雨、雪、雾、雷等恶劣天气。

5　作业准备

5.1　作业区域

5.1.1　作业人员在施药作业前，应充分调查作业区域及周边环境信息，综合评估本次施药作业的安全性，如存在下列安全隐患，不应作业：

a）喷洒区内部及周边邻近障碍物严重影响飞行安全；

b）会对周边其他作物或家畜、桑蚕、蜂类、鱼类等生物构成伤害；

c）会对周边水源地、河流、水库等构成污染；

d）会对喷洒区周边幼儿园、学校、医院等的公共安全构成侵害；

e) 会侵入周边禁飞区、人口稠密区、重点区。

5.1.2 作业前应设置安全隔离区，在计划作业的地块周围竖立警示标志，并明示可进入该区域的建议时间。

5.2 人员

现场应有指定作业负责人，负责现场作业安全和环境安全。所有作业人员应穿戴好防护服、防护帽、口罩、防护镜、水靴等装备。

5.3 机具

作业人员应按生产企业提供的技术要求对整机进行安全检查，确保其状态良好。检查应至少包括以下内容：

a) 各部件连接紧固；

b) 动力及传动装置运转灵活；

c) 电气和通信设备自检无异常；

d) 喷洒装置通畅性和密封性良好；

e) 整机试运转，运行正常。

6 施药作业

6.1 药剂使用

作业人员应按照农药产品登记的防治对象和安全间隔期选择农药，按照作业要求稀释药液，加入药液箱，不得超过药液箱额定容量，加液口应密封。

6.2 起降点和作业路径设置

6.2.1 起降点应位于田块上风处，且周围视野开阔，无障碍物遮挡，起降点长度和宽度不得少于机具对应长、宽的 1.5 倍。

6.2.2 作业路径应与田间障碍物保持生产企业明示的安全距离。

6.2.3 作业路径应与家畜、桑蚕、蜂类、鱼类或其他药剂敏感作物保持不小于 500 m 的安全距离，且不可设置在敏感区域上风向。

6.2.4 作业路径应与公路、行人众多的区域保持不小于 50 m 的安全距离。

6.3 作业中安全要求

6.3.1 作业人员不得吸烟、饮水和进食。

6.3.2 操控员不得双手脱离遥控器或操控设备，还应时刻观察机具的飞行状态。

6.3.3 作业人员应置身于机具的上风处。

6.3.4 作业人员应与机具保持不低于 15 m 以上的安全距离或生产企业说明书规定的安全距离。

6.3.5 作业人员加油时应避免静电。

6.3.6 药液不应喷洒到施药目标以外的农、林、牧、渔等区域。

6.3.7 飞行作业不应对周边公共设施及人员构成安全隐患。

6.4 应急处置

6.4.1 作业时如出现下列情况应立即停止作业：

a) 机具运行出现异响；

b) 操控失准、失灵；

c) 监控到飞行数据异常；

d) 出现不符合 4.6 所述气象条件的情况；

e) 作业区域闯入人员、家畜、车辆等可能发生碰撞事故的不安全情况；

f) 其他可能存在安全隐患的情形。

6.4.2 发生重大人身伤害或财产损失时，应立即停止作业，保护现场，及时报告和处置。

7 作业后要求

7.1 燃油动力植保无人飞机应排空燃油，用专用油箱单独保存。电池动力植保无人飞机应拆卸电池，放置在干燥避光处。

7.2 药箱中未喷完的药液应回收，并妥善存放在专用容器中。处理农药时，应按照农药安全使用说明进行。

7.3 应对药箱、过滤器、管路等进行清洗，将清洗液再喷洒到目标作物上，但应保证这种重复喷洒不会超过所用农药产品标签上标明的使用剂量。

7.4 应在施药区域周边竖立安全警示标记，并标明施药日期及安全期，安全期过后应及时拆除。

7.5 农药的外包装应安全带离作业现场并妥善处理，不可乱丢乱放。

7.6 作业人员应及时换下防护装备，清洗手、脸等裸露部分的皮肤，并用清水漱口。换下的防护装备应立即清洗 2 遍～3 遍，晾干存放。

7.7 运输过程中应实施人机分离，避免农药对人体造成伤害。

7.8 应将植保无人飞机置于干燥、通风、避光、无人居住的室内存放，并远离酸碱物质。

ICS 65.060.40
CCS B 91

中华人民共和国农业行业标准

NY/T 4260—2022

植保无人飞机防治小麦病虫害作业规程

Operation code for wheat diseases and pests’control by crop protection UAS

2022-11-11 发布 2023-03-01 实施

中华人民共和国农业农村部 发布

前　言

本文件按照 GB/T 1.1—2020《标准化工作导则　第 1 部分：标准化文件的结构和起草规则》的规定起草。

请注意本文件的某些内容可能涉及专利。本文件的发布机构不承担识别专利的责任。

本文件由农业农村部农业机械化管理司提出。

本文件由全国农业机械标准化技术委员会农业机械化分技术委员会（SAC/TC 201/SC 2）归口。

本文件起草单位：华南农业大学、安阳全丰航空植保科技股份有限公司、山东理工大学、安阳全丰生物科技有限公司、安阳工学院、国家航空植保科技创新联盟、农业农村部南京农业机械化研究所、中国农业科学院植物保护研究所、河南省植保植检站、安阳市植保植检站、淄博市数字农业农村发展中心、河南省农药检定站、拜耳作物科学（中国）有限公司、深圳市大疆创新科技有限公司、河北威远生物化工有限公司、先正达（中国）投资有限公司、北方天途航空技术发展（北京）有限公司。

本文件主要起草人：兰玉彬、王志国、薛新宇、袁会珠、李好海、刘越、蒙艳华、闫晓静、王国宾、陈盛德、张亚莉、周真、张朋飞、张廷琴、王刚、王朝阳、周玉红、梁自静、张国伟、杨涛、曹琼、赵建芹、王轩、齐枫、杨苡、孟香清。

植保无人飞机防治小麦病虫害作业规程

1 范围

本文件规定了应用植保无人飞机防治小麦病虫害的基本要求和作业流程。

本文件适用于植保无人飞机喷施农药防治小麦病虫害。

2 规范性引用文件

下列文件中的内容通过文中的规范性引用而构成本文件必不可少的条款。其中，注日期的引用文件，仅该日期对应的版本适用于本文件；不注日期的引用文件，其最新版本（包括所有的修改单）适用于本文件。

GB/T 17980.22 农药 田间药效试验准则（一） 杀菌剂防治禾谷类白粉病

GB/T 17980.23 农药 田间药效试验准则（一） 杀菌剂防治禾谷类锈病（叶锈、条锈、秆锈）

GB/T 17980.78 农药 田间药效试验准则（二） 第78部分：杀虫剂防治小麦吸浆虫

GB/T 17980.79 农药 田间药效试验准则（二） 第79部分：杀虫剂防治小麦蚜虫

NY/T 1276 农药安全使用规范总则

NY/T 1464.15 农药 田间药效试验准则 第15部分：杀菌剂防治小麦赤霉病

NY/T 3213 植保无人飞机 质量评价技术规范

3 术语和定义

下列术语和定义适用于本文件。

3.1

飞防助剂 adjuvants for UAS application

植保无人飞机施药作业中，添加在喷雾药液中具有抗飘移、促沉降等性能的辅助物质。

4 基本要求

4.1 人员

植保无人飞机运营人、操控员及所有参与施药的作业人员均应符合相关规定。

4.2 植保无人飞机

植保无人飞机应符合 NY/T 3213 的规定，并已直接或间接加入了政府主管部门批准的远程监管平台。

4.3 药剂

4.3.1 药剂应符合 NY/T 1276 的有关规定。根据病虫害抗性治理的原则，选择不同作用机理的农药交替轮换使用，合理混配。

4.3.2 在低稀释倍数下的农药稀释液应稳定，适合低容量喷雾或超低容量喷雾，且不会对小麦产生药害。多种药剂混配使用时，应当提前做预混配试验，避免药剂产生反应。

4.3.3 药剂有效成分的选择见附录A。

4.4 飞防助剂

飞防作业时，可选择添加飞防助剂。不同类型飞防助剂产品应按照标签要求使用，并保证对靶标作物安全，且与药液溶液有很好的兼容性，无分层、絮凝、沉淀等问题。

4.5 气象条件

应在无雨、少露、无雾，气温在5 ℃～35 ℃，风速<5 m/s 的天气下作业。

5 作业流程

5.1 作业前

5.1.1 勘察作业条件

作业人员在施药作业前，应充分调查作业区域及周边环境信息，综合评估本次施药作业的安全性。若喷洒区域周边500 m内且位于下风向存在以下安全隐患，不应作业：

a) 有其他作物、家畜、桑蚕、蜂类、鱼类等农药敏感生物；

b) 有幼儿园、学校、医院等公共设施或人口稠密区；

c) 有水源地、河流、水库等。

5.1.2 调查病虫害发生情况

选择有代表性的小麦田地块，查明病虫害的发生种类、程度、面积和区域。综合考虑以下病虫害的混合发生与防治适宜期，确定防治时期，并结合病虫害实际发生情况，选择药剂组合。

小麦主要病虫害防治指标/条件及防治时期见表1。

表1 小麦主要病虫害防治指标/条件及防治时期

防治对象	防治指标/条件	防治时期
蚜虫	百株蚜虫达500头	返青拔节期
白粉病	白粉病田间病叶率5%	
锈病	条锈病苗期病叶率0.5%，叶锈病田间病叶率5%	
红蜘蛛	红蜘蛛每片叶不少于10头	
赤霉病	小麦扬花期遇高湿天气	穗期，扬花10%时第一次施药，结合实际天气，7 d后根据情况进行第二次施药
穗蚜	百株穗蚜达500头	
吸浆虫	吸浆虫苗期陶土每平方米大于5头	
白粉病	白粉病田间病叶率5%	
锈病	条锈病苗期病叶率0.5%，叶锈病田间病叶率5%	

5.1.3 制定作业方案

5.1.3.1 作业方案包括植保无人飞机作业参数制定、作业人员分工、药剂配制及作业安全事项等。

5.1.3.2 作业参数的制定应当综合考虑地块、天气、病虫害情况、植保无人飞机性能等因素，并结合植保无人飞机厂家的建议参数，选择合适的作业高度、作业速度和喷幅宽度。

5.1.3.2.1 作业参数的确定按公式(1)计算。

$$V=\frac{Q\times 10000}{q\times D\times 60} \quad \cdots\cdots (1)$$

式中：

V——飞行速度的数值，单位为米每秒(m/s)；

Q——喷头总流量的数值，单位为升每分钟(L/min)；

q——每公顷喷液量的数值，单位为升每公顷(L/hm^2)；

D——喷幅的数值，单位为米(m)。

5.1.3.2.2 防治以下病虫害组合时，一般推荐作业参数符合表2的要求。

表2 小麦田防治混合靶标病虫害时一般推荐作业参数

防治时期	防治对象	作业参数		
		作业高度[a]，m	作业速度，m/s	施药液量[b]，L/亩
返青拔节期	蚜虫、白粉病、锈病、红蜘蛛等	1.5～3.0	3～7	1.0～2.0
穗期	赤霉病、穗蚜、吸浆虫、白粉病、锈病等	1.5～3.0	3～7	1.5～2.0
[a] 植保无人飞机喷洒时距离作物冠层顶端的高度。 [b] 农药、助剂和水的量。				

5.1.4 配制药剂

应按照二次稀释法的要求进行药剂配制，配好的药液应现混现用。用带有搅拌装置的配药箱为植保无人飞机正常作业提供配药服务。步骤如下：

a) 称量药剂后，在混药桶中加入少量水，充分搅拌稀释成一定浓度的“母液”；

b) 配药桶中先注入 1/4～1/3 的水，分别将“母液”按照“先固体后液体”的顺序进行桶混，具体顺序为：固体肥料→水溶性粉剂→水溶性粒剂→水分散粒剂→水基悬浮剂→水溶性液剂→悬乳剂→可分散油悬浮剂→乳油→表面活性剂、油、助剂、液态肥料；

c) 用少量水清洗盛药器皿和包装至少 3 次，将清洗液倒入配药桶；

d) 根据施药液量，加水稀释至所需用量，充分搅拌均匀。

5.1.5 调试机具

5.1.5.1 确保植保无人飞机整机及辅助设备，包括电池、遥控器等配备齐全，并处于正常可使用状态。

5.1.5.2 校准喷头流量、飞行控制系统、标定点等。

5.1.6 起降点与航线规划

5.1.6.1 起降点应处于作业区域上风处，且周围视野开阔，无障碍物遮挡。

5.1.6.2 应综合考虑作业区域、天气条件、小麦病虫害情况等因素，合理规划航线。

5.2 作业中

5.2.1 作业人员添加清水开展模拟作业，以确保植保无人飞机适合喷洒作业。

5.2.2 植保无人飞机按照灌药、安检、起飞、喷洒、降落 5 个步骤开展循环操作作业，直至喷洒完成。具体步骤如下：

a) 将配药桶中配置好的药液通过灌药机自动灌装或通过漏斗手动灌装到植保无人飞机药箱。

b) 开展安全检查，以确保桨叶、机架固定牢固，无裂痕、损坏，确保电池、药箱固定牢固。接通动力电源，完成设备自检。

c) 选择作业模式，为保证作业质量，推荐采用全自主飞行模式。根据作业方案，设置作业参数。确保所有作业人员与机具保持 15 m 以上或参照生产企业说明书规定的安全距离，操作植保无人飞机起飞。

d) 开启喷洒系统，按照规划的航线执行喷洒，作业完成后，关闭喷洒系统。

e) 确保起降点无障碍物后，将机具返航至起降点，关闭电源。

5.2.3 若发生意外情况，应采取相应的应急处理措施。

5.2.3.1 若遇天气剧烈变化，应当立即停止作业，并将植保无人飞机返回起降点，等天气条件符合要求后再进行作业。

5.2.3.2 若喷洒系统故障时，应立即停止喷洒，并将机具返航至起降点，及时维修。

5.2.3.3 若发生信号干扰、人员闯入时，应酌情选择就地迫降或返航，避免发生事故。

5.2.3.4 若发生失控状况时，要及时提醒周边区域人员，紧急避让，并追踪失控无人机，直至落地。

5.2.3.5 若发生飞机摔机事故时，应检查飞机损坏程度。满足修理条件的，应修复试飞后继续作业；若不能及时修复，应更换备用机继续作业。

5.2.3.6 喷溅到身上的农药应立即清洗，如发生头昏、恶心、呕吐等中毒症状时，应及时采取救治措施，并向医院提供所用农药有效成分、个人防护等相关信息。

5.3 作业后

5.3.1 检查携带物品，避免遗漏及丢失。

5.3.2 填写田间喷雾情况及用药档案记录，见附录 B。

5.3.3 植保无人飞机、废弃包装、剩余药液、作业人员、运输和存放等应按照有关规定执行。

5.3.4 作业质量可采用纸卡法或水敏纸法检查雾滴密度和雾滴密度分布均匀性进行评估。

5.3.5 应定期对作业区域防治效果进行调查、评估。蚜虫(包括穗蚜)、白粉病、锈病、吸浆虫、赤霉病的防治效果可按 GB/T 17980.22、GB/T 17980.23、GB/T 17980.78、GB/T 17980.79、NY/T 1464.15 的有关规定执行。

附　录　A
（资料性）
小麦主要病虫害防治常用药剂成分

小麦主要病虫害防治常用药剂成分参见表A.1。

表A.1　小麦主要病虫害防治常用药剂成分

防治对象	药剂中文通用名
蚜虫	吡虫啉、吡蚜酮、啶虫脒、呋虫胺、氟啶虫酰胺、高效氯氰菊酯、高效氯氟氰菊酯、联苯菊酯、氯虫菊酯、噻虫嗪、噻虫胺、溴氰菊酯
红蜘蛛	阿维菌素、联苯菊酯、哒螨灵
白粉病	吡唑醚菌酯、丙环唑、粉唑醇、氟环唑、环丙唑醇、己唑醇、甲基硫菌灵、腈菌唑、嘧菌酯、醚菌酯、咪鲜胺、氯啶菌酯、三唑酮、肟菌酯、戊唑醇、烯唑醇、烯肟菌胺
锈病	吡唑醚菌酯、丙环唑、啶氧菌酯、粉唑醇、氟环唑、环丙唑醇、己唑醇、嘧菌酯、噻呋酰胺、戊唑醇、申嗪霉素、烯唑醇
赤霉病	丙硫菌唑、多菌灵、粉唑醇、己唑醇、甲基硫菌灵、嘧菌酯、醚菊酯、咪鲜胺、咪鲜胺锰盐、氰烯菌酯、噻霉酮、肟菌酯、戊唑醇
纹枯病	苯醚甲环唑、丙环唑、氟环唑、木霉菌、己唑醇、井冈霉素、咪鲜胺、三唑醇、肟菌酯、戊唑醇

附　录　B
（资料性）
田间喷雾情况及用药档案记录

田间喷雾情况及用药档案记录参见表 B.1。

表 B.1　田间喷雾情况及用药档案记录

<table>
<tr><td colspan="2">作业地点</td><td colspan="3"></td><td colspan="5">作业时间</td><td colspan="2"></td></tr>
<tr><td colspan="2">作业人员</td><td colspan="3"></td><td colspan="5">飞机类型</td><td colspan="2"></td></tr>
<tr><td colspan="2">小麦生育期</td><td colspan="2"></td><td colspan="4">防治靶标</td><td colspan="4"></td></tr>
<tr><td colspan="12">小麦飞防用药名称及使用剂量</td></tr>
<tr><td rowspan="2">药剂名称</td><td colspan="2">杀虫剂</td><td>杀菌剂</td><td colspan="3">调节剂</td><td colspan="2">助剂</td><td colspan="2" rowspan="2">总药剂量，mL</td><td rowspan="2">亩用水量，mL</td></tr>
<tr><td colspan="2"></td><td></td><td colspan="3"></td><td colspan="2"></td></tr>
<tr><td>药剂剂量</td><td colspan="2"></td><td></td><td colspan="3"></td><td colspan="2"></td><td colspan="2"></td><td></td></tr>
<tr><td colspan="12">施药过程中气象条件</td></tr>
<tr><td colspan="2">风向，°</td><td colspan="3">风速，m/s</td><td colspan="5">温度，℃</td><td colspan="2">相对湿度，%</td></tr>
<tr><td colspan="2"></td><td colspan="3"></td><td colspan="5"></td><td colspan="2"></td></tr>
<tr><td colspan="3">飞机载药量，L</td><td colspan="9"></td></tr>
<tr><td colspan="3">作业面积，亩</td><td colspan="3"></td><td colspan="4">个人防护设备</td><td colspan="2"></td></tr>
</table>

第五部分

农产品加工标准

ICS 67.080.10
CCS B 31

中华人民共和国农业行业标准

NY/T 4168—2022

果蔬预冷技术规范

Technical specification for pre-cooling of fruits and vegetables

2022-07-11 发布　　2022-10-01 实施

中华人民共和国农业农村部 发布

前 言

本文件按照 GB/T 1.1—2020《标准化工作导则　第1部分:标准化文件的结构和起草规则》的规定起草。

本文件由农业农村部市场与信息化司提出。

本文件由农业农村部农产品冷链物流标准化技术委员会归口。

本文件起草单位:天津科技大学、宁夏夏能生物科技有限公司、中国农业大学、大有作为(天津)冷链设备有限公司、天津捷盛东辉保鲜科技有限公司、天津农科食品生物科技有限公司、天津盛天利材料科技有限公司、天津绿新低温科技有限公司。

本文件主要起草人:李喜宏、贾晓昱、常戈、陈兰、曹建康、李建军、姜云斌、邵重晓、王海芬、段丽华、郑艳丽。

果蔬预冷技术规范

1 范围

本文件规定了果蔬预冷技术的预冷方式选择、预冷前准备、采收与质量要求、包装、预冷、预冷终止与储运。

本文件适用于水果、蔬菜的采后预冷。

2 规范性引用文件

下列文件中的内容通过文中的规范性引用而构成本文件必不可少的条款。其中,注日期的引用文件,仅该日期对应的版本适用于本文件;不注日期的引用文件,其最新版本(包括所有的修改单)适用于本文件。

GB 2762 食品安全国家标准 食品中污染物限量

GB 2763 食品安全国家标准 食品中农药最大残留限量

GB 14930.2 食品安全国家标准 消毒剂

GB/T 24691 果蔬清洗剂

GB 27948 空气消毒剂卫生要求

GB/T 34344 农产品物流包装材料通用技术要求

NY/T 3026 鲜食浆果类水果采后预冷保鲜技术规程

3 术语和定义

下列术语和定义适用于本文件。

3.1

预冷 pre-cooling

果蔬采后快速除去田间热和呼吸热的降温过程。

3.2

空气预冷 air cooling

风冷

以冷空气为换热介质,将果蔬的热量快速除去的降温过程。

3.3

差压预冷 forced-air cooling

属于空气预冷的一种,以风机强制循环的冷风为换热介质,在隧道内的专用包装箱或开孔包装箱的两侧形成压力差,使冷风高通量穿过果蔬间隙,完成果蔬热量高效除去的降温过程。

3.4

水预冷 hydro-cooling

以冷水(机械制冷水或注冰冷水)为换热介质,采用浸泡或喷淋等方式,迅速除去果蔬热量的降温过程。

3.5

冰预冷 ice-cooling

利用冰或冰与水的混合物迅速出去果蔬热量的降温过程。

3.6

真空预冷 vacuum cooling

在负压状态下,利用水的液态-气态的相变吸热原理,使果蔬表面的水分蒸发,迅速除去果蔬热量的降温过程。

4 预冷方式选择

4.1 空气预冷

适用于所有果蔬，预冷时间为 4 h～24 h。

4.2 水预冷

适用于在水中不易损伤的果蔬，预冷时间为 30 min～60 min。

4.3 冰预冷

适用于不宜冻伤的果蔬，如萝卜、西蓝花、甘蓝、欧芹、杨梅等，预冷时间为 30 min～60 min。

4.4 真空预冷

适用于比表面积大的果蔬，如桑葚、叶菜类果蔬，预冷时间为 15 min～30 min。

5 预冷前准备

5.1 预冷前应对制冷设备检修并调试正常。

5.2 对库房、设备、包装容器和工具等进行消毒灭菌，并及时通风换气。消毒剂应符合 GB 27948 的规定。

5.3 预冷库应提前进行空库降温，在预冷前 1 d 将库温降至要求温度。

6 采收与质量要求

6.1 采收

6.1.1 采收宜在晴天的早晨或傍晚气温较低时进行。

6.1.2 采收人员宜剪短指甲或戴手套进行操作，轻拿轻放。

6.2 质量要求

6.2.1 果蔬品质应具有品种固有的硬度、色泽、风味等特征。

6.2.2 果蔬外观完好，无机械伤、病虫害和外来水分。

6.2.3 果蔬污染物应符合 GB 2762 的规定，农药残留应符合 GB 2763 的规定。

7 包装

7.1 包装材料

应符合 GB/T 34344 的规定。

7.2 包装类型

根据预冷和码垛方式选择有利于热交换的包装类型。

7.3 开孔要求

采用空气预冷方式时，应采用有孔包装箱，开孔面积不宜低于总面积的 10%。

7.4 预冷包装

7.4.1 空气预冷包装

空气预冷如需内包装，内包装材料宜打孔，适宜孔径 5 mm～10 mm，孔间距 50 mm～100 mm，并与外包装的开孔相配合。特殊要求不适合打孔的应敞口预冷。

7.4.2 差压预冷包装

差压预冷属于空气预冷的一种形式，应采用纸箱或塑料箱的专用包装箱，承重≥200 kg，箱体长度 40 cm～60 cm、宽度 30 cm～50 cm、高度 20 cm～40 cm，开孔面积不低于总面积的 20%。

7.4.3 水预冷包装

采用自然分散漂浮浸泡预冷方式不需要包装，采用轨道传送喷淋预冷方式应采用多孔塑料箱包装。

7.4.4 真空预冷包装

采用无内包装的多孔箱包装。

7.4.5 包装一致性

同一批次预冷的果蔬包装应保持一致。

8 预冷

8.1 基本要求

果蔬采后应尽快预冷，需要愈伤处理的蔬菜（如甘薯、马铃薯等）或发汗处理的水果（如柑橘等）除外。预冷设备及预冷库的装载量应符合设计要求，借助储藏用冷库预冷时，每天的入库量应不超过库容量的10%。

8.2 码垛要求

8.2.1 冷库和预冷库码垛要求

码垛方式应保证冷空气正常流通，码垛排列方式、走向与库内空气环流方向一致；应按产地、品种、等级分别码垛并悬挂标牌，且符合 NY/T 3026 的规定。

8.2.2 差压预冷码垛要求

8.2.2.1 有中间风道式差压预冷码垛

将普通多孔包装箱紧密整齐码垛，码垛应疏密适宜，包装箱有孔两面垂直于进风方向，开孔要对齐，中间风道宽度宜为 0.3 m～0.5 m，包装箱码垛整齐对称，堆垛长度不宜超过 8 m，宽度、高度要适宜，整垛可采用厚塑料膜全覆盖，与地面接触处用胶带密封。

8.2.2.2 无中间风道式差压预冷码垛

将多孔包装箱紧密整齐码垛，码垛应疏密适宜，包装箱有孔两面垂直于进风方向，开孔要对齐，堆垛长度不宜超过 6 m，宽度、高度要适宜，整垛可采用厚塑料膜全覆盖，与地面接触处用胶带密封。

8.2.3 真空预冷码垛要求

不受摆放位置和摆放方式的影响，码垛均匀即可。

8.2.4 水预冷码垛要求

采用轨道传输浸泡预冷方式时，码垛规格应与预冷池和轨道匹配。

8.3 预冷技术条件与管理

8.3.1 空气预冷

8.3.1.1 温度管理要求

根据果蔬种类和品种设置预冷温度，温度监控精度±0.1 ℃，测温点宜设置 2 个，分别监控预冷间、货堆中间的包装箱内或插入果蔬中心的温度，当果蔬中心温度达到预冷终止温度结束预冷，见附录 A。

8.3.1.2 湿度管理要求

根据果蔬种类和品种设置预冷湿度，见附录 A。湿度监控精度为±2%。监控预冷间环境的湿度，当湿度低于果蔬适宜湿度下限时，应采取加湿措施，加湿器的喷雾方向不得朝向冷风机吸风面或直接喷向货堆。

8.3.1.3 风速管理要求

借助储藏用冷库预冷风速应控制在 0.5 m/s～1 m/s，预冷库预冷风速应控制在 1 m/s～2 m/s，差压预冷风速应控制 1.5 m/s～2.5 m/s。

8.3.2 水预冷管理要求

8.3.2.1 温度要求

根据果蔬种类和品种设置预冷水温度和预冷终止温度，见附录 B；水槽内前后设置 2 个测温点，测温探头的精度为±0.1 ℃。

8.3.2.2 冷却水要求

应保持冷却水的清洁卫生，必要时可在冷却水中加入消毒剂和洗涤剂，消毒剂、洗涤剂应分别符合

GB 14930.2 和 GB/T 24691 的规定；喷淋式预冷过程中注意控制水压，以不造成果蔬机械伤为宜；注冰式水预冷的冰粒直径应≤5 mm。

8.3.3 真空预冷

8.3.3.1 温度和湿度要求

根据果蔬种类和品种设置预冷温度和终止温度，见附录C；真空预冷在压力降至3 500 Pa～4 000 Pa时，加湿补水1次，补水率见附录C。

8.3.3.2 真空度要求

根据果蔬种类和品种设置预冷真空度，见附录C。

9 预冷终止与储运

9.1 待果蔬中心温度降至预冷终止温度时结束预冷。

9.2 预冷后的果蔬宜选择控温方式储运。

9.3 水预冷的果蔬应在沥干水分后再装车运输或入库储藏。

附　录　A
(资料性)
常见果蔬空气预冷方式和条件

常见果蔬空气预冷方式和条件见表 A.1。

表 A.1　常见果蔬空气预冷方式和条件

名称	预冷时库温,℃			预冷终止温度,℃	预冷湿度,%
	冷库预冷	预冷库预冷	差压预冷库预冷		
苹果	0~2	0~2	1~3	2~5	85~90
洋梨	0~2	0~2	1~3	2~5	85~90
葡萄	−1~0	−1~0	0~1	2~4	90~95
猕猴桃	0~1	0~1	1~3	2~5	90~95
桃	0~1	0~1	2~4	4~6	90~95
杏	−1~0	−1~0	1~2	3~5	90~95
樱桃	0~1	0~1	1~3	3~5	90~95
柿子	−1~1	−1~1	0~2	3~5	85~90
枣	−1~0	−1~0	0~1	2~4	90~95
李	0~1	0~1	2~4	3~5	90~95
石榴	1~2	1~2	2~4	3~5	85~90
草莓	−0.6~0	−0.6~0	0~1	1~2	90~95
橙	6~8	6~8	8~9	8~9	85~90
柑橘	3~4	3~4	4~5	5~7	85~90
板栗	−1~ 2	−1~ 2	0~1	1~2	90~95
无花果	−0.5~0	−0.5~0	0~1	2~3	85~90
荔枝	1~2	1~2	2~3	3~4	90~95
龙眼	0~3	0~3	2~4	4~5	85~90
枇杷	1~2	1~2	2~3	3~4	85~90
甜瓜	7~8	7~8	8~9	9~10	80~85
哈密瓜	3~4	3~4	5~6	6~7	80~85
西瓜	10~12	10~12	12~13	13~14	80~85
萝卜	0~1	0~1	1~3	3~5	95~100
胡萝卜	0~1	0~1	1~3	3~5	95~100
洋葱	−1~0	−1~0	1~2	2~3	65~70
马铃薯	3.5~4.5	3.5~4.5	4~5	5~6	90~95
大蒜	−1~0	−1~0	0~1	1~2	65~70
莴苣	0~1	0~1	1~2	2~3	90~95
芹菜	0~1	0~1	1~2	2~3	90~98
白菜	0~1	0~1	1~2	2~3	85~90
西蓝花	−1~0	−1~0	1~2	2~4	95~100
花椰菜	0~1	0~1	1~2	2~3	90~95
菠菜	0~1	0~1	1~2	2~3	90~95
甘蓝	0~1	0~1	1~2	2~3	95~100
青葱	0~1	0~1	1~2	2~3	95~100
豌豆	0~1	0~1	1~2	2~3	90~95
豆角	8~10	8~10	10~12	12~13	90~95
蒜薹	−0. 5~0	−0. 5~0	1~2	2~3	90~95
番茄	7~10	7~10	10~12	12~13	90~95
茄子	10~11	10~11	11~12	12~13	85~90

表 A.1（续）

名称	预冷时库温，℃			预冷终止温度，℃	预冷湿度，%
	冷库预冷	预冷库预冷	差压预冷库预冷		
甜椒	9～11	9～11	12～13	13～14	90～95
辣椒	0～4	0～4	1～5	2～6	60～70
黄瓜	11～13	11～13	13～14	14～15	90～95
芦笋	0～2	0～2	2～3	3～4	95～100
茭白	0～1	0～1	1～2	2～3	90～95

附 录 B
(资料性)
适于水预冷的果蔬及预冷条件

适于水预冷的果蔬及预冷条件见表 B.1。

表 B.1 适于水预冷的果蔬及预冷条件

名称	水温,℃			预冷终止温度,℃
	水浸式预冷	注冰式预冷	喷淋式预冷	
荔枝	2～4	0～1	0～2	4～5
柑橘	0～3	2～3	−1～2	5～6
樱桃	0～2	−1～1	0～1	3～5
杧果	2～3	2～5	0～2	13
苹果	0～1	0～1	2～3	2～5
网纹甜瓜	1～3	0～2	0～1	5～6
猕猴桃	−1～0	−1～0	−2～1	2～5
茭白	0～1	2～3	−1～0	2～3
胡萝卜	0～2	0～2	0～1	3～5
芦笋	0～2	0～1	0～1	3～4
甜玉米	0～3	0～1	0～1	3～5
蒜薹	0～2	−1～0	−1～0	2～3
豌豆	1～2	0～1	0～1	2～3
青葱	0～1	0～1	0～1	2～3
菠菜	0～1	0～1	−1～0	2～4
芹菜	0～2	−1～0	−1～0	2～3
豆瓣菜	4～5	2～3	2～3	8～10
西蓝花	1～3	0～1	0～2	2～4
羽衣甘蓝	0～2	0～1	0～1	2～3
抱子甘蓝	0～2	0～1	0～1	2～3

附 录 C
(资料性)
适于真空预冷的果蔬及预冷条件

适于真空预冷的果蔬及预冷条件见表 C.1。

表 C.1 适于真空预冷的果蔬及预冷条件

名称	预冷终压,Pa	补水率[a],%	预冷终止温度,℃
草莓	500～600	4～6	1～3
莴苣	300～400	4～6	2～3
小白菜	800～850	6～8	6～8
菠菜	700～850	3～6	4～6
卷心菜	660～700	4～6	5～7
莴笋叶	250～350	4～7	3～5
鲜黄花菜	400～450	4～6	8～10
莴笋	250～350	2～6	3～5
大叶茼蒿	800～850	5～7	3～5
甘蓝	500～600	4～6	4～6
西蓝花	200～300	3～5	4～5
双孢蘑菇	400～500	2～4	4～6
香菇	500～550	3～5	3～5
杏鲍菇	100～200	3～5	4～6

[a] 补水率:补水量与预冷果蔬重量的百分比。

ICS 67.140.20
CCS B 35

中华人民共和国农业行业标准

NY/T 4241—2022

生咖啡和焙炒咖啡 整豆自由流动堆密度的测定（常规法）

Green and roasted coffee—Determination of free-flow bulk density of whole beans (Routine method)

（ISO 6669:1995,MOD）

2022-11-11 发布 2023-03-01 实施

中华人民共和国农业农村部 发布

前　言

本文件按照 GB/T 1.1—2020《标准化工作导则　第 1 部分：标准化文件的结构和起草规则》的规定起草。

本文件采用重新起草法修改采用 ISO 6669:1995《生咖啡和焙炒咖啡　整豆自由流动堆密度的测定(常规法)》。

本文件与 ISO 6669:1995 相比，在结构上有调整，具体章条编号如下：

——将第 6 章和第 7 章合并为一章(见第 6 章，ISO 6669:1995 的第 6 章和 7 章)。

本文件与 ISO 6669:1995 相比，存在技术性差异，技术性差异及其原因如下：

a) 关于规范性引用文件，本文件做了具有技术性差异的调整，以适应我国的技术条件，调整情况集中反映在第 2 章“规范性引用文件”中，具体调整如下：
   1) 用 GB 5009.3 代替了 ISO 1447:1978、ISO 6673:1983、ISO 11817:1994 和 ISO 11294:1994；
   2) 用 GB/T 18007 代替了 ISO 3509:1989；
   3) 增加了 NY/T 605；
   4) 增加了 NY/T 1518。
b) 更改了堆密度测定装置结构，以满足测定试验要求(见 5.2.1、5.2.2 和图 1，ISO 6669:1995 的 5.2.1、5.2.2 和图 1)；
c) 更改了取样方法和试样量，以满足测定试验要求(见第 6 章，ISO 6669:1995 的第 6 章和第7 章)；
d) 更改了“试验报告”一章的表述并增加了试验日期，以符合 GB/T 20001.4—2015 的规定(见第 10 章，ISO 6669:1995 的第 11 章)。

请注意本文件的某些内容有可能涉及专利。本文件的发布机构不承担识别专利的责任。

本文件由农业农村部农垦局提出。

本文件由农业农村部热带作物及制品标准化技术委员会归口。

本文件起草单位：中国热带农业科学院农产品加工研究所。

本文件主要起草人：陈民、李一民、刘义军、李积华、卢光。

引　言

了解生咖啡和焙炒咖啡整豆的堆密度对其贸易很重要，因为它决定了一定质量的咖啡豆所占的体积，这是包装、储存和运输中的一个重要影响因素。

堆密度为质量与所占的体积之比。在精确的填充条件下，对所占已知固定体积的质量进行测量，是一种广泛应用于测定生咖啡和焙炒咖啡豆堆密度的技术。以这种方式测定的咖啡豆堆密度将随单个咖啡豆的质量、大小和形状而变化，同时也受测量时咖啡豆的水分含量影响(影响程度相对较小)。自由流动状态下对已知体积的容器进行填充，将受到该方法所确定的自由流动条件的影响；该方法的准确性也受容器中豆子的正确刮平步骤的影响。

品种、栽培条件、加工、储存、陈化处理等多种因素都会不同程度地影响生咖啡的堆密度，而焙炒条件也会影响焙炒咖啡豆的堆密度。

所采用的常规测定方法尽可能简单且在使用时尽可能少受到人为的影响；所需设备在咖啡产地容易制造或买卖。

生咖啡和焙炒咖啡　整豆自由流动堆密度的测定(常规法)

1　范围

本文件描述了自由流动条件下生咖啡整豆或焙炒咖啡整豆堆密度的测定方法。本方法有别于其他压实了的生咖啡整豆或焙炒咖啡整豆堆密度的测定方法。

测量堆密度时,宜同时测定咖啡豆的水分含量或烘箱加热后的质量损失值。

本文件适用于生咖啡和焙炒咖啡整豆自由流动堆密度的测定,不适用于测定咖啡粉的堆密度。

2　规范性引用文件

下列文件中的内容通过文中的规范性引用而构成本文件必不可少的条款。其中,注日期的引用文件,仅该日期对应的版本适用于本文件;不注日期的引用文件,其最新版本(包括所有的修改单)适用于本文件。

GB 5009.3　食品安全国家标准食品中水分的测定

GB/T 18007　咖啡及其制品　术语(GB/T 18007—2011,ISO 3509:2005,IDT)

NY/T 605　焙炒咖啡

NY/T 1518　袋装生咖啡　取样(NY/T 1518—2007,ISO 4072:1982,IDT)

3　术语和定义

GB/T 18007 界定的以及下列术语和定义适用于本文件。

3.1

自由流动堆密度　free-flow bulk density

在本文件规定的条件下,自由流入测量容器的生咖啡或焙炒咖啡的质量与其所占体积之比(单位体积的质量),通常以 g/L 或 kg/m^3 表示。

4　原理

让试样从特定的送料漏斗自由流入已知体积的测量容器中,然后称量容器里已刮平的试样质量。

5　仪器

5.1　天平,感量 0.1 g。

5.2　堆密度测定装置,由送料漏斗(5.2.1)和测量容器(5.2.2)组成。

5.2.1　送料漏斗,宜用不锈钢或其他耐腐蚀金属材质制作,底部安装滑动门。送料漏斗应牢固安装在刚性"底座"支架上,尺寸应符合图 1 的规定。

5.2.2　测量容器,宜用不锈钢(厚度至少 0.9 mm)或硬质塑料材质(厚度至少 6.0 mm)制作,容量约 1 000 mL。测量容器的已知容量应精确至 1 mL,尺寸应符合图 1 的规定。送料漏斗滑动门和测量容器顶部之间的距离应等于(76±5)mm。

5.3　刮板(或其他合适的刮平工具),直边,长度应大于测量容器的直径。

6　取样

6.1　收到的待测样品应有代表性,在运输和储存期间未受损坏或未发生变化。

6.2　生咖啡按 NY/T 1518 取样,每个受测样品随机抽取至少 3 份试样,每份试样≥900 g。

6.3　焙炒咖啡按 NY/T 605 取样,每个受测样品随机抽取至少 3 份试样,每份试样≥500 g。

单位为毫米

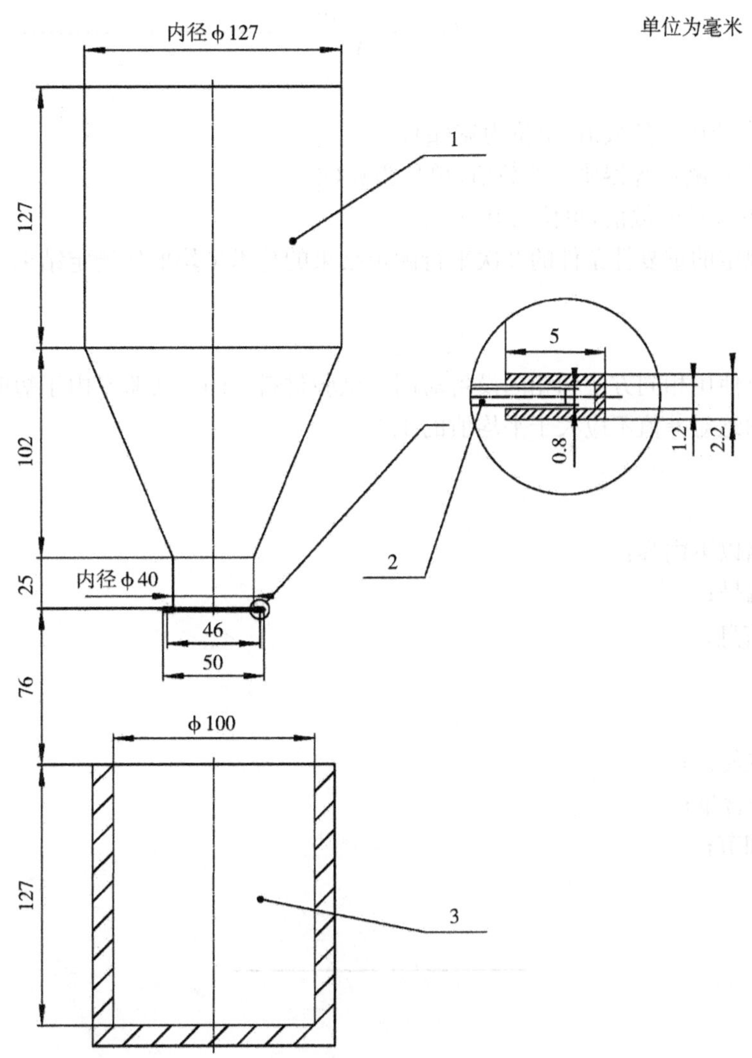

标引序号说明：
1——送料漏斗；
2——滑动门；
3——测量容器。

图1 （生咖啡和焙炒咖啡）整豆自由流动堆密度测定装置

7 试验步骤

7.1 试样进行双份平行测定。

7.2 关闭送料漏斗(5.2.1)的滑动门，确保滑动门与测量容器顶部之间的距离符合规定。

7.3 加装试样，直至离送料漏斗顶部2.5 mm处。

7.4 称量测量容器(5.2.2)(m_1)，精确至0.1 g。将测量容器置于送料漏斗正下方，对准卸料口，打开滑动门，让送料漏斗自然排空，使测量容器的咖啡豆自然充满(咖啡豆宜以恒速落下，且不受到外力干扰)。

用刮板(5.3)沿测量容器顶部刮平，使咖啡豆刚好不超出测量容器顶部的水平面。刮平过程中应避免移动、摇晃或振动测量容器。

称量装满试样测量容器(m_2)，精确至0.1 g。

7.5 另取1份试样按GB 5009.3的直接干燥法测定水分含量。

8 结果表示

按公式(1)计算自由流动堆密度(D)，单位为克每升(g/L)。

$$D = \frac{m_2 - m_1}{V} \quad \cdots\cdots (1)$$

式中：

m_1——空测量容器质量的数值，单位为克(g)；

m_2——装满咖啡豆测量容器质量的数值，单位为克(g)；

V ——测量容器容量的数值，单位为升(L)。

取符合第9章规定的重复性条件的2次平行测定结果的算术平均值作测定结果。

9 重复性

由同一操作人员使用相同方法和相同设备对同一试验材料在同一实验室内于短时间间隔获得的2个单独试验结果之间的绝对差值不应大于平均值的1%。

10 试验报告

试验报告应包括以下内容：

a) 本文件的编号；
b) 识别样品信息；
c) 取样方法；
d) 试验结果；
e) 检查结果重复性；
f) 样品的水分含量；
g) 所有操作细节；
h) 试验日期。

ICS 67.080.10
CCS B 08

中华人民共和国农业行业标准

NY/T 4250—2022

干制果品包装标识技术要求

Technical requirement for packaging and labeling of dried fruit

2022-11-11 发布 2023-03-01 实施

中华人民共和国农业农村部 发布

前　言

本文件按照 GB/T 1.1—2020《标准化工作导则　第 1 部分:标准化文件的结构和起草规则》的规定起草。

请注意本文件的某些内容可能涉及专利。本文件的发布机构不承担识别专利的责任。

本文件由农业农村部农产品质量安全监管司提出。

本文件由农业农村部农产品质量安全中心归口。

本文件起草单位:浙江省农业科学院、农业农村部农产品质量安全中心、中国农业科学院农产品加工研究所、陕西省农产品质量安全中心、浙江省植物病理学会、中国果品流通协会、江阴市德惠热收缩包装材料有限公司、宁波微萌种业有限公司。

本文件主要起草人:胡桂仙、高芳、朱加虹、赖爱萍、褚田芬、王强、刘岩、王昊、金诺、刘斌、王艳丽、陈磊、李玉裕、包卫国。

干制果品包装标识技术要求

1 范围

本文件界定了干制果品的术语和定义，规定了干制果品包装与标识的相关要求。

本文件适用于干制果品生产、储存和运输过程中的包装与标识。

2 规范性引用文件

下列文件中的内容通过文中的规范性引用而构成本文件必不可少的条款。其中，注日期的引用文件，仅该日期对应的版本适用于本文件；不注日期的引用文件，其最新版本（包括所有的修改单）适用于本文件。

GB 4806.1 食品安全国家标准 食品接触材料及制品通用安全要求

GB 7718 食品安全国家标准 预包装食品标签通则

GB 23350 限制商品过度包装要求 食品和化妆品

3 术语和定义

下列术语和定义适用于本文件。

3.1

干制果品 dried fruit

新鲜水果通过自然晾晒制成的初级农产品，其脱水过程中不添加保鲜剂、防腐剂、添加剂及其他外源物质。

4 包装要求

4.1 基本要求

4.1.1 干制果品包装前应按质量等级和规格等进行分选，包装后产品的可视部分应具有整个包装产品的代表性。

4.1.2 根据产品自身特性选择适宜的包装，满足干制果品的储藏、运输及销售需要。

4.2 安全要求

包装材料及其包装辅助材料应安全、无毒、无害，并符合国家有关标准要求，使用前宜消毒杀菌，直接接触的包装材料应符合 GB 4806.1 的要求。

4.3 环保要求

应符合 GB 23350 的要求，宜采用可降解、便于回收利用等环境友好型包装材料。

4.4 性能要求

应根据干制果品水分活度等特性，选择阻隔性、密封性等适宜的包装材料及容器。宜选择具有抗压、防潮等功能的包装，不耐压的产品包装时宜加支撑物或衬垫物。

5 标识

5.1 预包装干制果品的标签应符合 GB 7718 的相关规定。

5.2 散装干制果品应按规定采取附加标签、标识牌、标识带、说明书等形式标明农产品的品名、产地、生产者等内容。有分级标准的，还应标明产品质量等级。

5.3 涉及管理体系、安全、品质等认证的干制果品，宜按认证要求标识。

5.4 宜标明溯源、防伪等有关的信息和图示。

ICS 67.120.10
CCS X 42

中华人民共和国农业行业标准

NY/T 4262—2022

肉及肉制品中7种合成红色素的测定 液相色谱-串联质谱法

Determination of seven synthetic red pigments in meat and meat products—Liquid chromatography-tandem mass spectrometry

2022-11-11 发布

2023-03-01 实施

中华人民共和国农业农村部 发布

前　言

本文件按照 GB/T 1.1—2020《标准化工作导则　第 1 部分：标准化文件的结构和起草规则》的规定起草。

本文件由农业农村部乡村产业发展司提出。

本文件由农业农村部农产品加工标准化技术委员会归口。

本文件起草单位：中国农业科学院农产品加工研究所、农业农村部农产品及加工品质量监督检验测试中心(北京)、中国计量科学院化学计量与分析科学研究所、北京市动物疫病预防控制中心、山西省动物疫病预防控制中心、新疆生产建设兵团畜牧兽医工作总站，浙江工业大学。

本文件主要起草人：单吉浩、刘晓庆、韩向新、毋婷、王雨、周绪霞、李建勋、徐迪、马康、夏双梅、隋福顺、卢培培、周晓倩、何月新。

肉及肉制品中7种合成红色素的测定 液相色谱-串联质谱法

1 范围

本文件规定了肉及肉制品中苏丹红Ⅰ、苏丹红Ⅱ、苏丹红Ⅲ、苏丹红Ⅳ、苏丹红G、苏丹红7B、对位红7种合成红色素测定的制样和液相色谱-串联质谱测定方法。

本文件适用于猪肉、牛肉、羊肉和禽肉及肉制品中7种合成红色素含量的测定。

2 规范性引用文件

下列文件中内容通过文中的规范性引用而构成本文件必不可少的条款。其中,注日期的引用文件,仅该日期对应的版本适用于本文件;不注日期的引用文件,其最新版本(包括所有的修改单)适用于本文件。

GB/T 6682 分析实验室用水规格和试验方法

3 原理

试样中的7种合成红色素经乙腈提取,净化柱快速净化后,液相色谱-串联质谱仪检测,内标法定量。

4 试剂或材料

除另有规定外,所有试剂均为分析纯,水为符合GB/T 6682规定的一级水。

4.1 试剂

4.1.1 乙腈(CH_3CN):色谱纯。

4.1.2 甲酸(HCOOH):色谱纯。

4.1.3 无水硫酸镁($MgSO_4$)。

4.1.4 氯化钠(NaCl)。

4.1.5 乙酸铵(CH_3COONH_4)。

4.2 溶液配制

4.2.1 乙酸铵溶液(5 mol/L):称取乙酸铵(4.1.5)38.51 g,用水溶解并稀释定容至100 mL,混匀即可。

4.2.2 0.1%甲酸-乙酸铵(5 mmol/L)溶液:取1 mL甲酸(4.1.2)和5 mol/L乙酸铵溶液(4.2.1)1 mL,用水稀释至1 L,混匀即可。

4.3 标准品

4.3.1 7种合成红色素对照品:苏丹红Ⅰ(Sudan Ⅰ,$C_{16}H_{12}N_2O$,CAS号:842-07-9)、苏丹红Ⅱ(Sudan Ⅱ,$C_{18}H_{16}N_2O$,CAS号:3118-97-6)、苏丹红Ⅲ(Sudan Ⅲ,$C_{22}H_{16}N_4O$, CAS号:85-86-9)、苏丹红Ⅳ(Sudan Ⅳ,$C_{24}H_{20}N_4O$,CAS号:85-83-6)、苏丹红G(Sudan Red G, $C_{17}H_{14}N_2O_2$,CAS号:1229-55-6)、苏丹红7B(Sudan Red 7B,$C_{24}H_{21}N_5$,CAS号:6368-72-5)、对位红(Para Red, $C_{16}H_{11}N_3O_3$, CAS号:6410-10-2),含量均≥95.0%。

4.3.2 6种氘代合成红色素对照品(内标):苏丹红Ⅰ-D5、苏丹红Ⅱ-D6、苏丹红Ⅲ-D6、苏丹红Ⅳ-D6、苏丹红G-D3、对位红-D4,含量均≥90.0%。分别对应为苏丹红Ⅰ、苏丹红Ⅱ、苏丹红Ⅲ、苏丹红Ⅳ、苏丹红G、对位红的内标,苏丹红7B对应的内标为苏丹红Ⅳ-D6。

4.4 标准溶液制备

4.4.1 合成红色素标准储备液:分别精密称取苏丹红Ⅰ、苏丹红Ⅱ、苏丹红Ⅲ、苏丹红Ⅳ、苏丹红G、苏丹红7B、对位红7种合成红色素对照品(4.3.1)适量(精确至0.1 mg,扣除折算纯度后的实际质量),分别于

100 mL 容量瓶中，用乙腈(4.1.1)溶解并稀释至刻度，分别配制成浓度为 100 μg/mL 的 7 种合成红色素标准储备液，于－18 ℃以下保存，有效期 6 个月。

4.4.2 氘代合成红色素内标储备液：分别精密称取苏丹红Ⅰ-D5、苏丹红Ⅱ-D6、苏丹红Ⅲ-D6、苏丹红Ⅳ-D6、苏丹红 G-D3、对位红-D4 6 种氘代合成红色素对照品(4.3.2)适量(精确至 0.1 mg，扣除折算纯度后的实际质量)，分别于 100 mL 容量瓶中，用乙腈(4.1.1)溶解并稀释至刻度，分别配制成浓度为 100 μg/mL的 6 种氘代合成红色素内标储备液，于－18 ℃以下保存，有效期 6 个月。

4.4.3 合成红色素混合标准中间液(10 μg/mL)：分别准确移取苏丹红Ⅰ、苏丹红Ⅱ、苏丹红Ⅲ、苏丹红Ⅳ、苏丹红 G、苏丹红 7B、对位红标准储备液(4.4.1)各 1.0 mL，置于 10 mL 棕色容量瓶中，用乙腈(4.1.1)定容至刻度，配制成浓度为 10 μg/mL 的合成红色素混合标准中间液，于－18 ℃以下保存，有效期 6 个月。

4.4.4 合成红色素混合标准工作液(100 ng/mL)：分别准确移取合成红色素混合标准中间液(4.4.3)0.1 mL，置于 10 mL 棕色容量瓶中，用乙腈(4.1.1)定容至刻度，配制成浓度为 100 ng/mL 的合成红色素混合标准工作液，于－18℃以下避光保存，临用现配。

4.4.5 氘代合成红色素混合内标中间液(10 μg/mL)：分别准确移取苏丹红Ⅰ-D5、苏丹红Ⅱ-D6、苏丹红Ⅲ-D6、苏丹红Ⅳ-D6、苏丹红 G-D3、对位红-D4 内标储备液(4.4.2)各 1.0 mL，置于 10 mL 棕色容量瓶中，用乙腈(4.1.1)定容至刻度，配制成浓度为 10 μg/mL 的氘代合成红色素混合内标中间液，于－18℃以下避光保存，有效期 6 个月。

4.4.6 氘代合成红色素混合内标工作液(1 μg/mL)：准确移取氘代合成红色素混合内标中间液(4.4.5)1 mL，置于 10 mL 棕色容量瓶中，用乙腈(4.1.1)定容至刻度，配制成浓度为 1 μg/mL 的氘代合成红色素混合内标工作液，于－18 ℃以下避光保存，现用现配。

4.5 材料

4.5.1 固相萃取柱：Captiva EMR-Lipid[1)] 过滤柱：6 mL，600 mg，或性能相当者。

4.5.2 微孔滤膜：有机相，0.22 μm。

5 仪器设备

5.1 超高效液相色谱-串联质谱仪：配电喷雾电离源。

5.2 分析天平：感量 0.000 01 g 和 0.01 g。

5.3 涡旋混合器。

5.4 离心机：最大转速 8 000 r/min 或以上。

5.5 振荡器。

5.6 离心管：10 mL 和 50 mL。

5.7 固相萃取装置。

6 试料的制备与保存

6.1 试料的制备

取适量新鲜或解冻的空白或供试组织，绞碎并使均质。

a) 取均质的供试样品，作为供试试料；

b) 取均质的空白样品，作为空白试料；

c) 取均质的空白样品，添加适宜浓度的标准工作液，作为空白添加试料。

---

1) Captiva EMR-Lipid 是安捷伦公司提供的商品名，给出这一信息是为了方便本标准的使用者，并不表示对该产品的认可。如果其他等效产品具有相同的效果，则可使用这些等效的产品。

6.2 样品的保存

−18 ℃以下保存。

7 测定步骤

7.1 提取

取试料(2±0.02) g,置于 50 mL 离心管中,准确加入 20 μL 氘代合成红色素混合内标工作液(4.4.6),加入 2 mL 水及 10 mL 乙腈(4.1.1),涡旋混匀 1 min,再加入 4 g 无水硫酸镁(4.1.3)、1 g 氯化钠(4.1.4),涡旋混匀后振荡 5 min,超声 5 min,以不低于 8 000 r/min 离心 5 min,取上清液备用。

7.2 净化

移取全部上清液(7.1)过 Captiva EMR-Lipid 过滤柱(4.5.1),收集洗脱液于 10 mL 容量瓶,抽干过滤柱,用乙腈(4.1.1)定容至刻度,混匀后吸取 1.0 mL 通过微孔滤膜(4.5.2)过滤,供液相色谱-串联质谱仪测定。

7.3 基质匹配系列标准工作液的制备

取空白试料,按照 7.1 和 7.2 的步骤处理得到空白基质溶液。分别准确移取合成红色素混合标准工作液(4.4.4)和氘代合成红色素混合内标工作液适量(4.4.6),用空白基质溶液稀释成浓度为 0.2 μg/L、0.5 μg/L、1 μg/L、2 μg/L、10 μg/L 的基质匹配系列标准工作液(内标浓为 20 μg/L)。现用现配。

7.4 测定

7.4.1 液相色谱参考条件

a) 色谱柱:C_{18}柱(100 mm×2.1 mm,粒径 2.7 μm),或相当者;
b) 柱温:30 ℃;
c) 进样量:2.0 μL;
d) 流速:0.3 mL/min;
e) 流动相:A 相:0.1%甲酸-乙酸铵溶液(4.2.2);B 相:乙腈(4.1.1),梯度洗脱程序见表 1。

表 1 梯度洗脱程序

时间 min	A 相 %	B 相 %
0.0	15	85
2.0	15	85
3.0	5	95
4.0	0	100
6.0	0	100
6.1	15	85
7.0	15	85

7.4.2 串联质谱参考条件

a) 离子源:电喷雾离子源;
b) 扫描方式:正离子扫描;
c) 检测方式:多反应监测;
d) 离子源温度:150 ℃;
e) 脱溶剂温度:325 ℃;
f) 毛细管电压:3.5 kV;
g) 定性离子对、定量离子对及锥孔电压和碰撞能量见表 2。

表2 7种合成红色素及内标的质谱参数

被测物名称	定性离子对 m/z	定量离子对 m/z	锥孔电压 V	碰撞能量 eV
苏丹红Ⅰ	249.0>156.0	249.0>92.9	380	26
	249.0>92.9		380	28
苏丹红Ⅱ	277.0>156.0	277.0>120.9	380	22
	277.0>120.9		380	26
苏丹红Ⅲ	352.7>120.0	352.7>76.9	380	25
	352.7>76.9		380	36
苏丹红Ⅳ	381.0>224.5	381.0>91.0	380	25
	381.0>91.0		380	35
苏丹红 G	279.0>247.9	279.0>247.9	380	18
	279.0>156.0		380	26
苏丹红 7B	379.9>183.0	379.9>183.0	380	15
	379.9>169.0		380	35
对位红	294.0>155.9	294.0>155.9	380	20
	294.0>127.9		380	35
苏丹红Ⅰ-D5	254.0>97.9	254.0>97.9	380	30
苏丹红Ⅱ-D6	283.0>162.0	283.0>162.0	380	22
苏丹红Ⅲ-D6	359.0>76.9	359.0>76.9	380	36
苏丹红Ⅳ-D6	387.0>91.0	387.0>91.0	380	38
苏丹红 G-D3	282.0>156.0	282.0>156.0	380	26
对位红-D4	298.1>156.0	298.1>156.0	380	18

7.5 测定法

7.5.1 定性测定

在相同测试条件下，试样溶液与基质匹配标准溶液中待测物的保留时间相对偏差应在 ±2.5%之内。且检测到的离子相对丰度，应当与浓度相当的基质匹配标准溶液离子相对丰度一致。其允许偏差应符合表 3 要求。

表3 定性确证时离子相对丰度的最大允许偏差

单位为百分号

离子相对丰度	>50	>20～50	>10～20	≤10
允许的最大偏差	±20	±25	±30	±50

7.5.2 定量测定

以 7 种合成红色素的浓度为横坐标、定量离子色谱峰面积与对应内标色谱峰面积比值为纵坐标，绘制标准曲线，标准曲线的相关系数应不低于 0.99。试样溶液、基质匹配标准溶液及内标的响应值均应在仪器检测的线性范围内，如超出线性范围，应将试样溶液和基质匹配标准溶液作相应稀释后重新测定。单点校准定量时，试样溶液中待测物浓度与基质匹配标准溶液浓度相差不超过 30%。在上述液相色谱-串联质谱条件下，不同的空白肉及肉制品添加试样溶液中 7 种合成红色素及其内标的特征离子质量色谱图见附录 A。

7.6 空白试验

除不加试料外，采用完全相同的步骤进行平行操作。

8 结果计算和表述

试样中 7 种合成红色素的含量按公式(1)或公式(2)计算。

单点校准：

$$X=\frac{A\times A'_{is}\times C_s\times C_{is}\times V}{A_{is}\times A_s\times C'_{is}\times m}\times\frac{1000}{1000} \cdots\cdots (1)$$

标准曲线校准：

$$X=\frac{C_i \times V}{m}\times\frac{1000}{1000} \qquad (2)$$

式中：

X ——试样中7种合成红色素的含量的数值，单位为微克每千克(μg/kg)。

A ——试样溶液中待测物的色谱峰面积；

A'_{is} ——混合标准溶液中内标的峰面积；

C_s ——混合标准溶液中待测物质量浓度的数值，单位为纳克每毫升(ng/mL)；

C_{is} ——试样溶液中内标质量浓度的数值，单位为纳克每毫升(ng/mL)；

V ——定容体积的数值，单位为毫升(mL)

A_{is} ——试样溶液中内标的峰面积；

A_s ——混合标准溶液中待测物的峰面积；

C'_{is} ——混合标准溶液中内标质量浓度的数值，单位为纳克每毫升(ng/mL)；

m ——试样质量的数值，单位为克(g)；

C_i ——由标准曲线得出的试样溶液中相应7种合成红色素浓度的数值，单位为纳克每毫升(ng/mL)；

1 000——换算系数。

计算结果需扣除空白值，测定结果用平行测定的算术平均值表示，保留3位有效数字。

9 方法灵敏度、准确度和精密度

9.1 灵敏度

本方法的检测限为1.0 μg/kg，定量限为2.0 μg/kg。

9.2 准确度

本方法在2.0 μg/kg～20 μg/kg添加浓度的回收率为70%～120%。

9.3 精密度

本方法的批内相对标准偏差≤15%，批间相对标准偏差≤15%。

附 录 A
（资料性）
7 种合成红色素在空白猪肉火腿肠基质中标准溶液多反应监测色谱图

7 种合成红色素在空白猪肉火腿肠基质中标准溶液多反应监测色谱图见图 A.1。

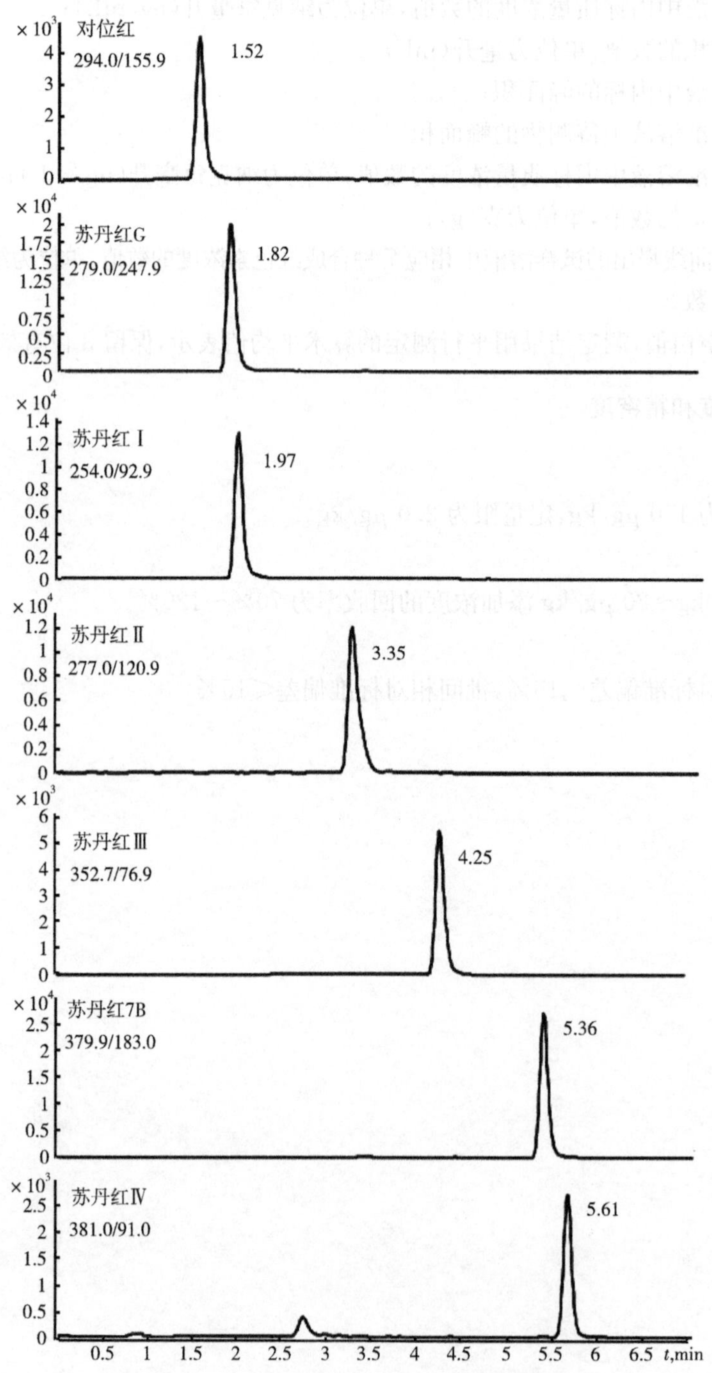

图 A.1　7 种合成红色素在空白猪肉火腿肠基质中标准溶液多反应监测色谱图(2 μg/kg)

第六部分

能源、设施建设、其他类标准

ICS 27
CCS F 13

中华人民共和国农业行业标准

NY/T 667—2022
代替 NY/T 667—2011

沼气工程规模分类

Scale classification of biogas plant

2022-07-11 发布　　　　2022-10-01 实施

中华人民共和国农业农村部　发布

前　　言

本文件按照 GB/T 1.1—2020《标准化工作导则　第 1 部分:标准化文件的结构和起草规则》的规定起草。

本文件代替 NY/T 667—2011《沼气工程规模分类》,与 NY/T 667—2011 相比,除结构调整和编辑性改动外,主要技术变化如下:

a) 更改使用范围(见第 1 章,2011 年版的第 1 章);

b) 删除了日产沼气量、厌氧消化装置单体容积和配套系统的术语(见 2011 年版的第 2 章),增加生物天然气和生物天然气工程的术语(见第 3 章,2011 年版的第 2 章);

c) 更改了规模分类方法(见 4.1、4.2,2011 年版的 3.1、3.2),删除了分类指标(见 2011 年版的 4.1、4.2),增加规模化天然气分类指标(见 4.2,2011 年版的 3.2);

d) 更改了规模分类指标(见表 1,2011 年版的表 1);

e) 更改了厌氧消化装置总体容积与日原料处理量的对应关系(见附录 A,2011 年版的附录 A)。

请注意本文件的某些内容可能涉及专利。本文件的发布机构不承担识别专利的责任。

本文件由农业农村部科技教育司提出。

本文件由全国沼气标准化技术委员会(SAC/TC 515)归口。

本文件起草单位:农业农村部沼气科学研究所、农业农村部沼气产品及设备质量监督检验测试中心、山西省农业生态环境建设总站。

本文件主要起草人员:贺莉、冉毅、刘刈、刘永岗、梅自力、陈子爱、丁自立、席江、李淑兰、张冀川、蒋鸿涛、曾文俊、宋大刚、宁睿婷。

本文件及其所代替文件的历次版本发布情况为:

——NY/T 667—2011;

——本次为第一次修订。

沼气工程规模分类

1 范围

本文件规定了沼气工程规模的分类方法和分类指标。

本文件适用于各种类型新建、扩建、改建、已建的沼气工程和沼气净化提纯的生物天然气工程，不适用于户用沼气池和生活污水净化沼气池。其他类型沼气工程参照执行。

2 规范性引用文件

下列文件中的内容通过文中的规范性引用而构成本文件必不可少的条款。其中，注日期的引用文件，仅该日期对应的版本适用于本文件；不注日期的引用文件，其最新版本（包括所有的修改单）适用于本文件。

NB/T 10136 生物天然气产品质量标准

3 术语和定义

下列术语和定义适用于本文件。

3.1

沼气工程 biogas plant

采用厌氧消化技术处理各类有机废弃物（水）制取沼气的系统工程。

3.2

生物天然气 biomethane

以生物质为原料，通过厌氧消化技术产生的沼气，经净化提纯后产生的，满足天然气标准的气体。

3.3

生物天然气工程 biomethane plant

以生物质为原料，采用厌氧消化技术制取生物天然气的系统工程。

3.4

厌氧消化装置 anaerobic digester

对各类有机废弃物（水）等发酵原料进行厌氧消化并产生沼气、沼渣和沼液的密闭装置。

3.5

厌氧消化装置总体容积 total volume of digesters

一个沼气工程中所有厌氧消化装置的总容积。

4 规模分类方法

4.1 沼气工程规模按沼气工程的厌氧消化装置总体容积进行划分。

4.2 根据规模分为中小型、大型、特大型沼气工程，规模化生物天然气工程 4 种。

5 规模分类指标

5.1 沼气工程规模分类指标见表 1。

表 1 沼气工程规模分类指标

工程规模	厌氧消化装置总体容积（V）[a]，m^3	备 注
规模化生物天然气	$V \geqslant 10\ 000$	特大型基础上增加沼气净化提纯系统、容积产气率不低于 1.2 $m^3/(m^3 \cdot d)$

表 1（续）

工程规模	厌氧消化装置总体容积(V)[a]，m^3	备 注
特大型	$V \geqslant 5\ 000$	大型基础上增加在线监测系统、沼渣沼液综合利用系统、容积产气率不低于 $1.0\ m^3/(m^3 \cdot d)$
大型	$1\ 000 \leqslant V < 5\ 000$	增温保温、搅拌系统、容积产气率不低于 $0.8\ m^3/(m^3 \cdot d)$
中小型	$V < 1\ 000$	进出料系统；增温保温、回流、搅拌系统；沼气的净化、储存、输配和利用系统；计量设备；安全保护系统
[a] 技术指标符合 NB/T 10136。		

5.2 各类沼气工程厌氧消化装置总体容积与日原料处理量的对应关系见附录 A。

附 录 A
(资料性)
厌氧消化装置总体容积与日原料处理量的对应关系

表 A.1 给出了厌氧消化装置总体容积与日原料处理量的对应关系。

表 A.1 厌氧消化装置总体容积与日原料处理量的对应关系

工程规模	厌氧消化装置 总体容积(V) m^3	原料种类及数量	
		畜禽存栏数(H) (猪当量)	秸秆(W),t
规模化生物天然气	$V \geqslant 10\ 000$	$H \geqslant 50\ 000$	$W \geqslant 45$
特大型	$V \geqslant 5\ 000$	$H \geqslant 50\ 000$	$W \geqslant 15$
大型	$1\ 000 \leqslant V < 5\ 000$	$5\ 000 \leqslant H < 50\ 000$	$1.5 \leqslant W < 15$
中小型	$V < 1\ 000$	$1\ 500 \leqslant H < 5\ 000$	$0.5 \leqslant W < 1.5$

注 1:1 头猪的粪便产气量约为 0.10 m^3/(头·d),称为 1 个猪当量,所有畜禽存栏数换算成猪当量数。

注 2:采用其他种类畜禽粪便作发酵原料的养殖场沼气工程,其规模可换算成猪的粪便产气当量,换算比例为 1 头奶牛折算成 10 头猪,1 头肉牛折算成 5 头猪,10 羽蛋鸡折算成 1 头猪,20 羽肉鸡折算成 1 头猪。

注 3:秸秆为风干,含水率≤15%,原料产气率约为 330 m^3/t。

ICS 27
CCS F 13

中华人民共和国农业行业标准

NY/T 860—2022
代替 NY/T 860—2004

户用沼气池密封涂料

Domestic digester sealing coating

2022-07-11 发布　　　　2022-10-01 实施

中华人民共和国农业农村部　发布

前　　言

本文件按照 GB/T 1.1—2020《标准化工作导则　第 1 部分：标准化文件的结构和起草规则》的规定起草。

本文件代替 NY/T 860—2004《户用沼气池密封涂料》，与 NY/T 860—2004 相比，除结构调整和编辑性改动外，主要技术变化如下：

a） 规范性引用文件中，引用标准 GB 175、GB/T 9265 和 GB/T 16777 最新；
b） 增加 GB/T 8170 数值修约规则与极限数值的表示和判定；
c） 增加 GB/T 6682 分析实验室用水规则和试验方法；
d） 增加 GB/T 9750 涂料产品包装标志；
e） 增加产品分类（见 4.2.2）；
f） 更改外观、固体含量和耐热性（见表 1）；
g） 更改潮湿基面黏结强度的测定（见 6.11）；
h） 更改饱和氢氧化钙溶液的配制（见 6.12）；
i） 更改耐热性的测定实验步骤（见 6.14）；
j） 更改耐热性的结果评定（见 6.14）；
k） 更改干燥时间（见 6.15）；
l） 更改判定规则和外观技术要求（见 7.3）。

请注意本文件的某些内容可能涉及专利。本文件的发布机构不承担识别专利的责任。

本文件由农业农村部科技教育司提出。

本文件由全国沼气标准化技术委员会（SAC/TC 515）归口。

本文件起草单位：农业农村部沼气科学研究所、农业农村部沼气产品及设备质量监督检验测试中心。

本文件主要起草人：贺莉、冉毅、梅自力、丁自立、陈子爱、席江、蒋鸿涛。

本文件及其所代替文件的历次版本发布情况为：

——NY/T 860—2004；

——本次为第一次修订。

户用沼气池密封涂料

1 范围

本文件规定了户用沼气池密封涂料的产品分类、技术要求、检测与试验方法、检验规则，以及标志、包装、运输和储存要求。

本文件适用于混凝土或砖混结构的户用沼气池内部密封的涂料。

2 规范性引用文件

下列文件中的内容通过文中的规范性引用而构成本文件必不可少的条款。其中，注日期的引用文件，仅该日期对应的版本适用于本文件；不注日期的引用文件，其最新版本（包括所有的修改单）适用于本文件。

GB 175 通用硅酸盐水泥

GB 3186 涂料产品的取样

GB/T 4751—2016 户用沼气池质量检查验收规范

GB/T 6682 分析实验室用水规则和试验方法

GB/T 8170 数值修约规则与极限数值的表示和判定

GB/T 9265—2009 建筑涂料涂层耐碱性的测定

GB/T 9750 涂料产品包装标志

GB/T 16777—2008 建筑防水涂料试验方法

3 术语和定义

本文件没有需要界定的术语和定义。

4 产品分类

4.1 组成

户用沼气池密封涂料由甲组分和乙组分组成。其中，甲组分为醋酸乙烯、聚醋酸乙烯树脂、聚乙烯或丙烯酸、丙烯酸酯，乙组分为硅酸盐水泥。

4.2 分类

4.2.1 按户用沼气池密封涂料的所含甲组分（聚合物）的种类进行分类：

a) Ⅰ类：甲组分为醋酸乙烯、聚醋酸乙烯树脂、聚乙烯等；

b) Ⅱ类：甲组分为丙烯酸、丙烯酸酯等。

4.2.2 按户用沼气池密封涂料的状态分为固态涂料和液态涂料。

4.3 产品标记

4.3.1 标记方法

产品按下列顺序标记：名称、类型、标准号。

4.3.2 标记示例

Ⅰ类户用沼气池密封涂料标记为：

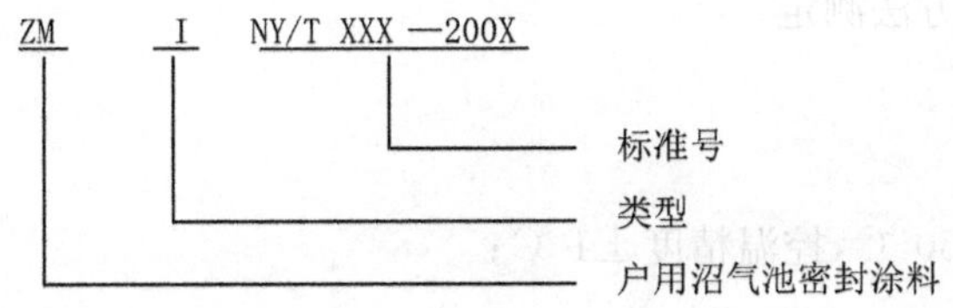

5 技术要求

5.1 乙组分应符合 GB 175 的规定，强度等级为 42.5 MPa。

5.2 甲组分和乙组分混合产品的技术指标应符合表 1 的要求。

表 1 产品的技术指标

序号	试验项目[a]		技术指标
1	外观		液态涂料应为均匀、无杂质、无硬块的透明态溶剂
			固态涂料应为均匀、无杂质、无硬块的膏状体
2	固体含量，%		固态涂料≥12[b]
			液态涂料≥4
3	毒害性		不能降低沼气发酵微生物的产气性能
4	储存稳定性		涂料在 0 ℃和 50 ℃放置 24 h 后，其外观应符合技术要求
5	亲和性		将涂料甲组分与乙组分混匀后静置 30 min，应无分层现象
6	抗渗性(1 000 mm 水柱下降率)，%		<3.0[c]
7	空气渗透率，%		<3.0[c]
8	潮湿基面黏结强度，MPa		≥0.2
9	耐碱(饱和氢氧化钙溶液[d]，48 h)		试样表面无起泡、裂痕、剥落、粉化、软化和溶出现象
10	耐酸(pH 为 5 的溶液[d]，48 h)		试样表面无起泡、裂痕、剥落、粉化、软化和溶出现象
11	耐热性(60 ℃，5 h)[e]		所有试件均不应产生流淌、滑动和滴落，试件表面无密集型气泡
12	干燥时间，h	表干时间	≤4
		实干时间	≤24

[a] 涂料 1～4 测试项目的样品为甲组分；5～12 测试项目的样品为甲乙组分混合后的涂料(备用涂料)。
[b] 为甲组分的固体含量指标。
[c] 技术指标符合 GB/T 4751—2016 中 10.2.1 和 10.2.2 规定。
[d] 用水应符合 GB/T 6682。
[e] 如产品用于高温发酵沼气池，该项目应测试。

6 检测与试验方法

6.1 乙组分

按 GB 175 的规定进行。

6.2 试料取样

按 GB 3186 的规定进行。

6.3 备用涂料

6.3.1 试验室标准试验条件为：温度(23±2)℃，相对湿度 45%～70%。

6.3.2 将甲组分涂料按产品配制比例与水及乙组分配成可直接施工使用的备用涂料，用于表 1 中 5～12 试验项目的测试。

6.4 外观检查

取适量甲组分涂料于干净的玻璃器皿，用玻璃棒搅拌后目测，其外观应符合表 1 的要求。

6.5 固体含量的测定

取适量甲组分涂料按 GB/T 16777—2008 中第 5 章的规定测定。

6.6 毒害性的测定

毒害性按附录 A 描述的方法测定。

6.7 储存稳定性的测定

6.7.1 试验器具

a) 生化培养箱：0 ℃～50 ℃，控温精度±1 ℃；

b) 电子天平：精度 0.1 g。

6.7.2 试验方法

将一定量甲组分样品 50 g～250 g,分别在(0±1)℃和(50±1)℃环境下放置 24 h 后取出,目测其外观是否符合表 1 的要求。

6.8 亲和性的测定

将在标准试验条件下放置后的涂料样品按生产厂家指定的比例分别称取适量甲乙组分涂料,各取 2 份,混匀后静置 30 min,观察甲组分与乙组分是否有分层现象。

6.9 抗渗性的测定

抗渗性按附录 B 描述的方法测定。

6.10 空气渗透率的测定

空气渗透率按附录 C 描述的方法测定。

6.11 潮湿基面黏结强度的测定

潮湿基面黏结强度按附录 D 描述的方法测定。

6.12 耐碱性的测定

耐碱性按附录 E 描述的方法测定。

6.13 耐酸性的测定

耐酸性按附录 F 描述的方法测定。

6.14 耐热性的测定

耐热性按附录 G 描述的方法测定。

6.15 干燥时间的测定

6.15.1 表干时间

按 GB/T 16777—2008 中 16.2.1 进行。

6.15.2 实干时间

按 GB/T 16777—2008 中 16.2.2 进行。

7 检验规则

7.1 检验分类

7.1.1 出厂检验

出厂检验项目包括外观、固体含量、亲和性和空气渗透率。

7.1.2 型式检验

型式检验的项目包括本文件规定的全部技术要求。

有下列情况之一时,应进行型式检验:

a) 新产品试制或老产品转厂生产的试制定型鉴定;

b) 正常生产时,每年进行一次型式检验;

c) 产品的原料、配比、工艺有较大改变,可能影响产品质量时;

d) 产品停产半年以上,恢复生产时;

e) 出产检验结果与上次型式检验有较大差异时;

f) 国家质量监督机构提出进行型式检验要求。

7.2 组批与抽样规则

7.2.1 组批

以同一类型的 5 t 为一批量,不足 5 t 也作为一批。

7.2.2 抽样

出厂检验和型式检验产品取样时,取 2 kg 样品用于检验。按 GB 3186 进行取样。

7.3 判定规则

经过检验，有一项或几项不符合要求时，注明该样品有一项或几项不符合本文件的要求，并注明该样品不符合本文件要求的具体项目。

8 标志、包装、运输和储存

8.1 标志

8.1.1 乙组分的标志符合 GB 175 的规定。

8.1.2 涂料甲组分包装上应有印刷或粘贴牢固的标志，内容包括：

a） 产品名称；

b） 主要成分；

c） 储存条件；

d） 生产厂名、地址；

e） 生产日期、批号和保质期；

f） 净含量；

g） 商标；

h） 产品的使用说明(应包括产品性能特点、使用方法)；

i） 执行标准。

8.2 包装

8.2.1 甲组分应采用塑料桶或塑料袋包装。

8.2.2 甲组分包装应附有产品合格证和使用说明书。

8.2.3 乙组分的包装符合 GB 175 的规定

8.3 运输

8.3.1 乙组分的运输符合 GB 175 的规定。

8.3.2 溶剂型甲组分产品按危险品运输方式办理，在运输过程中不得接触明火。

8.3.3 乳胶状甲组分产品为非易燃易爆品，可按一般货物运输。

8.3.4 甲组分在运输时防止雨淋、暴晒、受冻，避免挤压、碰撞，保持包装完好无损。

8.4 储存

8.4.1 乙组分的储存符合 GB 175 的规定。

8.4.2 甲组分产品储存期间应保证通风、干燥，防止日光直接照射，储存温度不应低于 0 ℃和高于50 ℃。

8.4.3 甲组分产品在符合本文件 8.4.2 的存放条件下，自生产之日起，保质期为 12 个月。

附 录 A
（规范性）
毒害性的测定方法

A.1 试验装置

由 500 mL 血清瓶、150 mL 排气集气瓶和 50 mL 接水量筒组成。如图 A.1 所示。

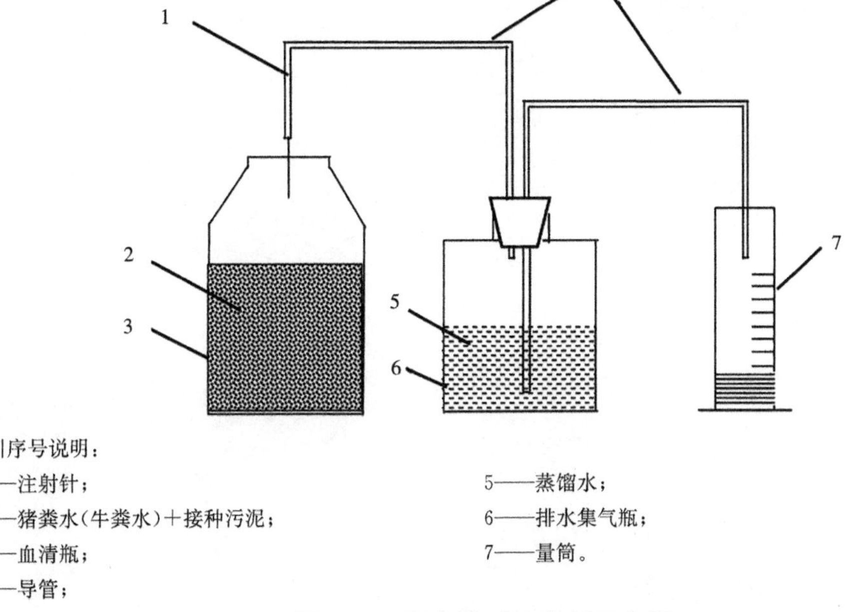

标引序号说明：

1——注射针；
2——猪粪水（牛粪水）+接种污泥；
3——血清瓶；
4——导管；
5——蒸馏水；
6——排水集气瓶；
7——量筒。

图 A.1 毒害性试验装置示意图

A.2 试验材料

本试验材料包括：

a) 猪粪水或牛粪水；
b) 厌氧污泥；
c) 石蜡。

A.3 试验步骤

A.3.1 样品试验

向 5 个血清瓶中分别加入体积比为 1∶4 的厌氧污泥和干物质含量（TS）约 6%的猪粪水（牛粪水）约 400 mL，然后投入甲组分涂料，此涂料量是按产品在沼气池中使用比例计算出 500 mL 体积时应加的量。连接集气定量装置，并用石蜡对瓶口及连接处进行密封。见图 A.1。

A.3.2 对照试验

除不加甲组分涂料外，其余与“样品试验”相同。

A.3.3 将装置置于常温条件下（20 ℃～25 ℃）发酵。每天观察测量沼气情况，并每天记录处理组和对照组的沼气产量各一次，直至第 10 d。

A.4 结果处理与评定

A.4.1 对处理和对照的产气量数据进行统计和采用 t 检验方法，以确定涂料对沼气池发酵微生物的产气性能是否有抑制作用。

A.4.2 涂料对沼气池的抑制产气性能，以涂料对猪粪水（牛粪水）厌氧发酵产沼气量是否影响显著表示。当处理组与对照组的产沼气量没有显著差异时，表明涂料对沼气池发酵微生物的产气性能没有明显的抑制作用；反之，表明涂料对沼气池发酵微生物的产气性能有明显的抑制作用。

附　录　B
（规范性）
抗渗性试验方法

B.1　试验器具

本试验器具包括：

a)　硬聚氯乙烯或金属型框：70 mm×70 mm×20 mm，3 个；
b)　捣棒：直径 10 mm，长 350 mm，端部磨圆；
c)　抹刀：刀宽 25 mm；
d)　软毛刷：宽度为 25 mm～50 mm；
e)　水砂纸：200 号；
f)　硅油或液体石蜡。

B.2　试验装置

试验仪器如图 B.1 所示，装置由直径 50 mm 玻璃短颈漏斗和带刻度玻璃管（长度为 1 000 mm、内径为 10 mm）组成。

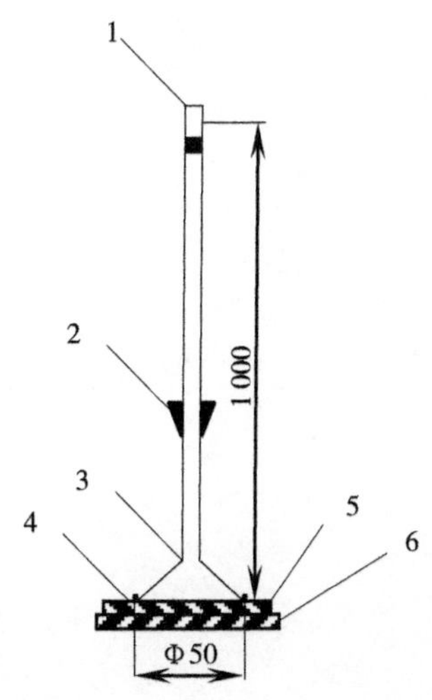

标引序号说明：
1——带刻度的玻璃管或塑料管；
2——橡胶管或 PVC 管；
3——漏斗；
4——室温硅橡胶；
5——涂料；
6——试块。

图 B.1　透水性试验用装置

B.3　试件的制备

B.3.1　将符合 GB 175 的强度等级为 42.5 MPa 普通水泥及中砂和水按重量比 1∶2∶0.4 配制成砂浆，混匀后倒入准备好的硬聚氯乙烯或金属型框中，捣实抹平。为方便脱模，在涂覆前模具表面可用硅油或液体石蜡进行处理。24 h 后脱模，将砂浆块在（20±1）℃的水中养护 7 d，再于室温下放置 7 d，用 200 号水砂纸将成型试块的底面磨平，清除浮灰，即可供试验使用，本试验应制备 3 个平行样。

B.3.2　将搅拌均匀的备用涂料用软毛刷在每件制备好的试件的 70 mm×70 mm 水平面中涂刷。可分

5次涂刷，每道涂刷时，不允许有空白，并在涂刷后在本文件6.3规定的试验条件下放置4 h～6 h，最后一道涂刷后应在本文件6.3规定的试验条件下放置24 h～30 h，固化后涂膜厚度应为(2.0±0.2)mm。检查涂膜外观，试件表面应光滑、无明显气泡。

B.4 试验程序

将3块制备好的试件置于水平状态，且涂膜面朝上，再用室温硅橡胶密封漏斗和试件间缝隙，放置24 h，按图B.1连接玻璃管或塑料管。往玻璃管或塑料管内注入蒸馏水，直至距离试件表面约1 000 mm，读取玻璃管刻度(L_1)；放置24 h，再读取玻璃管刻度(L_2)，试验前后玻璃管刻度之差即为透水量。

B.5 结果计算

透水率按公式(B.1)计算。

$$S=\frac{L_1-L_2}{L_1}\times 100 \qquad \text{(B.1)}$$

式中：

S ——透水率的数值，单位为百分号(%)；

L_1——初装时玻璃管刻度的数值，单位为毫米(mm)；

L_2——24 h后玻璃管刻度的数值，单位为毫米(mm)。

抗渗性能以透水率表示，透水率越小，表明该涂料的抗渗性能越好；反之，表明该涂料的抗渗性能越差。

试验结果取3个试件的算术平均值，精确至0.1%，应符合GB/T 8170的规定。

附 录 C
（规范性）
空气渗透率的测定方法

C.1 试验器具

本试验器具包括：

a) U 型压力表：0 kPa～10 kPa；

b) 乳胶管；

c) 充气器及开关。

C.2 试验装置

试验仪器如图 C.1 所示，装置由直径 50 mm 玻璃短颈漏斗、U 型压力表和充气器组成。

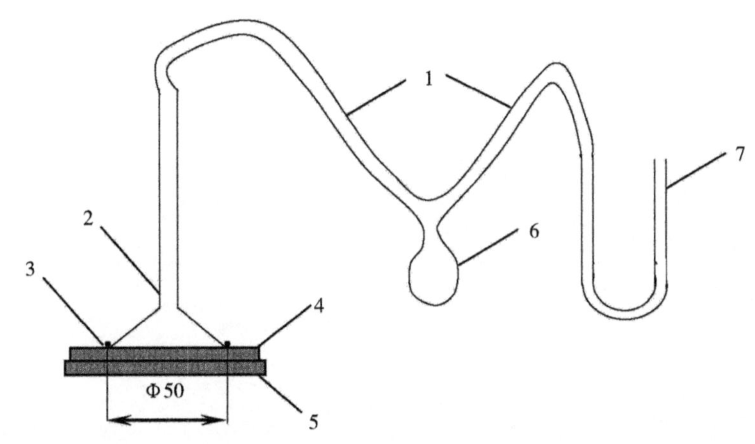

标引序号说明：

1——乳胶管；
2——漏斗；
3——室温硅橡胶；
4——涂料；
5——试块；
6——充气器；
7——U 型压力表。

图 C.1 透水性试验用装置

C.3 试件的制备

按本文件附录 B 的 B.3 进行。

C.4 试验程序

按本文件附录 B 的 B.4 将漏斗和试件连接，放置 24 h。按图 C.1 将 U 型压力表与漏斗及充气器连接，往试验装置内充气，使 U 型管液面间的高度差为 800 mm(h_0)，关闭充气开关。24 h 后观察 U 型管液面间的高度差(h_1)。

C.5 结果计算

空气渗透率按公式(C.2)计算。

$$T=\frac{h_0-h_1}{h_0}\times 100 \qquad (C.1)$$

式中：

T ——空气渗透率的数值，单位为百分号(%)；

h_0 ——初装时液面高度差的数值，单位为毫米(mm)；

h_1 ——24 h 后液面高度差的数值，单位为毫米(mm)。

以 3 个试件的算术平均值为试验结果，精确至 0.1%，应符合 GB/T 8170 的规定。

附　录　D
（规范性）
潮湿基面黏结强度的测定方法

D.1　试验器具

本试验器具包括：

a）　拉力试验机：量程 0 N～1 000 N，拉伸速度 0 mm/min～500 mm/min；

b）　“8”字形金属模具：按 GB/T 16777—2008 中图 7；

c）　“8”字形普通水泥砂浆块：按 GB/T 16777—2008 中图 8；

d）　游标卡尺：精度 0.1 mm。

D.2　试件的制备

按 GB/T 16777—2008 中 7.2 的规定制备半“8”字形水泥砂浆块。清除水泥砂浆块断面上的浮灰后将砂浆块在(23±2)℃的水中浸泡 24 h。取出，在本文件的 5.3 规定的试验条件下放置 5 min 后，在砂浆块的断面上均匀涂抹备用涂料，不允许有空白，且涂膜厚为 0.5 mm～0.7mm。然后将 2 个砂浆块的断面小心对接，在本文件 6.3 规定的试验条件下放置 4 h。将制得的试件在(20±1)℃的水中养护 7 d。按相同方法同时制备 5 个试件。

D.3　试验步骤

将试件按本文件 6.3 规定的试验条件下放置 2 h，用卡尺测量试件黏结面的长度和宽度。将试件装在拉力试验机的夹具上，以 50 mm/min 的速度拉伸试件，记下试件拉断时的拉力值。并观察试件断面的情况，若试件拉断时断面有 1/4 以上的面积露出砂浆表面，则该数值无效，应进行补做。

D.4　结果计算

黏结强度按公式(D.1)计算。

$$g = \frac{I}{a \times b} \qquad \text{(D.1)}$$

式中：

g ——试件的黏结强度的数值，单位为兆帕(MPa)；

I ——试件破坏时的拉力值的数值，单位为牛顿(N)；

a ——试件黏结面的长度的数值，单位为毫米(mm)；

b ——试件黏结面的宽度的数值，单位为毫米(mm)。

黏结性以黏结强度表示，取 3 个试件有效结果的算术平均值为黏结强度值，精确至 0.01 MPa，应符合 GB/T 8170 的规定。

附 录 E
（规范性）
耐碱性的测定方法

E.1 试验材料与仪器

E.1.1 试验材料

本试验材料包括：

a) 氢氧化钙（分析纯）；

b) 蒸馏水或去离子水；

c) 石蜡、松香（工业品）。

E.1.2 试验仪器

本试验测试仪器包括：

a) 酸度计：pH 精度为±0.1；

b) 天平：精确至 0.001 g。

E.2 饱和氢氧化钙溶液的配制

按 GB/T 9265—2009 中 5.2 配制。

E.3 试件制备

按本文件的 B.3 进行。

E.4 试验步骤

取 3 个试件，用石蜡和松香混合物（质量比为 1∶1）将试件的四周和背面即涂层之外的部分封闭。然后浸入 E.2 配制好的饱和氢氧化钙溶液中，且液面应高于试件 10 mm 以上，48 h 后取出。

E.5 试件的检查与结果评定

浸泡结束后，取出试件用水冲洗干净，甩掉板面上的水珠，再用滤纸吸干。立即观察涂层表面是否出现起泡、裂痕、剥落、粉化、软化和溶出等现象。

以 3 个试件涂层均无上述现象为合格。

附　录　F
（规范性）
耐酸性的测定方法

F.1　试验材料与仪器

F.1.1　试验材料

本试验材料包括：

a）　邻苯二甲酸氢钾(分析纯)；

b）　氢氧化钠(分析纯)；

c）　蒸馏水或去离子水；

d）　石蜡、松香(工业品)。

F.1.2　试验仪器

本试验仪器包括：

a）　量筒:50 mL；

b）　移液管:20 mL、5 mL；

c）　酸度计:pH 精度为±0.1；

d）　天平:精确至 0.001 g。

F.2　pH 为 5 的溶液的配制

F.2.1　0.1 mol/L 邻苯二甲酸氢钾溶液的配制

称取预先经 105 ℃烘干 2 h 的邻苯二甲酸氢钾($C_8H_5KO_4$)20.41 g 溶于蒸馏水,转入容量瓶中,定容至 1 000 mL。

F.2.2　0.10 mol/L 氢氧化钠溶液的配制

称取预先经 105 ℃烘干 2 h 的氢氧化钠(NaOH)4.0 g 溶于蒸馏水,转入容量瓶中,定容至 1 000 mL。

F.2.3　pH 为 5 溶液的配制

于(23±2)℃条件下,量取 0.1 mol/L 邻苯二甲酸氢钾溶液 50 mL 和 0.10 mol/L 氢氧化钠溶液 22.6 mL于容量瓶中,并加蒸馏水定容至 100 mL。该溶液的 pH 应达到 5。

F.3　试件的制备

按本文件的 B.3 进行。

F.4　试验步骤

按本文件的 E.4 进行。

F.5　试件的检查与结果评定

按本文件的 E.5 进行。

附 录 G
（规范性）
耐热性的测定方法

G.1 试验器具

本试验器具包括：

a) 电热鼓风干燥箱：0 ℃～300 ℃，控温精度±2 ℃；

b) 硬聚氯乙烯或金属型框：70 mm×70 mm×20 mm。

G.2 试件的制备

按本文件的 B.3 进行。

G.3 试验步骤

按试件置于水平状态，涂膜面朝上置于已调节到 60 ℃的电热鼓风干燥箱内，试件与干燥箱间的距离不小于 50 mm，试件的中心宜与温度计的探头在同一位置，在规定温度下放置 5 h 后取出，观察试件表面，共试验 3 个试件。

G.4 结果评定

试验后所有试件均不应产生流淌、滑动和滴落，试件表面无密集型气泡。

ICS 65.080
CCS B 10

中华人民共和国农业行业标准

NY/T 2596—2022
代替 NY/T 2596—2014

沼　　肥

Anaerobic digested fertilizer

2022-07-11 发布　　2022-10-01 实施

中华人民共和国农业农村部　发布

前 言

本文件按照 GB/T 1.1—2020《标准化工作导则　第 1 部分:标准化文件的结构和起草规则》的规定起草。

本文件代替 NY/T 2596—2014《沼肥》,与 NY/T 2596—2014 相比,除结构调整和编辑性改动外,主要技术变化如下:

a) 更改了陈述"范围"的表述形式(见第 1 章,2014 年版的第 1 章);
b) 更改了要素"规范性引用文件"中的适用文件(见第 2 章,2014 年版的第 2 章);
c) 更改了要素"术语和定义"中的表述形式,删除了总养分的定义(见第 3 章,2014 年版的第 3 章);
d) 更改了要素"要求"中的表述形式(见第 4 章,2014 年版的第 4 章);
e) 更改了表 1 的项目及指标,删除了总养分、有机质的技术指标(见表 1,2014 年版的表 1);
f) 增加了表 1 的检测依据(见表 1,2014 年版的表 1);
g) 更改了表 2 的项目(见表 2,2014 年版的表 2);
h) 增加了表 2 的检测依据(见表 2,2014 年版的表 2);
i) 删除了试验方法(见 2014 年版的 5);
j) 删除了检验类别及检验项目(见 2014 年版的 6.1);
k) 增加了检验规则的生长周期判定(见 5.1);
l) 更改了样品缩分(见 5.4,2014 年版的 6.4);
m) 更改了包装、标识、运输和储存(见第 6 章,2014 年版的第 7 章)。

本文件由农业农村部科技教育司提出。

本文件由全国沼气标准化技术委员会(SAC/TC 515)归口。

本文件起草单位:农业农村部沼气科学研究所、江西正合生态农业有限公司、三河市盈盛生物能源科技股份有限公司、农业农村部沼气产品及设备质量监督检验测试中心。

本文件主要起草人员:宁睿婷、冉毅、万里平、王琦璋、梅自力、马继涛、席江、宋大刚、罗涛、贺莉、黄强、龚贵金。

本文件及其所代替文件的历次版本发布情况为:

——NY/T 2596—2014;

——本次为第一次修订。

沼　　肥

1　范围

本文件规定了沼肥的术语和定义、技术要求及检验方法、检测规则、包装、标识、运输和储存。

本文件适用于以畜禽粪便、秸秆等有机废弃物为原料，经充分厌氧发酵产生的固体和液体沼肥。

2　规范性引用文件

下列文件中的内容通过文中的规范性引用而构成本文件必不可少的条款。其中注日期的引用文件，仅该日期对应的版本适用于本文件；不注日期的引用文件，其最新版本（包括所有的修改单）适用于本文件。

GB/T 6679　固体化工产品采样通则

GB/T 6680　液体化工产品采样通则

GB/T 6682　分析实验室用水规格和试验方法

GB/T 8170　数值修约规则与极限数值的表示和判定

GB/T 8576　复混肥料中游离水含量测定　真空烘箱法

GB/T 14675　空气质量　恶臭的测定　三点比较式臭袋法

GB 17323　瓶装饮用纯净水

GB 18382　肥料标识　内容和要求

GB/T 19524.1　肥料中粪大肠菌群的测定

GB/T 19524.2　肥料中蛔虫卵死亡率的测定

GB/T 23349　肥料中砷、镉、铬、铅、汞含量的测定

GB/T 40750　农用沼液

HG/T 2843　化肥产品　化学分析常用标准滴定溶液、标准溶液、试剂溶液和指示剂溶液

NY/T 525　有机肥料

NY/T 1973　水溶肥料　水不溶物含量和 pH 的测定

NY/T 1978　肥料　汞、砷、镉、铅、铬含量的测定

3　术语和定义

下列术语和定义适用于本文件。

3.1

沼肥　anaerobic digested fertilizer

以畜禽粪便、秸秆等有机废弃物为原料，经充分厌氧发酵产生的固体和液体肥，即沼渣肥和沼液肥。

3.2

沼液肥　digested effluent fertilizer

以畜禽粪便、秸秆等有机废弃物为原料，经充分厌氧发酵产生的液体肥。

3.3

沼渣肥　digested sludge fertilizer

以畜禽粪便、秸秆等有机废弃物为原料，经充分厌氧发酵产生的固体肥。

4　技术要求及检验方法

4.1　通用要求

本文件中所用水应符合 GB/T 6682 中三级水(或二级水)的规定。所列试剂,除注明外,均指分析纯(A.R.)。试验中所需标准溶液,按 HG/T 2843 的规定制备。

4.2 沼渣的技术指标应符合表 1 的规定。

表 1 沼渣的技术指标

项 目	技术指标	检测依据
水分,%	≤30.0	按照 GB/T 8576 的规定执行
酸碱度(pH)	5.5~8.5	按照 NY/T 1973 的规定执行
粪大肠菌群数,个/g	≤100.0	按照 GB/T 19524.1 的规定执行
蛔虫卵死亡率,%	≥95.0	按照 GB/T 19524.2 的规定执行
种子发芽指数(GI),%	≥70.0	按照 NY/T 525 的规定执行
总砷(以 As 计),mg/kg	≤15.0	按照 NY/T 1978 的规定执行
总镉(以 Cd 计),mg/kg	≤3.0	
总铅(以 Pb 计),mg/kg	≤50.0	
总铬(以 Cr 计),mg/kg	≤150.0	
总汞(以 Hg 计),mg/kg	≤2.0	

4.3 沼液的技术指标应符合 GB/T 40750 的规定,见表 2。

表 2 沼液的技术指标

项 目	指 标	检测依据
酸碱度(pH)	5.5~8.5	按照 NY/T 1973 的规定执行
水不溶物,g/L	≤50.0	按照 NY/T 1973 的规定执行
粪大肠菌群数,个/g(mL)	≤100.0	按照 GB/T 19524.1 的规定执行
蛔虫卵死亡率,%	≥95.0	按照 GB/T 19524.2 的规定执行
臭气排放浓度(无量纲)	≤70.0	按照 GB/T 14675 的规定执行
总砷(以 As 计),mg/L	≤10.0	按照 GB/T 23349 的规定执行
总镉(以 Cd 计),mg/L	≤3.0	按照 GB/T 23349 的规定执行
总铅(以 Pb 计),mg/L	≤50.0	按照 GB/T 23349 的规定执行
总铬(以 Cr 计),mg/L	≤50.0	按照 GB/T 23349 的规定执行
总汞(以 Hg 计),mg/L	≤5.0	按照 GB/T 23349 的规定执行
总盐浓度(以 EC 值计,mS/cm)	≤3.0	按照 GB 17323 的规定执行

5 检验规则

5.1 畜禽养殖或作物生长周期不足 1 年的,采用批次检验;生长周期超过 1 年,或同一种类畜禽在前次检验后,再连续养殖或生产 1 年以上,采用年度检验,年度检验应检测全部质量要求指标;符合所有规定指标判定为合格。

5.2 沼肥按批检验,以 1 d 或 2 d 的产量为一批,最大批量为 500 t。

5.3 采样方案

5.3.1 沼渣肥采样按 GB/T 6679 的规定执行。

5.3.2 沼液肥采样按 GB/T 6680 的规定执行。

5.4 样品缩分

将所采样品迅速混匀。沼渣肥样品用缩分器或四分法将样品缩分至 1 kg,再缩分为 2 份,分装于 2 个洁净、干燥的 500 mL 具有磨口塞的广口瓶中。沼液肥样品经多次摇动混匀后,迅速取出 1 L,分装于 2 个同样的广口瓶中。密封并贴上标签,注明沼肥生产企业名称、生产批号和生产日期、取样日期和取样人姓名,一瓶做产品质量分析,另一瓶保存 2 个月,以备查用。

5.5 判定规则

5.5.1 本文件中沼肥技术指标的数字修约和判定应符合 GB/T 8170 的规定。

5.5.2 沼肥检验的项目全部符合本文件要求时,判该批沼肥合格。

5.5.3 如果检验结果中有一项指标不符合本文件要求时，应重新自二倍量的包装容器中采取样品进行检验，重新检验结果中，即使仅有一项指标不符合本文件要求，也判该批沼肥不合格。

5.5.4 每批检验合格的沼肥应附有质量证明书，其内容包括：生产企业名称、地址、沼肥名称、批次和生产日期、产品净重、总养分含量、有机质含量和本文件编号。

6 包装、标识、运输和储存

6.1 根据不同类型的沼肥选择适当的包装材料、容器、形式和方法。

6.2 沼肥包装容器正面应标明：名称、总养分含量、有机质含量、净重、标准号、生产企业名称、厂址。其余应符合 GB 18382 的规定。

6.3 在运输过程中应防雨、防潮、防晒、防破裂、防遗撒。

6.4 产品应储存于阴凉、干燥处。

ICS 01.100.01
CCS B 04

中华人民共和国农业行业标准

NY/T 4150—2022

农业遥感监测专题制图技术规范

Technical specification for thematic mapping of agricultural monitoring using remote sensing

2022-07-11 发布　　2022-10-01 实施

中华人民共和国农业农村部　发布

前言

本文件按照 GB/T 1.1—2020《标准化工作导则　第 1 部分：标准化文件的结构和起草规则》的规定起草。

本文件由农业农村部发展规划司提出并归口。

本文件起草单位：中国农业科学院农业资源与农业区划研究所。

本文件主要起草人：刘佳、王利民、高建孟、杨玲波、滕飞、李丹丹、季富华。

农业遥感监测专题制图技术规范

1 范围

本文件规定了农业遥感监测专题制图的基本要求、技术流程、专题图内容确定、专题图制作、专题图输出及质量检查等内容。

本文件适用于基于遥感数据的农业监测专题制图。

2 规范性引用文件

下列文件中的内容通过文中的规范性引用而构成本文件必不可少的条款。其中,注日期的引用文件,仅该日期对应的版本适用于本文件;不注日期的引用文件,其最新版本(包括所有的修改单)适用于本文件。

GB/T 13989 国家基本比例尺地形图分幅和编号

GB/T 15968 遥感影像平面图制作规范

GB/T 37151 基于地形图标准分幅的遥感影像产品规范

3 术语和定义

下列术语和定义适用于本文件。

3.1

遥感 remote sensing

不接触物体本身,用传感器收集目标物的电磁波信息,经处理、分析后,识别目标物,并揭示其几何、物理特征和相互关系及其变化规律的现代科学技术。

[来源:GB/T 14950—2009,3.1]

3.2

农业遥感 agricultural remote sensing

综合利用遥感、计算机等技术,对农业(尤其是种植业)生产过程中的各个环节进行数据的获取、存储、处理、分析,从而得到所需信息的一种技术。

3.3

专题图 thematic map

专题地图

表示自然现象或社会现象中的某一种或几种要素的地图。

[来源:GB/T 16820—2009,7.5,有修改]

3.4

地图整饰 map decoration

地图编制中美化地图外貌,使地图规格化的技术工作。

[来源:GB/T 16820—2009,4.81,有修改]

3.5

图名 map title

地图的名称。

[来源:GB/T 16820—2009,4.75]

3.6

图例 legend

对地图内所使用图式符号的解释。

[来源:GB/T 16820—2009,4.79]

3.7

像元 pixel

数字影像的基本单元。

[来源:GB/T 14950—2009,4.67,有修改]

3.8

空间分辨率 spatial resolution

遥感影像上一个像元所能代表地面单元的大小。

3.9

地理底图 geographic base map

具备地图数学基础和境界、水系、居民地、交通、地形等基本地理要素及注记,用作专题图骨架的统一地理基础地图。

[来源:GB/T 16820—2009,7.52,有修改]

3.10

地图比例尺 map scale

地图上某线段长度与地面上相应线段在投影面上的长度之比。

注:表现形式有数字式、文字式和图解式,通常也被称为比例尺。

[来源:GB/T 16820—2009,4.32,有修改]

3.11

阿尔伯斯投影 Albers' projection

一种正轴等面积割圆锥投影。

注:又称双标准纬线等积圆锥投影,由阿尔伯斯于1805年创拟。

[来源:GB/T 16820—2009,3.62,有修改]

3.12

高斯-克吕格投影 Gauss-Krüger projection

一种横轴等角切椭圆柱投影。

注:由德国数学家、天文学家高斯(C. F. Gauss)拟定,德国大地测量学家克吕格(J. Krüger)补充而成。

[来源:GB/T 16820—2009,3.56,有修改]

3.13

通用横轴墨卡托投影 universal transverse Mercator projection;UTM

一种横轴等角割椭圆柱分带投影。

注:假想圆柱面与地球椭球面横割于对称于中央经线的两个小圆上,按经差6°分带单独投影,除赤道和中央经线为直线外,其余经纬线为对称于它们的轴线,且相互正交。

[来源:GB/T 16820—2009,3.58,有修改]

4 缩略语

下列缩略语适用于本文件。

AI:矢量图形文件格式(Adobe Illustrator)

BMP:位图文件格式(Bitmap)

DEM:数字高程模型(Digital Elevation Model)

DLG:数字线划图(Digital Line Graphic)

DOM:数字正射影像图(Digital Orthophoto Map)

DPI:每英寸长度内像素点数(Dots Per Inch)

PDF:便携式文档格式(Portable Document Format)

PNG:可移植的网络图像文件格式(Portable Network Graphic)

TIFF:标签图像文件格式(Tag Image File Format)

UTM:通用横轴墨卡托投影(Universal Transverse Mercator projection)

5 基本要求

5.1 空间基准

5.1.1 大地基准

大地基准应采用2000国家大地坐标系(CGCS 2000)。

5.1.2 高程基准

高程基准应采用1985国家高程基准。

5.1.3 投影方式

省级及以上尺度宜采用阿尔伯斯投影,省级以下尺度宜采用高斯-克吕格投影或UTM投影。

5.2 分幅和编号

农业遥感监测专题图的分幅及编号应按GB/T 13989的规定执行。

6 技术流程

农业遥感监测专题制图技术流程包括专题图内容确定、专题图制作、专题图输出及质量检查等,流程可参照图1。

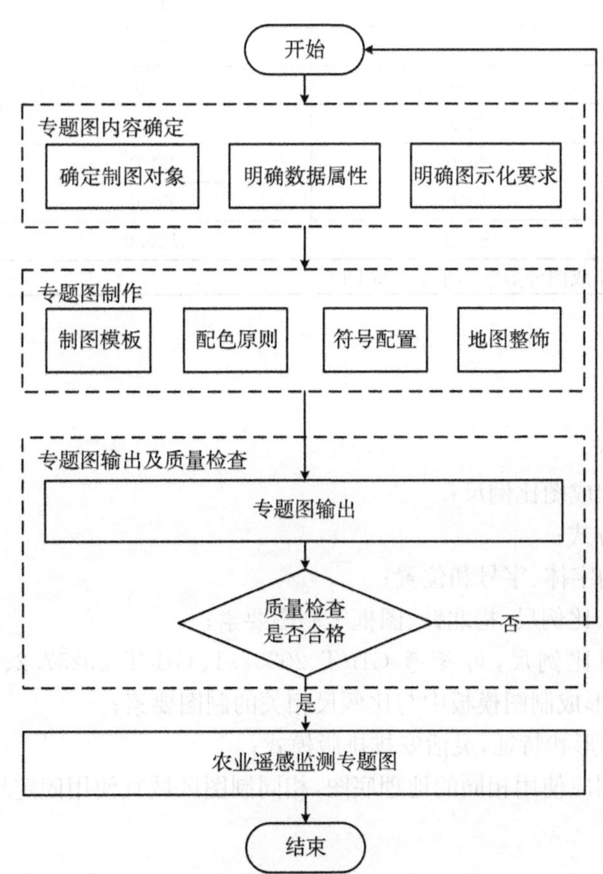

图1 农业遥感监测专题制图技术流程

7 专题图内容确定

7.1 概述

农业遥感监测专题图内容应包括遥感专题要素,可包括与专题要素密切相关的境界线、水系、居民地等基础地理信息要素，以及DEM、DOM、DLG等地理信息产品。制作专题图前，应确定制图对象、明确数据属性和明确图示化要求等。

7.2 确定制图对象

制图对象是指不同表征单位的专题产品，表征单位应为分类、分级、连续数值或离散数值等。制图对象应根据相应标准进行确定，如需参考NY/T 3528确定土壤墒情专题图制图对象为湿润、正常、轻旱、中旱和重旱5种级别的土壤墒情。

7.3 明确数据属性

应明确所用影像和专题产品的属性，包括影像和栅格产品的空间分辨率、像元值含义，矢量数据属性表中各字段的属性和含义等。

7.4 明确图示化要求

应明确制图对象图示化的要求，包括成图比例尺和成图分辨率等。应根据制图对象范围和监测产品用途等确定成图比例尺和成图分辨率。不同成图比例尺和成图分辨率条件下，制图对象空间分辨率应优于GB/T 37151的规定，如表1所示。

表1 成图比例尺、成图分辨率和空间分辨率的对应关系

成图比例尺	成图分辨率		
	300 DPI	200 DPI	100 DPI
	空间分辨率，m		
1∶5 000	0.4	0.5	1.0
1∶10 000	0.8	1.0	2.5
1∶25 000	2.0	2.5	6.0
1∶50 000	4.0	5.0	12.0
1∶100 000	8.0	10.0	24.0
1∶250 000	20.0	30.0	60.0
1∶500 000	40.0	60.0	120.0
1∶1 000 000	80.0	120.0	250.0
注：如果用于印刷，制图对象成图分辨率不小于300 DPI。			

8 专题图制作

8.1 制图模板

制图模板设计要求如下：

a) 应确定监测范围和成图比例尺；
b) 应确定地图投影方式；
c) 应确定制图文字的字体、字号和位置；
d) 应确定图名、图例、比例尺、指北针、图框等制图要素；
e) 宜根据不同成图比例尺，可参考GB/T 20257.1、GB/T 20257.2、GB/T 20257.3和GB/T 20257.4等规定，形成制图模板中与比例尺相关的制图要素；
f) 可根据制图区域的形状特征，灵活安排排版模式；
g) 相同比例尺专题图应使用相同的地理底图，相同制图区域宜使用固定地图排版方式。

8.2 配色原则

配色原则要求如下：

a) 地图配色应当整体协调美观，重点突出；可先设计总体基调色彩，再进行局部设计；
b) 典型地物配色尽量使用常用配色方案，如地物类型表达中水体使用蓝色、植被使用绿色，干旱等级符号中红色表示干旱、绿色表示正常、蓝色表示湿润等；
c) 相同类型的作物的配色应尽量采用同一色系，不同作物类型的配色或符号应当不同，类别间色彩、形状等特征差异较为明显。

8.3 符号配置

符号配置要求如下：

a) 可参考 GB/T 20257.1、GB/T 20257.2、GB/T 20257.3、GB/T 20257.4、GB/T 12343.1、GB/T 12343.2 和 GB/T 12343.3 等规定，对不同比例尺专题图的地图符号和注记进行配置；如地图符号是否依比例尺变化，是否需要根据地图要素的重要性和主次关系进行制图综合等；

b) 可根据实际情况制定地图符号库并进行地图符号配置，地图符号库应包括符号名称、颜色、图形或字体等信息及适用的比例尺信息；

c) 符号类型应包括点状、线状、面状要素及文字；

d) 符号配置应包括单一符号设置、分类符号设置、分级符号设置等；

e) 单一符号设置应使用同一大小、形状、颜色的符号表示相同的农业地理要素；

f) 分类符号设置应使用不同颜色、形状、网纹的符号表达不同类型的制图对象；

g) 分级符号设置应根据制图对象，以及农学标准或生产、监测要求确定；级别应根据表达数值确定，并应根据级别赋予不同颜色或形状。

注：制图综合(cartographic generalization)是指对地形图内容按照一定的规律和法则进行选取、概括、夸大、移位，用以反映制图对象的基本特征的典型特点及其内在联系的过程。[来源：GB/T 12343.1—2008，定义 3.4]

8.4 地图整饰

地图整饰按照 GB/T 15968 执行，要求如下：

a) 地图整饰要素应包括图名、图例、图框、指北针、比例尺等；

b) 图名应包括制图对象、监测范围、监测时间等信息，应简练、明确、具有概括性；

c) 图例应包括地图中全部符号及文字释意；

d) 地图注记应详略得当，不应遮挡遥感监测对象在图上的展示；

e) 应在地图图框外适当位置，添加制图单位、制图时间等信息；

f) 同一系列专题图应使用相同的配置符号和整饰要素。

9 专题图输出及质量检查

9.1 专题图输出

完成专题图编制后，可选择多种输出格式，包括 PNG、TIFF、BMP 等栅格格式及 AI、PDF 等矢量格式，输出专题图应避免有损压缩，同时保存专题制图文档工程文件。农业遥感监测专题制图示例见附录 A。

9.2 质量检查

专题图制作完成后，应进行质量检查。质量检查包括自检、预检、验收。自检应由制图人员负责，预检应由质检人员负责，验收应由专题图接收方协同制图人员、质检人员共同完成。

质量检查应包括下列内容：

a) 检查地图内容、地图表示方法、比例尺；

b) 检查配置符号可读性和符号之间的区分度，确保同一配置符号的一致性、唯一性及美观性；

c) 检查整饰要素是否完整、清晰、准确；

d) 检查专题图分辨率、格式是否符合要求；

e) 检查同一系列专题图中不同专题图之间排版、符号、字体、分辨率、格式等的统一性；

f) 检查色彩系统的一致性，同一套专题图应采用相同的色彩系统。

9.3 发布与出版

若专题图需公开展示或出版，还应报相关地图技术审查部门审核并取得审图号。

附 录 A
（资料性）
农业遥感监测专题制图示例

图 A.1 给出了农业遥感监测专题制图示例。

单位为毫米

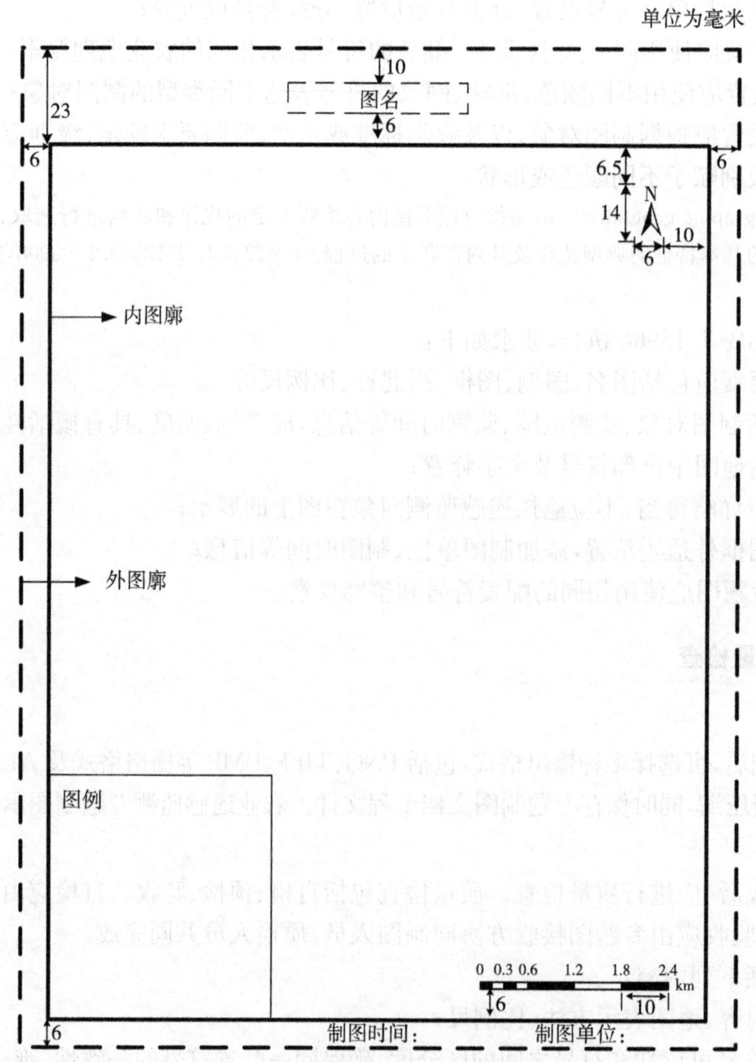

图 A.1 农业遥感监测专题制图示例

参 考 文 献

[1] GB/T 12343(所有部分) 国家基本比例尺编绘规范
[2] GB/T 14950 摄影测量与遥感术语
[3] GB/T 16820 地图学术语
[4] GB/T 20257(所有部分) 国家基本比例尺地图图式
[5] NY/T 3528 耕地土壤墒情遥感监测规范

ICS 65.020.01
CCS B 07

中华人民共和国农业行业标准

NY/T 4151—2022

农业遥感监测无人机影像预处理技术规范

Specification for UAV image preprocessing in agricultural remote sensing monitoring

2022-07-11 发布　　2022-10-01 实施

中华人民共和国农业农村部 发布

前　　言

本文件按照 GB/T 1.1—2020《标准化工作导则　第 1 部分:标准化文件的结构和起草规则》的规定起草。

本文件由农业农村部发展规划司提出并归口。

本文件起草单位:中国农业科学院农业资源与农业区划研究所。

本文件主要起草人:刘佳、滕飞、杨玲波、王利民、姚保民、高建孟、季富华、李映祥。

农业遥感监测无人机影像预处理技术规范

1 范围

本文件规定了农业行业遥感监测无人机影像预处理的基本要求、处理流程、数据获取与筛选、辐射定标、几何校正、产品生产、质量检查、报告编写等内容。

本文件适用于基于无人机多光谱影像进行小范围大比例尺农业遥感监测的影像预处理工作。

2 规范性引用文件

下列文件中的内容通过文中的规范性引用而构成本文件必不可少的条款。其中，注日期的引用文件，仅该日期对应的版本适用于本文件；不注日期的引用文件，其最新版本（包括所有的修改单）适用于本文件。

GB/T 13989 国家基本比例尺地形图分幅和编号

GB/T 18316 数字测绘成果质量检查与验收

CH/T 3003 低空数字航空摄影测量内业规范

CH/T 3004 低空数字航空摄影测量外业规范

CH/T 3005 低空数字航空摄影规范

CH/T 9008.2 基础地理信息数字成果

CH/T 9008.3 基础地理信息数字成果

CH/T 9022 基础地理信息数字成果

3 术语和定义

下列术语和定义适用于本文件。

3.1

无人机影像 unmanned air vehicle image

通过低空无人机飞行平台搭载的传感器获取的数字图像。

3.2

多光谱影像 multispectral image

多光谱相机通过摄影或扫描的方式，在同一时间内获取相同目标若干谱段信息的数字图像。

3.3

空中三角测量 aerotriangulation；aerial triangulation

利用航空航天影像与所摄目标之间的空间几何关系，根据少量像片控制点，计算出像片外方位元素和其他待求点的平面位置、高程的测量方法。

［来源：GB/T 14950—2009，5.72，有修改］

3.4

遥感 remote sensing

不接触物体本身，用传感器收集目标物的电磁波信息，经处理、分析后识别目标物，揭示其几何、物理特征和相互关系及其变化规律的现代科学技术。

［来源：GB/T 14950—2009，3.1，有修改］

3.5

像元 pixel

数字影像的基本单元。

[来源:GB/T 14950—2009,4.67,有修改]

3.6

空间分辨率　spatial resolution

遥感影像上一个像元能代表地面单元的大小。

3.7

影像预处理　image preprocessing

对主要运算前的原始数据所进行的某些加工。

[来源:GB/T 14950—2009,5.169]

3.8

几何校正　geometric correction

为消除影像的几何畸变而进行投影变换或不同波段影像间的配准等校正过程。

[来源:GB/T 14950—2009,5.190,有修改]

3.9

像片控制点　photo control point

为摄影测量加密或测图需要,直接在实地测定的控制点。

[来源:GB/T 14950—2009,4.127]

3.10

检查点　checking point

用来检查地形、模型正确性的点。

[来源:GB/T 14950—2009,5.88]

3.11

辐射定标　radiometric calibration

根据遥感器定标方程和定标系数,将其记录的量化数字灰度值转换成对应视场表观辐亮度的过程。

[来源:GB/T 30115—2013,3.7]

3.12

数字正射影像图　digital orthophoto map

参考地形图要求对正射影像数据按图幅范围进行裁切,配以图廓整饰形成的影像图。

注:它具有像片影像特征和地图的几何精度,是国家基础地理信息数字成果的主要组成部分之一。

[来源:CH/T 9008.3—2010,3,有修改]

3.13

三维点云　3D point cloud

在同一三维空间坐标系下表达目标空间分布和目标表面特性的海量点集合。

3.14

不规则三角网　triangular irregular network

一种用不规则的三角形集合来描述复杂曲面的数据结构。其中,每个三角形的3个顶点都在曲面上,互不重叠,又全覆盖整个曲面。

[来源:GB/T 14950—2009,6.28]

3.15

数字高程模型　digital elevation model

在一定范围内通过规则格网点描述地面高程信息的数据集,用于反映区域地貌形态的空间分布。

[来源:CH/T 9008.2—2010,3]

3.16

数字表面模型　digital surface model

以一系列离散点或规则点的三维坐标表达物体表面起伏形态的数据集。

[来源:GB/T 14950—2009,6.31,有修改]

4 缩略语

下列缩略语适用于本文件。

CGCS 2000:2000 国家大地坐标系(China Geodetic Coordinate System 2000)

DEM:数字高程模型(Digital Elevation Model)

DN:灰度值(Digital Number)

DOM:数字正射影像(Digital Orthophoto Map)

DSM:数字表面模型(Digital Surface Model)

GNSS:全球导航卫星系统(Global Navigation Satellite System)

IMU:惯性测量装置(Inertial Measurement Unit)

POS:定位定向系统(Positioning and Orientation System)

TIN:不规则三角网(Triangular Irregular Network)

UAV:无人机(Unmanned Air Vehicle)

5 基本要求

5.1 空间基准

5.1.1 大地基准

采用 2000 国家大地坐标系(CGCS 2000)。

5.1.2 高程基准

采用 1985 国家高程基准。

5.1.3 地图投影方式

采用高斯-克吕格投影。

5.2 分幅和编号

农业遥感监测无人机影像预处理成果的分幅和编号按 GB/T 13989 的规定执行。

5.3 预处理产品

农业遥感监测无人机影像预处理的产品主要包括数字高程模型(DEM)、数字正射影像(DOM)和数字表面模型(DSM),相关产品生产按照 CH/T 9008.2、CH/T 9008.3、CH/T 9022 的规定执行。

6 处理流程

农业遥感监测无人机影像预处理的流程主要包括数据获取与筛选、辐射定标、几何校正、产品生产、质量检查、报告编写 6 个步骤,见图 1。

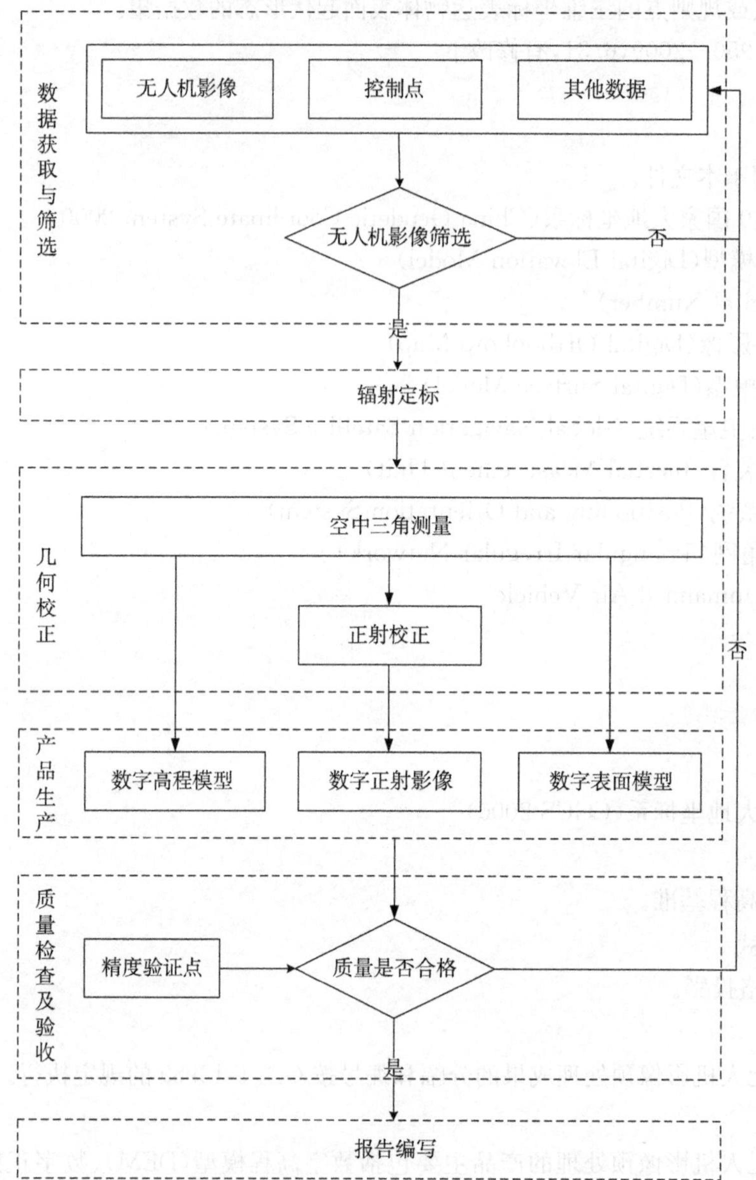

图 1　农业遥感监测无人机影像预处理技术流程

7　数据获取与筛选

7.1　无人机影像

7.1.1　一般要求

农业遥感监测通常采用无人机多光谱影像，无人机影像的获取的方式可按照 CH/T 3003、CH/T 3004 和 CH/T 3005 的规定执行。

7.1.2　影像空间分辨率

影像空间分辨率一般介于 0.05 m～0.20 m。

7.1.3　像片旋角

相邻像片的主点连线与像幅沿航线方向两框标连线间的夹角称像片旋角，像片旋角一般需低于 15°。

7.1.4　像片倾角

像片倾角是指无人机摄影机轴与铅直方向的夹角，像片倾角一般需低于 5°。

7.1.5　像片重叠度

像片航向重叠度应不小于 53%，宜在 60%～80%；旁向重叠度应大于 15%，宜在 30%～60%。

注：航向重叠(longitudinal overlap；end overlap；forward overlap)是指相邻两张相片之间沿航线飞行方向对所摄地面有一定的重叠，通常以百分比表示。[来源：GB/T 14950—2009，4.53，有修改]

旁向重叠(lateral overlap；side overlap；side lap)是指对于区域摄影要求两相邻航带相片之间有一定的影像重叠，通常以百分比表示。[来源：GB/T 14950—2009，4.54，有修改]

7.1.6 像片质量

像片及立体像对应完整覆盖所有监测区域，无漏洞。像片应清晰，细节完整，层次鲜明，色调柔和；无明显云、雾、霾、阴影，以及拖影或变形。像片间应无明显明暗差异，空间分辨率、辐射分辨率、色调等尽可能一致。

7.1.7 像片内方位元素

初始像片内方位元素由相机参数中的焦距(摄影中心至像主点的距离)和像主点在像框坐标系下的平面坐标获取。

注：像片内方位元素(elements of interior orientation；interior orientation elements)又称"像片内定向元素"，是确定摄影光束在像方几何关系的基本参数，即像主点的像平面坐标值(x_0，y_0)和摄影机主距值(f_k)。[来源：GB/T 14950—2009，5.12]

7.1.8 像片外方位元素

初始像片外方位元素应由无人机 POS 系统提供，主要由 GNSS 设备提供位置信息，IMU 提供角度信息。

注：像片外方位元素(elements of exterior orientation；exterior orientation elements)又称"像片外定向元素"，确定摄影光束在物方几何关系的基本参数，包括 3 个位置参数和 3 个姿态参数。[来源：GB/T 14950—2009，5.13]

7.2 控制点

控制点包括像片控制点、检查点和精度验证点，数量和布局可按照 CH/T 3004 的规定执行。控制点应尽量选择在地形起伏较小、坚硬的地面；在目标影像上应成像清晰，大小合适，易于辨识。布设地点应无明显干扰 GNSS 信号强度和定位精度的因素，不应布设在高大建筑物及地物附近，避免遮挡。

注：精度验证点是指用来检查无人机影像预处理成果正确性的点。

7.3 其他数据

其他数据包括但不限于：农业遥感监测的范围矢量文件、用于影像辐射定标的白板数据，以及无人机拍摄计划、时间、人员等信息。

7.4 无人机影像筛选

剔除不符合 7.1 中要求的无人机影像。对于冗余影像，应保留倾角或旋角较小的影像。对影像覆盖存在漏洞的区域，需通过数据补测等方法进行填补。

8 辐射定标

根据农业遥感监测的需要，进行无人机多光谱影像辐射定标处理。需要辐射定标的无人机影像，应提供各波段中心波长、波长范围等参数；为保证光照条件尽可能一致，每次航拍时间不宜过长。

可使用定标白板对无人机影像进行辐射定标，辐射定标与无人机拍摄过程同步进行。辐射定标按公式(1)计算。

$$\rho_\lambda^i = DN_\lambda^i \times \frac{\rho_\lambda^w}{DN_\lambda^w} \quad \cdots\cdots (1)$$

式中，

ρ_λ^i ——第 i 个像元在波长 λ 处的标准反射率；

DN_λ^i——第 i 个像元在波长 λ 处的影像灰度值；

ρ_λ^w ——在反射率为 w 的白板在波长 λ 处的标准反射率；

DN_λ^w——在反射率为 w 的白板在波长 λ 处的像元灰度值，取所有白板像元的均值。

9 几何校正

9.1 一般要求

几何校正是基于无人机影像提取连接点，导入像片控制点进行空中三角测量，由图像坐标转换为测区真实坐标，在此基础上进行正射校正的过程。在以下几何校正要求基础上，其他具体作业流程可参照 GB/T 23236 的规定执行。

注：连接点(tie point)又称"模型连接点"，是用于相邻模型链接的同名像点。［来源：GB/T 14950—2009，5.86］

9.2 空中三角测量

空中三角测量可通过区域网平差等方式获取每一张影像的准确参数及加密点坐标，也可进行点云加密，获取无人机影像三维点云，提高数字正射影像和数字高程模型的空间分辨率及精度。

经过空中三角测量后，参照 GB/T 23236 的规定，检查点的精度要求如表 1 所示。在多镜头或多相机获取多光谱无人机影像条件下，几何校正后各波段影像的相对位置中误差应小于 1 个像元。

表 1 空中三角测量检查点精度

序号	影像空间分辨率，m	成图比例尺	平面位置中误差，m				高程中误差，m			
			平地	丘陵地	山地	高山地	平地	丘陵地	山地	高山地
1	优于 0.05	1∶500	0.18	0.18	0.25	0.25	0.15	0.28	0.35	0.50
2	优于 0.10	1∶1 000	0.35	0.35	0.50	0.50	0.28	0.35	0.50	1.00
3	优于 0.20	1∶2 000	0.70	0.70	1.00	1.00	0.28	0.35	0.80	1.20

注：区域网平差(block adjustment)是利用多条航线构成的区域网模型进行整体平差的空中三角测量平差方法。［来源：GB/T 14950—2009，5.83］

可根据农业遥感监测对影像几何精度的实际要求，适当放宽平面精度和高程精度要求。在仅需正射影像要求下，可适当放宽高程精度要求。

9.3 正射校正

正射校正是在空中三角测量获取的加密点坐标基础上，利用数字高程模型数据，采用正射纠正方法对影像进行倾斜改正和投影差改正，将影像重采样成正射影像。

10 产品生产

10.1 数字高程模型生产

由特征数据(山头、洼地、鞍部等)、高程点数据和等高线数据构建不规则三角网(TIN)数据，开展数字高程模型产品的生产。

10.2 数字正射影像生产

多个正射影像的镶嵌拼接，应保证影像接边正确、无明显的拼接痕迹；在保证地物真实性前提下，可采用人工、直方图匹配等方法匀光匀色，消除不同影像间存在的亮度、对比度、色调等差异。对需要辐射定标的影像，在拼接过程中不应进行匀光匀色，避免改变原始影像的 DN 值。

10.3 数字表面模型生产

数字表面模型是通过三维点云数据构建不规则三角网(TIN)，由不规则三角网生成数字表面模型，结合无人机影像的色彩、纹理等信息，生成基于真实影像纹理的高分辨率、高保真性的三维数字表面模型。

11 质量检查

11.1 质量检查内容

按照 GB/T 18316 的规定对数字高程模型(DEM)、数字正射影像(DOM)和数字表面模型(DSM)等无人机影像预处理产品进行质量检查，检查内容包括空间参考系、位置精度、属性精度、完整性、时间精度、影像/栅格质量等。

11.2 质量检查方法

根据精度验证点的野外实测坐标与成果的量测坐标计算各类中误差，进行产品位置精度的检查，其他检查内容的检查方法按照 GB/T 18316 的规定执行。

11.3 质量精度要求

不同影像空间分辨率的无人机正射影像对应的成图比例尺、数字正射影像的平面位置中误差精度规定如表2所示，且最大允许误差不应超过中误差的2倍。不同空间分辨率数字高程模型的高程精度规定如表3所示，且最大允许误差不应超过中误差的2倍。不同空间分辨率的数字表面模型的成果的点云密度及格网尺寸、高程精度规定如表4、表5所示，且最大允许误差不应超过中误差的2倍。

表2 数字正射影像平面位置中误差精度指标

序号	影像空间分辨率，m	成图比例尺	平面位置中误差，m	
			平地、丘陵地	山地、高山地
1	优于0.05	1∶500	0.60	0.80
2	优于0.10	1∶1 000	0.60	0.80
3	优于0.20	1∶2 000	0.60	0.80

表3 数字高程模型的精度指标

序号	影像空间分辨率，m	成图比例尺	高程中误差，m			
			平地	丘陵地	山地	高山地
1	优于0.05	1∶500	0.37	0.75	1.05	1.50
2	优于0.10	1∶1 000	0.37	1.05	1.50	3.00
3	优于0.20	1∶2 000	0.75	1.05	2.25	3.00

表4 数字表面模型成果的点云密度及格网尺寸

序号	影像空间分辨率，m	成图比例尺	点云类		格网类
			点云密度，个/m^2	平均点间距，m	格网尺寸，m
1	优于0.05	1∶500	≥16	≤0.25	0.50×0.50
2	优于0.10	1∶1 000	≥4	≤0.50	1.00×1.00
3	优于0.20	1∶2 000	≥1	≤1.00	2.00×2.00

表5 数字表面模型的精度指标

序号	影像空间分辨率，m	成图比例尺	高程中误差，m			
			平地	丘陵地	山地	高山地
1	优于0.05	1∶500	0.25	0.50	0.70	1.00
2	优于0.10	1∶1 000	0.25	0.70	1.00	2.00
3	优于0.20	1∶2 000	0.50	0.70	1.50	2.00

可根据实际监测需要适当放宽正射影像、数字高程模型和数字表面模型的精度要求，幅度应控制在原标准的2倍以内。对不符合质量及精度要求的预处理结果，需分析问题原因，重新进行数据采集或者预处理，直至满足应用需求。

12 报告编写

应编写农业遥感监测无人机影像预处理报告，主要内容应包括：

a） 无人机影像预处理的测区概况、数据采集设备、处理时间、处理人员、检查人员等信息；

b） 无人机影像预处理流程；

c） 像片数量、控制点数量及分布图；

d） 无人机影像预处理精度；

e） 数字正射影像和其他成果专题图。

参 考 文 献

［1］ GB/T 14950 摄影测量与遥感术语
［2］ GB/T 18316 数字测绘成果质量检查与验收
［3］ GB/T 23236 数字航空摄影测量 空中三角测量规范
［4］ GB/T 30115 卫星遥感影像植被指数产品规范
［5］ 王增涛，2014. 三维点云数据处理平台设计［D］. 大连：大连理工大学

ICS 65.020.01
CCS B 04

中华人民共和国农业行业标准

NY/T 4152—2022

农作物种质资源库建设规范 低温种质库

Technical specification for construction of crop germplasm genebank—Low temperature genebank

2022-07-11 发布　　2022-10-01 实施

中华人民共和国农业农村部　发布

前　言

本文件按照 GB/T 1.1—2020《标准化工作导则　第 1 部分:标准化文件的结构和起草规则》和 NY/T 2081—2011《农业工程项目建设标准编制规范》的规定起草。

请注意本文件的某些内容可能涉及专利。本文件的发布机构不承担识别专利的责任。

本文件由农业农村部计划财务司提出并归口。

本文件起草单位:中国农业科学院作物科学研究所、农业农村部规划设计研究院。

本文件主要起草人:卢新雄、陈晓玲、刘大华、辛霞、张金梅、王璐、尹广鹍、王佳宁、王海涛、何娟娟、刘运霞、李鑫、王利国、陈四胜、张凯。

农作物种质资源库建设规范　低温种质库

1　范围

本文件规定了农作物种质资源低温种质库建设的术语和定义、选址与建设条件、种质库类别与操作流程、建设规模与功能分区、种质库设计、环境保护与节能、消防和投资估算等。

本文件适用于新建、改扩建的农作物种质资源低温种质库建设。

2　规范性引用文件

下列文件中的内容通过文中的规范性引用而构成本文件必不可少的条款。其中，注日期的引用文件，仅该日期对应的版本适用于本文件；不注日期的引用文件，其最新版本（包括所有的修改单）适用于本文件。

GB 8624—2012　建筑材料及制品燃烧性能分级
GB 12348　工业企业厂界环境噪声排放标准
GB/T 13668　钢制书柜、资料柜通用技术条件
GB 50015　建筑给水排水设计规范
GB 50016　建筑设计防火规范
GB 50052　供配电系统设计规范
GB 50053　20KV 及以下变电所设计规范
GB 50072　冷库设计规范
GB 50189　公共建筑节能设计标准
GB 50205　钢结构工程施工质量验收规范
GB 50223　建筑工程抗震设防分类标准
GB 50352　民用建筑设计统一标准
GB 50736　民用建筑供暖通风与空气调节设计规范
GB 51348　民用建筑电气设计标准
DA/T 7　直列式档案密集架
NY/T 2081　农业工程项目建设标准编制规范

3　术语和定义

下列术语和定义适用于本文件。

3.1

正常性种子　orthodox seed

适合于在低温和低湿条件下保存的种子，本文件中简称为种子。

3.2

低温种质库　low temperature genebank

采用低温低湿条件，专门用于种子为载体的农作物种质资源的保存设施，简称种质库。

3.3

长期库　long-term genebank

保持种质资源生活力 50 年以上且维持种质遗传完整性的，采用温度（－18±2）℃，相对湿度不高于 50％条件的低温种质库。

3.4

复份库　duplicate genebank

保存条件与长期库相同，用于备份保存长期库种质资源的低温种质库。

3.5

中期库　mid-term genebank

保持种质资源生活力 10 年以上且维持种质遗传完整性的，采用温度(−4±2) ℃或(4±2) ℃，相对湿度不高于 50%条件的低温种质库。

4　选址与建设条件

4.1　选址

4.1.1　选址应符合区域或行业发展规划、当地土地利用与城市建设规划要求。

4.1.2　选址应选择非地质灾害地区，并应避开洪水等灾害地区。

4.1.3　选址应交通方便、通信良好。

4.1.4　选址应远离输电线路、强磁场，以及易燃、易爆或有毒有害、危险品储存地。

4.1.5　选址应远离产生烟雾、粉尘或有害介质等场所。

4.2　建设条件

4.2.1　建设场地应具有自有土地或获得土地使用许可证，中期库应有充足鉴定评价和繁种用地。

4.2.2　建设场地应符合建设工程的水文地质和工程地质条件。

4.2.3　电力供应应充足、稳定、可靠。

4.2.4　给排水系统应便利。

4.2.5　种质库建设单位应具有一定科研基础。

5　种质库类别与操作流程

5.1　种质库类别

5.1.1　种质库类别应包括长期库、复份库和中期库。

5.1.2　长期库应具备农作物种质资源长期战略保存及技术研发的功能。保存的种质资源宜提供中期库繁种和国家应急征用等。

5.1.3　复份库应具备长期库种质资源备份保存的功能。保存的种质资源宜提供国家应急征用。

5.1.4　中期库应具备农作物种质资源中期保存、鉴定评价、编目繁种等功能。保存的种质资源宜用于种质资源的共享利用等。

5.2　操作流程

5.2.1　长期库

长期库操作流程应符合图 1 的规定。

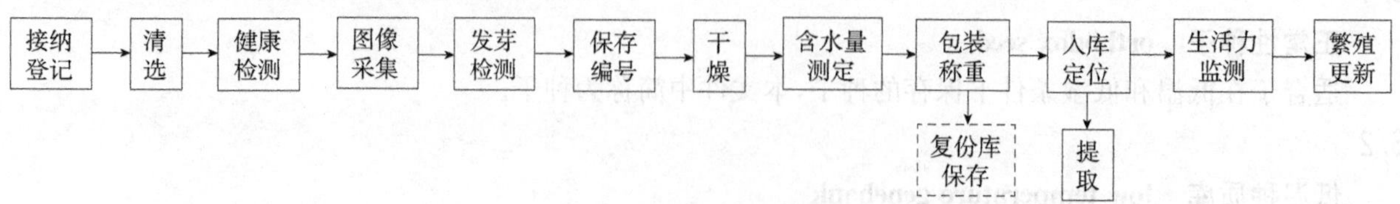

图 1　长期库操作流程

5.2.2　复份库

复份库操作流程应符合图 2 的规定。

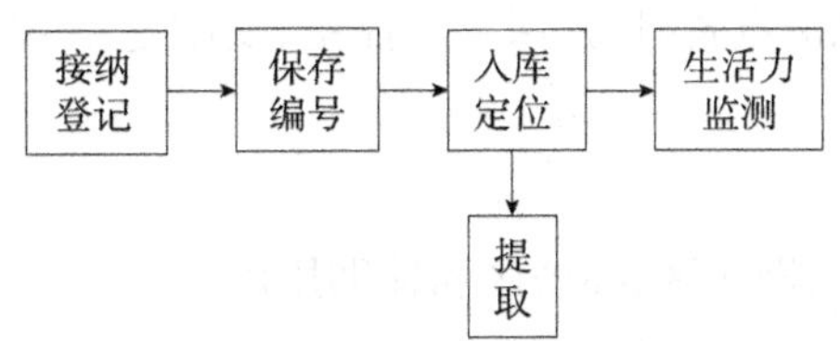

图 2 复份库操作流程

5.2.3 中期库

中期库操作流程应符合图 3 的规定。

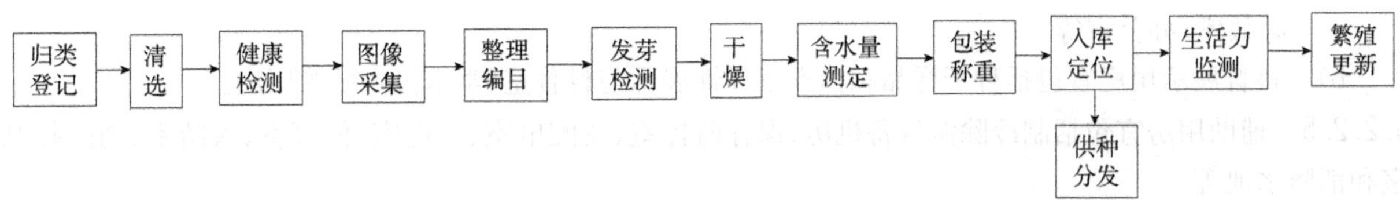

图 3 中期库操作流程

6 建设规模与功能分区

6.1 建设规模

6.1.1 建设规模应根据种质库类别、作物种类和份数、种质保存量、每日最大种质操作能力及配套设施要求确定。

6.1.2 种质库建设规模可参照表 1 确定。

表 1 种质库建设规模

序号	种质库类别	基础保存容量，万份	建筑面积，m²					田间设施，m²	
			保存区/保存冷库	操作区	实验办公区	辅助用房	合计	试验地	温室网室等设施
1	长期库	40	1 300/800	1 600	2 600	2 000	7 500	0	0
2	复份库	40	800/660	500	700	1 000	3 000	0	0
3	中期库	10	1 200/600	1 300	2 700	1 800	7 000	25 000	1 500

注 1：长期库按基础保存容量 40 万份、每份种质平均占用空间 1 000 cm³、每日最大操作能力 200 份、保存冷库库内净高 4.5 m、种子架高 3 m、采用活动密集种子架测算。在此基础上，每增减 10 万份，保存冷库面积应增减 200 m²。

注 2：复份库按基础保存容量 40 万份、每份种质平均占用空间 400 cm³、保存冷库库内净高 3.5 m、种子柜高 2 m、采用活动密集种子柜、整箱存放测算。在此基础上，每增减 10 万份，保存冷库面积应增减 150 m²。

注 3：中期库按基础保存容量 10 万份、每份种质平均占用空间 2 000 cm³、每日最大操作能力 100 份、保存冷库库内净高 3.5 m、种子架高 2 m、采用固定种子架测算。在此基础上，每增减 5 万份，保存冷库面积应增减 300 m²。

注 4：中期库田间设施用地按每年鉴定繁种 2 000 份测算。

6.2 功能分区

6.2.1 长期库

6.2.1.1 功能分区应包括保存区、操作区、实验办公区和辅助用房。

6.2.1.2 保存区应包括保存冷库、临时库、缓冲间等。

6.2.1.3 操作区应包括接纳登记室、清选室、健康检测室、图像采集室、保存编号室、发芽检测室、干燥室、含水量测定室、包装称重室、监测与提取室等。

6.2.1.4 实验办公区应包括实验室、信息网络服务用房和科普展示用房等，并宜包括下列用房：

a) 实验室宜包括保存技术研究室、活力监测技术研究室、遗传完整性检测技术研究室等。

b) 信息网络服务用房宜包括数据采集处理分析室、信息共享服务室、数据中心机房、资料档案整理存放室、办公室等。

c) 科普展示用房宜包括植物分类鉴定室、种子样品和标本多样性展示与科普室、学术报告厅等。

6.2.1.5 辅助用房宜包括制冷除湿设备机房、保存监控室、变配电室、发电室、值班室、人防室、消防控制室和消防水池等。

6.2.2 复份库

6.2.2.1 功能分区应包括保存区、操作区、办公区和辅助用房。

6.2.2.2 保存区应包括保存冷库、缓冲间等。

6.2.2.3 操作区应包括接纳登记室、监测与提取室等。

6.2.2.4 办公区应包括信息网络服务用房和科普展示用房等，并宜包括下列用房：

a) 信息网络服务用房宜包括数据采集处理分析室、信息共享服务室、数据中心机房、资料档案整理存放室、办公室等。

b) 科普展示用房宜包括种子样品和标本多样性展示与科普室、学术报告厅等用房。

6.2.2.5 辅助用房宜包括制冷除湿设备机房、保存监控室、变配电室、发电室、值班室、人防室、消防控制室和消防水池等。

6.2.3 中期库

6.2.3.1 功能分区应包括保存区、操作区、实验办公区、辅助用房和田间设施。

6.2.3.2 保存区应包括保存冷库、临时库、缓冲间等。

6.2.3.3 操作区应包括归类登记室、清选室、健康检测室、图像采集室、整理编目室、发芽检测室、干燥室、含水量测定室、包装称重室、供种分发室等。

6.2.3.4 实验办公区应包括实验室、信息网络服务用房、科普展示用房等，并宜包括下列用房：

a) 实验室宜包括品质分析室、抗逆鉴定室、抗病虫鉴定室、分子鉴定室等。

b) 信息网络服务用房宜包括数据采集处理分析、信息共享服务、数据中心机房、资料档案整理存放、办公等。

c) 科普展示用房宜包括植物分类鉴定室、种子样品和标本多样性展示与科普室、学术报告厅等。

6.2.3.5 辅助用房宜包括制冷除湿设备机房、保存监控室、变配电室、发电室、值班室、人防室、消防控制室和消防水池等。

6.2.3.6 田间设施应包括田间繁种、田间鉴定评价、田间展示等用地，以及温室、网室、鉴定池、晒场、考种室、挂藏间、农机房、农资库、守护用房等。

7 种质库设计

7.1 设计原则

7.1.1 种质库应符合规模适度、节约用地、生态环保要求。

7.1.2 种质库应符合安全性、可靠性和先进性要求。

7.1.3 长期库和复份库应满足50年发展需求，中期库应满足30年发展需求。

7.1.4 工艺布局和流程应科学、合理、实用、顺畅。

7.1.5 保存区、操作区与实验办公区应相对独立，可通过防火走廊相连接。

7.1.6 保存区、操作区宜设在建筑物首层。

7.1.7 临时库宜与接纳登记室、清选室相邻。

7.1.8 物流路径宜与人流路径分开。

7.2 工艺技术指标

7.2.1 保存区

保存区技术指标可参照表2确定。

表 2 保存区技术指标

<table>
<tr><th>序号</th><th>种质库类别</th><th>功能单元</th><th>温度,℃</th><th>相对湿度,%</th></tr>
<tr><td rowspan="3">1</td><td rowspan="3">长期库</td><td>保存冷库</td><td>−18±2</td><td rowspan="2">≤50</td></tr>
<tr><td>缓冲间</td><td>4±2</td></tr>
<tr><td>临时库</td><td>10～15</td><td>≤65</td></tr>
<tr><td rowspan="2">2</td><td rowspan="2">复份库</td><td>保存冷库</td><td>−18±2</td><td rowspan="2">≤50</td></tr>
<tr><td>缓冲间</td><td>4±2</td></tr>
<tr><td rowspan="3">3</td><td rowspan="3">中期库</td><td>保存冷库</td><td>−4±2 或 4±2</td><td rowspan="2">≤50</td></tr>
<tr><td>缓冲间</td><td>4±2</td></tr>
<tr><td>临时库</td><td>10～15</td><td>≤65</td></tr>
<tr><td colspan="5">注:中期库的部分保存冷库温度可为−18 ℃。</td></tr>
</table>

7.2.2 操作区

操作区技术指标可参照表 3 确定。

表 3 操作区技术指标

<table>
<tr><th>序号</th><th>功能单元</th><th>温度,℃</th><th>相对湿度,%</th><th>其他指标</th></tr>
<tr><td>1</td><td>接纳登记室、归类登记室、清选室、健康检测室</td><td rowspan="3">18～28</td><td rowspan="2">≤70</td><td>配备通风设施</td></tr>
<tr><td>2</td><td>图像采集室、保存编号室、整理编目室</td><td></td></tr>
<tr><td>3</td><td>发芽检测室</td><td>—</td><td>步入式发芽间,温度可调 10 ℃～40 ℃,相对湿度接近饱和,有光照 500 lx～1 500 lx</td></tr>
<tr><td rowspan="2">4</td><td>干燥室-“双十五”</td><td>15±3</td><td>≤20</td><td rowspan="2">可采用其中一种干燥方式</td></tr>
<tr><td>干燥室-恒温干燥箱</td><td>房间:18～28
干燥箱:30～35</td><td>房间:不大于 40
干燥箱:不大于 20</td></tr>
<tr><td>5</td><td>含水量测定室、包装称重室、监测与提取室、供种分发室</td><td>18～28</td><td>≤40</td><td></td></tr>
</table>

7.2.3 实验办公区

实验办公区技术指标可参照表 4 确定。

表 4 实验办公区技术指标

<table>
<tr><th>序号</th><th>功能单元</th><th>温度,℃</th><th>相对湿度,%</th><th>其他指标</th></tr>
<tr><td>1</td><td>实验室</td><td>18～28</td><td>—</td><td>配备通风设施</td></tr>
<tr><td>2</td><td>信息网络服务用房</td><td rowspan="4">18～28</td><td rowspan="2"></td><td rowspan="2"></td></tr>
<tr><td>2.1</td><td>数据采集处理分析室、信息共享服务室、人员办公室</td></tr>
<tr><td>2.2</td><td>数据中心机房</td><td>—</td><td>粉尘控制 10 万级</td></tr>
<tr><td>2.3</td><td>资料档案整理存放室</td><td>≤60</td><td></td></tr>
<tr><td>3</td><td>科普展示用房等</td><td>—</td><td>—</td><td rowspan="3"></td></tr>
<tr><td>3.1</td><td>植物分类鉴定室、种子样品和标本多样性展示与科普室</td><td rowspan="2">18～28</td><td>≤60</td></tr>
<tr><td>3.2</td><td>学术报告厅</td><td>—</td></tr>
</table>

7.2.4 辅助用房

辅助用房技术指标可参照表 5 确定。

表 5 辅助用房技术指标

序号	功能单元	温度,℃	相对湿度,%	其他指标
1	制冷除湿设备机房	5～35	—	具有散热、通风条件
2	变配电室、值班室、消防控制室	18～28	—	

7.2.5 田间设施

田间设施技术指标可参照 NY/T 2240 确定。

7.3 制冷除湿设计

7.3.1 保存冷库设计

保存冷库设计应符合附录 A 的规定。

7.3.2 制冷除湿设备

7.3.2.1 制冷除湿设备应根据环境温湿度、冷库温湿度、冷库容积、库体厚度、保存种子和种子架数量、每天开门及人员进出次数,以及照明、蒸发器风机和融霜方式的总热负荷确定。

7.3.2.2 制冷除湿机组工作时间系数宜取 50%,实际运行中机组工作时间系数不应大于 75%。

7.3.2.3 制冷除湿设备应配置备用机组。

7.3.3 仪器设备

仪器设备可参照附录 B 确定。

7.4 建筑设计

7.4.1 建筑设计应按 GB 50352 的规定执行。

7.4.2 保存冷库抗震等级设计应按 GB 50223 的规定执行,种质库抗震设防类别应为乙类,冷库抗震烈度应提高一度设防。

7.5 公用工程设计

7.5.1 给水排水

给水排水设计应按 GB 50015 的规定执行。

7.5.2 供暖通风与空气调节

供暖通风与空气调节设计应按 GB 50736 的规定执行。

7.5.3 供配电系统

7.5.3.1 供配电系统设计应按 GB 50052、GB 50053、GB 51348 的规定执行。

7.5.3.2 供配电系统应采用双路供电,或自备柴油发电机或配移动供电装置接口。

7.5.3.3 保存冷库供电按一级负荷设计。

8 环境保护与节能

8.1 环境保护

8.1.1 环境保护应符合《建设项目环境保护管理条例》的规定。

8.1.2 废液、废气、固体废弃物及有毒有害物质排放处理,以及制冷除湿设备的制冷剂选择应根据环境评估要求确定。

8.1.3 工艺设备噪声应符合 GB 12348 的规定。

8.2 节能

建筑节能设计应符合 GB 50189 的规定。

9 消防

9.1 消防应符合 GB 50016 的规定。

9.2 保存区和操作区消防不宜采用消防自动喷淋灭火系统。

10 投资估算

10.1 土建工程的投资估算可参照项目所在地建设工程概算定额。

10.2 保存区工艺设备基本配置的投资估算可参照表 6 确定。

10.3 田间设施的投资估算可参照 NY/T 2240 确定。

表 6 保存区工艺设备基本配置投资估算

序号	种质库类别		技术指标		制冷除湿机组、机组自控系统和辅料等		库板		种子架、筐或种子柜		冷库集中控制系统		合计万元
			温度℃	相对湿度%	数量台套	估算价万元	数量m^2	估算价万元	数量m^3	估算价万元	数量套	估算价万元	
1	长期库	保存冷库	−18±2	≤50	8	850	2 940	125	1 440	605	1	35	2 300
		临时库	10～15	≤65	4	385	1 470	55	480	200			
		缓冲间	4	≤50	1	30	210	15					
		小计				1 265		195		805		35	
2	复份库	保存冷库	−18±2	≤50	8	750	2 600	130	960	400	1	25	1 350
		缓冲间	4	≤50	1	30	210	15					
		小计				780		145		400		25	
3	中期库	保存冷库	−4 或 4	≤50	6	495	1 950	86	360	120	1	35	1 200
		临时库	10～15	≤65	4	215	1 600	40	500	165			
		缓冲间	4	≤50		30	190	14					
		小计				740		140		285		35	

注 1:长期库保存区功能单元基本配置投资估算依据:按基础保存容量 40 万份、保存冷库库内净高 4.5 m、活动密集种子架高 3 m 测算。保存区布局:保存冷库 800 m^2,分 4 间,每间 200 m^2,储藏温度(−18±2)℃,相对湿度不大于 50%;临时库 450 m^2,分 3 间,每间 150 m^2,储藏温度 10 ℃～15 ℃,相对湿度不大于 65%;缓冲间 50 m^2,设 1 间,储藏温度 4 ℃,相对湿度不大于 50%。配备用制冷除湿设备。

注 2:复份库保存区功能单元基本配置投资估算依据:按基础保存容量 40 万份、保存冷库库内净高 3.5 m、活动密集柜整箱高 2 m 测算。保存区布局:保存冷库 660 m^2,分 3 间,每间 220 m^2,储藏温度−18 ℃,相对湿度不大于 50%;缓冲间 140 m^2,设 1 间,储藏温度 4 ℃,相对湿度不大于 50%。配备用制冷除湿设备。

注 3:中期库保存区功能单元基本配置投资估算依据:按基础保存容量 10 万份、保存冷库库内净高 3.5 m、固定种子架高 2 m 测算。保存区布局:保存冷库 600 m^2,分 3 间,每间 200 m^2,储藏温度−4 ℃或 4 ℃,相对湿度不大于 50%;临时库 550 m^2,分 2 间,每间 275 m^2,储藏温度 10 ℃～15 ℃,相对湿度不大于 65%;缓冲间 50 m^2,设 1 间,温度4 ℃,相对湿度不大于 50%。配备用制冷除湿设备。

注 4:估算价包括人工、设备、材料、运输和库内地坪建筑造价等费用,不包含建筑房屋造价。

注 5:制冷除湿设备及机组自控系统按原装成套进口配置估算。若库外机进口,库内机及自控系统为国内集成,造价可下浮 10%。

注 6:保存区工艺设备基本配置投资估算指标以 2018 年市场价格为基础测算。

附　录　A
（规范性）
保存冷库设计

A.1　冷库库体

A.1.1　库体

A.1.1.1　库体宜在建筑围护墙内单独设置，可参照 SB/T 10797 的规定执行。

A.1.1.2　库体建筑地坪宜高出室外地面 1 m。

A.1.1.3　库体应具有良好的密封性和保温效果，库体内外不应结露。

A.1.1.4　冷库内不宜设置暖通、给排水和消防自动喷淋灭火系统。

A.1.2　墙体和库顶

A.1.2.1　墙体和库顶宜采用聚氨酯夹芯板，可参照 JB/T 6527 的规定执行。

A.1.2.2　墙体与建筑围护墙之间宜留 80 cm～100 cm 通道，顶部与建筑房顶间隔不宜小于 80 cm。

A.1.2.3　房顶应预埋安装固定冷库顶板和制冷除湿设备库内机的钢筋或钢筋挂钩。

A.1.2.4　长期库和复份库冷库墙体和库顶库板厚不宜小于 200 mm；中期库不宜小于 150 mm；临时库和缓冲间不宜小于 100 mm。面材应为 0.5 mm～0.75 mm 厚的不锈钢板或彩钢板，芯材应为聚氨酯，容重应为(40±2) kg/m^3，导热系数不应大于 0.024 W/(m・k)，抗压强度不应小于 160 kPa，库板燃烧性能应达到 GB 8624—2012 中规定的 B1 级。

A.1.2.5　库板安装后应表面平整、均匀，无漏缝、无空鼓。

A.1.3　底面

A.1.3.1　底面应在建筑底板下做隔热防冻、隔汽、防潮处理，应符合 GB 50072 的规定。

A.1.3.2　底面应在建筑底板上铺设厚 150 mm～200 mm、抗压强度不小于 25 t/m^2、导热系数不大于 0.04 W/(m・k)的挤塑聚苯乙烯泡沫塑料(XPS)。

A.1.3.3　XPS 每层厚应为 50 mm，错缝铺，墙板里侧钢板断冷桥，墙板和地坪保温应留有 30 mm 宽缝隙，缝隙应采用聚氨酯发泡浇筑密封。

A.1.3.4　冷库底面应在 XPS 地坪上铺设厚 100 mm～150 mm 的钢筋混凝土地面，载重负荷不应小于 4 t/m^2。宜采用优质热轧钢筋，在−10 ℃以下时冲击韧性应大于 2.5 (kg・m)/cm^2。宜采用抗冻性好的硅酸盐水泥。

A.2　冷库门

A.2.1　冷库门应采用扫地平开式自动回归门。

A.2.2　冷库门应采用与库体相同的材质，厚度宜为 100 mm～150 mm。

A.2.3　门框与门扇接缝均应设防潮、防冻电加热线，电压不应大于 24 V。

A.2.4　门扇上可设透视窗，透视窗应采用中空玻璃贴电热防雾膜。

A.3　制冷除湿设备及控制系统

A.3.1　制冷除湿设备

A.3.1.1　制冷除湿设备宜采用制冷除湿一体式机组，除湿宜采用风冷式制冷，冷冻式。

A.3.1.2　蒸发器宜采用热气融霜，并设融霜超温保护。应配置融霜电热丝的排水管，排水管坡度应符合

GB 50015 的规定。

A.3.1.3 制冷除湿机组使用的工质应符合环保要求。

A.3.2 控制系统

A.3.2.1 控制系统应具有对库内温湿度自动控制、实时监测和显示、故障报警功能。温度传感器精度不应大于±0.5 ℃,湿度传感器精度不应大于±3%。

A.3.2.2 控制系统应具有制冷除湿设备运行工况实时监测、显示和故障异常报警功能,并具有手动操作功能。

A.3.2.3 故障保护及报警功能应包括冷凝压力过高、吸气压力过低、油压差不足和电机负荷超载、电源及线路故障等。

A.3.2.4 控制系统宜自动记录 12 个月以上的历史数据。

A.3.2.5 控制系统应具有与联网监测系统连接的接口。

A.4 种子架和种子柜

A.4.1 种子架和种子柜设计、制造、安装、验收等应符合 GB/T 13668 和 DA/T 7 的规定。

A.4.2 制作种子架和种子柜的钢材应采用 D 级钢,施工质量应符合 GB 50205 的规定。

A.4.3 载重稳定性应在受全部载荷 1/20 沿 X、Y 轴水平外力反复作用 100 次后,取消外力,架体产生的倾斜不得大于总高的 1%,支架、立柱不得有明显变形。

A.4.4 采用活动密集种子架时,导轨载重性能应按负载总重量的 130%确定,负载总重量应为种子架自重、装载种子及种子包装容器重量。

A.4.5 种子架和种子柜抗震设防类别应与冷库相同。

A.5 照明装置

A.5.1 库内照明灯应采用低温 LED 灯顶置安装,照度不应低于 50 lx。

A.5.2 保存区每间房间和制冷除湿设备机房均应安装应急照明装置。

A.6 冷库集中控制系统

A.6.1 冷库集中控制系统应实时监测并显示库内温度、湿度,以及制冷除湿设备制冷、除湿、化霜等运行工况。

A.6.2 冷库集中控制系统宜与集成管控系统联通,应实现在保存监控室远程控制机组运行。

A.7 监控系统

A.7.1 监控系统设计可参照 GB 50395 的规定执行,可实时监视库内资源保存与设备运行状况,应自动记录 3 个月的历史数据。

A.7.2 每间冷库应至少配一组监控探头,应选用远红外式、高清晰度、耐低温的监控探头,并配旋转云台等。

A.7.3 监控探头应安装在库内墙板上部,角度应覆盖库内机及库门等重要位置。监控画面可手动、自动切换。

A.7.4 监控系统应与集成管控系统联通。

A.8 报警系统

A.8.1 设备运行的故障报警信息,应发送到集成管控系统,并可发送到指定终端设备。

A.8.2 冷库内应配备报警装置,报警器警报应安装在保存监控室。

A.9 集成管控系统

A.9.1 集成管控系统应设在有值班人员的保存监控室。

A.9.2 集成冷库集中控制、监控、报警等系统，可实现智能管理。

A.9.3 集成管控系统可与种质资源信息化管理、楼宇监控等系统互联互通。

A.9.4 集成管控系统可集中、实时显示，并自动记录12个月以上的历史数据。

附 录 B
（资料性）
仪 器 设 备

仪器设备可参照表 B.1 确定。

表 B.1 仪器设备表

序号	功能分区	设备名称
1	保存区	
1.1		制冷除湿机组及其自控系统
1.2		种子架或种子柜
1.3		电动升降平台车
1.4		冷库集中控制系统
1.5		监控系统
1.6		显示系统
1.7		报警系统
1.8		集成管控系统
2	操作区	
2.1		种子净度分析台
2.2		种子色选仪器
2.3		种子清选机
2.4		X 射线成像系统
2.5		数粒仪
2.6		显微镜
2.7		发芽箱
2.8		恒温箱干燥系统
2.9		“双十五”干燥系统
2.10		烘箱
2.11		旋风式粉碎磨
2.12		水分测定仪或水分速测仪
2.13		电子天平或智能电子秤
2.14		热封机或封口机
2.15		种子全自动包装设备
2.16		除湿器
2.17		培养箱或光温生长箱
2.18		数码照相机
2.19		翻拍架
2.20		高质量图谱采集系统
2.21		计算机
2.22		条码打印机
2.23		空调
2.24		物联网监控系统
2.25		平板运输车
2.26		电瓶车
3	实验办公区	
3.1		数码相机
3.2		数码摄像机
3.3		台式电脑及外设
3.4		移动工作站

表 B.1（续）

序号	功能分区	设备名称
3.5		档案样品柜
3.6		服务器
3.7		交换机
3.8		UPS 电源
3.9		空调
3.10		电脑桌
3.11		基因扩增仪
3.12		定量 PCR
3.13		离心机
3.14		超纯水系统
3.15		超低温冰箱
3.16		普通冰箱
3.17		全自动高压灭菌锅
3.18		超净工作台
3.19		高精度水分测定仪
3.20		冷冻真空干燥仪
3.21		显微镜
3.22		液氮罐
3.23		超声波细胞破碎仪
3.24		喷雾干燥仪
3.25		旋转蒸发仪
3.26		超声波清洗器
3.27		组织捣碎机
3.28		电泳仪
3.29		遗传分析仪
3.30		移液工作站
3.31		酶标仪
3.32		超微量紫外分光光度计
3.33		便携天平
3.34		温湿度记录仪
3.35		制冰机
3.36		全自动凝胶成像分析系统
3.37		人工气候箱
3.38		摇床
3.39		解剖镜
3.40		微量可调移液器
3.41		试验台
3.42		试剂存放柜
3.43		危险试剂存放柜
3.44		发芽箱
3.45		烘箱
3.46		种子油分测定仪
3.47		核酸光谱仪
3.48		DNA 提取仪
3.49		通风橱
3.50		恒温混匀仪
3.51		种子加速老化箱
3.52		电穿孔仪
3.53		投影仪
3.54		监控系统
3.55		标本柜

表 B.1（续）

序号	功能分区	设备名称
3.56		智能展示系统
4	田间设施	
4.1		拖拉机
4.2		土壤耕整机
4.3		中耕施肥机
4.4		旋耕机
4.5		农用运输车
4.6		机动喷药机
4.7		病虫防治无人机
4.8		覆膜机
4.9		小区播种机
4.10		手持便携播种机
4.11		插秧机
4.12		小区收获机
4.13		皮辊轧花机
4.14		锯齿轧花机
4.15		小型单株轧花机
4.16		小型种子脱绒机
4.17		便携式叶面积测定仪
4.18		小型或小区脱粒机
4.19		单株脱粒机
4.20		割草机或中耕除草机
4.21		秸秆粉碎机/秸秆还田机/茎秆切割机
4.22		起垄机
4.23		自动气象站
4.24		清选机械
4.25		水泵
4.26		小型发电机
4.27		无线数据传输系统
4.28		低温箱
4.29		电子干燥箱
4.30		智能光照培养箱
4.31		电子天平
4.32		电子秤
4.33		红外线水分测定仪
4.34		分样器
4.35		考种机
4.36		容重测定仪
4.37		果实颜色扫描分析系统
4.38		硬度仪
4.39		测糖仪
4.40		高通量表型鉴定系统
4.41		小型种子粉碎仪器
4.42		计算机
4.43		温室控制系统
4.44		干燥器
4.45		全自动凯氏定氮仪
4.46		植物茎秆强度测定仪或抗倒伏测定仪
4.47		粗脂肪测试仪或脂肪抽提仪
4.48		人工气候箱
4.49		无人机成像系统

表 B.1（续）

序号	功能分区	设备名称
4.50		数码相机
4.51		数码摄像机

注 1:仪器设备可根据种质库类别、保存作物种类选用或补充。

注 2:恒温箱干燥系统的干燥条件应为温度 30 ℃～35 ℃、相对湿度不大于 20%。

注 3:"双十五"干燥系统的干燥条件应为温度(15±3)℃、相对湿度不大于 20%。

参 考 文 献

[1] GB 50395 视频安防监控系统工程设计规范
[2] JB/T 6527 组合冷库用隔热夹芯板
[3] NY/T 2240 国家农作物品种试验站建设标准
[4] SB/T 10797 室内装配式冷库

ICS 65.020.01
CCS B 05

中华人民共和国农业行业标准

NY/T 4153—2022

农田景观生物多样性保护导则

Guidelines for biodiversity conservation in farmland landscape

2022-07-11 发布

2022-10-01 实施

中华人民共和国农业农村部 发布

前　言

本文件按照 GB/T 1.1—2020《标准化工作导则　第 1 部分：标准化文件的结构和起草规则》的规定起草。

本文件由农业农村部科技教育司提出并归口。

本文件起草单位：中国农业大学、农业农村部农业生态与资源保护总站、西南大学、华中农业大学、北京市农林科学院、湖北省农业生态环境保护站、山东省农业环境保护和农村能源总站。

本标准主要起草人：宇振荣、刘云慧、黄宏坤、张宏斌、孙玉芳、陈宝雄、段美春、刘文平、刘东生、樊丹、曲召令、李垚奎、王庆刚。

农田景观生物多样性保护导则

1 范围

本文件规定了农田景观生物多样性保护的总则、基本要求、不同类型区域多样性保护和技术措施。

本文件适用于农田景观生物多样性保护。

2 规范性引用文件

下列文件中的内容通过文中的规范性引用而构成本文件必不可少的条款。其中，注日期的引用文件，仅该日期对应的版本适用于本文件；不注日期的引用文件，其最新版本（包括所有的修改单）适用于本文件。

GB/T 16453　水土保持综合治理　技术规范　坡耕地治理技术

GB/T 30600　高标准农田建设通则

GB 50288　灌溉与排水工程设计标准

GB 50817　农田防护工程设计规范

LY/T 1914　植物篱营建技术规程

SL/T 800　河湖生态系统保护与修复工程技术导则

3 术语和定义

下列术语和定义适用于本文件。

3.1

农田景观　farmland landscape

由耕地和镶嵌其间的沟、路、林、渠等基础设施及田埂、坑塘、林地、草地等半自然生境构成的，具有地域特征的景观综合体。

3.2

斑块　patch

在外貌或性质上不同于周围背景、其内部具有一定均质性的景观单元。

3.3

景观格局　landscape pattern

不同类型、大小、形状的景观要素在空间上比例、布局和配置。

3.4

生物多样性　biodiversity

陆地、海洋和其他水生生态系统中的所有生物及其环境所构成的生态综合体中的变异，包括基因、物种、生态系统和景观多样性 4 个层次。

3.5

生态系统服务　ecosystem service

人类从生态系统获得的所有惠益，包括供给服务（如提供食物、纤维和水等）、调节服务（如水质净化、传粉、气候调节、害虫控制等）、文化服务（如景观、精神、文化等）及支持服务（如水分循环、养分循环等）。

3.6

生态景观　ecological landscape

自然形成的或是基于地域生态系统结构和功能创造的镶嵌于原有自然基底中、具有较高生物多样性并能提供正向生态系统服务的景观或工程系统。

3.7

半自然生境　semi-natural habitat

受到人类活动直接或间接影响，但尚具有一定自然属性的生境的统称。农田景观中半自然生境是指镶嵌在农田景观中的林地、植物篱、灌丛、坑塘、田埂和非硬化的沟渠等。

3.8

生态廊道　ecological corridor

连接破碎化生境并适宜生物栖息、移动或扩散的通道。

3.9

基于自然的解决方案　nature-based solutions

通过自然或改良的生态系统的保护、可持续管理和生态修复来有效地应对社会挑战，同时保护生物多样性和提高人类福祉。

3.10

土壤生物工程　soil bioengineering

采用存活的植物、根、茎(枝)及其他辅助材料，通过插扦、种植、掩埋在边坡的不同位置，加固和构筑各类边坡结构，实现稳定边坡、减少水土流失和改善栖息地生境等功能的集成工程技术。

3.11

生物应急通道　biological emergency channel

在水网地区的水流干涸和断流情况下，为两栖动物及水生生物提供临时性避难和逃生而修筑和保留的避难所或通道。

3.12

缓冲带　buffer zone

沿农田、道路、水系、林地和农村居民点等周边和廊道两侧种植的、可有效拦截污染物和有害物质，并为野生生物提供栖息地的条带状植被。

3.13

野花带　wildflower strip

由多种乡土开花植物混播形成的植物条带，可在不同季节为不同传粉生物连续地提供花粉或花蜜。

4　总则

4.1　坚持绿色发展

优先保护耕地，加强农业绿色生产技术应用，将农田景观生物多样性保护纳入农用地整治、高标准农田建设和农田生态环境管护中，恢复和重建田间生物群落结构和生态链，提升农田景观生物多样性保护、传粉、害虫生物控制、水质净化等生态系统服务，促进农业生产增产增效。

4.2　坚持生态保护

保护农田景观中的自然要素及其格局，维系农田坑塘水系的自然形态，避免对农田景观过度人工化改造；按照“山水林田湖草生命共同体”整体性、系统性及其内在规律，在景观尺度上统筹考虑景观格局与生态过程和功能的耦合关系，优化农田景观格局，系统修复和综合治理农田生态环境，提升农田生态系统服务。

4.3　坚持因地制宜

在GB/T 30600要求的基础上，开展农田景观生物多样性保护和建设，并根据平原、水网、丘陵等农田景观地域差异，综合考虑农田景观集中连片程度、自然及半自然生境比例及质量、面源污染防控程度、耕地质量保护和农田生态系统服务提升需求，优化农田景观格局，差异化开展农田景观生物多样性保护和恢复、生态景观营造。

4.4　坚持公众参与

应充分吸收和利用农户对农田景观生物多样性及其景观特征的本土认知，深入挖掘传统农田景观建设工程技法，并综合考虑不同利益相关者对工程技术的选择偏好，开展农田基础设施和生态景观建设和管护。

5 基本要求

5.1 基于自然的解决方案

5.1.1 应采用基于自然的解决方案，权衡生产、资源利用效率和生物多样性保护之间的利弊，制订长期稳定的生物多样性保护方案。

5.1.2 应采用土壤生物工程、农田生态工程等方法技术，推进生态景观型农用地整治，修复退化农田生态系统，提升农田景观生物多样性及生态系统服务。

5.2 生态廊道建设

5.2.1 应按照生态网络建设原理，加强农田景观与周围生物栖息地及其环境之间的生态联系，优化农田景观格局和生态网络，建设生态廊道。

5.2.2 识别并确定关键物种空间分布、迁移路线和巢域范围，通过营造防护林、植物篱等半自然生境，连通河溪、沟渠等水系网络，恢复和重建农田景观生物群落结构和生态链。

5.3 半自然生境营造

5.3.1 保持、维护和提升农田景观中河溪、坑塘、林地和草地等自然和半自然生境，开展生态化沟路渠、防护林、缓冲带等半自然生境建设，防止农田景观均质化、基础设施过度硬化。

5.3.2 参照近自然植物群落结构和功能，充分利用乡土植物营造乔灌草搭配的防护林、河溪缓冲带和周边林地等，提升半自然生境质量，增强农田景观对病虫害和杂草入侵等风险的抵抗能力。

5.4 农业面源污染防控

5.4.1 按照“源头控制-过程阻控-末端治理”农业面源污染防控原理，开展农田养分综合管理、病虫害综合防治、农业废弃物循环利用等，控制源头污染，保持农田生态系统健康。

5.4.2 通过农田景观格局优化，以及实施氮磷流失过程阻控、末端治理和受体保护等措施，减少面源污染负荷，提高农田景观水质净化能力，促进农田景观生态系统健康。

5.5 增加种植作物多样性

5.5.1 应适当保护具有较高半自然生境的农田景观及依赖其中的生物，发展生物友好型农业，营建良好生态系统服务的农田景观。

5.5.2 不宜大面积常年种植单一作物和单一品种。在不影响农业机械化耕种的基础上，应采用多品种、多类型作物间作套种、带状种植、轮作等种植方式，构建时间和空间上多样化、异质性的作物种植格局。

5.6 农田生态景观管护

5.6.1 构建适宜的生态景观管护体系，定期管护河溪缓冲带、坑塘、植物篱等半自然生境，避免在农田生物关键繁殖期实施刈割、杂草控制、施用农药和化肥、翻耕等农作活动。

5.6.2 维护排灌系统、田间道路等农业基础设施，保证其安全持续运行。

5.6.3 防治外来物种入侵，合理管理撂荒耕地。

5.6.4 不宜在大风天气喷洒农药，减少或禁止施用影响有益昆虫的农药；不宜在具有较高植物多样性的半自然生境周边 2 m～4 m 范围内于昆虫孵化期和传粉昆虫采蜜活跃期施用农药。

6 不同类型区生物多样性保护

6.1 北方平原、河谷区农田景观

6.1.1 在集中连片、规模化生产程度高的北方平原和河谷区农田景观，维护和保护原有田埂、田间植物岛屿等半自然生境，并增加农田作物种植多样性。

6.1.2 利用乡土植物，建设拟自然植物群落，恢复和营造农田防护林、河渠缓冲带和蜜源植物篱，开展生态沟渠建设。

6.1.3 通过保护和营造良好生态系统服务景观，使大于 30 hm^2 集中连片的农田区域中半自然生境比例达到 5%～8%，提升生态系统服务。

6.2 南方平原、河谷区农田景观

6.2.1 在田块较小、半自然生境比例较高的南方平原、河谷水网农田景观区，保护林地、河溪、沟渠、坑塘等半自然生境的植物种类组成和结构多样性。

6.2.2 建设河溪、沟渠、坑塘的自然驳岸和缓冲带，消减进入水体的氮磷，恢复田间生物群落和生态链。

6.2.3 采用生态沟渠与湿地水质净化和循环利用模式，建设生物应急通道和生态廊道。

6.2.4 通过生态景观保护和营造，使大于 30 hm^2 的集中连片农田区域中非硬化沟渠、道路和林地、灌丛、田埂、坑塘等半自然生境比例达到 5%～8%。

6.3 山地丘陵区河谷农田景观

6.3.1 在田块小、周围自然和半自然生境比例高的山地丘陵区河谷农田景观区，应保护河溪、沟渠、林地和坑塘等半自然生境。

6.3.2 保护水道及其驳岸自然形态，恢复和提升河溪、沟渠、坑塘自然驳岸和缓冲带，消减进入水体的氮磷，构建河谷至山体生态廊道。

6.3.3 应改造农田周围次生林，在林间补充种植乡土蜜源植物，提升植物多样性、传粉生物多样性及其传粉生态服务功能。

6.4 山地丘陵区坡地农田景观

6.4.1 在山地丘陵区坡地农田景观区，应保护具有历史的、石砌的或多年生植物覆盖的田埂和护坡。

6.4.2 开展顺应地势的土地整治，维持和营建等高耕作梯田，应建设具有控制水土流失和生物多样性保护功能的梯田和生态护坡。

6.4.3 综合推进农田周围山地次生林、灌木林改造，增加植物多样性和蜜源植物种类比例，提升传粉生物多样性及其生态服务。

7 农田景观生物多样性保护技术措施

7.1 农田基础设施建设

7.1.1 土地平整

7.1.1.1 土地平整应按照 GB/T 30600 的规定执行。

7.1.1.2 在满足规模化耕作基本要求的基础上，应尽量保留原有沟渠、林地、田埂、古树和坑塘湿地等半自然生境。

7.1.1.3 不宜大面积过度改造地形、平整土地，应因地制宜地规划设计适宜规模化生产的田块大小，优化顺应地势的农田景观格局。

7.1.2 田间道路

7.1.2.1 田间道路建设应按照 GB/T 30600 的规定执行。

7.1.2.2 在满足交通需求的基础上，避免过度硬化田间道路，可采用泥结石路面、轮迹路面、石板路面、砂石路面、素土路面等，最大限度保持田间道路的渗透性，减少道路对农田生态系统的负面影响。

7.1.2.3 田间道路建设宜结合绿化设计，可在道路旁建设 1 m～2 m 乔灌草带或草本植物为主的缓冲带或野花带。

7.1.3 排灌系统

7.1.3.1 排水与灌溉系统建设应按照 GB 50288、GB/T 30600 的规定执行。

7.1.3.2 保护现有运行良好的生态沟渠排灌系统，综合考虑水资源利用、生物多样性保护、农田建设与管护成本等，确定适宜的建设方法和建设材料。

7.1.3.3 采用土壤生物工程降低排水沟渠硬化程度；可采用卡扣式多孔型、菱形框格式混凝土或石头干

砌方式等，开展生态型排水沟渠建设，防止过度硬化；可建设两栖动物及水生生物应急通道。

7.1.3.4 农用地整治新增耕地宜优先用于营建河溪、沟渠、坑塘等两侧 1 m～4 m 缓冲带，以防治水土流失，消减氮磷等污染负荷，提高生物多样性。

7.1.4 农田防护林

7.1.4.1 农田防护林建设应按照 GB 50817、GB/T 30600 的规定执行。

7.1.4.2 应保护有年代的农田防护林、灌丛、植物篱，维系农田景观格局特征，提升视觉美感度。

7.1.4.3 在满足防护林基本功能要求基础上，尽可能利用乡土植物模拟自然植物群落特征营建乔灌草结合的防护林带，逐步更新单一树种和单一龄级的防护林，提升林带结构和功能多样性。

7.1.4.4 提高防护林、植物篱、水道自然驳岸、农田边界带等生态廊道的连接度，促进农田景观生态网络建设。

7.1.5 梯田和田埂

7.1.5.1 梯田建设应按照 GB/T 16453 的规定执行。

7.1.5.2 应保护具有传统地域特征的农田田埂和农田景观格局。

7.1.5.3 宜利用土壤生物工程技术新建梯田田埂。建设由乡土植物或多年生草本植物覆盖形成的田埂，在控制水土流失的同时，可为农作物害虫的天敌、传粉昆虫等提供良好的栖息地和庇护所。

7.1.5.4 不宜在天敌、传粉生物等繁殖期实施刈割、杂草控制、农药和化肥施用等措施。在农田生物非繁殖期，可采用每间隔 2 m～3 m 的方式分年度、分批次开展田埂植物刈割等管护。

7.2 农田生态景观营造

7.2.1 河溪缓冲带

7.2.1.1 穿越农田的大中型河流自然驳岸生态修复，应按照 SL/T 800 的规定执行。

7.2.1.2 穿越农田的小型河溪应维持其自然驳岸特征，维护驳岸原生生态系统结构和功能。

7.2.1.3 农田景观河溪生态修复应充分利用乡土植物，建设由水生、湿生、旱生植物、乔灌草相结合的生态型驳岸。

7.2.1.4 依据河溪宽度，可利用农地整治新增土地建设 2 m～6 m 灌草结合的缓冲带，保护生物多样性，消减污染物进入水体的负荷。

7.2.2 坑塘湿地

7.2.2.1 尽可能保持农田中的多塘系统及其连通性，维护原有自然驳岸的结构和功能。

7.2.2.2 采用土壤生物工程技术，利用乡土植物，建造水生、湿生和旱生植物、乔灌草相结合的生态型驳岸。

7.2.2.3 尽可能建设或保留 1 m～4 m 宽的坑塘缓冲带，恢复和提升农田生态系统服务功能。

7.2.3 林地

7.2.3.1 保护农田景观中有年代的植物群落完整的小片林地。

7.2.3.2 以当地自然群落为参照系统，改造农田景观及其周围结构和树种单一化的林地，应种植花灌木、多年生多花草本植物，保护传粉动物多样性。

7.2.4 植物篱

7.2.4.1 利用地域乡土植物建设植物篱，应按照 LY/T 1914 的规定执行。

7.2.4.2 增加蜜源植物种植，营造物种多样、结构层次丰富的植物篱，保护传粉动物。

7.2.5 野花带和野花斑块

7.2.5.1 在大面积集中连片农田景观区，可利用农用地整治新增土地、农田边角地，种植约占耕地总面积1%的野花带和野花斑块。

7.2.5.2 果园生草覆盖宜增加蜜源植物种植，农田边界地、周围林地等林下宜种植多年生野花，为传粉昆虫提供栖息地和觅食场所。

7.2.5.3 尽可能选择乡土植物构建具有不同花期的野花植物混播带或条播带，不得使用具有入侵性、可能影响地域生态系统的植物物种。

7.2.6 生物应急通道

7.2.6.1 对于全段混凝土硬化的沟渠，应建设生态池、生物通道等生物应急通道和避难所。

7.2.6.2 生态池宜根据生物觅食、栖息等习性，在生物集中区域每隔 40 m～60 m 布置一处；池底高程宜低于渠底高程 0.2 m～0.4 m，材料可选用预制空心砖等。

7.2.6.3 生物通道可按渠道类型及断面设计，包括混凝土粗糙处理、锯齿式防滑生态板、阶梯式生态板等。

7.2.7 人工蜂巢

7.2.7.1 在缺乏野生蜂资源的生境中设置人工蜂巢，为野生蜂提供充足的筑巢资源，以提高野生蜂多样性及其传粉服务能力。

7.2.7.2 人工蜂巢的种类包括巢管束和木巢块，均制作中空的孔隧作为野生蜂的巢穴，一端开口，另一端封闭；可依据当地不同野生蜂物种的个体大小设置孔隧的内径和深度，内径常为 0.15 cm～1.25 cm，深度常为 7 cm～20 cm。

7.2.7.3 为防止人工蜂巢中病原体扩散导致疾病蔓延，每年冬天应清洁人工蜂巢，每隔 2 年更换新的人工蜂巢。

7.3 农田种植和耕作

7.3.1 农田种植模式

7.3.1.1 应保护具有多种生态系统服务功能的传统农耕文化种植、种养结合模式。

7.3.1.2 宜采用作物间作套种、作物轮作、混合种植、等高带状种植、果粮间作等种植方式，增加农田景观种植多样性和空间异质性。

7.3.1.3 宜采用稻鱼、稻鸭等综合种养系统，保护生物多样性。

7.3.1.4 推广果园生草覆盖，并结合果园周围多花蜜源植物种植、植物篱等建设，保护传粉动物多样性。

7.3.2 农田保护性耕作

7.3.2.1 宜采用秸秆覆盖、秸秆还田、绿肥种植、少耕免耕、有机肥施用等保护性耕作措施。

7.3.2.2 在大面积规模化种植区，可利用 1% 的耕地实施免耕留茬或保留少量未收获的边角地，在冬季为鸟类提供食物。

ICS 65.020.01
CCS B 05

中华人民共和国农业行业标准

NY/T 4154—2022

农产品产地环境污染应急监测技术规范

Technical specification for environmental pollution emergency monitoring in agricultural producing area

2022-07-11 发布　　　　2022-10-01 实施

中华人民共和国农业农村部　发布

前　言

本文件按照 GB/T 1.1—2020《标准化工作导则　第 1 部分：标准化文件的结构和起草规则》的规定起草。

本文件由农业农村部科技教育司提出并归口。

本文件起草单位：农业农村部环境保护科研监测所。

本文件主要起草人：周其文、张铁亮、徐亚平、刘潇威、米长虹。

农产品产地环境污染应急监测技术规范

1 范围

本文件规定了农产品产地环境污染应急监测的现场应急调查与监测、样品运输与管理、实验室检测分析、废弃样品处置、质量控制、数据处理与结果评价、监测结果与报告等内容。

本文件适用于农产品产地环境污染的应急监测，包括土壤、水源、空气及农畜水产品污染的应急监测。

本文件不适用于核、军事设施等引起的农产品产地环境污染应急监测。

2 规范性引用文件

下列文件中的内容通过文中的规范性引用而构成本文件必不可少的条款。其中，注日期的引用文件，仅该日期对应的版本适用于本文件；不注日期的引用文件，其最新版本（包括所有的修改单）适用于本文件。

HJ 194 环境空气质量手工监测技术规范

HJ 589 突发环境事件应急监测技术规范

NY/T 395 农田土壤环境质量监测技术规范

NY/T 396 农用水源环境质量监测技术规范

NY/T 397 农区环境空气质量监测技术规范

NY/T 398 农畜水产品污染监测技术规范

SC/T 9102.3 渔业生态环境监测规范 第3部分：淡水

3 术语和定义

下列术语和定义适用于本文件。

3.1

农产品产地环境 environment of agricultural producing area

影响农产品产地的土壤、水源和空气。

3.2

农产品产地环境污染 environmental pollution of agricultural producing area

向农产品产地排放或者倾倒废气、废水、固体废物或其他有毒有害物质，以及意外因素或不可抗拒的自然灾害等原因而引发的农产品产地环境污染和破坏。

3.3

应急监测 emergency monitoring

农产品产地环境污染发生后，对污染物种类、污染物浓度、污染范围及农畜水产品质量进行的及时、快速监测。

3.4

瞬时样品 snap sample

在一定的时间和地点内，从农产品产地土壤、水源、空气、农畜水产品中，不连续地随机采集的样品。

3.5

污染源监控点 monitoring site of pollution source

为评价和预测农产品产地环境污染区域的污染源状况，而对区域内可疑固定污染源、流动污染源及其他污染源设置的监控点位。

3.6

污染区监测点　monitoring site of pollution area

在农产品产地环境污染发生后，对污染区内土壤、水源、空气、农畜水产品等样品进行采集的点位。

3.7

对照点　control site

位于该农产品产地环境污染区域外，与污染区位置相邻、环境特征相近，能够提供污染区域土壤、水源、空气及农畜水产品质量本底值的点位。

3.8

跟踪监测　track monitoring

为掌握污染程度、范围及变化趋势，从环境污染行为终止或被控制时起，到农产品产地环境质量恢复到正常水平内所进行的连续监测。

4　现场应急调查与监测

4.1　现场应急调查

承担任务的监测机构在农产品产地环境污染事件接报后迅速赶赴现场，实地勘查、了解并记录农产品产地环境污染与破坏现场情况。

调查内容：农产品产地环境污染发生时间、地点，污染破坏范围，污染类型，污染途径，周围人群分布，受害农畜水产品种类、征状、面积、产量，以及生态环境状况等初步情况。同时，注意收集气象、水文、土壤(底质)、农业生产等相关资料，尽可能采集影像资料。

4.2　现场应急布点

4.2.1　污染源监控点

根据现场污染源排放情况和特征，分别在污染物排放点和附近扩散点布设一个或多个监控点，跟踪污染物的浓度变化及扩散方向和范围。

4.2.2　污染区监测点

4.2.2.1　土壤(底质)

以污染区域为中心，根据污染物排放和污染途径等进行监测布点。其中，种植业土壤监测按照 NY/T 395 有关规定执行，水产养殖业底质监测按照 SC/T 9102.3 有关规定执行。

4.2.2.2　水源

河流(道)：在污染发生地及其下游布点，并根据污染物的特性在不同水层采样。

湖(库)：按照圆形布点法或扇形布点法布点，并根据污染物的特性在不同水层采样。

地下水：在地下水取水井设置监测点；同时，以污染发生地为中心，根据地下水流向采用网格法或辐射法布设监测井采样。

具体方法按照 NY/T 396 有关规定执行，水产养殖业用水按照 SC/T 9102.3 规定执行。

4.2.2.3　空气

按照圆形布点法或扇形布点法，以污染区域为中心，在下风向进行布点，并根据污染物的特性合理设置采样高度；采样过程中应注意风向变化，及时调整采样点位置。其中，种植业空气监测按照 NY/T 397 有关规定执行，畜禽养殖业空气监测按照 HJ 194 有关规定执行。

4.2.2.4　农畜水产品

根据实际情况，同步布设农畜水产品采样点位，具体按照 NY/T 398 有关规定执行。

4.2.3　对照点

4.2.3.1　土壤监测对照点

设在未受污染及其影响的且与污染源监控点相同土质的环境地块。

4.2.3.2 水源监测对照点

设在污染区域上游或未受污染及其影响的邻近区域。

4.2.3.3 空气监测对照点

设在污染区域上风向。

4.2.3.4 农畜水产品监测对照点

设在未受污染及其影响的临近区域。

4.3 现场应急采样

4.3.1 采样前准备

依据现场调查结果制订采样方案，确定采样方法、样品采集种类及数量、采样人员及分工、采样器材、安全防护设备、样品保存与运输设备等。

4.3.2 采样方法

4.3.2.1 污染源样品

若污染源仍存在，则应首先采集污染源样品，并注意样品的代表性。

4.3.2.2 污染区样品

一般采集瞬时样品，根据分析项目及分析方法确定采样量；土壤、水源、空气、农畜水产品等具体样品采集方法及采样量按照 NY/T 395、NY/T 396、NY/T 397、NY/T 398、HJ 194、SC/T 9102.3 等有关规定执行。

4.3.2.3 对照样品

同污染区样品采集要求。

4.3.3 采样记录

采样记录按照 NY/T 395、NY/T 396、NY/T 397、NY/T 398、HJ 194、SC/T 9102.3 等有关规定执行。

4.3.4 注意事项

4.3.4.1 土壤(底质)样品

根据污染物特性(密度、挥发性、溶解度等)，决定是否分层采样；样品采集时，应根据监测项目选择合适的采样工具和保存器皿。具体按照 NY/T 395、SC/T 9102.3 有关规定执行。

4.3.4.2 水体样品

根据污染物特性，选用不同材质的容器存放样品并添加适合的固定剂；采集时不可搅动水底沉积物。具体按照 NY/T 396 有关规定执行。

4.3.4.3 空气样品

采样时不可超过所用吸附管或吸收液的吸收限度。具体按照 NY/T 397、HJ 194 等有关规定执行。

4.3.4.4 农畜水产品样品

与农产品产地环境样品同步采集。具体按照 NY/T 398 有关规定执行。

4.3.4.5 其他

采样结束后，应核对采样计划、采样记录与样品，如有错误或漏采，应立即重采或补采。

4.4 现场检测分析

4.4.1 仪器设备

用于现场应急检测的仪器设备需满足以下条件：

a) 能快速鉴定、鉴别污染物；

b) 能在现场给出定性、半定量或定量的检测结果；

c) 具有直接读数、使用方便、易于携带、样品的前处理要求低等特点。

4.4.2 检测项目

4.4.2.1 已知污染物的环境污染

可根据污染物的特性确定主要检测项目，同时充分考虑该污染物可能衍生成其他有毒有害物质的可能性。

4.4.2.2 固定源引发的环境污染

对引发污染的固定源的有关人员或单位进行调查询问，根据其提供的工艺流程、所用设备、原辅材料、生产产品等信息，确定主要污染物和检测项目。

4.4.2.3 流动源引发的环境污染

对有关人员进行询问，如货主、驾驶员、押运员等；查看运送危险化学品或危险废物的外包装、准运证，确定主要污染物和监测项目。

4.4.2.4 未知污染物的环境污染

一是通过污染现场的一些特征，如气味、挥发性、遇水的反应性、颜色及对周围环境和农畜水产品的影响，初步确定主要污染物和监测项目；若发生人员中毒或动物中毒事故，可根据中毒反应的特殊症状，初步确定主要污染物和监测项目。二是通过对可能的污染源进行逐一排查，来验证主要污染物。

4.4.3 检测方法

a) 现场检测主要使用检测试纸、快速检测管和便携式监测仪器等快速检测设备。

b) 凡具备现场测定条件的项目应立刻进行现场检测，检测方法按照不同仪器设备的使用说明执行；不能在现场完成检测的，就近开展实验室检测。

c) 必须同步采集一份样品按规定储存要求运送至实验室进行分析测定，对现场检测结果进行最终确认。

d) 应充分借助运用物联网、传感器、卫星遥感、5G 等现代科技与信息手段，开展应急调查与监测。

4.4.4 检测记录

现场检测记录主要包括：样品名称、检测项目、计量单位、检测方法、检测日期、实测数据、仪器名称及检测限、仪器型号、仪器编号、检测人员、校核人员、审核人员等。

4.4.5 注意事项

4.4.5.1 仪器设备检查

检测前，应充分核查快速检测仪器设备的性能，确保良好的技术状态。

4.4.5.2 现场安全防护

a) 现场检测，应至少 2 名工作人员同行。

b) 进入农产品产地环境污染现场的应急检测人员，必须注意自身安全防护，按规定佩戴必需的防护设备(如防护服、防毒呼吸器等)。未经现场指挥/警戒人员许可，不应进入污染现场。

5 样品运输与管理

样品保存、运送、交接等，按照 NY/T 395、NY/T 396、NY/T 397、NY/T 398、HJ 194、SC/T 9102.3 等有关规定执行。

6 实验室检测分析

优先依照国家标准、行业标准等开展检测工作；如无相关标准方法，则选用行业公认权威的检测方法。所有相关原始记录和检验报告，长期保存。

7 废弃样品处置

应急监测的污染样品，在检测分析完毕后，应妥善处理，确保不造成二次环境污染，按照 HJ 589 有关规定执行。

8 质量控制

8.1 人员

从事应急监测工作的人员应具有扎实的农业环境监测技能与经验，熟悉各类农业环境监测技术规范，具备突发农业环境事件的现场布点、样品采集、仪器设备操作等能力。

8.2 设备

应急监测仪器应定期维护与核查,并按规定进行鉴定/校准(如可能),确保仪器设备完好率达 100%。检测设备,均应在检定/校准周期内。

8.3 过程

农产品产地环境污染应急监测必须实施全过程质量控制,具体按照 NY/T 395、NY/T 396、NY/T 397、NY/T 398、HJ 194、SC/T 9102.3 中的相关要求执行。

9 数据处理与结果评价

9.1 监测项目有相关标准的,采取单项污染指数法进行判定,具体按照 NY/T 395、NY/T 396、NY/T 397、NY/T 398 相关规定执行。

9.2 监测项目没有标准的,将污染区的监测结果与对照样品的监测结果进行比较判定。

10 监测结果与报告

10.1 监测结果

可用定性、半定量或定量的监测结果表示。定性监测结果可用"检出"或"未检出"表示,并尽可能注明监测项目的检出限;半定量监测结果可给出所测污染物的测定结果或测定结果范围;定量监测结果应给出所测污染物的测定结果。同时,说明检测方法、检测方式与样品属性。

10.2 监测报告

10.2.1 基本情况

主要包括:污染事件基本情况简述,说明农产品产地环境污染发生时间、地点等;污染区域概况简述,说明生态环境状况、农业生产情况、人群分布、水文、气象等。

10.2.2 监测结果评价及结论

对监测结果进行评价,给出评价结论,明确污染源、污染物类型、污染途径、主要污染指标、污染程度、污染范围、影响损失及污染变化趋势,并提出进一步处置的建议。

监测报告格式,按照附录 A 的规定执行。

附 录 A
（规范性）
农产品产地环境污染应急监测报告

农产品产地环境污染
应急监测报告

任务名称：____________________

委托单位：____________________

报告日期：____________________

（机构名称）（盖章）

应急监测报告

No：　　　　　　　　　　　　　　　　　　　　　　　　　　　　共　页　第　页

一、基本情况	委托单位		污染发生时间	
	污染发生地点			
	污染区域概况（生态环境状况、农业生产情况、人群分布、水文、气象等）			
二、监测结果评价及结论	签发日期　　年　　月　　日			

批准：　　　　　　　　　　　　审核：　　　　　　　　　　　　编制：

附页

检测结果

№：　　　　　　　　　　　　　　　　　　　　　　　　　　　　共　页　第　页

受检单位			样品名称		
样品分析编号			样品编号		
检测项目	单位	检测方法	实测数据	单项判定	检测方式
备注：					

注：检测方式为"现场检测"或"实验室检测"。

ICS 65
CCS B 04

中华人民共和国农业行业标准

NY/T 4157—2022

农作物秸秆产生和可收集系数测算技术导则

Technical guidelines for estimation of crop straw output and collectable coefficient

2022-07-11 发布 2022-10-01 实施

中华人民共和国农业农村部 发布

前　　言

本文件按照 GB/T 1.1—2020《标准化工作导则　第 1 部分:标准化文件的结构和起草规则》的规定起草。

本文件由农业农村部科技教育司提出并归口。

本文件起草单位:农业农村部农业生态与资源保护总站、农业农村部规划设计研究院、中国农业科学院农业资源与农业区划研究所、中国农业科学院农业环境与可持续发展研究所、河南农业大学、沈阳农业大学、中国农业科学院农业信息研究所、中国农业生态环境保护协会、中国标准化研究院。

本文件主要起草人:孙仁华、田宜水、王亚静、宋成军、邵思、徐志宇、薛颖昊、胡潇方、李欣欣、李晓阳、姚宗路、霍丽丽、石祖梁、王飞、赫天一、党钾涛、熊江花、冯浩杰、刘亚丽、张霁萱、杨丽、常智慧、孙彩霞、李干琼、张永恩、邸佳颖。

农作物秸秆产生和可收集系数测算技术导则

1 范围

本文件规定了农作物秸秆产生和可收集系数的调查测定与计算。

本文件适用于小麦、水稻、玉米、油菜、花生、大豆、薯类(包括木薯、甘薯和马铃薯)、棉花等农作物秸秆产生系数和可收集系数的测算。

2 规范性引用文件

下列文件中的内容通过文中的规范性引用而构成本文件必不可少的条款。其中,注日期的引用文件,仅该日期对应的版本适用于本文件;不注日期的引用文件,其最新版本(包括所有的修改单)适用于本文件。

GB 1103.1 棉花 第1部分:锯齿加工细绒棉

GB/T 3543.6 农作物种子检验规程 水分测定

GB/T 10111 随机数的产生及其在产品质量抽样检验中的应用程序

GB/T 25423 方草捆打捆机

GB/T 28730 固体生物质燃料样品制备方法

GB/T 28733 固体生物质燃料全水分测定方法

NY/T 1701 农作物秸秆资源调查与评价技术规范

3 术语和定义

NY/T 1701界定的以及下列术语和定义适用于本文件。

3.1

秸秆产生系数 straw output coefficient

又称草谷比,即单位面积产生的农作物秸秆与籽实重量的比值。

3.2

秸秆产生量 straw output

农作物籽实收获后,残留的茎、叶等不包括地下部分的副产品总量。

3.3

秸秆可收集系数 straw collectable coefficient

某种农作物单位面积可收集的秸秆重量与产生量的比值。

3.4

秸秆可收集量 straw collectable output

某一区域利用现有收集方式,收集获得可供实际利用的农作物秸秆重量。

3.5

枝叶损失率 stalk and leaf loss rate

农作物秸秆在收割、收集过程中,发生部分枝叶脱落而造成损失的比例。

4 调查测定

4.1 资料收集和测量准备

4.1.1 收集相关资料

县域农作物播种面积、种植结构、产量、地块分布、机械收获比例等。

4.1.2 准备测量工具

米尺、测框、标签、秤、封口样品袋、样品箱、计算器、GPS 定位仪等。

4.2 抽样地块选取

调查农作物收获前 1 d～2 d，在县域范围内，使用随机抽样法选取 5 个行政村，5 个行政村宜分布在 3 个或 3 个以上的乡镇。抽样方法按 GB/T 10111 中的规定执行。

选定行政村后，对当地播种面积最大、普遍推广的品种，选取具有代表性的 2 个典型地块，进行采样实测。抽样地块调查表见附录 A 中表 A.1。

4.3 取样点布设

根据调查地块的形状，宜采取五点法确定取样点位，参照 GB/T 5262。条(撒)播农作物，每点位测取面积为 1 m^2(垄作时，在相邻 2 条垄上割取，以 2 个垄距为宽，测取约 1 m^2 的面积)；穴播农作物每点位测取范围为连续 5 行、每行连续 5 穴，具体布设方式按当地实际条件进行调整。

4.4 取样点实割(采)实测

4.4.1 小麦、水稻、玉米

将各取样点中农作物地上部分整株收割并混合。自然晾晒、风干后，将籽粒脱粒。分别称量籽粒和秸秆的重量并记录。记录表见表 A.2。

4.4.2 油菜

在油菜接近成熟时，将各取样点内的油菜地上部分整株收割并混合，收割过程避免成熟籽粒脱落。全部收获后，将整株油菜晾晒。待油菜籽粒全熟后收取籽粒，分别称取籽粒与秸秆的重量并记录。记录表见表 A.2。

4.4.3 花生

将各取样点内全部植株地上部分收割并混合，晾晒、风干后称取花生秸秆的重量；在各取样点进行挖方、刨墩、摘果、淘洗、挑除嫩果和杂质，风干后称取带壳干花生的重量并记录。记录表见表 A.2。

4.4.4 大豆

将各取样点内全部植株地上部分收割并混合，晾晒、风干后分别称取大豆(去豆荚)和秸秆的重量并记录，记录表见表 A.2。

4.4.5 薯类

将各取样点内全部植株地上部分收割并混合，晾晒、风干后称取薯类秸秆的重量并记录；翻挖收获，除去薯块上的泥土后称取鲜薯的重量并记录。记录表见表 A.2。

4.4.6 棉花

在棉花收获季节对各取样点内的棉铃分期分批采摘保存，待全部收获后将所有采摘的棉铃称重，并按照 GB 1103.1 的规定测定计算衣分率并记录。记录表见表 A.2。

待样本地块的棉铃采收完毕后，将棉花秸秆地上部分整株收割，晾晒、风干后称取棉花秸秆的重量并记录。记录表见表 A.2。

4.5 株高和割茬高度实测

在调查村选取 10 个典型地块，每个典型地块宜用五点法确定测量点位，每点位取样面积为 1 m^2，随机测 10 株(丛)，测量农作物株高，计算算术平均数并记录。记录表见表 A.3。

在调查村，分别选取机械收获和人工收获的典型地块各 10 个，测量 2 种收获方式下农作物秸秆的割茬高度。每个典型地块宜用五点法确定测量点位，每点位取样面积为 1 m^2，随机测 10 株(丛)，计算算术平均数并记录。记录表见表 A.3。

马铃薯秧、甘薯秧、花生秧、木薯秸秆和大豆秸秆的割茬高度可按照 0 cm 进行计算。

4.6 枝叶损失率测定

实地调查测定秸秆收集过程中的枝叶损失率，测定方法按照 GB/T 25423 中有关捡拾损失率的测定方法执行。记录测定结果，记录表见表 A.3。

4.7 含水率测定

小麦、水稻、玉米、油菜、花生、大豆的秸秆和籽实均应进行含水率测定；棉花、薯类的秸秆应进行含水率测定。

4.7.1 样品制备

将在同一地块中采集的农作物籽实和秸秆分别进行样品制备。样品制备按 GB/T 28730 的规定执行。

4.7.2 样品保存及运输

制备好的样品应放置在样品袋内运送至实验室，避光保存。样品标签表见表 A.4。样品标签一式两份，分别放在袋内和贴在袋外。备份样品应至少保存 12 个月。

4.7.3 测定方法

籽实或秸秆样品宜在采后 24 h 内进行含水率测定，否则应将样品在 4 ℃保存，并在 7 d 内完成测定。籽实含水率测定方法按 GB/T 3543.6 的规定执行，秸秆含水率测定方法按 GB/T 28733 的规定执行。

5 计算

5.1 某一地块农作物秸秆产生系数

按公式(1)计算。

$$\lambda_i=\frac{m_{i,S}(1-A_{i,S})/(1-15\%)}{m_{i,G}(1-A_{i,G})/(1-M)} \qquad (1)$$

式中：

λ_i ——某一地块第 i 种农作物秸秆产生系数；

$m_{i,S}$ ——第 i 种农作物秸秆重量的数值，单位为千克(kg)；

$m_{i,G}$ ——第 i 种农作物籽实重量的数值，单位为千克(kg)；

$A_{i,S}$ ——第 i 种农作物秸秆含水率；

$A_{i,G}$ ——第 i 种农作物籽实含水率，小麦、水稻、玉米、油菜、花生、大豆按实测值计，薯类、棉花按 0 计；

M ——标准含水率，其取值为：小麦 13%，籼稻 13.5%，粳稻 14.5%，玉米 14%，油菜 14%，花生 10%，大豆 13.5%，薯类 0，棉花 0。

5.2 某一区域农作物秸秆产生系数

某一区域某种农作物秸秆产生系数，以该区域各地块该种农作物秸秆产生系数的算术平均数表示，按公式(2)计算。

$$\lambda_{di}=\sum_{k=1}^{m}\frac{\lambda_{i,k}}{m} \qquad (2)$$

式中：

λ_{di} ——某一区域第 i 种农作物的秸秆产生系数；

k ——进行实采实测的调查地块编号，$k=1,2,\cdots,m$。

5.3 可收集系数

按公式(3)计算。

$$\eta_i=[(1-L_{i,jc}/L_i)\times J_i+(1-L_{i,sc}/L_i)\times(1-J_i)]\times(1-Z_i) \qquad (3)$$

式中：

η_i ——某一区域第 i 种农作物秸秆的可收集系数；

L_i ——第 i 种农作物该区域平均株高的数值，单位为厘米(cm)；

$L_{i,jc}$ ——机械收获时第 i 种农作物该区域平均割茬高度的数值，单位为厘米(cm)；

$L_{i,sc}$ ——人工收获时第 i 种农作物该区域平均割茬高度的数值，单位为厘米(cm)；

J_i ——第 i 种农作物机械收获面积占总收获面积的比例；

Z_i ——第 i 种农作物在收集过程中的损失率。

5.4 秸秆产生量

按公式(4)计算。

$$P=\sum_{i=1}^{n}\lambda_{di}\times G_i \quad\cdots\cdots(4)$$

式中：

P ——某一区域农作物秸秆年产生量的数值，单位为吨(t)；

i ——农作物秸秆的编号，$i=1,2,\cdots,n$；

G_i ——某一区域第 i 种农作物籽实年产量的数值，单位为吨(t)。小麦、水稻、玉米的籽实重量按脱粒后的原粮计，棉花按皮棉计，大豆按去豆荚后的干豆计，薯类按鲜薯计，花生按带壳干花生计。

5.5 秸秆可收集量

按公式(5)计算。

$$P_c=\sum_{i}^{n}\eta_i\times(\lambda_{di}\times G_i) \quad\cdots\cdots(5)$$

式中：

P_c ——某一区域农作物秸秆可收集量的数值，单位为吨(t)。

附　录　A
（资料性）
调查表格式

A.1　抽样地块调查表

见表 A.1。

表 A.1　抽样地块调查表

______县(市/区/旗)__________乡(镇)__________村　　20______年　　农作物种类及品种:__________

地块编号:______　地块名称:______　地块面积:______		
GPS 测量定位点		标志名称
定位点编号	测量结果	
01		
02		
03		
04		
…		…
注 1:用 GPS 对抽样地块主要拐点处的坐标位置定位,将定位点编号,并把测量结果填入表中。 注 2:写明抽样地块各个定位点的明显标志,如河流、道路、大树、电线杆等。		

调查人:　　　　　　核验人:　　　　　　调查日期:20　年　月　日

A.2　农作物秸秆产生系数调查表

见表 A.2。

表 A.2　农作物秸秆产生系数调查表

______县(市/区/旗)__________乡(镇)__________村　　20______年　　农作物种类及品种:__________

地块编号:	1	2
地块名称:		
籽实重量,kg		
棉花衣分率,%		
秸秆重量,kg		
注:数据精度保留小数点后 2 位。籽实重量和秸秆重量指完成实割(采)实测步骤后得到的重量。		

调查人:　　　　　　核验人:　　　　　　调查日期:20　年　月　日

A.3　农作物秸秆可收集系数调查表

见表 A.3。

表 A.3 农作物秸秆可收集系数调查表

_______县(市/区/旗)___________乡(镇)___________村 20________年 农作物种类及品种:___________

地块编号	1	2	3	4	5	6	7	8	9	10	平均值
一、机械收获											
1. 株高,cm											
2. 割茬高度,cm											
二、人工收获											
1. 株高,cm											
2. 割茬高度,cm											
三、枝叶损失率,%											
注:株高、割茬高度数据保留小数点后2位,枝叶损失率保留小数点后1位。											

调查人: 核验人: 调查日期:20 年 月 日

A.4 含水率测定样品标签

见表A.4。

表 A.4 含水率测定样品标签

_______县(市/区/旗)___________乡(镇)___________村 20________年 农作物种类及品种:___________

地块编号		地块名称	
样品类型	秸秆( ) 籽实( )		
鲜样重量,kg			
注:鲜样重量数据精度保留小数点后2位。			

ICS 65
CCS B 04

中华人民共和国农业行业标准

NY/T 4158—2022

农作物秸秆资源台账数据调查与核算技术规范

Technical specification for surveying and accounting of crop straw resource ledger data

2022-07-11 发布　　　　2022-10-01 实施

中华人民共和国农业农村部　发布

前　　言

本文件按照 GB/T 1.1—2020《标准化工作导则　第 1 部分:标准化文件的结构和起草规则》的规定起草。

本文件由农业农村部科技教育司提出并归口。

本文件起草单位:农业农村部农业生态与资源保护总站、中国农业科学院农业资源与农业区划研究所、中国农业科学院农业环境与可持续发展研究所、农业农村部规划设计研究院、沈阳农业大学、中国农业科学院农业信息研究所、中国农业生态环境保护协会、中国标准化研究院。

本文件主要起草人:徐志宇、王亚静、孙仁华、姚宗路、薛颖昊、田宜水、宋成军、胡潇方、李欣欣、李晓阳、罗娟、石祖梁、王飞、任德志、彭华、黄振侠、马静、冯浩杰、高春雨、赵丽、邵敬森、谢杰、刘亚丽、张霁萱、杨丽、霍家佳、李干琼、王盛威。

农作物秸秆资源台账数据调查与核算技术规范

1 范围

本文件规定了农作物秸秆资源台账的数据获取、核算和质量控制。

本文件适用于县域农作物秸秆资源台账数据调查,同时适用于县级及以上管理部门农作物秸秆资源台账数据核算。

2 规范性引用文件

下列文件中的内容通过文中的规范性引用而构成本文件必不可少的条款。其中,注日期的引用文件,仅该日期对应的版本适用于本文件;不注日期的引用文件,其最新版本(包括所有的修改单)适用于本文件。

GB/T 10111 随机数的产生及其在产品质量抽样检验中的应用程序

NY/T 1701 农作物秸秆资源调查与评价技术规范

NY/T 3020 农作物秸秆综合利用技术通则

NY/T 4157—2022 农作物秸秆产生和可收集系数测算技术导则

3 术语和定义

NY/T 1701、NY/T 3020 和 NY/T 4157—2022 界定的以及下列术语和定义适用于本文件。

3.1

秸秆资源台账 straw resource ledger

农作物秸秆资源产生与利用的数据信息,包括电子台账和纸质台账两种。

3.2

秸秆综合利用率 the rate of straw comprehensive utilization

秸秆利用量占秸秆可收集量的比例。

4 数据获取

4.1 调查作物范围

调查农作物种类包括小麦、水稻、玉米、油菜、花生、大豆、马铃薯、甘薯、木薯、棉花及其他种植面积较大的农作物。

4.2 调查内容

4.2.1 县域基本情况调查

调查内容包括农作物播种面积、秸秆直接还田面积、籽实产量、秸秆调出量。县域基本情况调查表见附录 A 中的表 A.1。

注:秸秆调出量指未加工状态、含水率为 15%的秸秆重量。

4.2.2 农户抽样调查

调查内容包括农户目标农作物的播种面积、籽实单产,农户将自种秸秆收集离田后用于肥料、饲料、燃料、基料和原料用途的利用比例,农户收集、购买他人秸秆将其用于肥料、饲料、燃料、原料和基料用途的秸秆重量。农户秸秆利用情况调查表见表 A.2。

注:农户收集、购买他人秸秆重量指含水率为 15%的秸秆重量。农户购买秸秆加工成品后再进行利用的,不在调查范围内。

4.2.3 市场主体调查

市场主体包括县域范围内开展秸秆离田利用经营活动的各类具有独立法人资格的主体。市场主体调查内容包括市场主体目标秸秆的利用方式、秸秆利用量及其来源。市场主体秸秆利用情况调查表见表A.3。

注:市场主体秸秆利用量指未加工状态、含水率为15%的秸秆重量。

4.3 调查方法

4.3.1 文案调查

收集地方统计部门定期发布的统计数据。适用于调查4.2.1所规定的县域农作物播种面积和籽实产量。

4.3.2 实地调查

4.3.2.1 县级调查。适用于调查4.2.1所规定的秸秆直接还田面积和秸秆调出量。通过对农业农村有关部门开展访谈,了解县域秸秆还田情况。通过对秸秆收储运主体开展实地调查,了解县域秸秆调出量。秸秆收储运主体包括县域范围内从事农作物秸秆收集、运输、储存活动的主体。

4.3.2.2 农户入户调查。每个县域随机抽取不少于120户农户开展入户调查。抽样方法按照GB/T 10111规定的等距抽样法执行。适用于调查4.2.2所规定的调查内容。户数达不到抽样数量的县可根据实际情况减少抽样数量。县级管理部门宜根据本地实际情况适当增加抽样农户数量,提高数据准确度。

4.3.2.3 市场主体调查。对调查基准年度正常运营的市场主体开展实地调查。适用于4.2.3所规定的调查内容。

5 数据核算

5.1 秸秆农户分散利用量

按公式(1)计算。

$$F=\sum_{i=1}^{n}\sum_{j=1}^{m}\frac{S_{ij}\times P_{ij}\times\lambda_i\times\eta_i\times(r_{ij1}+r_{ij2}+r_{ij3}+r_{ij4}+r_{ij5})+C_{ij}}{S_{ij}\times P_{ij}\times\lambda_i\times\eta_i}\times P_{ci}\times\lambda_i\times\eta_i \quad \cdots (1)$$

式中:

F ——秸秆农户分散利用量的数值,单位为吨(t);

i ——第 i 种秸秆,$i=1,2,\cdots,n$;

j ——第 j 个农户,$j=1,2,\cdots,m$;

S_{ij} ——第 j 个农户第 i 种农作物播种面积的数值,单位为公顷(hm^2);

P_{ij} ——第 j 个农户第 i 种农作物单产水平的数值,单位为吨每公顷(t/hm^2);

λ_i ——第 i 种农作物秸秆产生系数,秸秆产生系数按照NY/T 4157—2022规定的方法测定;

η_i ——第 i 种秸秆可收集系数,秸秆可收集系数按照NY/T 4157—2022规定的方法测定;

r_{ij1}、r_{ij2}、r_{ij3}、r_{ij4}、r_{ij5}——分别为第 j 个农户、第 i 种自种农作物秸秆肥料化、饲料化、燃料化、原料化、基料化利用比例;

C_{ij} ——第 j 个农户收集、购买他人第 i 种秸秆量的数值,单位为吨(t);

P_{ci} ——县域第 i 种农作物籽实产量的数值,单位为吨(t)。

5.2 秸秆利用市场主体规模化利用量

按公式(2)计算。

$$P_t=\sum_{i}^{n}\sum_{w=1}^{n}D_{wi1}+\sum_{i}^{n}\sum_{w=1}^{n}D_{wi2}+\sum_{i}^{n}\sum_{w=1}^{n}D_{wi3}+\sum_{i}^{n}\sum_{w=1}^{n}D_{wi4}+\sum_{i}^{n}\sum_{w=1}^{n}D_{wi5} \quad \cdots\cdots\cdots\cdots (2)$$

式中:

P_t ——秸秆利用市场主体规模化利用量的数值,单位为吨(t);

w ——县域市场主体编号，$w=1,2,\cdots,n$；

D_{wi1}、D_{wi2}、D_{wi3}、D_{wi4}、D_{wi5}——第 w 个市场主体第 i 种农作物秸秆肥料化、饲料化、燃料化、原料化、基料化利用量的数值，单位为吨(t)。

5.3 秸秆直接还田量

按公式(3)计算。

$$H=\sum_{i=1}^{n}\frac{S_{hi}}{S_{bi}}\times P_{ci}\times\lambda_i\times\eta_i \quad\cdots\cdots(3)$$

式中：

H ——秸秆直接还田量的数值，单位为吨(t)；

S_{hi} ——第 i 种农作物秸秆直接还田面积的数值，单位为公顷(hm^2)；

S_{bi} ——第 i 种农作物播种面积的数值，单位为公顷(hm^2)。

5.4 秸秆利用量

按公式(4)计算。

$$L=F+P_t+H+\sum_{i}^{n}D_{ci}-\sum_{i}^{n}\sum_{w=1}^{n}D_{rwi} \quad\cdots\cdots(4)$$

式中：

L ——秸秆利用量的数值，单位为吨(t)；

D_{ci} ——第 i 种农作物秸秆调出量的数值，单位为吨(t)；

D_{rwi} ——县域第 w 个市场主体来自县域以外第 i 种农作物秸秆利用量的数值，单位为吨(t)。

5.5 秸秆综合利用率

按公式(5)计算。

$$R=\frac{L}{\sum_{i=1}^{n}P_{ci}\times\lambda_i\times\eta_i}\times100 \quad\cdots\cdots(5)$$

式中：

R ——秸秆综合利用率，单位为百分号(%)。

5.6 秸秆肥料化利用量

按公式(6)计算。

$$F_f=\sum_{i=1}^{n}\left[\frac{\sum_{i=1}^{n}\sum_{j=1}^{m}(S_{ij}\times P_{ij}\times\lambda_i\times\eta_i\times r_{ij1}+C_{ij1})}{\sum_{i=1}^{n}\sum_{j=1}^{m}S_{ij}\times P_{ij}\times\lambda_i\times\eta_i}\times P_{ci}\times\lambda_i\times\eta_i\right]+\sum_{i}^{n}\sum_{w=1}^{n}D_{wi1}+H \quad\cdots(6)$$

式中：

F_f ——秸秆肥料化利用量的数值，单位为吨(t)；

C_{ij1} ——第 j 个农户收集、购买他人第 i 种秸秆并用于肥料用途秸秆重量的数值，单位为吨(t)。

5.7 秸秆饲料化利用量

按公式(7)计算。

$$F_s=\sum_{i=1}^{n}\left[\frac{\sum_{i=1}^{n}\sum_{j=1}^{m}(S_{ij}\times P_{ij}\times\lambda_i\times\eta_i\times r_{ij2}+C_{ij2})}{\sum_{i=1}^{n}\sum_{j=1}^{m}S_{ij}\times P_{ij}\times\lambda_i\times\eta_i}\times P_{ci}\times\lambda_i\times\eta_i\right]+\sum_{i}^{n}\sum_{w=1}^{n}D_{wi2} \quad\cdots\cdots(7)$$

式中：

F_s ——秸秆饲料化利用量的数值，单位为吨(t)；

C_{ij2} ——第 j 个农户收集、购买他人第 i 种秸秆并用于饲料用途秸秆重量的数值，单位为吨(t)。

5.8 秸秆燃料化利用量

按公式(8)计算。

$$F_r = \sum_{i=1}^{n} [\frac{\sum_{i=1}^{n} \sum_{j=1}^{m} (S_{ij} \times P_{ij} \times \lambda_i \times \eta_i \times r_{ij3} + C_{ij3})}{\sum_{i=1}^{n} \sum_{j=1}^{m} S_{ij} \times P_{ij} \times \lambda_i \times \eta_i} \times P_{ci} \times \lambda_i \times \eta_i] + \sum_{i}^{n} \sum_{w=1}^{n} D_{wi3} \quad \cdots\cdots (8)$$

式中：

F_r ——秸秆燃料化利用量的数值，单位为吨(t)；

C_{ij3} ——第 j 个农户收集、购买他人第 i 种秸秆并用于燃料用途秸秆重量的数值，单位为吨(t)。

5.9 秸秆原料化利用量

按公式(9)计算。

$$F_y = \sum_{i=1}^{n} [\frac{\sum_{i=1}^{n} \sum_{j=1}^{m} (S_{ij} \times P_{ij} \times \lambda_i \times \eta_i \times r_{ij4} + C_{ij4})}{\sum_{i=1}^{n} \sum_{j=1}^{m} S_{ij} \times P_{ij} \times \lambda_i \times \eta_i} \times P_{ci} \times \lambda_i \times \eta_i] + \sum_{i}^{n} \sum_{w=1}^{n} D_{wi4} \quad \cdots\cdots (9)$$

式中：

F_y ——秸秆原料化利用量的数值，单位为吨(t)；

C_{ij4} ——第 j 个农户收集、购买他人第 i 种秸秆并用于原料用途秸秆重量的数值，单位为吨(t)。

5.10 秸秆基料化利用量

按公式(10)计算。

$$F_j = \sum_{i=1}^{n} [\frac{\sum_{i=1}^{n} \sum_{j=1}^{m} (S_{ij} \times P_{ij} \times \lambda_i \times \eta_i \times r_{ij5} + C_{ij5})}{\sum_{i=1}^{n} \sum_{j=1}^{m} S_{ij} \times P_{ij} \times \lambda_i \times \eta_i} \times P_{ci} \times \lambda_i \times \eta_i] + \sum_{i}^{n} \sum_{w=1}^{n} D_{wi5} \quad \cdots\cdots (10)$$

式中：

F_j ——秸秆基料化利用量的数值，单位为吨(t)；

C_{ij5} ——第 j 个农户收集、购买他人第 i 种秸秆并用于基料用途秸秆重量的数值，单位为吨(t)。

6 质量控制

6.1 前期准备阶段

6.1.1 县级管理部门宜配备调查员和审核员；地市级管理部门宜配备地市级审核员；省级管理部门宜配备省级审核员。

6.1.2 应对调查员和各级审核员进行培训。

6.2 数据获取阶段

6.2.1 宜选择熟悉调查相关事项的人作为被调查对象。

6.2.2 调查员负责向被调查对象客观解释调查表中的内容。

6.2.3 调查表填写完整后，由被调查对象、调查员、县级审核员三方签字确认并存档备查。

6.2.4 调查表中漏填、错填部分，由调查员向被调查对象确认后再修改。被调查对象、调查员应在调查表修改处签字。

6.3 数据质量审核阶段

6.3.1 审核内容

审核内容主要包括规范性、完整性、真实性和一致性审核。规范性审核应审核数据的取值范围、数据与数据之间的逻辑关系、计量单位是否符合标准，调查数据的修改是否符合 6.2.4 中的规定。完整性审核应审核数据是否完整，是否存在条目重复、遗漏、错报的情况。真实性审核应审核数据是否反映客观实际情况,是否存在虚报、编造的情况。一致性审核即审核数据是否与公开的统计数据、相邻年份历史数据存在明显差异。

6.3.2 审核方法

数据质量审核方法采取自动检查和人工检查两种方式。

6.3.2.1 自动检查

通过计算机程序设计的算法,利用数据的取值范围、数据与数据之间的逻辑关系和规律、数据条目的数量,审核数据的规范性和完整性。

6.3.2.2 人工检查

无法完全进行自动检查时,通过人工提取数据,审核数据的规范性、完整性和一致性;通过抽查,进行电话回访和现场回访,审核数据的规范性、完整性和真实性。

附 录 A
(资料性)
调查表格式

A.1 县域基本情况调查表

见表 A.1。

表 A.1 县域基本情况调查表

__________省(自治区、市、兵团)　　__________县(市、区、旗、团)　　基准年度:__________

作物种类	籽实产量 t	农作物播种面积 hm^2	农作物秸秆直接还田面积 hm^2	农作物秸秆调出量 t
早稻				
中稻和一季晚稻				
双季晚稻				
小麦				
玉米				
马铃薯				
甘薯				
木薯				
花生				
油菜				
大豆				
棉花				
其他作物:______				
合计				

调查员(签字):　　审核员(签字):　　调查日期:

A.2 农户秸秆利用情况调查表

见表 A.2。

表 A.2 农户秸秆利用情况调查表

__________省(自治区、市、兵团)　　__________县(市、区、旗、团)　　基准年度:__________

户主姓名			户主电话						
农作物种类	农作物种植情况		农户自种作物秸秆离田自用比例 %					收集利用他人秸秆情况	
	播种面积 hm^2	籽实单产 t/hm^2	肥料化 (间接还田)	饲料化	燃料化	基料化	原料化	收集利用量 t	用途 (1 肥料 2 饲料 3 燃料 4 基料 5 原料)
早稻									
中稻和一季晚稻									
双季晚稻									
小麦									
玉米									
马铃薯									
甘薯									
木薯									

表 A.2 （续）

户主姓名		户主电话							
农作物种类	农作物种植情况		农户自种作物秸秆离田自用比例 %					收集利用他人秸秆情况	
	播种面积 hm^2	籽实单产 t/hm^2	肥料化 （间接还田）	饲料化	燃料化	基料化	原料化	收集利用量 t	用途 （1 肥料 2 饲料 3 燃料 4 基料 5 原料）
花生									
油菜									
大豆									
棉花									
其他：________									
合计									

调查员（签字）： 审核员（签字）： 农户（签字）： 调查日期：

A.3 市场主体秸秆利用情况调查表

见表 A.3。

表 A.3 市场主体秸秆利用情况调查表

基准年度：__________

市场主体名称		市场主体负责人信息					
		姓名		单位电话		手机	
市场主体地址							
农作物种类	市场主体秸秆利用量 t						
	肥料化 （间接还田）	饲料化	燃料化	基料化	原料化	年秸秆总利用量	
						本县来源秸秆量	本县以外秸秆量
早稻							
中稻和一季晚稻							
双季晚稻							
小麦							
玉米							
马铃薯							
甘薯							
木薯							
花生							
油菜							
大豆							
棉花							
其他：________							
合计							

调查员（签字）： 审核员（签字）： 市场主体负责人（签字）： 调查日期：

ICS 65.020
CCS B 04

中华人民共和国农业行业标准

NY/T 4161—2022

生物质热裂解炭化工艺技术规程

Technical code of practice for pyrolysis carbonization of biomass

2022-07-11 发布　　2022-10-01 实施

中华人民共和国农业农村部　发布

前　　言

本文件按照 GB/T 1.1—2020《标准化工作导则　第 1 部分:标准化文件的结构和起草规则》的规定起草。

本文件由农业农村部科技教育司提出并归口。

本文件起草单位:沈阳农业大学、山东理工大学、辽宁省能源研究所、上海交通大学、华南农业大学、辽宁金和福农业科技股份有限公司、承德避暑山庄农业发展有限公司、河南惠农土质保育研发有限公司、安徽德博生态环境治理有限公司、沈阳隆泰生物工程有限公司、辽宁省土壤肥料测试中心。

本文件主要起草人:孟军、牛卫生、陈温福、李志合、易维明、柏雪源、张大雷、刘荣厚、蒋恩臣、刘金、张立军、袁晓静、张守军、王开国、王丽。

生物质热裂解炭化工艺技术规程

1 范围

本文件规定了生物质热裂解炭化的工艺技术要求、设备维护、环境保护与节能、生产安全与职业卫生等。

本文件适用于以农林业植物源废弃生物质为原料、采用热裂解炭化工艺生产生物炭产品。

2 规范性引用文件

下列文件中的内容通过文中的规范性引用而构成本文件必不可少的条款。其中,注日期的引用文件,仅该日期对应的版本适用于本文件;不注日期的引用文件,其最新版本(包括所有的修改单)适用于本文件。

GB 12348 工业企业厂界环境噪声排放标准

GB/T 12801 生产过程安全卫生要求总则

GB 15577 粉尘防爆安全规程

GB/T 15605 粉尘爆炸泄压指南

GB 16297 大气污染物综合排放标准

GB 18599—2020 一般工业固体废物贮存和填埋污染控制标准

GB/T 30366 生物质术语

GB 50016 建筑设计防火规范

GB 50028 城镇燃气设计规范

GB 50057 建筑物防雷设计规范

GB 50058 爆炸危险环境电力装置设计规范

GB 50444 建筑灭火器配置验收及检查规范

GBZ 1 工业企业设计卫生标准

GBZ 2 工作场所有害因素职业接触限值

CJJ 51 城镇燃气设施运行、维护和抢修安全技术规程

NY/T 4159 生物炭

TSG 21 固定式压力容器安全技术监察规程

3 术语和定义

GB/T 30366 界定的以及下列术语和定义适用于本文件。

3.1

热裂解炭化 pyrolysis carbonization

在绝氧或有限氧气供应条件下,生物质经过高温处理发生热分解,进而形成以生物炭为主产品的过程。

4 总则

4.1 本文件述及的生物质热裂解炭化工艺流程包括原料接卸与储存、原料预处理、热裂解炭化、生物炭的卸出与储存、副产物利用与处理等。

4.2 制备的生物炭应符合 NY/T 4159 的规定。

4.3 宜采用连续性、清洁化、自动化的热裂解工艺,炭化炉可采用固定床、移动床、流化床等炉型。

4.4 工艺设计应充分考虑安全设施、环保设施、消防设施与工艺装置的结合,合理配置设备,优化工艺流程。

4.5 工厂内设施与工厂外建(构)筑物的防火间距,工厂内设施间的防火间距应符合 GB 50016 的相关规定。工作场所应按 GB 50016、GB 50057、GB 50444 的规定设置消防通道、排水沟等,配备消防器材和雷电防护装置,并完好有效。

4.6 电力装置应符合 GB 50058 的规定。

4.7 热裂解炭化设备应是能量自持的,同时热裂解过程中产生的液态和气态副产物应全部收集或利用,产生的热量必须回收加以使用,无工艺污水排放,大气污染物的排放限值应符合 GB 16297 的规定。

4.8 热裂解炭化设备的日常操作、运行管理和维护检修人员应接受相关专业技术培训,经考核合格后方可上岗操作,同时应配置专职安全管理人员。

5 工艺技术要求

5.1 原料接卸与储存

5.1.1 原料储存场地应配备生物质计量和质检的设施和设备。应随机抽查进厂生物质原料的理化性状,避免碎石、铁屑、沙土等杂质进入生物质原料中。

5.1.2 原料接卸完毕后,应立即清理地面遗撒的生物质,运输车辆应立即退出作业区。

5.1.3 生物质原料应按类别有序、整齐堆放。

5.1.4 原料堆垛时,应留有通风口或散热洞、散热沟,并要设有防止通风口、散热洞塌陷的措施;垛顶应有防雨雪措施。

5.1.5 原料堆垛后,应定时测温,并做好测温记录,当温度大于等于 60 ℃时,应拆垛散热,并做好灭火准备;发现堆垛出现凹陷变形或有异味时,应立即拆垛检查,并清除霉烂变质的原料。

5.1.6 每天定时巡查原料储存场,保持原料储存场消防通道的畅通和消防工具完好有效,发现火灾隐患应立即处理。

5.2 原料预处理

5.2.1 干燥

5.2.1.1 自然干燥应在开放空间内进行,并采取防止物料飞散的措施;自然干燥后,应及时清理场地。

5.2.1.2 人工干燥应在有防雨条件或通风良好的厂房内进行,干燥设备应配有除尘装置。作业前应确保热源准备就绪。作业后应及时清理干燥设备,杜绝火灾隐患。

5.2.1.3 干燥设备不应使用化石能源供热。

5.2.2 破碎

5.2.2.1 原料破碎应在通风良好的厂房内进行,破碎机应配有除尘装置。

5.2.2.2 原料破碎前应去除金属、石块等杂质。

5.2.2.3 破碎机运转过程中,不应做任何调整、清理或检修工作。

5.2.2.4 破碎后的原料尺寸应小于 100 mm。当热裂解炭化装置对原料尺寸等性质有具体要求时,破碎后的物料应满足热裂解炭化装置的要求。

5.2.2.5 破碎后的原料应集中堆放在原料库内,应注意防潮,定时测温,并做好测温记录。当温度大于等于 60 ℃时,应拆垛散热,并做好灭火准备。

5.3 热裂解炭化

5.3.1 热裂解炭化应在有防雨条件或通风良好的厂房内进行,设备应配有除尘装置。

5.3.2 热裂解炭化设备不应使用化石能源供热。

5.3.3 热裂解炭化的反应温度应保持在 400 ℃~700 ℃。

5.3.4 热裂解炭化的气态副产物中的氧含量应小于 1%(体积分数)。

5.3.5 机组正常工况下运行噪声应低于 80 dB(A)。

5.3.6 热裂解炭化后应及时清理设备,杜绝安全隐患。

5.4 生物炭的卸出与储存

5.4.1 生物炭的卸出应在具有排风除尘装置的独立操作间内进行。

5.4.2 生物炭卸出后应及时冷却、防止自燃，自然堆放 24 h 后，方可入库或包装，并做好测温记录。当温度大于等于 60 ℃时，应拆垛散热，并做好灭火准备。

5.5 副产物利用与处理

5.5.1 液态副产物应全部收集，并按 GB 18599—2020 的Ⅰ类场规定做好防渗漏措施，妥善储存。

5.5.2 气态副产物应加以利用或无害化处理后排放。气态副产物就地燃烧利用时，大气污染物的排放限值应符合 GB 16297 的规定。气态副产物作为燃气向热裂解炭化厂区外的用户输送时，燃气温度宜低于 35 ℃，燃气的低位热值应大于等于 4 600 kJ/m³，燃气中焦油和灰尘的含量应低于 15 mg/m³，一氧化碳、氧和硫化氢的含量应分别小于 20%(体积分数)、1%(体积分数)和 20 mg/m³。输配设施应符合GB 50028 的规定，输配设施的运行、维护和抢修应按照 CJJ 51 的规定执行。

5.6 记录和档案

5.6.1 应建立生物质热裂解炭化工程建设和设备安装档案，包括设备产品合格证、施工图、接线图、试验报告、说明书等资料，应设专柜保管。

5.6.2 应做好生物质原料种类、原料粒径、进料量、启动时间、炭化炉炉温、运行时间，生物炭产量等各项记录，建立设备运行档案。

5.6.3 应建立消防等值班记录。

5.6.4 所有记录以月为单位整理、装订成册、归档管理。

5.6.5 借阅、查找设备管理记录应办理相关手续。

6 设备维护

6.1 维护规程

6.1.1 按照说明书和生产工艺要求制定设备使用、维护规程。

6.1.2 生产工艺和设备更新时，应根据新设备的使用、维护要求对原规程进行修订，保证规程的有效性。

6.2 维护内容

主要设备维护应按表 1 执行。

表 1 生物质热裂解炭化主要设备维护内容

序号		内容	日常维护	季度维护	年度维护
1	炭化炉	应加强炉体、炉膛、炉排等易损部分的维护；检查维护附属阀门、手轮、摇柄等部件转动灵活；定期更换密封垫等易损件		√	√
		定期查看有无燃气泄漏现象；定期对燃气管道进行拆卸清理	√	√	√
		定期校核热裂解炭化炉配套的仪器、仪表、传感器等，保持工作状态稳定、准确、可靠	√		
		检查维护进料和出料机构的传动部件，保持灵活有效	√		√
2	机组配套设备	定期检查和维护各配套设备，保持清洁，无漏水、漏油、漏气等现象，使之保持正常工况；根据不同设备要求定时检查、添加或更换润滑油或润滑脂等，使转动设备保持灵活有效	√	√	√
		对各种设备的电器开关、仪表仪器及计量设备等进行定期检查、校调	√	√	√
		冰冻季节时，如长时间停炉，应排尽冷却水	√		
3	消防设施	定期检查维护报警控制器，保持功能正常、有效；保持消防水池和消防水箱的水位、阀门等正常		√	√
		定期检查维护消防泵、消防用电源、消防水源、消火栓、喷淋管等防火设施，保持正常有效		√	√
		查看热裂解炭化工厂内定点配置的灭火器、消防桶、消防斧等消防器材，保持正常有效	√	√	√

表 1（续）

序号		内容	日常维护	季度维护	年度维护
4	避雷装置	检查避雷针及接地引线是否有锈蚀；检查各连接处，焊接点是否连接紧密；检查避雷针本体是否有裂纹、歪斜等现象；定期检查维护接地桩，保持接地电阻正常		√	√

6.3 维护记录

认真做好设备巡检及维护记录，包括设备名称、故障现象、巡检维护内容、日期和维护人员签字等主要信息，并存档备查。

7 环境保护与节能

7.1 废气

热裂解炭化工艺的设备、装置和设施应采取措施减少粉尘的散发量，应采取有效的捕集和分离粉尘装置，大气污染物的排放浓度应符合 GB 16297 的规定。

7.2 废水

生物质热裂解炭化全过程应无工艺污水排放。

7.3 固体废物

破碎收尘和烘干收尘等一般固废可外运综合利用。

7.4 噪声

对振动较大的设备应采取有效的减振、隔振、消声、隔声等措施，厂界噪声应符合 GB 12348 的规定。

7.5 工艺节能

7.5.1 生物质热裂解过程应是能量自持的，收集到的气态副产物优先燃烧回用于热裂解炭化工艺的干燥和热裂解炭化等环节。

7.5.2 热裂解炭化工艺产生的热量，如生物炭冷却时产生的热量、气态副产物燃烧产生的高温烟气的热量等，应加以回收和使用。

8 生产安全与职业卫生

8.1 应根据 GB/T 12801 的规定，结合生产特点制定相应安全防护措施、安全操作规程和消防应急预案，并配备防护救生设施及用品。

8.2 热裂解炭化工厂内及围墙外 50 m 内严禁烟火和燃放烟花爆竹，应在醒目位置设置“严禁烟火”标志。

8.3 工作场所应配备防尘、防爆和阻爆、泄爆设施或设备，运行管理应符合 GB 15577 和 GB/T 15605 的规定。

8.4 电气操作应按照电工安全操作规范进行，用电设备的操作应按照设备操作规程进行。

8.5 压力容器的使用安全管理应按照 TSG 21 的规定执行。

8.6 热裂解炭化的重要设备、重要部位，以及高温、高压、高空作业及用电场所等应设置警告指示。

8.7 传动装置和外漏的运转部分应设有防护罩等安全防护装置。

8.8 操作人员在工作过程中应穿戴齐全劳保用品，做好安全防范工作。

8.9 设备运行时，不应在厂房内和原料场进行施焊或其他明火作业，如确需进行时，需在具备相应消防措施及在有人监护的情况下进行。

8.10 应在热裂解炭化车间、气态副产物利用车间内设置一氧化碳检测与报警装置，作业环境的一氧化碳最高允许浓度为 30 mg/m³。

8.11 工厂和车间应有防止粉尘飞扬的措施，加强厂房内的通风换气，降低车间内污染物的浓度。工作场所的噪声、粉尘浓度应符合 GBZ 1 及 GBZ 2 的规定。

8.12 在厂区内应设置必要的安全淋浴、更衣、厕所等卫生设施。

ICS 65.020.01
CCS B 00

中华人民共和国农业行业标准

NY/T 4164—2022

现代农业全产业链标准化技术导则

Technical guidelines for standardization throughout the whole industry chain of modern agriculture

2022-07-11 发布　　　　2022-10-01 实施

中华人民共和国农业农村部　发布

前　言

本文件按照 GB/T 1.1—2020《标准化工作导则　第 1 部分：标准化文件的结构和起草规则》的规定起草。

请注意本文件的某些内容有可能涉及专利。本文件的发布机构不承担识别专利的责任。

本文件由农业农村部农产品质量安全监管司提出。

本文件由农业农村部农产品质量安全中心归口。

本文件起草单位：中国农业科学院农业质量标准与检测技术研究所、中国农业科学院蔬菜花卉研究所、浙江省农业科学院农产品质量安全与营养研究所、广东省农业科学院农业质量标准与监测技术研究所、上海市农业科学院农产品质量标准与检测技术研究所。

本文件主要起草人：钱永忠、郭林宇、金芬、徐贞贞、吕军、宋雯、杨慧、赵晓燕。

现代农业全产业链标准化技术导则

1 范围

本文件确立了现代农业全产业链标准化的基本原则和程序步骤，规定了标准化项目选择、标准综合体构建、标准综合体实施、标准综合体评价与提升的相关要求。

本文件适用于现代农业全产业链标准化活动。

2 规范性引用文件

下列文件中的内容通过文中的规范性引用而构成本文件必不可少的条款。其中，注日期的引用文件，仅该日期对应的版本适用于本文件；不注日期的引用文件，其最新版本(包括所有的修改单)适用于本文件。

GB/T 13016　标准体系构建原则和要求

3 术语和定义

下列术语和定义适用于本文件。

3.1

全产业链　whole industry chain

研发、生产、加工、储运、销售、品牌、体验、消费、服务等环节和主体紧密关联、有效衔接、耦合配套、协同发展的有机整体。

3.2

标准综合体　standard-complex

综合标准化对象及其相关要素按其内在联系或功能要求以整体效益最佳为目标形成的相关指标协调优化、相互配合的成套标准。

[来源：GB/T 12366—2009,2.2]

4 基本原则

4.1 先进引领

以资源节约、绿色生态、产出高效、产品高质为导向构建现代农业全产业链标准综合体，注重先进技术、模式、经验的转化应用，充分发挥标准引领作用，促进提升农业质量效益和竞争力。

4.2 系统全面

以产品为主线，系统考虑全产业链标准化相关要素，以整体效益最佳为目标确定各要素的内容与指标，形成涵盖标准研究、制定、应用的协同实施机制，促进提升现代农业全产业链标准综合体实施的整体效益。

4.3 因地制宜

综合考虑区域特色、产业水平、发展需求和基础条件，合理确定现代农业全产业链标准化的预期成效和适用措施，保持标准综合体动态跟踪评价，确保标准的适用性和可操作性。

5 程序步骤

现代农业全产业链标准化的程序步骤见表1。

表1　现代农业全产业链标准化的程序步骤

阶段	程序	方法
标准化项目选择	标准化项目提出	见6.1
	标准化项目确定	见6.2

表 1（续）

阶段	程序	方法
标准综合体构建	提出关键要素清单	见 7.1
	制定标准体系表	见 7.2
	组织标准制修订	见 7.3
	集成标准综合体	见 7.4
	评审标准综合体	见 7.5
	发布标准综合体	见 7.6
标准综合体实施	标准宣贯	见 8.1
	组织实施	见 8.2
标准综合体评价与提升	跟踪评价	见 9.1
	改进提升	见 9.2

6 标准化项目选择

6.1 标准化项目提出

6.1.1 实施产品选择

优先选择影响力大、带动力强、产业基础好的农产品。选择条件可着重考虑以下方面：

a) 影响国计民生的粮食和重要农产品；

b) 满足人民多样需要的优势特色农产品；

c) 区域产业链条完整的农产品；

d) 具有多功能性的农产品；

e) 标准化基础好、集约化程度高的农产品。

6.1.2 实施区域选择

结合产业特色、区域主推品种和生产模式，优先选择主导产业地位突出、生态环境良好、技术创新能力强、基础设施完善的代表性和典型性区域。

6.1.3 实施目标确定

结合相关产业国内外发展状况、技术发展趋势、产业发展需求和实施区域产业基础条件及创新能力，合理确定全产业链标准化应达到的总体目标。总体目标可包括但不限于以下方面：

a) 产业链发展水平优化提升；

b) 产品产量和质量安全水平提升；

c) 产业标准化实施能力提升；

d) 产品认证数量和品牌影响力提升；

e) 经济、社会和生态效益提升。

6.2 标准化项目确定

对提出的标准化项目的内容与目标，所需的人力、物力、财力等条件，以及实施过程中可能存在的风险和困难等进行分析评估。通过可行性论证后，确定项目任务。

7 标准综合体构建

7.1 提出关键要素清单

围绕实施产品全产业链条的各环节和相关主体，系统分析影响全产业链标准化实施目标的相关要素及其内在联系，明确相关要素的作用、功能与层次，提出关键要素清单。

7.2 制定标准体系表

7.2.1 按照 GB/T 13016 的要求制定标准体系表，包括编制标准体系结构图、标准明细表、标准统计表和标准体系表编制说明。应综合考虑产业特点、发展状况、技术条件和资源条件，以各关键要素协同实现全产业链标准化实施目标的整体最佳方案为基础确立标准体系表。整体最佳方案的选择方法见 GB/T 12366 和

GB/T 31600。

7.2.2 以全产业链各环节为主要维度构建标准体系框架，编制标准体系结构图，合理设置标准体系的各子体系。

7.2.3 广泛收集相关领域的国际标准、国家标准、行业标准、地方标准、团体标准、企业标准，对相关标准逐项进行适用性和有效性分析，提出拟采用的现行标准、需要制定或修订的标准，编制标准明细表。

7.3 组织标准制修订

根据标准体系表中列出的标准制修订需求，制定标准预研和制修订计划，整体推进标准制修订工作。已有现行标准且能满足实施目标要求的，应直接采用现行标准；现行标准不能满足实施目标要求或没有相应现行标准时，应修订或制定相应的标准。针对标准制修订的技术难点，应设立科研攻关项目，确保标准研制的实效和质量水平。

7.4 集成标准综合体

7.4.1 标准制修订工作完成后，根据标准体系表成套配置相关标准，建立全产业链标准综合体。

7.4.2 以种植业产品为对象的全产业链标准综合体，可包括产地环境、品种选育、投入品使用、田间管理、病虫害防治、产品采收、采后商品化处理、储运保鲜、生产加工、包装标识、废弃物资源化利用、产品质量、检测方法、品牌建设、休闲农业、社会化服务等标准。

7.4.3 以畜禽养殖业产品为对象的全产业链标准综合体，可包括养殖环境、品种选育、投入品管控、养殖管理、疫病防治、生产加工、包装标识、储存运输、废弃物资源化利用、产品质量、检测方法、品牌建设、休闲农业、社会化服务等标准。

7.4.4 以水产养殖业产品为对象的全产业链标准综合体，可包括养殖环境、品种选育、投入品管控、养殖管理、疫病防治、捕捞、生产加工、包装标识、储存运输、废弃物资源化利用、产品质量、检测方法、品牌建设、休闲农业、社会化服务等标准。

7.5 评审标准综合体

全产业链标准综合体建立后，应组织专家对全产业链标准综合体的科学性、协调性、先进性、适用性等进行评审。

7.6 发布标准综合体

鼓励以地方标准、团体标准或企业标准等形式发布全产业链标准综合体。

8 标准综合体实施

8.1 标准宣贯

应将全产业链标准综合体转化为简明易懂的生产模式图、操作明白纸和风险管控手册等宣贯材料，通过多种形式开展全产业链标准化宣贯培训，鼓励结合农业社会化服务开展标准宣贯和推广指导。

8.2 组织实施

选择标准化基础好、技术引领性高、产业带动力强的新型农业经营主体，作为全产业链标准综合体的实施示范主体，开展全产业链标准化示范基地创建，带动实施区域内其他新型农业经营主体开展全产业链标准化。

9 标准综合体评价与提升

9.1 跟踪评价

9.1.1 全产业链标准综合体实施过程中，实施主体应实时跟踪验证标准综合体的适用性和可操作性，收集记录问题及意见建议。

9.1.2 全产业链标准综合体实施 2 年后，应组织对实施目标完成情况、经济效益、社会效益和生态效益等方面进行整体评价。经济效益评价的原则和方法见 GB/T 3533.1，社会效益评价的原则和方法见 GB/T 3533.2。

9.2 改进提升

根据全产业链标准综合体实施过程中的跟踪反馈情况与实施后的评价结果，分析和总结存在的问题与成功经验，不断优化完善全产业链标准综合体，改进全产业链标准综合体实施措施，持续提升现代农业全产业链标准化水平。

参 考 文 献

[1] GB/T 3533.1 标准化效益评价 第1部分:经济效益评价通则
[2] GB/T 3533.2 标准化效益评价 第2部分:社会效益评价通则
[3] GB/T 12366 综合标准化工作指南
[4] GB/T 31600 农业综合标准化工作指南

ICS 67.080.10
CCS B 31

中华人民共和国农业行业标准

NY/T 4165—2022

柑橘电商冷链物流技术规程

Code of practice for electronic commerce and cold chain logistics of citrus fruit

2022-07-11 发布 2022-10-01 实施

中华人民共和国农业农村部 发布

前　言

本文件按照 GB/T 1.1—2020《标准化工作导则　第 1 部分:标准化文件的结构和起草规则》的规定起草。

本文件由农业农村部市场与信息化司提出。

本文件由农业农村部农产品冷链物流标准化技术委员会归口。

本文件起草单位:西南大学、中国农业科学院柑桔研究所、农业农村部规划设计研究院、北京农业质量标准与检测技术研究中心、华中农业大学、江南大学。

本文件主要起草人:曾凯芳、邓丽莉、贺明阳、孙静、冯晓元、龙超安、王军、姚世响、明建、易兰花。

柑橘电商冷链物流技术规程

1 范围

本文件规定了用于电商销售的鲜食柑橘类果实的质量要求、采收、预冷、防腐保鲜处理、分级、包装、短期储藏、冷链运输、配送与追溯等技术要求。

本文件适用于柚类、宽皮柑橘类、甜橙类、柠檬类等鲜食柑橘类果实的电商冷链物流。

2 规范性引用文件

下列文件中的内容通过文中的规范性引用而构成本文件必不可少的条款。其中，注日期的引用文件，仅该日期对应的版本适用于本文件；不注日期的引用文件，其最新版本（包括所有的修改单）适用于本文件。

GB/T 12947　鲜柑橘

GB/T 33129　新鲜水果、蔬菜包装和冷链运输通用操作规程

GB/T 36088　冷链物流信息管理要求

NY/T 716　柑橘采摘技术规范

NY/T 1189　柑橘储藏

NY/T 1190　柑橘等级规格

NY/T 1778　新鲜水果包装标识　通则

SB/T 10728　易腐食品冷藏链技术要求　果蔬类

SB/T 11132　电子商务物流服务规范

3 术语和定义

GB/T 12947、SB/T 10728 和 SB/T 11132 界定的以及下列术语和定义适用于本文件。

3.1

热水处理　hot water treatment

用适宜温度的热水浸泡处理果实，抑制或杀死病原菌生长，延缓果实成熟衰老进程，改善果实品质，从而达到防腐保鲜的一种物理方法。

4 质量要求

果实应具有品种固有的果型、色泽、风味、可溶性固形物等特征指标，果面洁净、无机械损伤和病虫害，符合 GB/T 12947 的规定。

5 采收

采收成熟度、采收要求和采收方法按照 NY/T 716 的相关要求执行。夏季采收时宜在晴天的早晨或傍晚气温较低时进行。

6 预冷

6.1 预冷要求

应在采收后 24 h 内进行预冷，预冷终温柚类、宽皮柑橘类、甜橙类应达到 5 ℃～10 ℃，柠檬应达到 15 ℃。

6.2 预冷方式

宜采用冷风预冷和冷水预冷。

6.3 预冷记录

预冷过程应记录该批次预冷果实的产地、数量、进出货温度、时间等信息。

7 防腐保鲜处理

果实的清洗、消毒和防腐保鲜处理按照 NY/T 1189 的规定执行，适当降低防腐保鲜剂的使用浓度。

采用热水处理进行果实保鲜，将果实浸入 45 ℃～55 ℃热水中 1 min～3 min，取出后将果实表面水分沥干。

8 分级

果实分级宜采用机械分级方法，按照 NY/T 1190 的规定执行。根据果实的糖、酸等内在品质进行分级，宜采用无损检测方法。

9 包装

9.1 单果包装

单果包装可采用聚乙烯薄膜袋、珍珠棉、泡沫网袋或包装纸等材料。其中，聚乙烯薄膜袋的厚度应按照 NY/T 1189 的规定执行。

9.2 衬垫

宜在包装容器内使用衬垫、隔垫等缓冲材料，并按照 GB/T 33129 的规定执行。

9.3 外包装

9.3.1 包装容器

应选用坚固的外包装容器，并符合 GB/T 33129 的规定。箱体大小以装果 2 kg～10 kg 为宜。

9.3.2 包装操作要求

按照 GB/T 33129 的规定执行。

9.4 包装标识

包装上应明确标明品种、产地、等级、数量或重量等产品信息，符合 NY/T 1778 的规定。

10 短期储藏

10.1 库房和用具消毒

应按照 NY/T 1189 的规定执行。

10.2 储藏

10.2.1 对不立即进入电商物流的果实，应入库进行短期储藏。

10.2.2 多数品种的短期储藏时间不宜超过 30 d，砂糖橘、蜜橘等部分不耐储藏品种的短期储藏时间不宜超过 10 d。

10.2.3 储藏温度、湿度和储藏管理按照 NY/T 1189 的规定执行。

10.3 出库

出库前应检查果实情况，如发现有不符合质量要求的果实，应重新分选包装。出库应遵循“先进先出”原则。

11 冷链运输

11.1 运输装备

按照 GB/T 33129 的规定执行，应安装温湿度监控、预警设备，具有数据记录、导出和数据传输功能。

11.2 运输要求

按照 GB/T 33129 的规定执行。采用控温冷链运输时，柠檬运输温度宜为 12 ℃～15 ℃、其他柑橘类宜为 5 ℃～10 ℃；也可采用保温运输和保温加蓄冷剂的运输方式，蓄冷剂应选用食品冷链用蓄冷剂。

11.3 信息管理

按照 GB/T 36088 的规定执行。

12 配送与追溯

12.1 配送

12.1.1 应使用冷藏车、冷藏箱进行配送，配送温度按 11.2 的规定执行。

12.1.2 在搬运和装卸过程中应减少碰撞，不得与有毒、有害、有异味的物品混装。

12.1.3 配送服务的管理与货物交接、配送过程的服务，以及物流信息的记录、保存、管理与使用应符合 SB/T 11132 的规定。

12.2 追溯

倡导柑橘生产和流通企业进行产品可追溯体系建设并在电商外包装上印制追溯码。

ICS 67.080.10
CCS B 31

中华人民共和国农业行业标准

NY/T 4166—2022

苹果电商冷链物流技术规程

Code of practice for electronic commerce and cold chain logistics of apple

2022-07-11 发布　　2022-10-01 实施

中华人民共和国农业农村部　发布

前　言

本文件按照 GB/T 1.1—2020《标准化工作导则　第 1 部分：标准化文件的结构和起草规则》的规定起草。

本文件由农业农村部市场与信息化司提出。

本文件由农业农村部农产品冷链物流标准化技术委员会归口。

本文件起草单位：中国农业大学、农业农村部规划设计研究院、甘肃省农业科学院农产品贮藏加工研究所、天津绿新低温科技有限公司。

本文件主要起草人：曹建康、闫佳琪、孙静、姜微波、颉敏华、李可昕、李倩倩、刘帮迪、吴小华、赵玉梅、李喜宏。

苹果电商冷链物流技术规程

1 范围

本文件规定了电商销售苹果的采收与质量要求、分选、预冷、包装、储藏、出库、运输、分拣与配送、记录与追溯等冷链物流环节的要求。

本文件适用于电商模式下鲜苹果的冷链物流。

2 规范性引用文件

下列文件中的内容通过文中的规范性引用而构成本文件必不可少的条款。其中，注日期的引用文件，仅该日期对应的版本适用于本文件；不注日期的引用文件，其最新版本（包括所有的修改单）适用于本文件。

GB/T 10651 鲜苹果

GB/T 28577 冷链物流分类与基本要求

GB/T 31524 电子商务平台运营与技术规范

GB/T 33129 新鲜水果、蔬菜包装和冷链运输通用操作规程

GB/T 40960 苹果冷链流通技术规程

NY/T 983 苹果采收与贮运技术规范

NY/T 1778 新鲜水果包装标识 通则

NY/T 3104 仁果类水果（苹果和梨）采后预冷技术规范

3 术语和定义

GB/T 31524 和 GB/T 28577 界定的以及下列术语和定义适用于本文件。

3.1

电子商务 electronic commerce

以电子形式进行的商务活动。利用现代信息技术和网络技术（含互联网、移动网络和其他信息网络）开展商务活动，实现网上接洽和销售，以线上下单、线下配送或预约到站自提方式向顾客提供商品（以下简称电商）。包括但不限于综合电商平台、物流电商、生鲜供应商、垂直电商、农场直销、社区 O2O 等模式。

3.2

冷链物流 cold chain logistics

采用制冷技术或低温保持技术，使冷链物品从采收到消费者的各个流通环节始终处于规定的温度环境的物流方式。

4 采收与质量要求

4.1 采收成熟度

按照 NY/T 983 的规定执行。

4.2 采收时间和方法

按照 NY/T 983 的规定执行。

4.3 质量要求

果实应具有品种固有的果型、色泽、风味、硬度、可溶性固形物等特征指标，果面应完好、洁净、无机械损伤、病虫害和外来水分，并应符合 GB/T 10651 的规定。

5 分选

5.1 方式

采用人工、机械或相结合的方式分选，剔除病虫果、机械伤果、畸形果、表面缺陷果和残次果等。

5.2 分级

按照 GB/T 10651 的规定执行。

6 预冷

6.1 预冷方式

采收后应于 24 h 内进行预冷。预冷方式宜按照 NY/T 3104 的规定执行。

6.2 预冷温度

应预冷至果实储藏或运输所需要的温度。

7 包装

7.1 基本要求

应符合 GB/T 33129 的规定。同一包装内应为同一产地、同一品种、同一等级规格的果实。包装应符合农产品储藏、运输、销售及保障安全的要求，应便于装卸和搬运。

7.2 内包装

包装内的支撑物和衬垫物应按照 GB/T 33129 的规定执行。宜选用泡沫网套进行单果包装后装箱，使用瓦楞纸插板将果实隔离开，或使用能固定果实位置的塑料或纸质托盘或衬垫。

7.3 外包装

7.3.1 外包装应耐挤压、碰撞、摔落。宜采用双瓦楞纸板箱或单瓦楞纸板箱。

7.3.2 宜采用单层包装箱。采用多层包装箱时，不宜超过 3 层，层与层之间应有泡沫塑料或瓦楞纸隔板。

7.4 标识

7.4.1 包装标识应符合 NY/T 1778 的规定，应标明品种名称、产地、等级、数量或重量等产品信息。

7.4.2 物流标识应符合 GB/T 31524 的规定，包装上应张贴货物物流单据及可追溯物流信息的二维码。

7.4.3 应提示低温物流或生鲜品，禁止跌落、踩踏等信息。

8 储藏

8.1 方式

按照 NY/T 983 的规定执行，应根据品种的储藏特性选择适宜的储藏方式及条件。

8.2 温度

适宜储藏温度因品种而异，大多数品种为(0±0.5) ℃，易发生冷害的品种为 2 ℃～4 ℃。主要品种的冷藏温度按照 NY/T 983 的规定执行。

9 出库

9.1 出库质量

可根据订单的要求出库。出库时应保持苹果固有的风味和新鲜度，出库时质量指标应符合 NY/T 983 的规定。出库时应包装完整。

9.2 出库时间

出库后应立即装入冷藏车或保温车运输，从出库到装车的时间不应超过 0.5 h。

10 运输

10.1 基本要求

10.1.1 冷链运输应符合 GB/T 33129 的规定。运输过程中应快装快卸，防止挤压、水淋、受潮、暴晒、污染。

10.1.2 冷链运输装备应具备制冷或保温功能，配置自动温度监控记录设备，进行实时温度监测与记录。运输车辆宜配备卫星定位装置。

10.1.3 在冷链物流过程中应防寒保温，防止冷害和冻伤。

10.2 运输温度

10.2.1 装载前，冷藏车应预冷到运输温度。

10.2.2 运输温度按照 GB/T 40960 的规定执行。

11 分拣与配送

11.1 基本要求

11.1.1 应根据揽货与派送要求分拣。分拣前，应检查快件是否外包装完整、封条牢固、物流单据无缺失。分拣时应轻拿轻放，禁止乱抛乱扔。

11.1.2 应使用冷藏车、冷藏箱进行配送。在搬运和装卸过程中应减少碰撞，不得与有毒、有害、有异味的物品混运。

11.1.3 配送服务与货物交接应按照 GB/T 31524 的规定执行。核对物流单据和凭证，在电商平台及时公布和更新物流信息，提供物流查询方式，对配送过程进行监督。

11.2 配送温度

配送温度应为 0 ℃～5 ℃。签收时应确保果实处于低温状态。

12 记录与追溯

12.1 记录

应记录冷链物流信息，包括客户信息、产品信息、收发货信息和交接信息等。物流信息的记录、保存、管理与使用应按照 GB/T 31524 的规定执行。

12.2 追溯

记录冷链物流过程温度信息，建立追溯体系。

ICS 67.080.10
CCS B 31

中华人民共和国农业行业标准

NY/T 4167—2022

荔枝冷链流通技术要求

Technical requirements for cold chain circulation of litchi

2022-07-11 发布 2022-10-01 实施

中华人民共和国农业农村部 发布

前　言

本文件按照 GB/T 1.1—2020《标准化工作导则　第 1 部分：标准化文件的结构和起草规则》的规定起草。

本文件由农业农村部市场与信息化司提出。

本文件由农业农村部农产品冷链物流标准化技术委员会归口。

本文件起草单位：中国科学院华南植物园、农业农村部规划设计研究院、华南农业大学、广西壮族自治区农业科学院农产品加工研究所、广州市从化华隆果菜保鲜有限公司。

本文件主要起草人：屈红霞、蒋跃明、程勤阳、孙静、吴振先、张昭其、段学武、杨宝、孙健、朱虹、云泽、龚亮、欧阳建忠、刘锐波、周宜洁。

荔枝冷链流通技术要求

1 范围

本文件规定了荔枝(*Litchi chinensis* Sonn.)果实冷链流通的术语和定义、采收与质量要求、采后处理、储藏、冷链运输、销售和追溯要求。

本文件适用于新鲜荔枝的冷链流通。

2 规范性引用文件

下列文件中的内容通过文中的规范性引用而构成本文件必不可少的条款。其中,注日期的引用文件,仅该日期对应的版本适用于本文件;不注日期的引用文件,其最新版本(包括所有的修改单)适用于本文件。

GB/T 191 包装储运图示标志

GB 2762 食品安全国家标准 食品中污染物限量

GB 2763 食品安全国家标准 食品中农药最大残留限量

GB/T 22918 易腐食品控温运输技术要求

GB/T 28577 冷链物流分类与基本要求

GB/T 28843 食品冷链物流追溯管理要求

GB/T 30134 冷库管理规范

GB/T 34344 农产品物流包装材料通用技术要求

GB/T 36088 冷链物流信息管理要求

NY/T 1530 龙眼、荔枝产后贮运保鲜技术规程

NY/T 1648 荔枝等级规格

NY/T 2637 水果和蔬菜可溶性固形物含量的测定 折射仪法

3 术语和定义

GB/T 22918 界定的以及下列术语和定义适用于本文件。

3.1

冷链流通 cold chain circulation

采用制冷技术或低温保持技术,使冷链物品从采收到消费者的各个流通环节始终处于规定的温度环境下的物流方式。

3.2

预冷 precooling

果实收获后快速将品温降至适宜储运温度的过程。

3.3

冷链积温 accumulated temperature of cold chain

果实收获后从分级、预冷、包装、储藏、运输、配送、销售各环节的逐日平均温度累加之和。从强度和作用时间两个方面表示温度对果实品质的影响。

3.4

控温运输工具 temperature-controlled transport equipment

设有隔热层并能维持一定内部环境温度的运输工具。

4 采收与质量要求

4.1 采收成熟度

4.1.1 应达到该品种固有的大小、色泽、风味等特征和食用品质，以 80%～90%成熟为宜。大部分品种以外果皮已转红、内果皮仍为白色为宜，妃子笑、三月红等个别品种以外果皮 1/3～1/2 转红为宜。

4.1.2 可溶性固形物含量要求按照表 1 执行。测量仪器及测量方法按照 NY/T 2637 的有关规定。

表 1 主要品种适宜采收期的可溶性固形物含量指标

品种	可溶性固形物，%
妃子笑	≥16.0
三月红	≥16.0
白蜡	≥15.5
紫娘喜	≥15.0
黑叶	≥16.0
白糖罂	≥16.0
桂味	≥18.0
糯米糍	≥18.0
怀枝	≥17.0
井冈红糯	≥16.0
其他品种可根据品种特性按照表内近似品种的规定执行。	

4.2 采收时间

宜在晴天上午、傍晚气温较低时或阴天采摘。应避免在烈日下的晴天中午和雨天、雨后或露水未干时及台风天气采收。

4.3 采收方法

用枝剪以整穗采收的方式将果实剪下。采收时宜轻拿轻放，避免各种机械伤和日光暴晒。采收时或采收后可根据需求和处理条件修剪成单果或串果。单果宜在距离果实最近的第一个结节处果柄修剪，且果柄长度不宜超过 2 mm；串果果柄长度以 5 cm～10 cm 为宜。采收后的果实应在 4 h 内运到采后处理包装场。

4.4 安全流通时间

所有品种都能安全流通 7 d；桂味、怀枝、黑叶等大部分品种的安全流通时间为 7 d～15 d，妃子笑、井岗红糯等耐储性较好的品种的安全流通时间为 15 d～30 d。

5 采后处理

5.1 预冷

果实应在采后 6 h 内进行预冷，将果肉温度降至 5 ℃～10 ℃为宜，预冷方法按照 NY/T 1530 的规定执行。

5.2 防腐处理

5.2.1 可使用 500 mg/L 咪鲜胺类和 500 mg/L 噻菌灵的杀菌剂混合液浸果 1 min，或者使用允许用于采后防腐的药剂进行处理。经防腐处理的果实应符合 GB 2762 和 GB 2763 规定的食品安全要求。

5.2.2 采用水预冷方式的可在预冷的同时进行防腐处理。

5.3 选果与分级

应在低于 10 ℃的低温包装场进行。根据果形、色泽、单果重、大小和果面缺陷等进行分级，分级方法按照 NY/T 1648 的规定执行。选果时应剔除病虫果、褐变果、腐烂果、裂果、未熟果和过熟果。

5.4 包装与标识

5.4.1 基本要求

同一包装内应为同一品种、同一批次、同一等级规格的果实，包装内无杂物和影响食品安全的其他物质。

5.4.2 包装材料

应符合 GB/T 34344 的规定，包装容器和包装材料要求洁净、牢固、无毒、无异味。内包装可采用 0.02 mm～0.03 mm 的聚乙烯薄膜(袋)。外包装可选用塑料筐、纸箱、保温箱、竹篓等允许在包装内铺垫或覆盖不超过果重 5%洁净、新鲜的荔枝叶。

5.4.3 包装规格

纸箱、小竹篓容量不宜超过 5 kg，塑料筐和保温箱包装容量不宜超过 10 kg，或根据需求和处理条件选择适宜的包装规格。

5.4.4 包装标识

包装上应显示产品名称、品种、商标、产地、等级、净重、采收日期等信息。包装标识的使用方法应符合 GB/T 191 的有关规定。

6 储藏

6.1 储前准备

6.1.1 入库前应对库房、包装容器和工具等进行消毒灭菌。可根据需求和处理条件采用紫外线或 17 mg/m^3～20 mg/m^3 的臭氧灭菌 72 h，也可以采用 40 mL/m^3 的 10%漂白粉溶液或 5 mL/m^3～10 mL/m^3 的 1.0%过氧乙酸溶液进行喷雾灭菌。消毒灭菌后应及时通风换气。

6.1.2 应在入库前 2 d～3 d 将库温降到 1 ℃～3 ℃。

6.2 堆码

不宜直接接触地面，宜采用托盘码垛、堆储或架储的方式。包装件应分批、分级码垛堆放。应标明级别、入库日期、数量、重量、检查记录。要求堆码整齐，便于通风散热。

6.3 储藏条件和储藏寿命

6.3.1 宜在温度 2 ℃～5 ℃、相对湿度 90%～95%的环境储藏，储藏期间冷库温度应保持稳定。

6.3.2 不同品种耐储性不同，预期储藏寿命见附录 A 表 A.1。

6.4 储藏管理

6.4.1 应建立包括品种、产地、质量、等级、出入库日期、库房温湿度等内容的库房管理档案。冷库管理应按照 GB/T 30134 的规定执行，信息管理应按照 GB/T 36088 的规定执行。

6.4.2 严禁与有毒、有害、有异味的物品一起储藏，避免与其他农产品混合储藏。

6.4.3 应定期检查褐变、腐烂情况和果实品质，检验方法按照 NY/T 1530 的规定执行。

7 冷链运输

7.1 控温运输

7.1.1 运输工具

应符合 GB/T 28577 的要求，采用具有控温功能的运输工具，运输前应检查设备完好。运输工具应保持清洁，严禁与有毒、有害、有异味的物品混运；运输工具应配备连续温度记录仪并定期检查和校准，应设置温度异常警报系统、配备不间断电源或应急供电系统。

7.1.2 温度管理

应建立冷链流通实时温度测量与监控制度，在车厢前部、中部和后部放置连续温度记录仪。装箱前和运输途中运输工具内部平均温度应控制在 1 ℃～5 ℃。

7.1.3 装卸

装载应适量，宜采用托盘式装卸，应轻装轻卸，快装快运，宜在 3 h 内完成装卸。控温运输工具与冷藏库或预冷库之间应无缝对接，避免温度波动。

7.2 保温运输

7.2.1 短途运输或利用空运等快速运输，果实预冷后可采用保温运输；或采用保温箱及保温箱加蓄冷剂包装，在常温条件下运输，根据运输时长选择添加重量为果实总重量 20%～40%的蓄冷剂。

7.2.2 保温运输中积温不宜超过 50 ℃。

8 销售

8.1 销售场所应配备冷库、冷柜、冷藏货架等设备，温度宜控制在 1 ℃～10 ℃。

8.2 销售场所应干净卫生，不得与其他有毒、有害、有异味的物品混放。

9 追溯

应按照 GB/T 28843 的规定执行。

附 录 A
（资料性）
主要品种的预期储藏寿命

主要品种的预期储藏寿命见表 A.1。

表 A.1 主要品种的预期储藏寿命

品种	预期储藏寿命，d
妃子笑	30～35
三月红	15～20
白蜡	20～25
紫娘喜	20～25
黑叶	20～25
白糖罂	20～25
桂味	25～30
糯米糍	7～10
怀枝	25～30
井岗红糯	25～30
其他品种可根据品种特性按照表内近似品种的规定执行。	

ICS 65.020.99
CCS B 04

中华人民共和国农业行业标准

NY/T 4169—2022

农产品区域公用品牌建设指南

Guidance for regional public brand construction of agricultural products

2022-07-11 发布　　2022-10-01 实施

中华人民共和国农业农村部　发布

前　　言

本文件按照 GB/T 1.1—2020《标准化工作导则　第 1 部分:标准化文件的结构和起草规则》的规定起草。

请注意本文件的某些内容可能涉及专利。本文件的发布机构不承担识别专利的责任。

本文件由农业农村部市场与信息化司提出。

本文件由农业农村部农产品冷链物流标准化技术委员会技术归口。

本文件起草单位:中国农业大学、中国标准化研究院、阿里巴巴(中国)有限公司。

本文件主要起草人:陆娟、吴芳、郑小平、孙瑾、徐洁怡、周俊玲、古雪。

引　言

0.1　总则

农产品区域公用品牌是农业品牌的重要组成部分。建立农产品区域公用品牌建设标准，构建一套科学、规范的建设指南，将为夯实农业品牌建设技术基础，推进农产品区域公用品牌建设健康有序发展提供保障，为全面推进乡村振兴，加快农业农村现代化提供有力支撑。

本文件根据农产品区域公用品牌的区域性、产业性与公共性特征，以基于顾客的品牌资产(CBBE)理论为指导，在充分分析国内外相关实践案例的基础上，结合品牌发展最新动向，创新总结其一般规律后研究制定。农产品区域公用品牌的区域性、产业性和公共性，依次决定了农产品区域公用品牌建设宜以区域性农产品为建设对象、以单品类的产业品牌为建设方向，由能够代表区域公共利益的组织所持有且统一管理。

0.2　农产品区域公用品牌的区域性

农产品区域公用品牌的区域性表现为具有明确地域范围(一般为县级或地市级范围)，以及独特的自然资源和历史人文。自然资源包括土地资源、水利资源、气候资源、生物资源、区位地理、自然风光等；历史人文包括历史文化、民族文化、地域文化、风土人情、宗教文化等。

区域性是农产品区域公用品牌培育与营销的重要基础。

0.3　农产品区域公用品牌的产业性

农产品区域公用品牌的产业性表现为农产品区域公用品牌建设基础依托于区域内某一产业及其特色。产业特色包括产业规模、产业基础、产业形象、产品品种、生产技术、加工工艺等，品牌培育的对象是基于该产业的农产品。

产业性是农产品区域公用品牌产品差异化与特色培育的重要基础。

0.4　农产品区域公用品牌的公共性

农产品区域公用品牌的公共性是指农产品区域公用品牌建设主体的多重性与品牌的公用性。主体的多重性表现为农产品区域公用品牌参与主体包括政府、行业协会、企业、农民专业合作社、家庭农场等。品牌的公用性表现为农产品区域公用品牌由区域内所有授权的经营主体共享共用。

公共性是农产品区域公用品牌协同共建的基础，也是品牌建设和管理的重点。

0.5　基于CBBE理论的品牌创建步骤

品牌资产是品牌具有独特市场影响力的体现。CBBE理论认为，创建强势品牌的过程就是建立顾客对品牌正向认知与行为的过程。基于CBBE理论，结合品牌建设最新发展与实践，强势品牌创建可以按照以下5个步骤进行：开展品牌定位与规划，明确品牌建设方向与战略；培育提升品牌核心能力，构筑品牌的核心竞争力；开展品牌营销传播，提升品牌认知、丰富品牌联想；开展品牌保护，强化品牌认同和品牌忠诚；开展品牌管理，提升品牌资产，创建成功品牌。

农产品区域公用品牌建设指南

1 范围

本文件提供了农产品区域公用品牌建设的指导，给出了农产品区域公用品牌定位与规划、品牌核心能力提升、品牌营销传播、品牌保护、品牌管理方面的建议。

本文件适用于农产品区域公用品牌建设。

2 规范性引用文件

下列文件中的内容通过文中的规范性引用而构成本文件必不可少的条款。其中，注日期的引用文件，仅该日期对应的版本适用于本文件；不注日期的引用文件，其最新版本（包括所有的修改单）适用于本文件。

GB/T 19012 质量管理 顾客满意 组织投诉处理指南

GB/T 29185 品牌 术语

GB/T 29467 企业质量诚信管理实施规范

3 术语和定义

GB/T 29185 界定的以及下列术语和定义适用于本文件。

3.1

品牌 brand

无形资产，包括但不限于：名称、用语、符号、形象、标识、设计或其组合，用于区分产品、服务和（或）实体，或兼而有之，能够在利益相关方意识中形成独特印象和联想，从而产生经济利益（价值）。

［来源：GB/T 39654—2020，3.1］

3.2

农产品区域公用品牌 regional public brand of agricultural products

在一个具有特定自然生态环境、历史人文因素的区域内，由能够代表区域公共利益的组织所持有、由若干农业生产经营主体按照相关规定和要求共同使用的品牌。

3.3

品牌核心价值 brand core value

使品牌在顾客及其他利益相关方意识中形成独特印象和联想的利益点与个性。

注：品牌核心价值来源于组织为提升品牌价值所分配的活动或资源的结果。

［来源：GB/T 39906—2021，3.8］

3.4

品牌形象 brand image

消费者及其他利益相关方对品牌相关信息进行个人选择和加工，形成有关该品牌的印象和联想的集合，分为展示的形象和记忆的形象两部分。

［来源：GB/T 29185—2012，2.17］

3.5

品牌定位 brand positioning

对特定的品牌在文化取向及个性差异性上的决策，是建立一个与目标市场有关的品牌形象的过程和结果。

［来源：GB/T 39064—2020，3.4］

3.6

品牌战略　brand strategy

为实现品牌愿景而确定的宗旨、方向和中长期发展规划。

4　品牌定位与规划

4.1　品牌定位

4.1.1　市场定位

市场定位宜在市场细分和目标市场选择基础上，按产品特色与品牌核心价值确定。宜包括：

a）产品属性和利益定位，根据顾客所重视的某项产品的属性和利益进行品牌定位；

b）产品价格和质量定位，将价格与质量结合起来构筑品牌形象，强调物有所值或价廉物美；

c）使用者定位，以产品消费群体为诉求对象，突出产品的某一诉求特征，专为该类顾客服务；

d）竞争定位，根据自身在市场中的不同竞争地位，进行不同的定位。

4.1.2　优势定位

优势定位宜体现产品特色，在市场定位的基础上，按区域优势与产业特色等进行。宜包括：

a）区域资源定位，根据产地特征，深入挖掘区域资源进行定位；

b）历史人文定位，根据区域独特的历史文化、民族文化、地域文化、风土人情、宗教文化等进行定位；

c）产业特色定位，根据产业规模、产业基础、产业形象、产品品种、生产技术、加工工艺等产业独特性进行定位。

4.2　品牌战略规划

4.2.1　战略目标

品牌中长期战略目标宜在农产品区域公用品牌战略定位基础上制定。

4.2.2　战略架构

品牌战略架构宜根据品牌战略定位与中长期战略目标确定，明确农产品区域公用品牌与区域内企业品牌、产品品牌之间的关系，产品、产业与区域经济发展之间的关系。

4.2.3　战略实施

宜包括：

a）与各建设主体充分沟通战略规划，并细化各主体的工作目标与措施；

b）建立战略规划实施关键绩效指标，定期监测与评价；

c）根据战略实施绩效监测与评价结果，结合品牌发展外部环境变化，及时调整战略，实施持续改进。

5　品牌核心能力提升

5.1　提升质量水平

宜包括：

a）建立健全农产品生产、加工、流通质量标准，实施标准生产和经营，农产品宜通过绿色食品、有机农产品、质量管理体系、食品安全管理体系、危害分析与关键控制点、良好农业规范等认证；

b）代表区域公共利益的相关组织宜申报农产品地理标志，已获得登记保护的产品宜按农产品地理标志质量控制技术规范生产；

c）区域公用品牌主体宜推行食用农产品承诺达标合格证制度，建立农产品质量安全追溯体系或通过二维码等包装信息实现农产品质量安全可追溯，并与国家农产品质量安全追溯管理信息平台对接；

d）质量诚信管理宜按照 GB/T 29467 的规定执行，建立区域内农产品质量信用评价体系。

5.2　发展核心技术

宜包括：

a) 明确产业关键技术、工艺和设施，开展新品种与新技术研发和推广应用；

b) 运用物联网、大数据、云计算、人工智能等现代信息技术，推动品牌创新发展。

5.3 丰富品牌文化

宜包括：

a) 深入挖掘历史地理、名人轶事、农耕文化等题材，讲好品牌故事；

b) 建立品牌博物馆、展览馆、体验馆等，举办或参与相关展会、节庆等活动，开展品牌文化推广；

c) 举办或参与论坛、研讨等交流活动，编制书籍、影视等文化产品，加强品牌文化交流。

5.4 优化服务水平

宜包括：

a) 优化营商环境，建立政府监管、社会监督、行业自律、主体自治的品牌保护与发展环境；

b) 培育多元化社会服务组织，推动企业、行业协会、科研院所、新闻媒体等发挥各自的优势，开展有利于农产品区域公用品牌可持续发展的信息服务、品牌营销、管理咨询、技术服务等活动；

c) 做好市场服务，开展顾客满意度调查，建立售后服务管理制度，宜按照 GB/T 19012 建立客户服务监督机制和顾客投诉处理机制。

6 品牌营销传播

6.1 品牌传播识别体系

6.1.1 品牌名称

品牌名称宜由“产地名＋产品名”构成，产地名宜为县级、地市级或具有一定知名度和标志性的地理名称。

6.1.2 品牌标识

品牌标识设计宜考虑：

a) 符合品牌文化与个性特点；

b) 符合美学、心理学的基本原理。

6.1.3 品牌标语

品牌标语设计与使用宜考虑：

a) 可直接或间接体现与产品有关的信息；

b) 宜体现品牌理念、品牌利益或品牌核心价值；

c) 可附加到品牌名称和标识上，宣传品牌定位。

6.2 品牌营销传播对象

宜识别和明确品牌营销传播对象。品牌营销传播对象宜包括产品的各类顾客、渠道销售组织，以及其他利益相关方。

6.3 品牌营销传播内容

品牌营销传播内容宜包括品牌核心价值、品牌产品成分及特色、品牌文化、品牌故事等。宜在确保品牌信息一致性和完整性前提下，根据营销对象价值诉求，对能够引发营销对象自传播的话题点或情感共鸣点进行提炼。

6.4 品牌营销传播方式

宜包括：

a) 运用广播电视、报刊、网站、新媒体等媒介进行品牌宣传与推广活动，树立品牌形象，提升品牌认知度；

b) 利用国内外批发市场、连锁商超、专卖店等传统市场与店铺进行品牌产品销售与宣传，扩大品牌接触点；

c) 利用农业展会、节庆活动、产销对接、电商等平台扩大展示推介，促进销售，提升品牌知名度；

d) 利用产销地环境、户外广告、城市公交移动传媒、产品包装、办公物品等多元渠道开展品牌营销。

7 品牌保护

宜确保品牌识别、使用和处置处于受控状态。保护措施宜包括：

a） 法律保护，包括商标注册、专利申请等；

b） 政策保护，包括国家或地方性政策保护；

c） 自我保护，包括产品配方、生产/加工工艺、产品设计、科技创新等；

d） 经营保护，包括品牌授权、品牌延伸、品牌联合等。

8 品牌管理

8.1 建立品牌管理机构

品牌管理机构宜由区域所在地政府农业农村相关部门或者农产品区域公用品牌多重主体认可的行业协会等非营利性机构承担。

8.2 确定品牌管理机构职能

品牌管理机构职能宜包括：

a） 制订品牌战略规划；

b） 建立完善品牌培育发展机制，协调整合政策、资金、项目等资源统筹推进；

c） 明确品牌培育与建设各方职责和利益；

d） 制订品牌授权管理与保护措施并实施；

e） 做好品牌管理其他方面的相关工作。

8.3 品牌建设监测、评价与改进

8.3.1 监测

宜建立品牌建设关键绩效指标采集系统，定期监测关键绩效指标水平。关键绩效指标宜围绕品牌定位与规划、核心能力提升、传播与营销、保护等方面确定。

8.3.2 评价

宜选择合适有效的分析方法，对关键绩效指标进行评价，评价方法宜包括：

a） 纵向上与区域历史同期比对，跟踪监测农产品区域公用品牌发展趋势；

b） 横向上与战略目标值或者国家/国际规划目标值、参考值、建议值、国内外平均值、标杆领先值、竞争对手水平比对，分析发现优势或差距，为农产品区域公用品牌建设决策者提供依据。

8.3.3 改进

宜根据监测与评价结果，结合品牌战略规划与具体实践，确定持续改进的目标和方法。

参 考 文 献

[1] GB/T 39064—2020 品牌培育指南 产业集群
[2] GB/T 39654—2020 品牌评价 原则与基础(ISO 20671:2019,IDT)
[3] GB/T 39906—2021 品牌管理要求

ICS 01.140.30
CCS B 01

中华人民共和国农业行业标准

NY/T 4170—2022

大豆市场信息监测要求

Specifications for soybean market information monitoring

2022-07-11 发布　　　　2022-10-01 实施

中华人民共和国农业农村部　发布

前　　言

本文件按照 GB/T 1.1—2020《标准化工作导则　第 1 部分：标准化文件的结构和起草规则》的规定起草。

本文件的某些部分内容可能涉及专利。本文件的发布机构不承担识别专利的责任。

本文件由农业农村部市场与信息化司提出。

本文件由农业信息化标准化技术委员会归口。

本文件起草单位：农业农村部信息中心、北京金谷高科技术股份有限公司、国家粮油信息中心、中国农业科学院农业信息研究所、北京市农林科学院农业信息与经济研究所。

本文件主要起草人：殷瑞锋、黄菡、王辽卫、罗长寿、张振、张璟、王禹。

大豆市场信息监测要求

1 范围

本文件规定了大豆市场信息的监测内容、监测方式、监测点布设、监测时间和频次、监测数据处理等要求。

本文件适用于以大豆市场信息采集、分析、预警、发布和共享为目的的监测过程与数据管理。

2 规范性引用文件

下列文件中的内容通过文中的规范性引用而构成本文件必不可少的条款。其中,注日期的引用文件,仅该日期对应的版本适用于本文件;不注日期的引用文件,其最新版本(包括所有的修改单)适用于本文件。

GB 1352 大豆

GB/T 7408 数据元和交换格式 信息交换 日期和时间表示法

3 术语和定义

下列术语和定义适用于本文件。

3.1

大豆市场信息监测 soybean market information monitoring

对大豆交易过程中形成的价格、数量等,以及与交易过程密切相关的播种面积、产量、加工量、消费量、进口量、出口量、库存量等数据和信息进行记录和描述的活动。

4 监测内容

4.1 必须监测的内容

4.1.1 交易时间

大豆市场交易发生的时间:

a) 国内交易以北京时间为准,国际交易以当地时间为准,表达的格式应按照 GB/T 7408 的规定执行;

b) 交易时间精确度根据信息内容而定。针对某一时刻的特定交易,其交易时间应精确至秒;针对某一时期内的交易,交易时间根据时间段的长短可以精确至日或时。

4.1.2 交易地点

大豆交易发生的地点:

a) 国内大豆现货交易地点为各县(区),有条件的还应包括交易市场的名称;

b) 国际大豆现货交易地点为主要出口国各口岸;

c) 国内和国际大豆期货交易地点为商品期货交易所。

4.1.3 标识标签

大豆的标识标签包括非转基因大豆和转基因大豆两类。

4.1.4 交易等级

大豆交易的质量指标应符合 GB 1352 的规定。

4.1.5 交易价格

大豆交易时形成的价格,包括现货交易价格和期货交易价格两类,具体包括:

a) 国产大豆现货交易价格，包括收购均价、批发均价、进厂均价等，单位为元每吨(CNY/t)；
b) 进口大豆现货交易价格，主要为港口分销均价，单位为元每吨(CNY/t)；
c) 国内期货交易收盘价，用商品期货交易所上市交易的国产非转基因大豆和进口转基因大豆期货合约当日交易的最后一笔成交价格表示，单位为元每吨(CNY/t)；
d) 国际期货交易收盘价，用国际商品期货交易所上市交易的大豆期货合约当日交易的最后一笔成交价格表示，单位为美元每吨(USD/t)。

4.1.6 交易量

大豆成交的数量，用单次或一个时间段内完成交易的大豆数量表示，包括现货大豆交易量和期货大豆交易量两类，单位为吨(t)。

4.1.7 播种面积

播种大豆的土地面积，用国家统计局公布的农业生产经营者在日历年度内收获大豆在全部土地(耕地或非耕地)上的播种或移植面积表示，包括本年和上年播种的面积，但不包括本年播种、下年收获的面积，单位为公顷(hm^2)。

4.1.8 单产

每单位面积上的大豆产量，单位为千克每公顷(kg/hm^2)。

4.1.9 产量

播种面积上收获的大豆总量，用国家统计局公布的农业生产经营者日历年度内生产的全部去除豆荚后的干豆数量表示，单位为吨(t)。

4.1.10 生产总成本

生产大豆过程中发生的成本，由生产成本和土地成本两部分组成。其中，生产成本由物质与服务费用、人工成本构成，土地成本为流转地租金或自营地折租。单位为元每公顷(CNY/ hm^2)。

4.1.11 生产净利润

生产大豆过程中获得的净收益，等于每单位面积上大豆的总产值减去生产总成本。其中，总产值为每单位面积上大豆的主产品产值与副产品产值之和。单位为元每公顷(CNY/hm^2)。

4.1.12 进口量

大豆进口的数量，用中国海关总署公布的每月大豆进口数量表示，单位为吨(t)。

4.1.13 出口量

大豆出口的数量，用中国海关总署公布的每月大豆出口数量表示，单位为吨(t)。

4.1.14 进口到岸价

进口大豆的到岸价格(CIF)，包括进口大豆的货价、大豆运至中国境内输入地点起卸前的运输及其相关费用、保险费等，单位为元每吨(CNY/t)。

4.1.15 进口来源地

进口大豆的发出地，即全球出口大豆的主要国家和地区。

4.1.16 油脂企业数量

一个日历年度内以大豆为原料的油脂生产企业数量，即通过加工大豆获取豆油和豆粕的企业数量，单位为家。

4.1.17 食品企业数量

一个日历年度内以大豆为原料的食品生产企业数量，包括豆制品加工企业的数量、蛋白生产企业的数量和酱油酿造企业的数量等，单位为家。

4.1.18 油脂企业加工产能

油脂企业每天的生产能力，即油脂企业在既定的固定资产和组织技术条件下，每天能够加工的大豆数量，单位为吨(t)。

4.1.19 食品企业加工产能

食品企业每天的生产能力,即豆制品加工企业、蛋白生产企业和酱油酿造企业等在既定的固定资产和组织技术条件下,每天能够加工的大豆数量之和,单位为吨(t)。

4.1.20 油脂企业加工量

油脂企业每天加工大豆的数量,单位为吨(t)。

4.1.21 食品企业加工量

食品企业每天加工大豆的数量,即豆制品加工企业、蛋白生产企业和酱油酿造企业等每天加工大豆的数量之和,单位为吨(t)。

4.1.22 库存量

农户和企业在任意一个时点存储的大豆实物数量,即农户未销售的大豆数量和企业的商业性存储量,单位为吨(t)。

4.1.23 全球主要出口国产量

全球大豆主要出口国的大豆产量,单位为吨(t)。

4.1.24 全球主要出口国出口量

全球大豆主要出口国出口的大豆数量,单位为吨(t)。

4.1.25 人民币兑美元汇率中间价

银行间外汇市场人民币兑美元汇率中间价,即中国人民银行授权中国外汇中心每日公布的银行间外汇市场人民币对美元汇率中间价。

4.2 可选择监测的内容

4.2.1 进口大豆预报数量

根据出口地装船及运输情况推算的未来一个月大豆到港预估数量,单位为吨(t)。

4.2.2 加工利润

加工企业每天在加工大豆的过程中获得的纯收益,等于产品销售收入减去原料成本及加工费用,单位为元每吨(CNY/t)。

4.2.3 消费量

全社会在一个日历年度内消费大豆的数量,单位为吨(t)。主要包括:

a) 榨油消费,即油脂企业加工大豆的消费量;

b) 食用消费,包括直接食用(豆芽、豆浆、毛豆等)消费量、豆制品加工消费量、蛋白加工消费量、酱油酿造消费量等;

c) 饲用消费,即直接用于饲料的大豆消费量;

d) 种用消费,即大豆种植的种子用量。

4.2.4 全球主要出口国库存量

全球大豆主要出口国的大豆库存量,单位为吨(t)。

4.2.5 全球主要出口国出口离岸价

全球主要出口国出口大豆的离岸价格(FOB),包括出口大豆的货价、大豆运至输出地点装载前的运输及其相关费用、保险费等,单位为美元每吨(USD/t)。

4.2.6 国内运费

中国境内运输大豆的费用,包括铁路运价、水运运价、汽车运价等,单位为元每吨(CNY/t)。

4.2.7 国际运费

进口大豆国际段的运输费用,包括铁路运价、海运运价等,单位为美元每吨(USD/t)。

5 监测方式

5.1 大豆市场信息监测采取直接采用公开信息、抽样调查、大数据分析等方式。

5.2 播种面积、单产、产量、进口量、出口量、期货交易价格、交易量、全球主要出口国产量和出口量、人民币兑美元汇率中间价等固定来源数据直接取自公开信息。

5.3 现货交易价格、交易量、进口到岸价、全球主要出口国出口离岸价、油脂和食品企业加工产能、油脂和食品企业加工量、库存量、国内运费、国际运费等无固定来源数据使用抽样调查方式获得。

5.4 消费数据采用公开信息、抽样调查和大数据分析相结合的方式获得。

6 监测点布设

6.1 监测点应在大豆优势产区、加工地和主要口岸等具有代表性的区域选取，每县(区)的监测点应不少于3个。

6.2 应选取具有代表性的普通农户、种植大户、专业合作社、家庭农场、贸易企业、加工企业等作为监测点。

6.3 监测点应相对稳定，非必要不调整。

7 监测时间和频次

7.1 大豆市场信息监测的时间和频次，应根据监测目的、内容、方式及监测分析方法确定。

7.2 交易价格、交易量、进口到岸价、人民币兑美元汇率中间价等每交易日应监测一次。

7.3 油脂企业数量、食品企业数量、油脂企业加工产能、食品企业加工产能、油脂企业加工量、食品企业加工量、库存量等应每周监测一次。

7.4 进口量、出口量、进口来源地、全球主要出口国产量、出口量和库存量等应每月监测一次。

7.5 播种面积、单产、产量、生产总成本、生产净利润等应每个日历年度监测一次。

8 监测数据处理

8.1 播种面积、单产、产量、进口量、出口量、期货交易价格、交易量、全球主要出口国大豆产量和出口量、人民币兑美元汇率中间价等固定来源数据，可根据监测目的和需要，研制专门的计算机监测处理程序，实现自动监测和处理功能，实时上传数据至监测信息数据库。

8.2 现货交易价格、交易量、进口到岸价、主要出口国出口离岸价、油脂和食品企业加工产能、油脂和食品企业加工量、农户和企业大豆库存量、国内运费、国际运费等调查数据，应由人工上传数据至监测信息数据库。

8.3 应由专业人员开展数据核查和质量控制，对监测数据的值域范围、数据完整性、数据格式进行检查，及时发现并处理异常数据。

附　录　A
（资料性）
大豆市场信息监测内容示例

A.1　大豆市场每日监测的内容示例见表 A.1。

表 A.1　大豆市场信息 2021 年 10 月 11 日监测内容示例

序号	内容	类型	示例
1	交易时间	必选	2021 年 10 月 11 日
2[a]	交易地点	必选	黑龙江省绥化市海伦市海北镇
3	标识标签	必选	非转基因大豆
4	交易等级	必选	国标二等
5[b]	交易价格	必选	6 000 CNY/t
6	交易量	必选	10 t

[a] 以国产大豆现货交易地点为例。

[b] 以国产大豆现货交易价格为例。

A.2　大豆市场每周监测的内容示例见表 A.2。

表 A.2　大豆市场信息 2021 年第 41 周监测内容示例

序号	内容	类型	示例
1	油脂企业数量	必选	157 家
2	食品企业数量	必选	5 500 家
3	油脂企业加工产能	必选	3 609 550 t
4	食品企业加工产能	必选	294 230 t
5	油脂企业加工量	必选	1 788 776 t
6	食品企业加工量	必选	250 000 t

A.3　大豆市场每月监测的内容示例见表 A.3。

表 A.3　大豆市场信息 2021 年 10 月监测内容示例

序号	内容	类型	示例
1	进口量	必选	5 109 424 t
2	出口量	必选	4 865 t
3	11 月进口大豆预报数量	可选	8 150 000 t

A.4　大豆市场每年监测的内容示例见表 A.4。

表 A.4　大豆市场信息 2020 年监测内容示例

序号	内容	类型	示例
1	播种面积	必选	9 882 000 hm^2
2	单产	必选	1 983 kg/hm^2
3	产量	必选	19 600 000 t
4	生产总成本	必选	10 807.80 CNY/hm^2
5	生产净利润	必选	−904.95 CNY/hm^2

ICS 01.140.30
CCS B 01

中华人民共和国农业行业标准

NY/T 4171—2022

12316平台管理要求

Management specification of 12316 service platform

2022-07-11 发布 2022-10-01 实施

中华人民共和国农业农村部 发布

前　言

本文件按照 GB/T 1.1—2020《标准化工作导则　第 1 部分:标准化文件的结构和起草规则》的规定起草。

请注意本文件的某些内容可能涉及专利。本文件的发布机构不承担识别专利的责任。

本文件由农业农村部市场与信息化司提出。

本文件由农业农村部农业信息化标准化技术委员会归口。

本文件起草单位:农业农村部信息中心、北京市农林科学院。

本文件主要起草人:张国、王曼维、罗长寿、刘洋、魏清凤、林海鹏、陆阳、陈莎、于峰、龚晶、杨硕、吴艳冬、任瑜珏、尹国伟、邢燕君、高兴明、程小宁。

12316 平台管理要求

1 范围

本文件规定了 12316 平台的管理原则，以及业务管理、标识管理、人员管理、数据资源管理、运维管理方面的要求。

本文件适用于 12316 平台的运行与管理，其他相关平台可参照执行。

2 规范性引用文件

下列文件中的内容通过文中的规范性引用而构成本文件必不可少的条款。其中，注日期的引用文件，仅该日期对应的版本适用于本文件；不注日期的引用文件，其最新版本(包括所有的修改单)适用于本文件。

GB/T 20269 信息安全技术 信息系统安全管理要求

GB/T 20270 信息安全技术 网络基础安全技术要求

GB/T 20271 信息安全技术 信息系统安全通用技术要求

GB/T 20273 信息安全技术 数据库管理系统安全技术要求

GB/T 20984 信息安全技术 信息安全风险评估规范

GB/T 22239 信息安全技术 网络安全等级保护基本要求

GB/T 22240 信息安全技术 网络安全等级保护定级指南

GB/T 28827.1 信息技术服务 运行维护 第 1 部分：通用要求

GB/T 28827.3 信息技术服务 运行维护 第 3 部分：应急响应规范

NY/T 3820 全国 12316 数据资源建设规范

3 术语和定义

下列术语和定义适用于本文件。

3.1

12316 平台 12316 service platform

由国务院农业农村行政主管部门和省级农业农村行政主管部门组织并协调相关服务资源，具有 12316 专用号码和标识，通过语音热线、网站、手机端专业系统、社交网络等传统媒体及新媒体载体，开展三农综合信息服务的公益性平台。

3.2

12316 标识 12316 logo

以文字和图形组合的形式，代表 12316 三农综合信息服务，具有唯一、区别于其他对象特点的标记。

3.3

12316 数据资源 12316 data resources

12316 平台的工单、知识、专家、统计、案例等结构化和非结构化数据资源。

4 管理原则

4.1 分级协同

遵循分层管理、层级协同的原则，实现全国各类 12316 平台协同运作。

4.2 开放共享

遵循共同建设、共同享有的原则，充分利用已有的规范，提供数据接口，实现各类平台的对接和基础数据资源的交换共享。

4.3 安全管理

遵循信息系统建设、管理、使用、维护等法律法规及标准规范，通过规范执行安全管理等制度，实现12316平台安全运行。

4.4 兼顾特色

12316平台在遵循统一的服务标识、人员管理、数据资源管理、业务管理要求的基础上，可根据所在地区“三农”数字化转型的新形势、新需求及实际情况，创新服务方式，丰富服务内容，提升服务体验。

4.5 服务至上

遵照以人民为中心的理念，秉承服务至上的原则，满足用户需求，提高用户满意度。

5 业务管理

5.1 平台职责

5.1.1 部级12316平台应侧重于服务展示、资源对接与共享、运行监管、服务经验和服务模式推广等，包括但不限于下列内容：

a) 12316部级平台的建设与运行维护；
b) 12316平台资源对接、数据共享、运行监管；
c) 12316平台服务经验和服务模式推广；
d) 省、市、县/区12316平台业务接入和集中展示。

5.1.2 省、市、县/区12316平台及其他协作平台应侧重于三农信息服务和宣传推广等，包括但不限于下列内容：

a) 本级平台的建设与运行维护；
b) 建立本级平台服务运行管理制度；
c) 提供本级平台所需的农业专家与服务人员等基础条件支持；
d) 开展三农综合农业信息服务；
e) 建设信息资源，根据要求进行服务数据资源对接和共享；
f) 开展本级平台宣传推广。

5.2 管理制度

应建立的管理制度包括但不限于：

a) 平台管理制度：建立平台的运行、维护与安全等相关管理制度，确保平台安全稳定运行；
b) 信息共享制度：建立地方平台与部级平台的信息传输与共享制度，保证需要共享的信息得以顺利获取；
c) 服务人员管理制度：建立服务人员管理评价制度，规范服务内容、方式、流程等，保证服务人员的服务质量与效果；
d) 服务专家管理制度：建立服务专家聘任与考核评价奖励制度，建立服务专家会商制度，保证专家的服务质量与效果。

5.3 服务内容

服务内容包括但不限于：

a) 提供农业农村生产、经营和管理方面的技术指导与信息服务；
b) 开展党和国家关于三农政策的宣传；
c) 开展农产品市场行情监测、市场信息采集、供求对接等工作，进行乡村旅游、地域特色农产品宣传推介；
d) 受理农资打假投诉举报、农机购置补贴政策咨询和投诉举报、耕地地力补贴政策咨询与投诉举报，反馈基层社情民意，维护农民合法权益等；
e) 面向新型农业经营主体、益农信息社和广大农户等开展培训，开展农业农村信息化系统推广与应用；

f) 开展12316数据信息整理、分析、发布,以及挖掘、开发、应用工作。

5.4 服务方式

平台服务方式包括语音热线、网站、微信、App、广播、电视等传统媒体与新媒体。

6 标识管理

6.1 部、省、市、县级12316平台应采用统一的12316标识。

6.2 该标识可用于12316相关传统媒体和新媒体等载体,可用于宣传、展览和服务等活动。

6.3 在应用12316标识时,应与规定的图案一致,尺寸可按比例缩放。

6.4 12316标识图案及含义见附录A。

7 人员管理

7.1 服务专家

7.1.1 岗位要求

7.1.1.1 应具有丰富的农业农村理论知识、生产实践经验和良好的沟通能力。

7.1.1.2 熟悉三农政策及当地实际情况,能为农业生产经营管理提供专业指导。

7.1.1.3 能通过在线咨询、培训和现场指导等方式开展服务。

7.1.2 服务要求

7.1.2.1 咨询解答时,应全面理解咨询用户诉求,语言通俗,针对技术类问题提供可操作强的解法,切实解决用户咨询问题。

7.1.2.2 值班专家应按照值班时间安排为咨询用户提供准确、及时的咨询解答。

7.1.2.3 非值班专家应保持通信畅通,及时接收12316平台咨询信息并解答问题;收到信息不能马上为用户提供咨询服务时,应在规定时间内完成解答。

7.1.2.4 遇到疑难或特殊问题,值班专家不能圆满解决时,应转接其他专家,必要时进行专家会商,或者上报主管部门。

7.1.3 专家评价

应根据所在区域实际情况,制定相应的评价方法,从咨询应答数量、用户满意度、解决问题率等方面对专家服务进行评价。

7.2 服务人员

7.2.1 岗位要求

7.2.1.1 应具有良好的语言表达、沟通能力和文字编辑能力,具备一定的计算机、互联网应用与操作基本技能。

7.2.1.2 应具备一定农业农村基础知识,了解农业农村政策,具有为三农服务的热情。

7.2.1.3 应经理论学习、平台操作、业务训练等阶段培训,合格后上岗。

7.2.2 服务要求

7.2.2.1 应及时响应服务对象的咨询需求,帮助服务对象完成问题咨询。

7.2.2.2 针对常规问题应及时解答。

7.2.2.3 针对非常规问题,应通过多种途径协助专家完成问题解答。

7.2.2.4 应及时收集汇总用户关注,以及农民反映的焦点与难点问题,必要时向主管部门汇报。

7.2.2.5 应做好咨询问题的档案整理工作,以及咨询服务情况的统计分析工作,为改进平台服务工作提供客观依据。

7.2.3 服务人员评价

应根据所在区域实际情况,制定相应的评价方法,从服务人员的服务数量、服务态度、用户满意度、资料归档规范性等方面进行综合评价。

8 数据资源管理

8.1 12316 数据资源类别

8.1.1 12316 数据资源主要包括基本数据和扩展数据。

8.1.2 基本数据主要有工单数据、知识数据、专家数据、案例数据和统计数据 5 类，应符合 NY/T 3820 要求。

8.1.3 扩展数据是根据应用及共享需求，在基本数据基础上进行扩展形成的数据。

8.2 12316 数据资源发布与共享

8.2.1 应建立信息审核发布机制，规范审核流程；

8.2.2 共享资源数据集应符合 NY/T 3820 要求，具有核心元数据描述，包括数据集标识、数据集中文名称、数据集英文名称、数据集代码、关键字、摘要、数据集类型、数据量、数据集提供者、更新频率、创建时间；共享资源数据应具有 5 大类数据元，包括工单数据元、知识数据元、专家数据元、统计数据元和案例数据元。

9 运维管理

9.1 日常巡检

9.1.1 应对 12316 平台硬件设施(包括主站服务器、前置机和通信通道等)、软件系统(包括基础软件、应用系统等)，以及网络体系等运行状态进行监测巡检。

9.1.2 应对 12316 平台总体运行情况进行综合分析，对各类异常进行记录、协调处理或预警。

9.2 数据备份

9.2.1 应对 12316 数据资源(包括工单数据、知识数据、专家数据、案例数据、统计数据等基本数据和扩展数据)进行定期备份。

9.2.2 应对 12316 平台操作日志(包括操作人、操作时间、操作内容等)、安全日志进行定期备份。

9.2.3 对需要实施升级等变更的系统，在变更前应及时进行数据备份。

9.2.4 对所有备份数据，应定期进行数据完整性校验，并可备份恢复。

9.3 升级优化

9.3.1 应根据 12316 平台运行实际需求，进行功能和性能调优，如数据库优化、网络优化、系统升级等。

9.3.2 在升级优化过程中，应确保人员、操作及数据等符合 GB/T 20269 安全要求。

9.4 配置管理

9.4.1 应根据 12316 业务需求配置平台运行参数和分配角色权限。

9.4.2 应对 12316 平台硬件系统配置、软件系统开发环境、网络条件要求等必要的基础配置文件进行技术资料保存。

9.5 应急响应

12316 平台应急响应应包括应急准备、应急处置及总结改进等方面，其基本过程和管理方法应符合 GB/T 28827.1、GB/T 28827.3 的规定。

9.6 安全管理

9.6.1 12316 平台信息系统安全等级管理按照 GB/T 22239 和 GB/T 22240 的规定执行。

9.6.2 12316 平台信息系统、网络体系、数据库的安全管理按照 GB/T 20269、GB/T 20270、GB/T 20271、GB/T 20273 的规定执行。

9.6.3 应定期对 12316 平台相关系统运行环境进行风险评估和安全加固工作，评估的要求和指南应符合 GB/T 20984 的规定。

附　录　A
（规范性）
12316 标识图案及含义

A.1　标识图案

12316 标识见图 A.1，其印制规格应符合如下要求：

a）采用 CMYK 四色印刷；

b）标识图案颜色值为“C93 M25 Y92 K10”“C90 M20 Y100”“C65 Y100”；

c）标识文字颜色值为“C90 M40 Y8”。

12316 三农信息服务标识网格图见图 A.2。

图 A.1　12316 三农信息服务标识

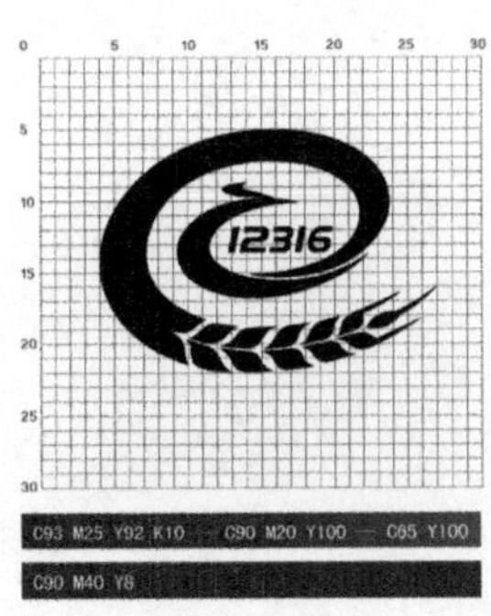

图 A.2　12316 三农信息服务标识网格图

A.2　标识含义

a）麦穗与腾飞的凤凰结合在一起，反映出种植业、养殖业的特征，体现三农内涵；

b）标识与字母 e 相似，传递信息化、科技化的概念；

c）采用绿色主基调，象征信息化，具备农业产业生态、安全的特点；

d）凤凰是百姓心目中的瑞鸟，映射出农业服务的吉祥美好与欣欣向荣；

e）凤凰包围着 12316，体现包容的主题。

参 考 文 献

［1］ GB/T 31993—2015 电能服务管理平台管理规范
［2］ GB/T 33357—2016 政府热线服务评价
［3］ GB/T 33358—2016 政府热线服务规范
［4］ GB/T 33477—2016 党政机关电子公文标识规范
［5］ GB/T 33747—2017 农业社会化服务 农业科技信息服务质量要求
［6］ GB/T 33748—2017 农业社会化服务 农业科技信息服务供给规范

ICS 27
CCS F 13

中华人民共和国农业行业标准

NY/T 4172—2022

沼气工程安全生产监控技术规范

Technical specification of monitoring for safe production of biogas plant

2022-07-11 发布　　2022-10-01 实施

中华人民共和国农业农村部　发布

前　言

本文件按照 GB/T 1.1—2020《标准化工作导则　第 1 部分：标准化文件的结构和起草规则》的规定起草。

本文件由农业农村部科技教育司提出。

本文件由全国沼气标准化技术委员会(SAC/TC 515)归口。

请注意本文件的某些内容可能涉及专利。本文件的发布机构不承担识别专利的责任。

本文件起草单位：农业农村部沼气科学研究所、江西正合生态农业有限公司、中国农业大学、农业农村部沼气产品及设备质量监督检验测试中心、山西省农业生态环境建设总站、武汉天禹智控科技有限公司、重庆梅安森科技股份有限公司。

本文件主要起草人：冉毅、刘永岗、万里平、邵禹森、刘刈、孔垂雪、段娜、贺莉、梅自力、黄强、龚贵金、李淑兰、张冀川、曾文俊、宋大刚、杜海军、宁睿婷、熊霞、李江、罗涛、肖琥、秦仔龙。

沼气工程安全生产监控技术规范

1 范围

本文件规定了沼气工程内安全生产相关参数监控的技术要求、安装要求、调试维护等。

本文件适用于畜禽粪污、秸秆、厨余垃圾、生活污水、工业污水等有机废弃物为原料的沼气工程。

本文件适用于新建、扩建、改建和已建的沼气工程，生物天然气工程可参照执行。

2 规范性引用文件

下列文件中的内容通过文中的规范性引用而构成本文件必不可少的条款。其中，注日期的引用文件，仅该日期对应的版本适用于本文件；不注日期的引用文件，其最新版本（包括所有的修改单）适用于本文件。

GB 16808 可燃气体报警控制器

GB 50058 爆炸危险环境电力装置设计规范

GB 50303 建筑电气工程施工质量验收规范

NY/T 1220.1 沼气工程技术规范 第1部分：工程设计

NY/T 1220.2 沼气工程技术规范 第2部分：输配系统设计

NY/T 1220.3 沼气工程技术规范 第3部分：施工及验收

NY/T 1220.4 沼气工程技术规范 第4部分：运行管理

NY/T 1220.5 沼气工程技术规范 第5部分：质量评价

NY/T 1220.6 沼气工程技术规范 第6部分：安全使用

NY/T 3239 沼气工程远程监测技术规范

JJG 365 电化学氧测定仪

JJG 635 一氧化碳、二氧化碳红外线气体分析器

JJG 695 硫化氢气体检测仪

3 术语和定义

下列术语和定义适用于本文件。

3.1

沼气工程监控系统 monitoring system for biogas plant

对沼气工程安全生产相关参数进行监测、报警、控制的系统，该系统主要由监测设备、数据采集传输设备、报警设备和反馈控制设备组成。

3.2

沼气报警控制系统 alarm and control system of biogas

由沼气探测器、不完全燃烧探测器、沼气报警控制器、紧急切断阀、排风装置等组成的安全系统。分为独立式和集中式两种。

3.3

不完全燃烧探测器 incomplete combustion detector

探测由于沼气不完全燃烧而产生的一氧化碳体积浓度的探测器。

3.4

气体复合探测器 combined detector

能够同时探测2种及以上气体（如甲烷、一氧化碳、二氧化碳、硫化氢等）体积浓度的探测器。

3.5

紧急切断阀　shut valve

当接收到控制信号时，能自动切断沼气气源，并能手动复位的阀门。

3.6

释放源　releasing source

可释放出能形成爆炸性混合气体的物质所在位置或地点。

4　一般规定

4.1　沼气工程应设计、安装监控系统并确认其有效运行。

4.2　沼气工程的监控系统的设计、安装应分别由具有与沼气工程相关的设计资质、施工资质的单位承担。

4.3　沼气工程监控系统的设计、安装调试、验收、使用和维护，除应符合本文件的规定外，还应符合 GB 50058、GB 50303、NY/T 3239、NY/T 1220.6 的规定。

4.4　沼气监控系统中采用的仪器设备应符合 JJG 365、JJG 635、JJG 695 的规定，并应由具有资质的检测机构检验合格。

4.5　仪器设备在以下环境中应能正常工作：

环境温度：−20 ℃～50 ℃；

相对湿度：≤90% RH；

大气压力：86 kPa～106 kPa。

4.6　仪器设备各部零件应连接可靠，表面无明显缺陷，各操作键使用灵活，定位准确。

4.7　仪器设备各显示部分的刻度、数字清晰，涂色牢固，不应有影响读数的缺陷。

4.8　仪器设备外壳或外罩应耐腐蚀、密封性能良好、防尘、防雨。

4.9　供电要求，电源为：AC220 V±10%，电源频率为：50 Hz±2%。

4.10　仪器设备应具备零点漂移和量程漂移校准的功能。

4.11　沼气工程监控系统应配制备用电源，备用电源的容量应符合 GB 16808 的规定。

4.12　串口通信要求。数据采集传输设备与沼气参数监测系统、发酵料液参数监测系统进行串口通信，在外部设备本身通信正常情况下，且通信线路连接正常、控制箱开始工作时不得出现通信中断，控制器屏幕上对应的流量计参数或者沼气成分参数与外部设备显示一致，延迟时间小于 1 s。

4.13　网络通信要求。数据采集传输设备支持断点续传，数据采集传输设备具有固定站点 ID，数据采集传输设备传输前应对数据包进行加密处理。

4.14　安全防护要求。在正常工作环境中，仪器电源引入线与机壳之间的绝缘电阻应不小于 50 MΩ。电子单元的电源相线和中线对地线应能承受 1 500 V 交流正弦波电压，其电源频率为 50 Hz，历时 1 min 的抗电强度试验，不应有击穿和飞弧现象。小型沼气工程监控系统数据采集传输设备防护等级为 IP54，大中型、特大型沼气工程及生物天然气工程监控系统数据采集传输设备防护等级为 IP65。

5　技术要求

5.1　监测系统

5.1.1　沼气工程监测系统主要由沼气参数监测系统与发酵料液参数监测系统组成，技术指标见表 1，安装示意图见附录 A。

表 1　沼气工程安全生产监测系统技术指标

测量参数	测量范围	分辨率	精度	重复性	响应时间
CH_4	0～100%	0.01%	±2% FS	≤±1% FS	25 s
CO_2	0～50%	0.01%	±2% FS	≤±1% FS	25 s
H_2S	0～0.999 9%	1×10^{-6}	±3% FS	≤±1% FS	25 s

表 1 （续）

测量参数	测量范围	分辨率	精度	重复性	响应时间
O_2	0～25%	0.01%	±3% FS	≤±1% FS	25 s
压力	0 kPa～200 kPa	0.1 kPa	0.5 级	≤0.2% FS	2 ms
空气中 CH_4	0～100% LEL	1%	±3% FS	≤±1%FS	20 s
空气中 H_2S	0～0.01%	1×10^{-6}	±3% FS	≤±1%FS	20 s
发酵罐液位	0 m～100 m	1 mm	±1 mm	—	—

5.1.2 沼气中 O_2 监测仪器应符合 JJG 365 的规定。

5.1.3 沼气中 CO_2 监测仪器应符合 JJG 635 的规定。

5.1.4 沼气中 H_2S 监测仪器应符合 JJG 695 的规定。

5.1.5 沼气工程监测系统应符合 NY/T 3239 的规定。

5.2 报警系统

5.2.1 沼气报警系统应根据沼气工程不同部位泄漏的安全隐患选择沼气探测器（CH_4）、不完全燃烧探测器（CO）、二氧化碳探测器（CO_2）、硫化氢探测器（H_2S）或复合探测器中的一种或数种，报警系统具体技术指标和安装位置见表 2，安装示意图见附录 A。

表 2 沼气工程安全生产报警系统技术指标与安装位置

探测对象	报警阈值	安装位置	探测器使用年限
空气中 CH_4	1.25%	预处理间、进料间；厌氧发酵罐顶部；沼气净化、输配及存储设施设备；沼气燃烧有限空间；沼液沼渣存储、处理有限空间	3 年
空气中 CO_2	5%	沼气燃烧有限空间	3 年
空气中 H_2S	10 mg/m^3	预处理间、进料间；厌氧发酵罐顶部；沼气净化、输配及存储设施设备；沼液沼渣存储、处理有限空间	2 年
空气中 CO	20 mg/m^3	沼气燃烧有限空间	3 年

5.2.2 沼气探测器、不完全燃烧探测器、硫化氢探测器、复合探测器的设置场所，应符合 NY/T 1220.1、NY/T 1220.2 和 NY/T 1220.6 的规定。

5.2.3 设置集中报警系统的场所，其沼气报警控制器应设置在有专人值守的消防控制室、过程控制室或值班室内。

5.2.4 在需要安装沼气探测器、不完全燃烧探测器、硫化氢探测器或复合探测器的场所，当任意两点间的水平距离小于 8 m 时，可设置 1 个探测器；否则，应设置 2 个或 2 个以上探测器。

5.2.5 所有类型的探测器均应设定报警阈值，当实际值达到报警值时应予以报警，发酵罐液位和沼气压力报警阈值应根据实际工艺设计确定，其余探测器报警阈值见表 2。

5.3 应急控制系统

5.3.1 在具有爆炸危险的场所，紧急切断阀及配套设备应选用防爆型产品，防爆等级为 ExⅡAT1。

5.3.2 面积≥80 m^2 的场所应选择集中式报警应急控制系统；对于面积＜80 m^2 的场所，宜选择集中式报警应急控制系统，也可选择独立式报警应急控制系统。

5.3.3 沼气发酵装置应安装防爆型沼气探测器，并应与防爆型排风装置连锁；防爆型排风装置应同时具备手动和自动启动功能。

5.3.4 集中式沼气报警应急控制系统应在被保护区域内设置一个或多个声光警报装置和手动报警触发装置。

5.3.5 独立式沼气报警应急控制系统中沼气探测器、不完全燃烧探测器、硫化氢探测器、复合探测器连接紧急切断阀的导线长度不应大于 20 m。

5.3.6 紧急切断阀应符合下列规定：

a） 与报警器连锁的紧急切断阀宜设置在沼气使用设备前；

b) 安装集中式沼气报警应急控制系统时，与报警器连锁的紧急切断阀自动控制的启动条件，应为紧急切断阀所在沼气管道的供气范围内有1个或1个以上探测器报警，且紧急切断阀为自动控制时，人工方式仍应有效。

5.3.7 复合探测器使用寿命为3年，紧急切断阀使用寿命为10年，其余独立式探测器使用寿命见表2。

6 安装与调试

6.1 安装规定

6.1.1 安装前应具备下列条件：

a) 建设、施工、监理等相关单位在收到施工图纸后，应会同设计单位进行设计交底；

b) 设备、材料及配件应齐全，并应能保证正常安装；

c) 安装现场的水、电、气及设备材料的堆放场所应能满足正常安装要求。

6.1.2 设备、材料及配件进场检验应符合下列规定：

a) 进入施工安装现场的设备、材料及配件应有清单、使用说明书、出厂合格证、检验报告等文件，并应核实其有效性，其技术指标应符合设计要求；

b) 进口设备应具备国家规定的市场准入资质，产品质量应符合我国相关产品标准的规定，且不得低于设计要求。

6.1.3 在沼气工程监控系统安装过程中，施工单位应做好安装、检验、调试、设计变更等相关记录。

6.1.4 沼气工程监控系统安装过程的质量控制应符合下列规定：

a) 各工序应按施工技术标准进行质量控制，每道工序完成后，应进行检查，合格后方可进入下道工序；

b) 相关各专业工种之间交接时，应进行检验，交接双方应共同检查确认工程质量并经监理工程师签字认可后方可进入下道工序；

c) 系统安装完成后，安装单位应按相关专业规定进行调试；

d) 系统调试完成后，安装单位应向建设单位提交质量控制资料和各类安装过程质量检查记录；

e) 安装过程质量检查应由安装单位组织有关人员完成；

f) 安装过程质量检查记录应具有相应记录表。

6.1.5 监控系统质量控制资料应按相应技术文档进行编写。

6.1.6 监控系统安装结束后应按规定程序进行验收，合格后方可交付使用。

6.1.7 监控系统的仪器设备安装应考虑便于检修和维护。

6.1.8 电源、信号电缆必须采用线槽方式布置，要求整齐、美观，并具有防护要求。对于有人员、机械设备移动的位置，需采用架空方式布局。

6.1.9 沼气工程监控系统布线应符合GB 50303的规定；当设置于防爆场所时，还应符合GB 50058的规定。

6.2 监测系统安装

6.2.1 沼气工程监测系统主要由沼气监测系统与发酵料液监测系统组成，其安装应符合NY/T 1220.3与NY/T 3239的规定，安装示意图见附录A。

6.2.2 电缆敷设

a) 测量装置应选用RVVP型带屏蔽软电缆作为电源及信号传送介质，电缆需沿墙或地面穿阻燃PVC管敷设，电缆总截面积不应超过PVC管截面积的60%；

b) PVC管敷设应做到横平竖直，管卡在直管段间距1 m～1.4 m（管径越大，间距越远），管卡距转角间距0.2 m～0.5 m，在管路出口及测量装置进线口处应使用金属软管进行过渡连接；

c) 电缆需使用线鼻与装置内对应接线端子连接，每根导线应具有清晰的号码标识，且留有适当余量。

6.2.3 沼气监测点位置应选取在沼气净化装置之后的沼气输气管道的直管段。

6.2.4 监测装置可采用法兰或螺纹方式与管道连接，连接后应进行密封性检查。沼气流量测量装置安装时应注意气体流向与产品要求一致，如具有现场显示功能时，显示屏应面向便于观察方向。

6.2.5 沼气工程发酵料液需监测的参数是发酵料液液位。

6.2.6 监测系统的仪器设备应配置安装支架、保护套管等耐腐蚀的固定或保护装置。

6.3 报警控制系统安装

6.3.1 沼气工程安全生产报警控制系统安装示意图见附录A。

6.3.2 沼气工程内存在释放源安全隐患的场所应设置沼气探测器、不完全燃烧探测器、二氧化碳探测器、硫化氢探测器或复合探测器中的一种或数种，应符合下列规定：

a) 探测器距沼气燃烧器及排风口的水平距离均应大于0.5 m；

b) 使用沼气探测器或不完全燃烧探测器的场所，探测器应设置在顶棚或与顶棚垂直距离小于0.3 m的位置。

6.3.3 当释放源与顶棚垂直距离大于4 m时，应设置集气罩或分层设置探测器，并应符合下列规定：

a) 当设置集气罩时，集气罩宜设置在释放源上方4 m处，集气罩面积不得小于1 m^2，裙边高度不得小于0.1 m，且探测器应设置在集气罩内部中心处；

b) 当不设置集气罩时，应分2层或2层以上设置探测器，最上层探测器与顶棚垂直距离宜小于0.3 m，最下层探测器应设置在释放源上方，且垂直距离不宜大于4 m。

6.3.4 当安装探测器的场所为长方体且其横截面积小于4 m^2时，相邻探测器安装间距不应大于20 m。

6.3.5 当使用沼气燃烧器具的场所面积小于全部面积的1/3时，可在燃烧器具周围设置沼气探测器、不完全燃烧探测器、硫化氢探测器或复合探测器，并应符合下列规定：

a) 探测器的设置位置距释放源不得小于1 m且不得大于3 m；

b) 相邻两探测器距离应不大于15 m；

c) 沼气探测器、不完全燃烧探测器、硫化氢探测器或复合探测器应对释放源形成环形设置。

6.3.6 在露天或半露天场所设置的探测器宜布置在释放源的最小频率风向的上风侧，且探测器与释放源的距离不应大于15 m；当探测器设置在释放源的最小频率风向的下风侧时，探测器与释放源的距离不应大于5 m。

6.3.7 当沼气输配设施位于密闭或半密闭的厂房内时，应每隔15 m设置一个探测器，且探测器距任一释放源的距离不应大于4 m。

6.3.8 传输线路线芯截面的选择，除应满足设备使用说明书的要求外，还应满足机械强度的要求。镍银合金绝缘导线和镍银合金芯电缆线芯的最小截面面积不应小于表3的规定。

表3 镍银合金绝缘导线和镍银合金芯电缆线芯的最小截面面积

类别	线芯的最小截面面积，mm^2
穿管敷设的绝缘导线	1.00
线槽内敷设的绝缘导线	0.75
多芯线缆	0.50

6.3.9 对从接线盒或线槽引至探测器或控制桥等设备的导线，当采用金属软管保护时，金属软管长度不应大于2 m。

6.3.10 当管路超过下列长度时，应在便于接线处装设接线盒：

a) 管路长度每超过30 m且无弯曲时；

b) 管路长度每超过20 m且有1个弯曲时；

c) 管路长度每超过10 m且有2个弯曲时；

d) 管路长度每超过8 m且有3个弯曲时。

6.3.11 监控系统导线敷设后，应采用500 V兆欧表测量每个回路导线对地的绝缘电阻，绝缘电阻值不应小于20 MΩ。

6.3.12 沼气探测器、不完全燃烧探测器、硫化氢探测器、复合探测器的安装应符合下列规定：

a） 探测器在即将调试时方可安装，在调试前应妥善保管，并应采取防尘、防潮、防腐蚀措施；

b） 探测器应安装牢固，与导线连接必须采取可靠压接或焊接；当采用焊接时，不应使用腐蚀性助焊剂；

c） 探测器连接导线处应留有不小于 150 mm 的余量，且在其端部应有明显标志。

6.3.13 配套设备的安装应符合下列规定：

a） 输入输出控制模块距离信号源设备和被联动设备导线长度不宜超过 20 m；当采用金属软管对连接线作保护时，应采用管卡固定，其固定点间距不应大于 0.5 m；

b） 当阀门、排风装置等设备的手动控制装置安装在墙上时，其底边距地面高度宜为 1.3 m～1.5 m；

c） 声光报警装置安装位置距地面不宜低于 1.8 m，并不应遮挡。

6.4 调试

6.4.1 沼气报警控制器应按 GB 16808 和 NY/T 1220.3 的有关规定进行主要功能试验。

6.4.2 沼气探测器、不完全燃烧探测器、硫化氢探测器、复合探测器的调试应符合下列规定：

a） 应按照产品技术要求进行现场测试，记录报警动作值，并根据相关规定判定是否合格；

b） 沼气探测器、不完全燃烧探测器、硫化氢探测器、复合探测器应全部进行测试。

6.4.3 紧急切断阀调试应符合下列规定：

a） 按照紧急切断阀的所有联动控制逻辑关系，使相应探测器报警；在规定的时间内，紧急切断阀应正常动作；

b） 手动开关紧急切断阀 3 次，紧急切断阀应工作正常。

6.4.4 声光警报及排风装置调试应符合下列规定：

a） 按声光警报的所有联动控制逻辑关系，使相应探测器报警，在规定的时间内，声光警报应正常工作；

b） 按排风装置的所有联动控制逻辑关系，使相应探测器报警，在规定的时间内，排风装置应正常工作；

c） 声光警报和排风装置有手动控制设备时，手动控制设备应能正常工作。

7 验收

7.1 沼气安全生产监控系统安装完毕后，建设单位应组织设计、安装、监理等单位进行验收，验收不合格不得投入使用。

7.2 监控系统工程验收应包括安装调试时所涉及的全部设备，可分项目进行验收并填写相应记录。

7.3 沼气安全生产监控系统验收时，安装单位应提供下列技术文件：

a） 竣工验收报告、竣工图；

b） 工程质量事故处理报告；

c） 安装现场质量管理检查记录；

d） 安装过程质量管理检查记录；

e） 沼气报警控制系统设备的检验报告、合格证及相关材料。

7.4 沼气报警控制系统中各装置的验收应符合下列规定：

a） 有主、备电源的设备的自动转换装置，应进行 3 次自动转换试验，每次试验均应合格；

b） 沼气报警控制器应按实际安装数量，全部进行功能检查；

c） 安装在沼气工程用气场所的沼气探测器、不完全燃烧探测器、硫化氢探测器、复合探测器等应按安装数量 20%比例抽检；

d） 紧急切断阀和排风装置应全部检查。

7.5 沼气工程安全生产监控系统验收前，建设单位和使用单位应进行安装质量检查，同时应确定安装设备的位置、型号、数量。抽样时应选择具有代表性、作用不同、位置不同的设备。

7.6 监控系统布线应符合 GB 50303 的规定和本文件 6.2、6.3 的规定；当设置于防爆场所时，还应符合 GB 50058 的规定。

7.7 系统性能的要求应符合本文件和设计说明规定的联动逻辑关系要求。

7.8 配套设施的验收应符合下列规定：

a) 安装位置应正确，功能应正常；

b) 手动关阀功能应试验 3 次；

c) 系统验收时，阀门在电控和手动两种情况下均应工作正常。

7.9 紧急切断阀在沼气探测器报警时应动作，并应手动开关阀门 3 次，阀门动作均应正常。

7.10 验收不合格的设备和管线，应修复或更换，并应进行复验；复验时，对有抽验比例要求的应加倍检验。

7.11 验收时，应如实填写验收记录表，详见附录 B。

8 维护

8.1 沼气工程安全生产监控系统的管理操作和运行维护应由经过专门培训的人员负责，不得私自改装、停用、损坏系统。

8.2 每周巡检

8.2.1 检查沼气成分、液位、压力等监测设备各参数显示值是否正常，当参数显示值与经验值相差很大时，应立即查找原因。

8.2.2 对沼气监测接头进行检查，若发现接头漏气，应及时处理。

8.2.3 检查分析仪排水是否正常，若不正常，应及时处理。

8.2.4 检查报警、应急控制系统各仪器设备运行是否正常，若不正常，应及时更换。

8.3 3 个月功能检查

8.3.1 沼气工程监控系统各仪器设备的功能，每 3 个月应检查 1 次，并填写检查登记表。

8.3.2 沼气工程用气场所中的紧急切断阀每 3 个月应手动开闭 1 次，并电动闭合 1 次。

8.4 沼气工程监控系统使用维护应符合 NY/T 1220.4、NY/T 1220.5 和 NY/T 3239 的规定。

8.5 露天设置的监控仪器设备，应采取防晒和防雨淋措施。

附 录 A
(资料性)
沼气工程安全生产监控系统安装示意图

沼气工程安全生产监控系统安装示意图见图 A.1。

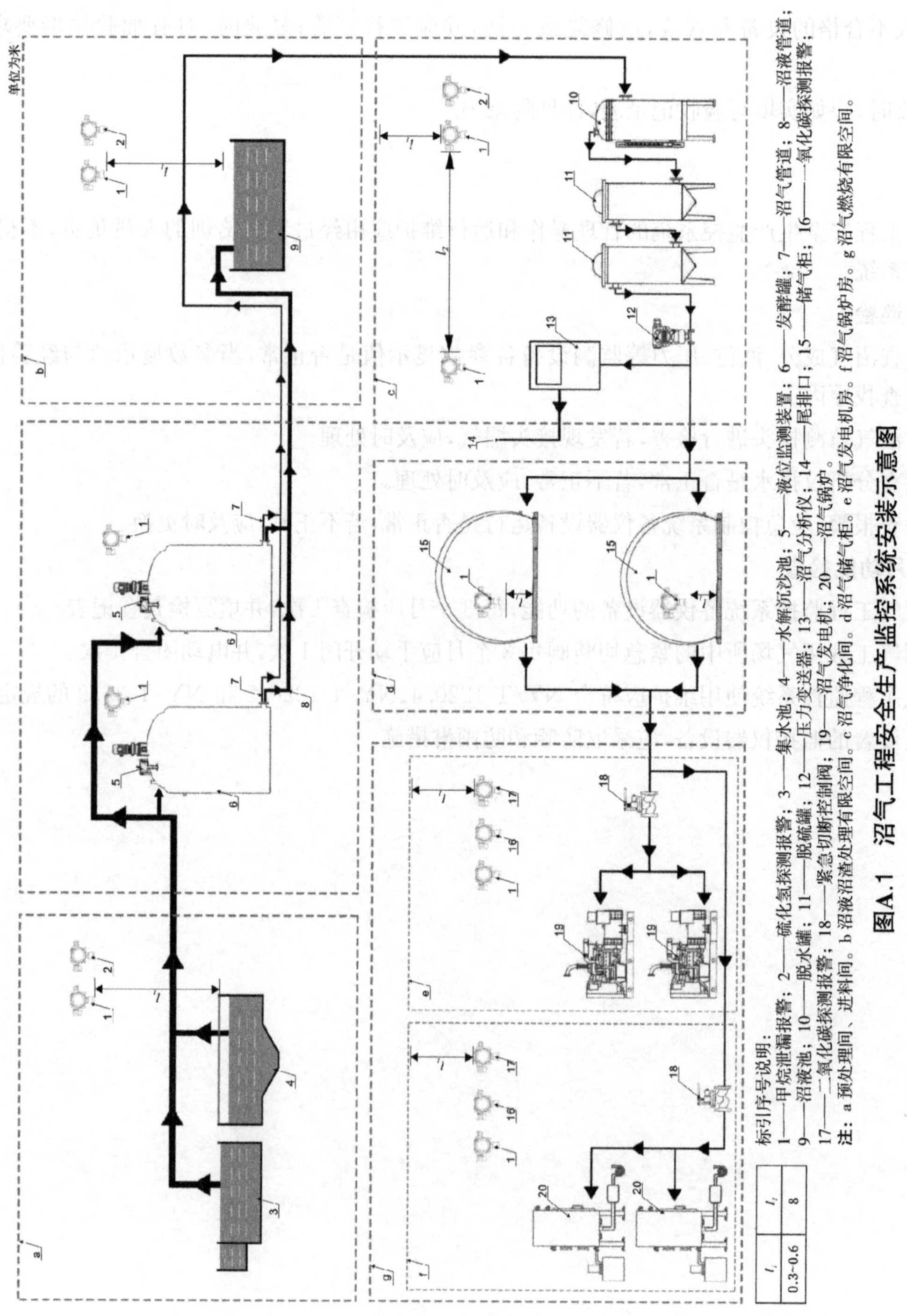

l_1	l_2
0.3~0.6	8

图A.1 沼气工程安全生产监控系统安装示意图

附　录　B
（资料性）
沼气工程安全生产监控系统验收表格

沼气工程安全生产监控系统验收表格见表 B.1。

表 B.1　沼气工程安全生产监控系统验收表格

<table>
<tr><td colspan="2">业主单位</td><td></td><td>工程名称</td><td></td><td>项目地点</td><td></td></tr>
<tr><td colspan="2">项目经理</td><td></td><td>竣工时间</td><td></td><td>验收时间</td><td></td></tr>
<tr><td colspan="2">设计单位</td><td colspan="5"></td></tr>
<tr><td colspan="2">施工单位</td><td colspan="5"></td></tr>
<tr><td colspan="2">监理单位</td><td colspan="5"></td></tr>
<tr><td rowspan="12">验收内容</td><td>验收内容</td><td>验收明细</td><td>判定</td><td colspan="3">如不符合，说明不符合情况</td></tr>
<tr><td rowspan="3">监测系统</td><td>设备技术指标是否符合标准</td><td>□是　□否</td><td colspan="3"></td></tr>
<tr><td>设备配件是否与合同相符</td><td>□是　□否</td><td colspan="3"></td></tr>
<tr><td>设备运行是否正常</td><td>□是　□否</td><td colspan="3"></td></tr>
<tr><td rowspan="3">报警系统</td><td>设备技术指标是否符合标准</td><td>□是　□否</td><td colspan="3"></td></tr>
<tr><td>设备配件是否与合同相符</td><td>□是　□否</td><td colspan="3"></td></tr>
<tr><td>设备运行是否正常</td><td>□是　□否</td><td colspan="3"></td></tr>
<tr><td rowspan="3">控制系统</td><td>设备技术指标是否符合标准</td><td>□是　□否</td><td colspan="3"></td></tr>
<tr><td>设备配件是否与合同相符</td><td>□是　□否</td><td colspan="3"></td></tr>
<tr><td>设备运行是否正常</td><td>□是　□否</td><td colspan="3"></td></tr>
<tr><td>需要说明的情况</td><td colspan="5"></td></tr>
<tr><td colspan="6" style="display:none"></td></tr>
<tr><td rowspan="5">验收结果</td><td colspan="6">□ 验收合格；　　□验收不合格。
验收不合格原因：
验收人员签字：</td></tr>
<tr><td colspan="6">验收结论：
验收组长签字：</td></tr>
<tr><td>业主单位名称（盖章）</td><td colspan="2"></td><td>施工单位名称（盖章）</td><td colspan="2"></td></tr>
<tr><td>业主单位签字</td><td colspan="2"></td><td>施工单位签字</td><td colspan="2"></td></tr>
<tr><td colspan="6">年　月　日</td></tr>
</table>

ICS 27
CCS F 13

中华人民共和国农业行业标准

NY/T 4173—2022

沼气工程技术参数试验方法

Test method for technical parameter of biogas plant

2022-07-11 发布　　　　2022-10-01 实施

中华人民共和国农业农村部　发布

前　言

本文件按照 GB/T 1.1—2020《标准化工作导则　第 1 部分：标准化文件的结构和起草规则》的规定起草。

请注意本文件的某些内容可能涉及专利。本文件的发布机构不承担识别专利的责任。

本文件由农业农村部科技教育司提出。

本文件由全国沼气标准化技术委员会（SAC/TC 515）归口。

本文件起草单位：农业农村部沼气科学研究所、江西正合生态农业有限公司、三河市盈盛生物能源科技股份有限公司、农业农村部沼气产品及设备质量监督检验测试中心、山西省农业生态环境建设总站。

本文件主要起草人员：贺莉、冉毅、万里平、王琦璋、刘永岗、马继涛、梅自力、陈子爱、丁自立、席江、黄强、龚贵金、李淑兰、张冀川、曾文俊、宋大刚、宁睿婷。

沼气工程技术参数试验方法

1 范围

本文件规定了沼气工程技术参数的试验项目、试验方法和试验报告等内容。

本文件适用于新建、改建、扩建、已建的沼气工程。

2 规范性引用文件

下列文件中的内容通过文中的规范性引用而构成本文件必不可少的条款。其中，注日期的引用文件，仅该日期对应的版本适用于本文件；不注日期的引用文件，其最新版本（包括所有的修改单）适用于本文件。

GB 5750 生活饮用水标准检验方法

GB/T 6920 水质 pH 值的测定 玻璃电极法

GB 7959—2012 粪便无害化卫生要求

GB/T 8576 复混肥料中游离水含量的测定 真空烘箱法

GB/T 11060.1 天然气 含硫化合物的测定 第1部分：用碘量法测定硫化氢含量

GB/T 11060.11 天然气 含硫化合物的测定 第11部分：用着色长度检测管法测定硫化氢含量

GB/T 11901 水质 悬浮物的测定 重量法

GB/T 11903 水质 色度的测定

GB/T 14675 空气质量 恶臭的测定 三点比较式臭袋法

GB/T 15063 复合肥料

GB 17323 瓶装饮用纯净水

GB/T 18604 用气体超声流量计测量天然气流量

GB/T 19524.1 肥料中粪大肠菌群的测定

GB/T 19524.2 肥料中蛔虫卵死亡率的测定

GB/T 21391 用气体涡轮流量计测量天然气流量

GB/T 23349 肥料中砷、镉、铬、铅、汞含量的测定

GB/T 35065.1 湿天然气流量测量 第1部分：一般原则

GB/T 35905—2018 林业生物质原料分析方法 总固体含量测定

HJ/T 399 水质 化学需氧量的测定 快速消解分光光度法

HJ 505 水质 五日生化需氧量(BOD_5)的测定 稀释与接种法

HJ 537 水质 氨氮的测定 蒸馏-中和滴定法

HJ 828 水质 化学需氧量的测定 重铬酸盐法

JY/T 0580 元素分析仪分析方法通则

NY/T 525 有机肥料

NY/T 1700—2009 沼气中甲烷和二氧化碳的测定 气相色谱法

NY/T 1971 水溶肥料 腐植酸含量的测定

NY/T 1973 水溶肥料 水不溶物含量和 pH 的测定

NY/T 1977 水溶肥料 总氮、磷、钾含量的测定

NY/T 1978 肥料 汞、砷、镉、铅、铬含量的测定

NY/T 2540 肥料 钾含量的测定

3 试验项目及方法

沼气工程技术参数见表1。

表 1　沼气工程技术参数

序号	类别		项目	方法来源
1	发酵原料		水分含量,%	GB 7959—2012
			总固体含量,%	GB/T 35905—2018
			悬浮固体含量,%	GB/T 11901
			挥发性固体含量,%	附录 A
			碳氮比(无量纲)	JY/T 0580
			可生化性(以 BOD_5/COD 计,无量纲)	HJ/T 399
				HJ 828
				HJ 505
			产气潜力	附录 B
			酸碱度(pH)	GB/T 6920
2	发酵装置		发酵温度,℃	GB 7959—2012
				常规温度测试方法
			发酵罐容积,L	附录 C
			酸碱度(pH)	GB/T 6920
			进料量,L	流量计测试
			产气量,L	GB/T 18604
				GB/T 21391
				GB/T 35065.1
3	发酵产物	沼气	甲烷含量,%	NY/T 1700—2009
			二氧化碳含量,%	
			硫化氢含量,%	GB/T 11060.1
				GB/T 11060.11
			储气容积,L	附录 D
			储气压力,Pa	附录 E
		沼液	酸碱度(pH)	GB/T 6920
			蛔虫卵死亡率,%	GB 7959—2012
			粪大肠菌群数	GB 5750
			水不溶物,g/L	NY/T 1973
			总养分($N+P_2O_5+K_2O$)含量	NY/T 1977
				NY/T 2540
			有机质,g/L	NY/T 525
			腐植酸,g/L	NY/T 1971
			总氮、磷、钾,%	NY/T 1977
			氨氮,mol	HJ 537
			色度,度	GB/T 11903
			总砷(以 As 计),mg/L	GB/T 23349
			总铬(以六价 Cr 计),mg/L	GB/T 23349
			总镉(以 Cd 计),mg/L	GB/T 23349
			总铅(以 Pb 计),mg/L	GB/T 23349
			总汞(以 Hg 计),mg/L	GB/T 23349
			总盐浓度(以 EC 值计),S/cm	GB 17323
			臭气排放浓度(无量纲)	GB/T 14675
			总镉(以 Cd 计),mg/L	GB/T 23349
		沼渣	有机质含量(以烘干基计),%	NY/T 525
			总养分($N+P_2O_5+K_2O$)含量(烘干基计),%	NY/T 525
			酸碱度	NY/T 525
			杂草种子活性,株/kg	NY/T 525
			种子发芽指数(GI),%	NY/T 525
			机械杂质质量分数,%	NY/T 525
			总砷(As)(以烘干基计),%	NY/T 1978
			总汞(Hg)(以烘干基计),%	NY/T 1978

表 1（续）

序号	类别		项目	方法来源
3	发酵产物	沼渣	总铅(Pb)(以烘干基计),%	NY/T 1978
			总镉(Cd)(以烘干基计),%	NY/T 1978
			总铬(Cr)(以烘干基计),%	NY/T 1978
			水分(鲜样)的质量分数,%	GB/T 8576
			粪大肠菌群数,个/g	GB/T 19524.1
			蛔虫卵死亡率,%	GB/T 19524.2
			氯离子含量,%	GB/T 15063

4 试验报告

4.1 沼气工程技术参数试验报告见表 2。

表 2 沼气工程技术参数试验报告

序号	类别	项目	计算公式	试验结果
1	发酵原料	水分含量,%	—	
		总固体含量,%	$\omega = \frac{m_{f3} - m_t}{m_{i1} - m_t} \times 100$ 式中: ω ——总固体含量(以质量分数计)的数值,单位为百分号(%); m_{f3}——铝盘或烧杯的质量和恒重后试样重量的数值,单位为克(g); m_{i1}——铝盘或烧杯的质量和试样初始质量的数值,单位为克(g); m_t——铝盘或烧杯恒重后质量的数值,单位为克(g)。	
		悬浮固体含量,%	—	
		挥发性固体含量,%	—	
		碳氮比(无量纲)	$K = \frac{C_1 X_1 + C_2 X_2 + C_3 X_3 + \cdots}{N_1 X_1 + N_2 X_2 + N_3 X_3 + \cdots}$ 式中: K ——混合原料的碳氮比; C ——各种原料的碳素含量的数值,单位为百分号(%); N ——各种原料的氮素含量的数值,单位为百分号(%); X ——各种原料的重量的数值,单位为千克(kg)。	
		可生化性(无量纲)	—	
		产气潜力,m^3/kgTS	—	
		酸碱度(pH)	—	
2	发酵装置	发酵温度,℃	—	
		发酵罐容积,L	—	
		酸碱度(pH)	—	
		进料量	—	
		产气量,L	—	

表 2（续）

序号	类别		项目	计算公式	试验结果
2	发酵装置		容积产气率,%	$$\eta=\frac{24S\times H}{(t_2-t_1)\times V}\times K$$ 式中： η ——容积产气率的数值,单位为立方米每立方米每天[$m^3/(m^3\cdot d)$]； S ——水压箱液面面积的数值,单位为平方米(m^2)； H ——水压箱液面上升高度的数值,单位为米(m)； t_2 ——终止时间的数值,单位为小时(h)； t_1 ——初始时间的数值,单位为小时(h)； V ——池容积的数值,单位为立方米(m^3)； K ——校正系数。	
			容积有机负荷,$kgVS/m^3$	$$N_s=\frac{V_1\times S_0}{X\times(V_1+V_2)}\times\frac{24}{t}$$ 式中： N_s ——容积有机负荷率的数值,单位为千克 COD 每千克 MLSS 每天[kgCOD/(kgMLSS·d)]； V_1 ——反应器一次进水量的数值,单位为升(L)； S_0 ——浸水有机物浓度(以 COD 表示)的数值,单位为毫克每升(mg/L)； X ——运行阶段反应器中活性污泥平均浓度,以 MLSS 浓度计,单位为毫克每升(mg/L)； V_2 ——进水前反应器内原有泥水混合液体积的数值,单位为升(L)； t ——水力停留时间,按一个运行周期反应时间来计算,单位为小时(h)。	
3	发酵产物	沼气	甲烷含量,%	—	
			二氧化碳含量,%	—	
			硫化氢含量,%	—	
			储气容积,L	—	
			储气压力,Pa	—	
		沼液	酸碱度(pH)	—	
			蛔虫卵死亡率,%	—	
			粪大肠菌群数	—	
			水不溶物,g/L	—	
			总养分($N+P_2O_5+K_2O$)含量	—	
			有机质,g/L	—	
			腐植酸,g/L	—	
			总氮、磷、钾,%	—	
			氨氮	—	
			色度	—	
			总砷(以 As 计),mg/L	—	
			总铬(六价 Cr 计),mg/L	—	
			总镉(以 Cd 计),mg/L	—	
			总铅(以 Pb 计),mg/L	—	
			总汞(以 Hg 计),mg/L	—	
			总盐浓度(以 EC 值计),mS/cm	—	

表 2（续）

序号	类别		项目	计算公式	试验结果
3	发酵产物	沼液	臭气排放浓度(无量纲)	—	
		沼渣	有机质含量(以烘干基计),%	—	
			总养分($N+P_2O_5+K_2O$)含量(烘干基计),%	—	
			酸碱度(pH)	—	
			杂草种子活性,株/kg	—	
			种子发芽指数(GI),%	—	
			机械杂质质量分数,%	—	
			总砷(As)(以烘干基计),%	—	
			总汞(Hg)(以烘干基计),%	—	
			总铅(Pb)(以烘干基计),%	—	
			总镉(Cd)(以烘干基计),%	—	
			总铬(Cr)(以烘干基计),%	—	
			水分(鲜样)的质量分数,%	—	
			粪大肠菌群数,个/g	—	
			蛔虫卵死亡率,%	—	
			氯离子含量,%	—	

4.2 试验报告应列出：

a) 试验方法；

b) 结果；

c) 进行重复性试验而得到的几种试验结果；

d) 还应列出所有未列出的操作环节以及任何偶然可能影响试验结果的环节。

试验报告应包括完全测试试样必需的所有信息。

附 录 A
（规范性）
发酵原料挥发性固体含量

A.1 试验样品、材料

A.1.1 发酵原料。

A.1.2 厌氧污泥。

A.2 仪器

A.2.1 电热鼓风干燥箱(0 ℃～300 ℃)。

A.2.2 电子天平(精确至 0.001 g)。

A.2.3 干燥器:内有有效充足的干燥剂和一个厚的多孔板。

A.2.4 带盖坩埚。

A.3 坩埚的准备

取洁净的坩埚,在(550±50)℃条件下干燥 5 h。将带盖坩埚放入干燥器内冷却 1 h,称量,精确至 0.001 g。

A.4 测定

当沼气工程启动、调试时,需测定的发酵原料包括厌氧污泥和发酵原料。当沼气工程处于连续运行状态时,仅需测定发酵原料。

称取发酵原料样品 4 g～6 g(精确至 0.001 g)于带盖坩埚中,放入已调整至(105±2)℃的电热鼓风干燥箱中干燥 10 h,冷却,称重,确保恒重。将干燥后的样品放入马弗炉内,在 600 ℃灼烧 2 h,取出冷却称重。

A.5 结果计算

干物质含量的计算公式见公式(A.1)。

$$VS = \frac{W_2 - W_3}{W_1} \times 100 \qquad \text{(A.1)}$$

式中:

VS ——干物质含量的数值,单位为百分号(%);

W_2 ——(105±2)℃烘干后原料重量的数值,单位为克(g);

W_3 ——(550±50)℃烘干后原料重量的数值,单位为克(g);

W_1 ——烘干前原料重量的数值,单位为克(g)。

试验结果取 5 个试样的算术平均值,精确至 0.1%。

附 录 B
(规范性)
发酵原料产气潜力

B.1 试验样品、材料

同 A.1。

B.2 仪器

B.2.1 试验室通用仪器。

B.2.2 发酵装置示意图见图 B.1。

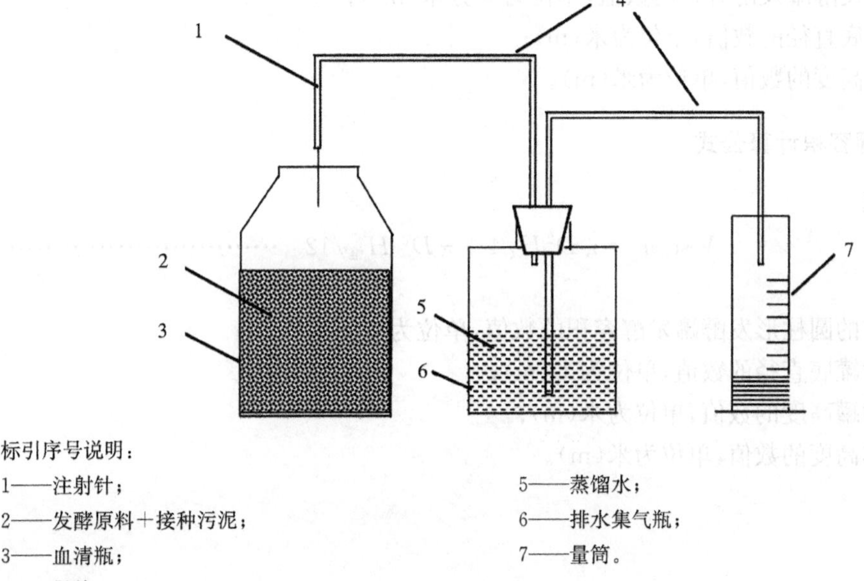

标引序号说明:

1——注射针;

2——发酵原料+接种污泥;

3——血清瓶;

4——导管;

5——蒸馏水;

6——排水集气瓶;

7——量筒。

图 B.1 原料产气率试验装置示意图

B.2.3 恒温水浴锅。

B.3 测定

将发酵装置(B.2.2)置于恒温水浴锅(B.2.3)中,在试验条件下进行发酵。每天观察和测量发酵情况,并每天记录处理组和对照组的沼气产量各一次,直至停止产气后 10 d。

B.4 结果计算

原料产气率按公式(B.1)计算。

$$X = \frac{V}{TS} \quad \cdots\cdots\cdots\cdots (B.1)$$

式中:

X ——原料产气率的数值,单位为立方米每千克总固体($m^3/kgTS$);

V ——原料产气量的数值,单位为立方米(m^3);

TS——原料固体含量的数值,单位为百分号(%)。

试验结果取 5 个试样的算术平均值,精确至 0.1%。

附 录 C
（规范性）
发酵罐容积

对于在建的沼气工程，在发酵主体装置封闭前，进入发酵罐内部进行测量其几何尺寸。对已建成的沼气工程，按验收图纸的几何尺寸进行计算。

C.1 圆柱形发酵罐容积计算公式

按公式(C.1)计算。

$$V_{圆柱}=\pi D^2H/4 \quad \cdots\cdots (C.1)$$

式中：

$V_{圆柱}$ ——圆柱形发酵罐发酵容积的数值，单位为立方米(m^3)；

D ——发酵罐底直径的数值，单位为米(m)；

H ——发酵罐高度的数值，单位为米(m)。

C.2 带圆锥顶发酵罐容积计算公式

按公式(C.2)计算。

$$V_{带锥圆柱}=\pi D^2H/4+\pi D^2 H_{锥}/12 \quad \cdots\cdots (C.2)$$

式中：

$V_{带锥圆柱}$ ——带锥的圆柱形发酵罐发酵容积的数值，单位为立方米(m^3)；

D ——发酵罐底直径的数值，单位为米(m)；

H ——发酵罐高度的数值，单位为米(m)；

$H_{锥}$ ——椎体高度的数值，单位为米(m)。

附 录 D
（规范性）
储 气 容 积

对于在建的沼气工程，在储气装置封闭前，进入内部测量其几何尺寸。对已建成的沼气工程，按验收图纸进行计算。

D.1 圆柱形水压式储气柜最大储气容积计算公式

按公式(D.1)计算。

$$V_{\text{水压式储气柜}} = \pi D^2_{\text{水压式储气柜}} H/4 \quad \text{(D.1)}$$

式中：

$V_{\text{水压式储气柜}}$——圆柱形水压式储气柜最大容积的数值，单位为立方米(m^3)；

$D_{\text{水压式储气柜}}$——圆柱形水压式储气柜底直径的数值，单位为米(m)；

$H_{\text{水压式储气柜}}$——圆柱形水压式储气柜最大高度的数值，单位为米(m)。

D.2 双膜式储气柜最大容积计算公式

按公式(D.2)计算。

$$V_{\text{双膜储气柜}} = \pi h^2 (R - h/3) \quad \text{(D.2)}$$

式中：

$V_{\text{双膜式储气柜}}$——双膜式储气柜最大储气容积的数值，单位为立方米(m^3)；

R——双膜式储气柜半径的数值，单位为米(m)；

h——双膜式储气柜内底面到顶部的高度的数值，单位为米(m)。

附 录 E
（规范性）
储 气 压 力

将压力计与满负荷运行中沼气工程储气罐体相连，充满沼气并开始泄气，或压力保护器启动时，10 min内连续读取 5 次数据，取其算术平均值作为储气压力。

ICS 65.020.01
CCS B 04

中华人民共和国农业行业标准

NY/T 4174—2022

食用农产品生物营养强化通则

General rules for biofortification of edible agro-products

2022-07-11 发布　　2022-10-01 实施

中华人民共和国农业农村部　发布

前　言

本文件按照 GB/T 1.1—2020《标准化工作导则　第 1 部分：标准化文件的结构和起草规则》的规定起草。

请注意本文件的某些内容可能涉及专利。本文件的发布机构不承担识别专利的责任。

本文件由农业农村部农产品质量安全监管司提出。

本文件由农业农村部农产品营养标准专家委员会归口。

本文件起草单位：农业农村部食物与营养发展研究所、中国疾病预防控制中心营养与健康所、国家食品安全风险评估中心、北京市营养源研究所有限公司、中粮营养健康研究院有限公司、中国农业大学。

本文件主要起草人：孙君茂、朱大洲、黄建、郭岩彬、霍军生、刘爱东、李东、董志忠、李湖中、崔亚娟、孟庆佳、徐海泉、梁克红、王鸥、赵雪梅。

食用农产品生物营养强化通则

1 范围

本文件规定了食用农产品生物营养强化的术语和定义、营养强化方式、营养强化目的、营养强化基本要求、营养强化水平、包装和标识。

本文件适用于食用农产品的生物营养强化。

2 规范性引用文件

下列文件中的内容通过文中的规范性引用而构成本文件必不可少的条款。其中，注日期的引用文件，仅该日期对应的版本适用于本文件；不注日期的引用文件，其最新版本（包括所有的修改单）适用于本文件。

GB 7718 食品安全国家标准 预包装食品标签通则

GB 14880 食品安全国家标准 食品营养强化剂使用标准

GB 28050 食品安全国家标准 预包装食品营养标签通则

GB/Z 21922 食品营养成分基本术语

GB/T 29372 食用农产品保鲜贮藏管理规范

NY/T 3177 农产品分类与代码

NY/T 3944 食用农产品营养成分数据表达规范

中华人民共和国农业部令第70号 农产品包装和标识管理办法

3 术语和定义

GB 7718、GB 14880、GB 28050、GB/Z 21922、GB/T 29372、NY/T 3177和NY/T 3944界定的以及下列术语和定义适用于本文件。

3.1

食用农产品 edible agro-products

在农业活动中直接获得的，以及经过分拣、去皮、剥壳、粉碎、清洗、切割、冷冻、打蜡、分级或包装等加工，但未改变其基本自然性状和化学性质的，供人食用的植物、动物、微生物及其产品。

3.2

生物营养强化 biofortification

采用育种、种植、养殖等方式，通过植物、动物、微生物等生物体的吸收和转化，显著提高食用农产品中营养成分的含量或生物可利用性的过程。

3.3

营养强化农产品 nutri-fortified agro-products

采用生物营养强化技术手段生产的、目标营养成分含量符合相关标准要求的食用农产品。

4 营养强化方式

4.1 营养强化育种

通过种质资源鉴定筛选、突变体创制、杂交选育、全基因组选择、分子标记辅助选择育种等技术方法，以显著提高食用农产品中营养成分的含量或生物可利用性。

4.2 营养强化种植

通过对光照、温度、湿度、水分等种植环境调控，土壤或栽培基质改良，植物或微生物养分调控，以及其他种植管理方式优化,以显著提高种植业产品中营养成分的含量或生物可利用性。

4.3 营养强化养殖

通过对饲料、饲草、饵料、饮用水、饲养环境的调控,以及其他养殖管理方式的优化,以显著提高畜牧业产品或水产品中营养成分的含量或生物可利用性。

5 营养强化目的

5.1 弥补食用农产品中本身营养成分的含量不足或缺乏,保持或改善食用农产品的营养品质。

5.2 在一定地域范围内,有相当规模的人群出现某些营养成分摄入水平低或缺乏,通过农产品生物营养强化可以改善其摄入水平低或缺乏导致的健康影响。

5.3 某些人群由于饮食习惯和(或)其他原因可能出现某些营养成分摄入水平低或缺乏,通过农产品生物营养强化可以改善其摄入水平低或缺乏导致的健康影响。

6 营养强化基本要求

6.1 食用农产品生物营养强化应符合我国相关法律、法规和标准要求。

6.2 应选择我国居民目前主要缺乏的营养成分作为生物营养强化对象。

6.3 应选择目标人群普遍消费且容易获得的食用农产品进行生物营养强化,作为强化载体的食用农产品消费量应相对比较稳定。

6.4 生物营养强化技术手段应进行风险评估,不应对水、土壤、空气等环境造成污染,引起生态环境安全问题,也不应对农产品本身造成污染。

6.5 食用农产品中强化的营养成分在正常储藏、运输、加工和食用过程中应相对稳定。

6.6 营养强化农产品食用后不应导致人体出现外源营养素依赖,不应导致营养成分摄入过量或不均衡,不应导致任何营养成分的代谢异常。

7 营养强化水平

7.1 强化目标值高限的设定

营养成分的强化目标值高限设定应考虑其可耐受最高摄入量及目标人群的营养和健康状况。对于过量摄入后存在安全风险的营养成分,需设置安全限值。

7.2 强化目标值低限的设定

食用农产品强化某营养成分后,该营养成分的含量或生物可利用性应当至少比未进行营养强化的同类产品高 25%,目标值低限可根据强化技术水平、强化载体本身自然群体中的变异程度、膳食营养素推荐摄入量、适宜摄入量、营养素参考值等综合确定。

7.3 同类产品营养成分含量的确定

同类产品营养成分含量可查阅《中国食物成分表》及其他权威数据库中该类别农产品的成分数据;也可通过有资质的实验室采集代表性样品进行检测,取其平均值获得。代表性样品采集时应将主栽品种、优势产区纳入采样范围,采集该品种在不同产地的未经强化的普通农产品。

8 包装和标识

营养成分含量达到强化目标值低限、不超过强化目标值高限的食用农产品,包装和标识按照《农产品包装和标识管理办法》及相关法规标准执行。预包装产品的标签应符合 GB 7718 及相关要求的规定,预包装产品的营养标签应符合 GB 28050 及相关要求的规定。

ICS 65.020.01
CCS B 07

中华人民共和国农业行业标准

NY/T 4205—2022

农作物品种数字化管理数据描述规范

Data description specification for digital management of crop varieties

2022-11-11 发布

2023-03-01 实施

中华人民共和国农业农村部 发布

前　言

本文件按照 GB/T 1.1—2020《标准化工作导则　第 1 部分：标准化文件的结构和起草规则》的规定起草。

请注意本文件的某些内容可能涉及专利。本文件的发布机构不承担识别专利的责任。

本文件由农业农村部种业管理司提出。

本文件由全国农作物种子标准化技术委员会(SAC/TC 37)归口。

本文件起草单位：北京市农林科学院信息技术研究中心、全国农业技术推广服务中心、农业农村部科技发展中心、北京中园搏望科技发展有限公司、北京派得伟业科技发展有限公司、全网(天津)科技有限公司、北京士惠农业发展有限公司、北京农业信息化学会、中国科学技术信息研究所。

本文件主要起草人：王开义、杨锋、杜小鸿、王志彬、陈景丽、张秋思、潘守慧、王玉玺、王卓昊、杨旭红、刘海辉、张俊、刘惠宁、张鼎文。

引　言

根据《中华人民共和国种子法》的规定，我国实行植物新品种保护制度，对主要农作物实行品种审定制度，对部分非主要农作物实行品种登记制度。品种数据标准化是构建现代农作物品种管理体系的重要基础。品种数据标准的缺失可能会造成同一品种在品种审定、品种登记、新品种保护等不同业务环节品种名称、品种来源等信息不一致的现象，从而导致各个业务环节的数据难以融合、共享与利用，进而影响农作物品种管理的效率。

本文件旨在明确品种审定、品种登记、新品种保护等各业务环节基础数据项、业务数据项及其他数据，为农作物种业大数据平台及品种管理相关信息系统建设和运营提供指引，规范品种审定、品种登记、新品种保护等信息系统的数据采集、共享、分析和利用，实现农作物品种数据标准化和信息系统互联互通，为育种、种子生产、推广服务等种业信息系统的数据资源建设提供技术参考，为各级种业管理机构、种业生产经营主体及社会公众准确掌握品种信息提供基础支撑。

农作物品种数字化管理数据描述规范

1 范围

本文件规定了农作物品种数字化管理的基础数据项、业务数据项及其他数据。

本文件适用于农作物品种数据的采集、共享、分析和利用，数据标准和数据质量控制范围的制定，以及数据库和信息共享服务系统的建设。

2 规范性引用文件

下列文件中的内容通过文中的规范性引用而构成本文件必不可少的条款。其中，注日期的引用文件，仅该日期对应的版本适用于本文件；不注日期的引用文件，其最新版本（包括所有的修改单）适用于本文件。

GB/T 2260—2007 中华人民共和国行政区划代码

GB/T 2659—2000 世界各国和地区名称代码

3 术语和定义、缩略语

3.1 术语和定义

下列术语和定义适用于本文件。

3.1.1

农作物品种数字化管理 digital management of crop varieties

利用物联网、人工智能、区块链、大数据等数字技术，构建数据驱动的现代农作物品种管理体系，并以此为基础开展农作物品种审定、品种登记、新品种保护等业务活动。

3.1.2

品种数据标准化 data standardization of varieties

对农作物品种数据的定义、格式、分类、编码等各个方面进行规范化的过程。

3.1.3

数据项 data item

数据记录中基本的数据单元，是不可分割的最小组成单位。通过数据项名称、数据项类型及数据项长度来描述。

3.2 缩略语

下列缩略语适用于本文件。

GPD：国家品种登记（Guojia Pinzhong Dengji）

CNA：中国农业（China Agriculture）

DUS：特异性（Distinctness）、一致性（Uniformity）和稳定性（Stability）

DNA：脱氧核糖核酸（Deoxyribonucleic Acid）

SSR：简单重复序列（Simple Sequence Repeats）

SNP：单核苷酸多态性（Single Nucleotide Polymorphism）

4 基础数据项描述

4.1 概述

农作物品种基础数据项是品种管理的基本信息，主要包括：品种名称、作物种类、品种来源、特征特性、育种者、申请者、审定编号、登记编号、植物新品种权号、单位。

4.2 品种名称

4.2.1 描述

用以识别某一农作物品种的专属名词。在品种区域试验、品种审定或登记、新品种保护时，应使用品种名称对品种进行唯一性标识，一个品种只能有一个品种名称，以首次审定、登记或授权保护时的品种名称为准。试验品种名称、暂定名称、育种代号、建议名称等统一为品种名称。

4.2.2 规则

品种名称命名规则应符合中华人民共和国农业部令 2012 年第 2 号的规定。同一农作物品种在申请新品种保护、品种审定、品种登记、推广时只能使用同一个名称。

4.3 作物种类

4.3.1 描述

农作物品种所对应的植物分类学的属或种。作物、作物名称、作物种类名称等统一为作物种类。

4.3.2 规则

作物种类应参照《第一批非主要农作物登记目录》《中华人民共和国农业植物新品种保护名录(第一批至第十一批)》，以及农业农村部后续发布的品种登记与保护目录。

4.4 品种来源

4.4.1 描述

品种选育的亲本材料名称和选育方式。品种来源、亲本组合等统一为品种来源。

4.4.2 规则

常用品种来源描述规则如下：

a) 杂交品种的品种来源以符号“×”表示(见示例 1)；

b) 常规品种的品种来源以符号“/”表示(见示例 2)；

c) 群体选择、开放授粉、诱变、芽变等育种方式所获品种的品种来源以“A＋育种方式”表示(见示例 3)；

d) 其他方式育成品种的品种来源描述不作约束。

示例 1:“A×B”“(A×B)×C” “A×(B×C)”

示例 2:“A/B”“A/B//C”“A2/B” “A/B2”

示例 3:“A 群体选择”“A 开放授粉”“A 物理诱变”“A 芽变”

注:A 表示母本,B、C 表示父本。

4.5 特征特性

4.5.1 描述

通过品种审定、品种登记的品种所具有的形态特征、生育期、产量、品质、抗性等相关性状。

4.5.2 规则

同一农作物同一性状的名称、度量单位、描述程度应一致。

4.6 育种者

4.6.1 描述

完成植物新品种选育的单位或个人。选育单位(个人)、育种单位(个人)等统称为育种者。

4.6.2 规则

育种者名称应与证明材料中的名称一致且为全称。育种者为单位的，证明材料为企业营业执照、事业单位法人证书等；育种者为个人的，证明材料为本人有效身份证件。

4.7 申请者

4.7.1 描述

申请品种审定、品种登记和新品种保护等业务的单位或个人。

4.7.2 规则

申请者名称应与证明材料中的名称一致且为全称。申请者为单位的，证明材料为企业营业执照、事业单位法人证书等；申请者为个人的，证明材料为本人有效身份证件。申请者为在中国没有经常居所的外国人、外国企业或其他外国组织的，证明材料为按照相应法律法规要求委托符合资格的代理企业的营业执照。

4.8 审定编号

4.8.1 描述

品种审定证书载明的由文字和阿拉伯数字按照指定规则组成的编号。同一品种可在国家多个生态区或多个省（自治区、直辖市）审定，有多个审定编号。

4.8.2 规则

依据《主要农作物品种审定办法》的规定，审定编号格式为：品种审定委员会简称＋1 位主要农作物种类简称＋4 位年号＋4 位数字顺序号。具体表示形式如图 1 所示。

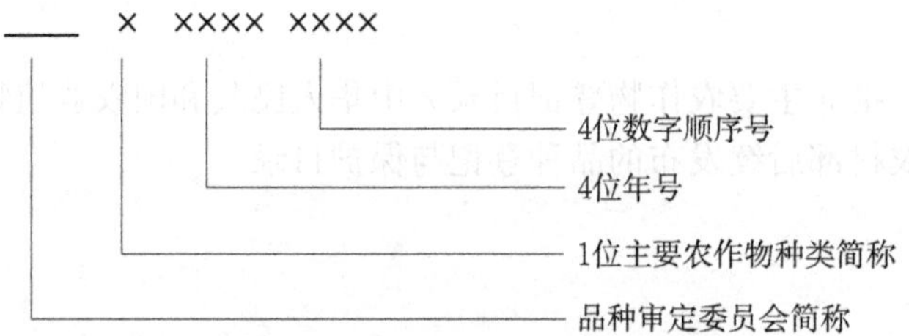

图 1 品种审定编号的编码结构

审定编号中的信息项，具体要求如下：

a) 品种审定委员会简称：见附录 A 中表 A.1；

b) 1 位主要农作物种类简称：稻、麦、玉、豆、棉；

c) 4 位年号：品种审定信息公告的年份，为 4 位数字；

d) 4 位数字顺序号：申请品种审定的先后次序号。

示例：国审玉 20190031

4.9 登记编号

4.9.1 描述

品种登记证书载明的由字母、文字和阿拉伯数字按照指定规则组成的编号。一个品种只能有一个登记编号。

4.9.2 规则

依据《非主要农作物品种登记办法》的规定，登记编号格式为：GPD＋作物种类＋（4 位年号）＋2 位数字的省份代号＋4 位数字顺序号。具体表示形式如图 2 所示。

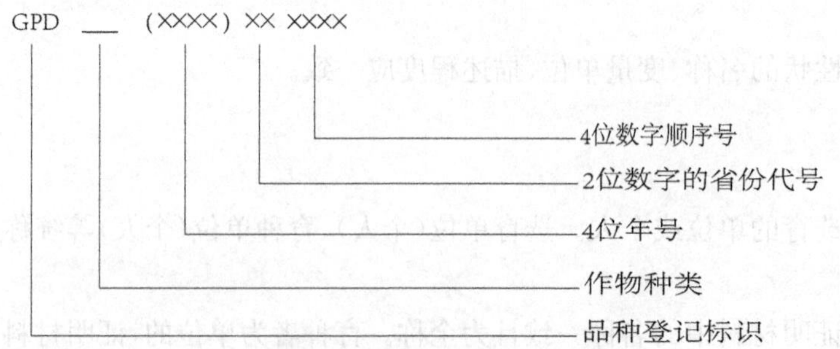

图 2 品种登记编号的编码结构

登记编号中的信息项，具体要求如下：

a) GPD：品种登记标识，使用大写字母；

b) 作物种类：见中华人民共和国农业农村部《第一批非主要农作物登记目录》及后续发布的非主要农作物登记目录；

c） 4位年号：品种登记信息公告的年份，为4位数字，并加括号；

d） 2位数字的省份代号：使用GB/T 2260—2007中表1"数字码"前两位；

e） 4位数字顺序号：申请品种登记的先后次序号。

示例：GPD番茄(2021)110039

4.10 植物新品种权号

4.10.1 描述

植物新品种权证书载明的由字母和阿拉伯数字按照指定规则组成的编号。一个品种只能有一个品种权号。

4.10.2 规则

植物新品种权号由CNA和品种权申请号组成。新品种保护的申请号格式为：CNA＋4位年号＋10＋5位数字顺序号。具体表示形式如图3所示。

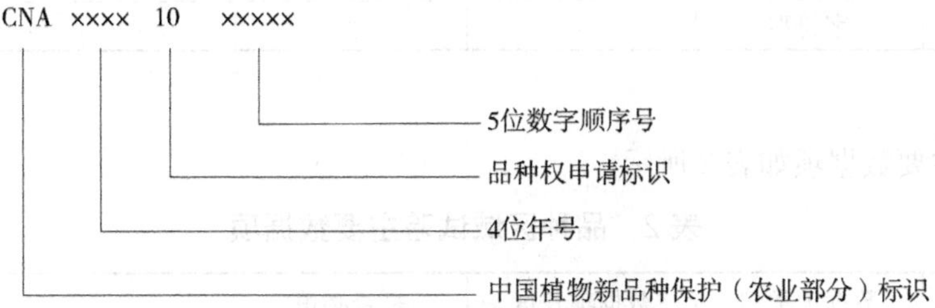

图3 品种权号的编码结构

品种权号中的信息项，具体要求如下：

a） CNA：中国植物新品种保护(农业部分)标识；

b） 4位年号：申请品种权的年份，为4位数字；

c） 10：品种权申请标识；

d） 5位数字顺序号：申请品种权的先后次序号。

示例：CNA20191000097

4.11 单位

4.11.1 描述

依法成立的企业、事业单位、社会团体及其他单位，用于标识品种管理涉及的相关主体。

4.11.2 规则

单位名称应与本单位证明材料上的名称一致且为全称。证明材料指企业营业执照、事业单位法人证书等。

5 业务数据项描述

5.1 概述

农作物品种管理业务主要包括品种标准样品、品种区域试验、品种DUS测试、品种DNA指纹检测、品种审定、品种登记、新品种保护、品种展示示范、品种推广面积统计等。

注：本文件中数据项类型包括日期型、数值型、字符型等，数据项长度的单位为字节(Byte)。

5.2 品种标准样品

品种标准样品主要数据项如表1所示。

表1 品种标准样品主要数据项

序号	数据项名称	数据项类型	数据项长度	是否必填	说明
1	样品编号	字符型	20	否	参照国家或省级标准样品管理规定
2	品种名称	字符型	50	是	见4.2品种名称
3	作物种类	字符型	30	是	见4.3作物种类

表 1 （续）

序号	数据项名称	数据项类型	数据项长度	是否必填	说明
4	品种类型	字符型	20	是	常规种、杂交种
5	品种来源	字符型	100	是	见 4.4 品种来源
6	是否转基因	字符型	2	是	是、否
7	审定/登记编号	字符型	50	否	
8	品种权号	字符型	50	是	见 4.10 植物新品种权号
9	生产年份	字符型	4	是	
10	送样时间	日期型	8	是	
11	提交单位	字符型	100	是	见 4.11 单位
12	接收时间	日期型	8	是	
13	样品数量	数值型	10	是	
14	保藏位置	字符型	50	否	

5.3 品种区域试验

品种区域试验主要数据项如表 2 所示。

表 2　品种区域试验主要数据项

序号	数据项名称	数据项类型	数据项长度	是否必填	说明
1	品种名称	字符型	50	是	见 4.2 品种名称
2	作物种类	字符型	30	是	见 4.3 作物种类
3	品种类型	字符型	20	是	常规种、杂交种
4	品种来源	字符型	100	是	见 4.4 品种来源
5	是否转基因	字符型	2	是	是、否
6	申请年度	字符型	4	是	参加品种区域试验的年度
7	参试级别	字符型	10	是	国家级、省级
8	参试渠道	字符型	30	是	统一试验、联合体、绿色通道
9	生态区组	字符型	100	是	
10	申请者	字符型	100	是	见 4.7 申请者
11	育种者	字符型	100	是	见 4.6 育种者
12	性状名称	字符型	50	否	
13	性状值	字符型	50	否	
14	试验结论	字符型	500	否	

5.4 品种 DUS 测试

品种 DUS 测试主要数据项如表 3 所示。

表 3　品种 DUS 测试主要数据项

序号	数据项名称	数据项类型	数据项长度	是否必填	说明
1	测试编号	字符型	50	是	
2	品种名称	字符型	50	是	见 4.2 品种名称
3	作物种类	字符型	30	是	见 4.3 作物种类
4	品种类型	字符型	20	是	常规种、杂交种
5	品种来源	字符型	100	是	见 4.4 品种来源
6	是否转基因	字符型	2	是	是、否
7	材料来源	字符型	50	是	
8	测试指南	字符型	100	是	包括测试指南名称、版本
9	测试单位	字符型	100	是	见 4.11 单位
10	测试地点	字符型	50	是	

表 3（续）

序号	数据项名称	数据项类型	数据项长度	是否必填	说明
11	生长周期	字符型	200	是	
12	特异性	字符型	50	是	
13	稳定性	字符型	50	是	
14	一致性	字符型	50	是	
15	测试结论	字符型	50	是	

5.5 品种 DNA 指纹检测

品种 DNA 指纹检测，主要数据项如表 4 所示。

表 4 品种 DNA 指纹检测主要数据项

序号	数据项名称	数据项类型	数据项长度	是否必填	说明
1	品种名称	字符型	50	是	见 4.2 品种名称
2	作物种类	字符型	30	是	
3	检验方式	字符型	20	是	SSR、SNP
4	标准编号	字符型	50	是	
5	标准名称	字符型	100	是	
6	引物编号	字符型	50	是	
7	引物名称	字符型	50	是	
8	指纹值	字符型	50	是	

5.6 品种审定

品种审定主要数据项如表 5 所示。

表 5 品种审定主要数据项

序号	数据项名称	数据项类型	数据项长度	是否必填	说明
1	审定编号	字符型	50	是	见 4.8 审定编号
2	品种名称	字符型	50	是	见 4.2 品种名称
3	作物种类	字符型	30	是	见 4.3 作物种类
4	品种来源	字符型	100	是	见 4.4 品种来源
5	审定级别	字符型	10	是	国家级审定、省级审定
6	审定省份	字符型	50	是	
7	是否转基因	字符型	2	是	是、否
8	申请者	字符型	100	是	见 4.7 申请者
9	育种者	字符型	100	是	见 4.6 育种者
10	生态区组	字符型	100	是	
11	特征特性	字符型	2 000	是	
12	栽培要点	字符型	2 000	是	
13	适宜推广区域	字符型	2 000	是	
14	审定年份	字符型	4	是	审定公告的年份
15	审定委员会	字符型	100	是	
16	是否撤销	字符型	2	是	是、否

引种备案主要数据项如表 6 所示。

表 6 引种备案主要数据项

序号	数据项名称	数据项类型	数据项长度	是否必填	说明
1	引种备案编号	字符型	50	是	

表 6（续）

序号	数据项名称	数据项类型	数据项长度	是否必填	说明
2	审定编号	字符型	50	是	见 4.8 审定编号
3	品种名称	字符型	50	是	见 4.2 品种名称
4	作物种类	字符型	30	是	见 4.3 作物种类
5	引种者	字符型	100	是	
6	育种者	字符型	100	是	
7	引种适宜推广区域	字符型	2 000	是	
8	审定适宜推广区域	字符型	2 000	否	

5.7 品种登记

品种登记主要数据项如表 7 所示。

表 7　品种登记主要数据项

序号	数据项名称	数据项类型	数据项长度	是否必填	说明
1	登记编号	字符型	50	是	见 4.9 登记编号
2	申请类型	字符型	10	是	新选育、已审定或已销售
3	品种名称	字符型	50	是	见 4.2 品种名称
4	作物种类	字符型	30	是	
5	审查省份	字符型	50	是	
6	品种来源	字符型	100	是	
7	是否转基因	字符型	2	是	是、否
8	申请者	字符型	100	是	见 4.7 申请者
9	育种者	字符型	100	是	见 4.6 育种者
10	特征特性	字符型	2 000	是	
11	适宜推广区域	字符型	2 000	是	

5.8 新品种保护

新品种保护主要数据项如表 8 所示。

表 8　新品种保护主要数据项

序号	数据项名称	数据项类型	数据项长度	是否必填	说明
1	品种名称	字符型	50	是	见 4.2 品种名称
2	作物种类	字符型	30	是	见 4.3 作物种类
3	是否转基因	字符型	2	是	是、否
4	申请日	日期型	8	是	
5	申请号	字符型	50	是	见 4.10 植物新品种权号
6	培育人	字符型	100	是	自然人
7	申请者	字符型	100	是	见 4.7 申请者
8	公告日	日期型	8	是	
9	申请公告号	字符型	50	否	
10	授权日	日期型	8	是	
11	授权公告号	字符型	50	否	
12	品种权号	字符型	50	是	见 4.10 植物新品种权号
13	品种权人	字符型	100	是	授权后，申请者即为品种权人
14	品种保护状态	字符型	10	否	受理、初审合格、实质审查、授权、驳回、终止、放弃、视为撤回、撤回
15	品种保护终止时间	日期型	8	否	
16	国外植物新品种权	字符型	20	否	

5.9 品种展示示范

品种展示示范主要数据项如表 9 所示。

表 9　品种展示示范主要数据项

序号	数据项名称	数据项类型	数据项长度	是否必填	说明
1	品种名称	字符型	50	是	见 4.2 品种名称
2	作物种类	字符型	30	是	见 4.3 作物种类
3	示范开始时间	日期型	8	否	
4	示范结束时间	日期型	8	否	
5	适宜推广区域	字符型	2 000	是	
6	评价地点	字符型	100	是	省、市、县
7	承担单位	字符型	100	是	见 4.11 单位
8	示范面积	数值型	10	是	单位:666.7 m^2,可按使用习惯表述为“亩”
9	品种表现描述	字符型	5 000	是	

5.10　品种推广面积统计

品种推广主要数据项如表 10 所示。

表 10　品种推广主要数据项

序号	数据项名称	数据项类型	数据项长度	是否必填	说明
1	品种名称	字符型	50	是	见 4.2 品种名称
2	作物种类	字符型	30	是	见 4.3 作物种类
3	推广面积	数值型	10	是	单位:666.7 m^2,可按使用习惯表述为“亩”
4	审定/登记编号	字符型	50	是	
5	年度	字符型	4	是	
6	地区	字符型	70	是	品种推广所在地,“省、市、县”

6　其他数据描述

6.1　概述

品种的其他数据描述主要包括图像文件、视频文件、文本文件等。

6.2　图像文件

图像文件应满足以下要求:

a)　图像清晰,主体内容大于 3/4 画幅;

b)　图像格式为“.jpg”或“.png”等,像素大于 1 280×960;

c)　图像文件命名规则为:品种名称+_(下划线)+图像内容描述+_(下划线)+8 位日期+3 位数字顺序号。

示例:郑单 958_幼苗叶鞘色_20210615001.jpg

6.3　视频文件

视频文件应满足以下要求:

a)　视频清晰,主体内容大于 3/4 画幅;

b)　视频格式为“.mp4”等,像素大于 1 280×960;

c)　视频文件命名规则为:品种名称+_(下划线)+视频内容描述+_(下划线)+8 位日期+3 位数字顺序号。

示例:郑单 958_吐丝期_20210915001.mp4

6.4　文本文件

文本文件应满足以下要求:

a)　文件标题鲜明,能直接反映文件内容;

b)　文件格式为“.docx”等;

c)　文件命名规则为:品种名称+_(下划线)+标题+_(下划线)+8 位日期+3 位数字顺序号。

示例:京科 968_品种选育报告_20210415001.docx

附 录 A
（资料性）
审定委员会及简称

审定委员会及简称见表 A.1。

表 A.1 审定委员会及简称表

序号	委员会名称	简称
1	国家农作物品种审定委员会	国审
2	北京市农作物品种审定委员会	京审
3	天津市农作物品种审定委员会	津审
4	河北省农作物品种审定委员会	冀审
5	京津冀一体化农作物品种审定委员会	京津冀审
6	山西省农作物品种审定委员会	晋审
7	内蒙古自治区农作物品种审定委员会	蒙审
8	辽宁省农作物品种审定委员会	辽审
9	吉林省农作物品种审定委员会	吉审
10	黑龙江省农作物品种审定委员会	黑审
11	上海市农作物品种审定委员会	沪审
12	江苏省农作物品种审定委员会	苏审
13	浙江省农作物品种审定委员会	浙审
14	安徽省农作物品种审定委员会	皖审
15	福建省农作物品种审定委员会	闽审
16	江西省农作物品种审定委员会	赣审
17	山东省农作物品种审定委员会	鲁审
18	河南省农作物品种审定委员会	豫审
19	湖北省农作物品种审定委员会	鄂审
20	湖南省农作物品种审定委员会	湘审
21	广东省农作物品种审定委员会	粤审
22	广西壮族自治区农作物品种审定委员会	桂审
23	海南省农作物品种审定委员会	琼审
24	重庆市农作物品种审定委员会	渝审
25	四川省农作物品种审定委员会	川审
26	贵州省农作物品种审定委员会	黔审
27	云南省农作物品种审定委员会	滇审
28	西藏自治区农作物品种审定委员会	藏种审
29	陕西省农作物品种审定委员会	陕审
30	甘肃省农作物品种审定委员会	甘审
31	青海省农作物品种审定委员会	青审
32	宁夏回族自治区农作物品种审定委员会	宁审
33	新疆维吾尔自治区农作物品种审定委员会	新审

参 考 文 献

[1] 2000 年 7 月 8 日第九届全国人民代表大会常务委员会第十六次会议通过，2015 年 11 月 4 日第十二届全国人民代表大会常务委员会第十七次会议修订　中华人民共和国种子法
[2] 中华人民共和国农业部令 2012 年第 2 号　农业植物品种命名规定
[3] 中华人民共和国农业部令 2016 年第 4 号　主要农作物品种审定办法
[4] 中华人民共和国农业部令 2017 年第 1 号　非主要农作物品种登记办法
[5] 1997 年 3 月 20 日以中华人民共和国国务院令第 213 号公布，根据 2013 年 1 月 31 日中华人民共和国国务院令第 635 号《国务院关于修改〈中华人民共和国植物新品种保护条例〉的决定》修订　中华人民共和国植物新品种保护条例
[6] 2007 年 9 月 19 日农业部令第 5 号公布，2011 年 12 月 31 日农业部令 2011 年第 4 号、2014 年 4 月 25 日农业部令 2014 年第 3 号修订　中华人民共和国植物新品种保护条例实施细则(农业部分)
[7] 中华人民共和国农业部公告第 2510 号　第一批非主要农作物登记目录
[8] 中华人民共和国农业部令第 14 号　中华人民共和国农业植物新品种保护名录(第一批)
[9] 中华人民共和国农业部令第 27 号　中华人民共和国农业植物新品种保护名录(第二批)
[10] 中华人民共和国农业部令第 46 号　中华人民共和国农业植物新品种保护名录(第三批)
[11] 中华人民共和国农业部令第 3 号　中华人民共和国农业植物新品种保护名录(第四批)
[12] 中华人民共和国农业部令第 32 号　中华人民共和国农业植物新品种保护名录(第五批)
[13] 中华人民共和国农业部令第 51 号　中华人民共和国农业植物新品种保护名录(第六批)
[14] 中华人民共和国农业部令第 14 号　中华人民共和国农业植物新品种保护名录(第七批)
[15] 中华人民共和国农业部令第 8 号　中华人民共和国农业植物新品种保护名录(第八批)
[16] 中华人民共和国农业部令第 1 号　中华人民共和国农业植物新品种保护名录(第九批)
[17] 中华人民共和国农业部令第 1 号　中华人民共和国农业植物新品种保护名录(第十批)
[18] 中华人民共和国农业部令第 1 号　中华人民共和国农业植物新品种保护名录(第十一批)

ICS 01.120
CCS B 00

中华人民共和国农业行业标准

NY/T 4244—2022

农业行业标准审查技术规范

Technical specification for review of agricultural industry standard

2022-11-11 发布　　2023-03-01 实施

中华人民共和国农业农村部　发布

前　言

本文件按照 GB/T 1.1—2020《标准化工作导则　第 1 部分:标准化文件的结构和起草规则》的规定起草。

请注意本文件的某些内容可能涉及专利。本文件的发布机构不承担识别专利的责任。

本文件由农业农村部农产品质量安全监管司提出。

本文件由农业农村部农产品质量安全中心归口。

本文件起草单位:农业农村部农产品质量安全中心、北京农产品质量安全学会、农业农村部农产品质量标准研究中心、广东省农业科学院农业质量标准与监测技术研究所、北京市农林科学院、北京市农产品质量安全中心。

本文件主要起草人:万靓军、梁刚、郭林宇、刘雯雯、陶晶、何玘霜、杨云燕、王芳、潘立刚、徐学万。

农业行业标准审查技术规范

1 范围

本文件规定了农业行业标准审查的程序、技术要点及结果处理。

本文件适用于农业农村部农业标准化主管司局、业务主管司局、标准化专业审评机构、专业标准化技术委员会和标准化业务技术归口单位对发布前的农业行业标准的审查。

注:农业农村部农业标准化主管司局简称标准化主管司局,标准化专业审评机构简称专业审评机构,专业标准化技术委员会简称标委会,标准化业务技术归口单位简称技术归口单位。

2 规范性引用文件

下列文件中的内容通过文中的规范性引用而构成本文件必不可少的条款。其中,注日期的引用文件,仅该日期对应的版本适用于本文件;不注日期的引用文件,其最新版本(包括所有的修改单)适用于本文件。

GB/T 1.1　标准化工作导则　第1部分:标准化文件的结构和起草规则

GB/T 20001.1　标准编写规则　第1部分:术语

GB/T 20001.2　标准编写规则　第2部分:符号标准

GB/T 20001.3　标准编写规则　第3部分:分类标准

GB/T 20001.4　标准编写规则　第4部分:试验方法标准

GB/T 20001.5　标准编写规则　第5部分:规范标准

GB/T 20001.6　标准编写规则　第6部分:规程标准

GB/T 20001.7　标准编写规则　第7部分:指南标准

3 术语和定义

下列术语和定义适用于本文件。

3.1

标准审查　standard review

对标准化文件材料的完整性、标准制修订程序的合规性、标准技术内容的科学性、标准编写的规范性等进行审核、检查、核对和确认等行为活动。

4 标准审查程序

4.1 标委会/技术归口单位会审

标委会/技术归口单位对标准起草单位通过研究起草、征求意见等工作后形成的标准送审文件进行会议审查。符合要求的,报业务主管司局。

4.2 业务主管司局审核

业务主管司局对标委会/技术归口单位会审情况进行审核。符合要求的,报送标准化主管司局。

4.3 专业审评机构复核

专业审评机构受标准化主管司局委托或授权,对业务主管司局报请批准发布的报批文件进行复核。符合要求的,报标准化主管司局。

4.4 标准化主管司局审定

标准化主管司局对专业审评机构复核后报送的标准材料进行审定。符合要求的,按程序批准发布。

5 标准审查要点

5.1 文件完整性

5.1.1 送审文件应包括标准送审稿、送审稿编制说明、征求意见汇总处理表及其他需要提交的材料。报批文件应包括标准报批公文、申报单、标准报批稿、报批稿编制说明、专家审查意见、审查会会议纪要、专家签字表及其他需要提交的材料。

5.1.2 涉及专利的标准,应提交专利信息披露文件,包括必要专利信息披露表、必要专利实施许可声明表、已披露的专利清单等文件。

5.1.3 涉及计划调整的标准,上报单位应办理计划调整事项审批单。

5.2 程序合规性

5.2.1 立项阶段:应是列入农业行业标准立项计划的项目或是通过快速立项等其他方式立项的项目。

5.2.2 起草阶段:标准起草单位应按照立项计划成立起草组,制订项目实施方案,确定标准主体内容并进行充分论证,及时完成标准征求意见稿和编制说明。

5.2.3 征求意见阶段:

a) 标准起草单位应通过公开征集和定向征集的方式广泛征求意见;

b) 征求意见应符合相关规定要求,定向征求反馈意见不少于 20 份(同一单位不多于 2 人);

c) 应逐条对征集到的意见进行处理,对未采纳及部分采纳的意见应给出充分的说明理由。

5.2.4 标委会/技术归口单位会审阶段:

a) 审查形式:会议审查(含视频会议);

b) 审查有效性:标委会/技术归口单位应成立专家组进行审查,并形成专家审查意见和审查会会议纪要;审查专家组组成应具有广泛性和代表性,专家组人数不少于 7 人,专家 3/4 以上同意为通过;

c) 审查意见落实情况:通过专家组审查的标准,起草单位应对会审意见逐条落实修改,并按要求提交报批材料;未通过专家组审查的标准,起草单位应按照专家组会审意见修改,并按要求再次送审。

5.2.5 报批阶段:报批材料应经过业务主管司局审核,以公文形式报送标准化主管司局。

5.2.6 复核阶段:专业审评机构对报批材料进行形式审查和专家复核,以公文形式报送标准化主管司局。

5.3 标准技术内容合理性、协调性

5.3.1 标准应符合有关法律、法规、产业政策的规定:

a) 标准的技术要求不应与国家相关法律、法规及产业政策相抵触、矛盾;

b) 标准的技术要求不应低于强制性国家标准的相关规定。

5.3.2 标准技术内容的科学性、合理性:

a) 标准技术内容的确立依据应充分、合理;

b) 标准技术内容应与立项计划下达的制修订任务范畴保持一致,不应扩大或缩小其范围;

c) 应有相应的试验验证结果和数据,其中检测方法类标准需要 3 家及以上单位(起草单位除外)进行验证,并提供相关验证报告;

d) 采标标准主要技术指标应符合我国国情,并经过必要的技术验证。

5.3.3 标准之间的协调性:

a) 与强制性国家标准相协调;

b) 与基础通用标准相协调;

c) 与上级和同级标准相协调;

d) 与同类型相关标准或系列标准之间在体例、结构方面相协调。

5.4 编写规范性

5.4.1 结构完整性

标准化文件中各要素应完整、全面，包括但不限于以下内容：

a） 封面；

b） 前言；

c） 范围；

d） 规范性引用文件；

e） 术语和定义；

f） 核心技术要素，不同类型标准的核心技术要素应满足表1的要求。

注：对于分部分标准或涉及专利的标准，引言为必备要素；对于术语标准，索引为必备要素。

表1 不同类型标准对应的核心技术要素

标准类型	核心技术要素	审核依据
术语标准	术语条目	GB/T 20001.1
符号标准	符号/标志及其含义	GB/T 20001.2
分类标准	分类和/或编码	GB/T 20001.3
试验标准	试验步骤 试验数据处理	GB/T 20001.4
规范标准	要求 追溯/证实方法	GB/T 20001.5
规程标准	程序确立 程序指示 追溯/证实方法	GB/T 20001.6
指南标准	需考虑的因素	GB/T 20001.7

5.4.2 层次合理性

标准的层次应按GB/T 1.1的要求编排。

5.4.3 要素规范性

标准要素编写和表述应符合GB/T 1.1以及相关的基础性国家标准的要求。

6 标准审查结果处理

6.1 经审查符合第5章要求的，由该环节审查部门将标准材料连同审查意见向后续环节报送。不符合要求的，由该环节审查部门将标准材料连同审查意见向前环节退回。

6.2 以会议纪要等形式记录每项标准的送审稿审查简要过程、审查结论、参会专家等情况。记录标准报批稿复核的审查结论、修改要点、复核专家等情况。

ICS 35.040
CCS L 80

中华人民共和国农业行业标准

NY/T 4261—2022

农业大数据安全管理指南

Agricultural big data security management guide

2022-11-11 发布　　2023-03-01 实施

中华人民共和国农业农村部　发布

前　言

本文件按照 GB/T 1.1—2020《标准化工作导则　第 1 部分：标准化文件的结构和起草规则》的规定起草。

请注意本文件的某些内容可能涉及专利。本文件的发布机构不承担识别专利的责任。

本文件由农业农村部市场与信息化司提出。

本文件由农业农村部农业信息化标准化技术委员会归口。

本文件起草单位：北京邮电大学、中国电子技术标准化研究院。

本文件主要起草人：苏放、杨舒、姚宇星、李海东、刘朝苹、胡影。

引 言

农业大数据工作是大数据理念、技术和方法在农业领域的应用与实践。我国农业大数据经过多年建设,已积累了可观的农业数据资源,涉及自然资源、生产、管理、经营和服务等方面。然而,数据的集中化和新技术的出现,使农业大数据建设面临新的安全风险和挑战,农业组织需要进一步加强针对农业大数据的安全指导。

为支撑农业组织建立农业大数据安全管理机制,促进农业大数据有效保护并实现安全风险可控,需要实现农业大数据安全管理指引。本文件用于指导农业组织做好农业大数据的安全管理工作,推动其在依据相关法律法规和标准规范、满足农业大数据相关方数据保护要求的前提下,制定有效的安全管理原则、策略和规程,保障农业大数据安全、合理地使用。

农业大数据安全管理指南

1 范围

本文件提出了农业大数据安全管理原则、农业大数据安全管理角色与任务、农业大数据通用安全管理、农业大数据安全分类分级和农业大数据活动安全的管控措施。

本文件适用于农业组织进行农业大数据安全管理,也可供第三方评估机构在进行农业大数据安全评估时参考使用。

2 规范性引用文件

下列文件中的内容通过文中的规范性引用而构成本文件必不可少的条款。其中,注日期的引用文件,仅该日期对应的版本适用于本文件;不注日期的引用文件,其最新版本(包括所有的修改单)适用于本文件。

GB/T 17901.1 信息技术 安全技术 密钥管理 第1部分:框架

GB/T 25056 信息安全技术 证书认证系统密码及其相关安全技术规范

GB/T 25062 信息安全技术 鉴别与授权 基于角色的访问控制模型与管理规范

GB/T 25069 信息安全技术 术语

GB/T 31508 信息安全技术 公钥基础设施 数字证书策略分类分级规范

GB/T 37973 信息安全技术 大数据安全管理指南

3 术语和定义

GB/T 25069、GB/T 31508 和 GB/T 37973 界定的以及下列术语和定义适用于本文件。

3.1

农业组织 agricultural organization

由作用不同的个体为实施共同的农业目标而建立的社会结构或团体。

注:农业组织包括各级政府农业农村主管部门及其事业单位,以及学会协会、涉农企业、社会团体和农业生产经营组织等。

3.2

农业大数据 agricultural big data

融合农业地域性、季节性、多样性、周期性等自身特征后产生的数据集合,具有来源广泛、类型多样、结构复杂、数量巨大、存在潜在价值的特点。

3.3

农业大数据活动 big data activity

农业组织(3.1)针对农业大数据(3.2)开展的一组特定任务的集合。

[来源:GB/T 37973,3.5,有修改]

注:主要包括数据采集、数据传输、数据存储、数据处理、数据交换、数据销毁等。

3.4

证书信任链 certificate chain

起始于根证书,终止于终端用户数字证书,由一系列数字证书组成,用于用户证书验证的可信任的有序证书序列。

[来源:GB/T 31508,3.16,有修改]

3.5

安全管理角色 security management role

在农业组织(3.1)中,承担数据信息安全管理、执行、监督等任务的部门或岗位的统称。

3.6

初始值　initial value

在农业大数据安全分类分级中,设定的数据分级固定值。

3.7

核心数据　core data

农业领域中,关系国家安全、国民经济命脉、重要民生、重大公共利益等的数据。

3.8

重要数据　important data

农业领域中,一旦遭到篡改、破坏、泄露,或者非法获取、非法利用,可能危害国家安全、公共利益的数据。

注:一般不包括企业信息和个人信息,但该信息达到一定规模或精度后形成的衍生数据,如其遭到篡改、破坏、泄露,或者非法获取、非法利用,可能危害国家安全、公共利益,也应满足重要数据保护要求。

3.9

一般数据　common data

农业领域中,除核心数据、重要数据以外的数据。

3.10

用户　user

对农业大数据(3.2)的数据资源进行访问、操作的主体。

3.11

用户权限　user privilege

用户(3.10)可访问、操作农业大数据(3.2)的范围和程度。

3.12

用户角色　user role

用户(3.10)在农业大数据活动(3.3)中的一个工作职能。

注:被授予角色的用户具有相应的用户权限和责任。

4　农业大数据安全管理原则

4.1　合规性原则

符合我国法律法规和标准规范中对数据的保护规定,并持续跟进有关法律法规和标准规范。

4.2　重要数据保护优先原则

对涉及国家安全的农业大数据进行重点防护。

4.3　安全可靠原则

重视安全措施的有效性、数据来源的可靠性,重视数据的保密性、完整性、可用性和时效性。

4.4　可审计可追溯原则

可对农业大数据活动中各操作信息进行审计,并可追溯到相关的组织及人员。

4.5　任务明确原则

明确农业大数据安全管理角色和农业大数据全生存周期中与数据安全相关的其他角色的任务。

4.6　授权管理原则

若未获得授权,不得采集、发布有明确规定的敏感信息。在满足农业活动需求的基础上,授予最小操作权限,采集和处理具有最少数据类型和最小数据量的数据。

5　农业大数据安全管理角色与任务

5.1　农业大数据安全管理者

农业大数据安全管理者是对农业组织大数据安全负责的个人、部门或农业组织。主要负责数据安全相关领域和环节的数据安全建设规划、数据安全制度制定、数据安全保障决策,组织落实业务部门数据安全相关的工作。具体任务包括但不限于:

a) 划分农业大数据安全管理角色,并明确每个角色的相关任务;
b) 按照相关法律法规政策要求,制定农业大数据安全基本要求,根据部分数据的特殊性,给出针对性的安全要求,并根据相关法律法规政策做出必要的调整;
c) 确定数据安全分类分级的指导性初始值,制定数据分类分级的安全指南;
d) 明确数据访问控制策略,包括访问控制审批流程、角色划分、操作审计等;
e) 制定本组织对外提供数据的安全管理要求;
f) 建立农业大数据安全事件应急机制。

5.2 农业大数据安全执行者

农业大数据安全执行者是执行农业组织中数据安全相关工作的个人、部门或农业组织。主要负责数据安全相关领域和环节工作的执行,执行数据安全相关细则,落实各项安全措施,具体开展各项工作。具体任务包括但不限于:

a) 根据农业大数据安全管理者制定的相关规划和要求开展具体实施工作;
b) 结合农业大数据的实际应用情况,对数据安全分类分级指南进行细化和拓展,制定明确的数据分类分级清单;
c) 根据访问控制策略,负责授予权限的工作,为具体人员分配访问和操作权限;
d) 配合农业大数据安全管理者处置安全事件。

5.3 农业大数据安全监督者

农业大数据安全监督者是负责农业大数据安全监督管理工作的个人、部门或农业组织。主要负责农业大数据操作人员行为的检查、安全审计、安全风险评估等。具体任务包括但不限于:

a) 配合国家或行业部门进行数据安全审计检查;
b) 定期进行数据操作行为的安全检查,包括日志、操作流程等;
c) 定期在农业组织开展数据安全审计工作,形成审计报告;
d) 定期对农业大数据开展风险评估,并向有关主管部门报送风险评估报告。

6 农业大数据通用安全管理

6.1 概述

农业大数据通用安全管理以策略与规程、组织和人员管理、角色管理为基础,并结合用户授权、鉴别与访问控制、密钥管理、日志审计、数据溯源、数据供应链安全管理、数据安全事件应急,支撑农业大数据业务的开展。同时,可采用证书信任链建立农业组织之间安全的信任关系,满足跨部门、跨层级、跨区域的农业数据资源应用。在权限认证时,证书信任链可确定认证路径;在用户授权和密钥管理时,用户数字证书可提供权限信息和密钥信息;在日志审计时,证书信任链可鉴别数据活动者的合法性;在数据溯源时,证书信任链可提供追溯路径。

6.2 策略与规程

农业大数据安全策略与规程要考虑覆盖数据全生存周期的安全风险,内容包括但不限于:

a) 自上而下梳理农业大数据的安全需求,制定符合农业大数据安全管理的安全策略,明确安全方针、安全目标和安全原则;
b) 按照 GB/T 25056 的规定建设数字证书认证系统,制定数字证书认证服务、密钥管理服务、密码服务、数据服务等安全管理规范;
c) 制定数据采集、数据传输、数据存储、数据处理、数据交换、数据销毁等数据活动安全管理细则、合同要求及审核机制;
d) 根据农业组织及其所在领域的实际情况,制定基于角色划分的防护指南,试点先行,分步推进;

e) 对农业大数据安全管理策略和规程进行体系化的评估，制订提升农业大数据整体安全管理能力的计划。

6.3 组织和人员管理

6.3.1 组织管理

在农业大数据安全管理者的指导下，组织管理的内容包括但不限于：

a) 建立从决策层到基层的农业大数据安全管理组织架构；
b) 建立农业大数据安全管理组织机构，明确农业大数据安全岗位及其任务；
c) 建立农业大数据安全管理的分级管理制度，落实农业大数据的安全责任；
d) 建立监督管理职能部门，对农业大数据和用户操作行为进行安全监督管理。

6.3.2 人员管理

在组织中，人力资源管理是数据安全工作的重要环节，其中人员管理的内容包括但不限于：

a) 制定农业大数据人力资源安全策略，明确不同岗位人员在数据全生存周期各阶段的安全管控措施；
b) 制定农业大数据安全岗位人员招聘、录用、上岗、调岗、离岗、培训、考核、选拔等人员安全管理制度；
c) 建立岗位人员安全责任奖惩管理制度，对违反农业大数据安全操作规定而造成损失的人员给予相应惩戒处理，并记录相关违规信息；
d) 定期组织开展岗位人员教育培训，加强岗位人员的数据安全保护意识，提高安全管理的业务水平；
e) 涉密人员离岗离职依法依规实行脱密期管理。

6.4 用户角色管理

农业大数据安全管理者和执行者对于用户角色管理的内容包括但不限于：

a) 明确用户角色和用户权限的关系，建立用户角色划分及用户授权规范；
b) 根据现有的农业大数据系统架构建立分层分级的用户角色体系、统筹可拓展的农业大数据用户角色管理机制。

6.5 用户授权

农业大数据安全执行者对于用户授权的措施，包括但不限于：

a) 建立权限管理系统，支持应用接入，管理用户权限，通过数字证书的发放授予用户权限；
b) 用户数字证书需要上一级证书进行数字签名，构建证书信任链，保障数据合法访问和责任追溯；
c) 在农业大数据安全管理安全策略的集中统筹下，农业组织根据数据安全应用需求，可自主进行角色权限划分和授权，制定分级保护规范；
d) 用户权限粒度遵循授权管理原则，用户获取的权限是满足所需的最小权限；
e) 根据数据应用规则和用户安全评估，分配用户角色，签发数字证书，赋予用户对应的权限；
f) 同一个数字证书不宜签发给不同的用户，同一个用户可以拥有多个不同的数字证书；
g) 支持分散式、集中式及两者相互结合的多种授权管理机制；
h) 及时终止或变更离岗和转岗用户的数字证书，保证用户数字证书的合法性与安全性。

6.6 鉴别与访问控制

农业大数据安全执行者对于鉴别与访问控制的措施，包括但不限于：

a) 参考 GB/T 25062 中基于角色的访问控制模型，建立用户身份鉴别管理系统，支持应用接入，实现对用户访问数据资源的身份鉴别与访问控制；
b) 采用用户数字证书中所包含角色对应的权限，对用户身份进行鉴别，实现身份鉴别与访问控制的联动控制，并保存用户访问操作记录；
c) 定期审核用户数字证书，及时删除或停用多余的、过期的用户数字证书；
d) 对超出权限限制的访问操作，设置告警机制。

6.7 密钥管理

密钥管理涵盖从密钥的产生到销毁的各个方面，主要包括密钥管理体制、密钥管理协议和密钥的产生、分配、更换和注入等方面。农业大数据安全执行者对于密钥管理的措施，包括但不限于：

a） 按照 GB/T 17901.1 的要求使用和管理有关密码技术和设施，并按要求生成、存取、更新、备份和销毁密钥；
b） 具备密钥集成管理的能力，并满足密钥管理互操作性等有关标准规范；
c） 具备密文数据透明处理能力。

6.8 日志审计

农业大数据涉及日志包括用户操作日志、运维操作日志、系统软件日志等。农业大数据安全监督者宜对日志开展数据安全专项审计。日志审计包括但不限于：

a） 审计日志包括事件类型、事件时间、事件主体、事件客体、事件成功/失败、事件详细信息等字段；
b） 确保审计日志不被未授权的访问、复制、修改和删除；
c） 审计日志需要定期进行备份，保证审计日志不丢失；
d） 提供对审计日志的导出和清空功能；
e） 日志留存不少于 6 个月。

6.9 数据溯源

农业大数据安全监督者需要配合农业大数据安全管理者和执行者的工作，对数据进行追溯，措施包括但不限于：

a） 针对采集、传输、存储、处理、交换和销毁等数据活动，分别对用户行为、证书信任链、角色管理策略等进行记录，制定分级的安全事件记录体系；
b） 记录并存储农业大数据活动中出现的安全事项，及时上报相关管理部门，并通过溯源技术，基于证书信任链，追踪到数据源头、应用源头及相关责任人。

6.10 数据供应链安全管理

农业大数据安全管理者建立数据供应链安全管理机制，防范数据上下游供应过程中存在的安全风险。管理措施包括但不限于：

a） 制定数据供应链安全管理规范，定义数据供应链的安全目标、原则、范围和内容，明确数据供应链的责任部门和人员，明确数据供应链上下游的责任和义务及组织部门的审核流程；
b） 设立负责数据供应链安全管理岗位和人员，由专职人员制订数据供应链安全管理要求和解决方案；
c） 通过业务培训，提高数据供应过程中工作人员的安全防范意识和能力，推进数据供应链安全管理解决方案的落实。

6.11 数据安全事件应急

农业大数据安全管理者建立数据安全事件应急机制，对各类数据安全事件进行及时响应和处置。需考虑的应急机制包括但不限于：

a） 制定数据安全事件应急工作指南，定义数据安全事件类型，明确不同类别事件的处置流程和方法；
b） 设立负责数据安全事件应急的岗位和人员；
c） 明确数据安全事件应急预案，定期开展应急演练；
d） 安全事件应急机制和应急预案随着组织实施情况不断调整、更新和完善。

7 农业大数据安全分类分级

7.1 概述

数据分类是把具有某种共同属性或特征的数据归并在一起，数据分级是对分类后的数据进行定级。为了便于农业大数据安全管理，宜先从安全管理的视角对农业大数据进行分类，然后对安全分类结果进行安全等级划分，并实施不同的安全防护。

7.2 数据安全分类

7.2.1 安全分类对象

农业组织对数据进行安全分类时，依据应用场景和需要，可采用如下粒度确定安全分类对象：

a) 对数据目录中的数据项进行分类；

b) 对数据项集合进行整体分类；

c) 既对数据项集合整体进行分类，同时又对其中的数据项进行分类。

7.2.2 安全分类要素

数据分类从安全管理的视角，考虑数据安全性遭到破坏后可能造成的影响（如可能造成的危害、损失或潜在风险等）进行分类。考虑的安全分类要素包括但不限于：

a) 影响对象：农业大数据安全性遭到破坏后，受到危害影响的对象。一般地，影响对象包括国家安全、公共利益、企业合法权益和个人合法权益。

b) 影响范围：农业大数据安全性遭到破坏后，所造成的危害影响规模。一般地，影响范围可根据规模大小分为小范围、大范围和超大范围。

c) 影响程度：农业大数据安全性遭到破坏后，所造成的危害影响大小。一般地，影响程度可根据危害大小划分为特别严重损害、严重损害、一般损害和轻微损害。

7.2.3 安全影响评估

安全影响评估是对农业大数据安全遭受破坏后所造成的影响进行评估，宜综合考虑数据内容、数据规模、数据来源和业务特点等因素，评估结果是数据安全分类的依据。数据安全影响评估包括但不限于：

a) 安全性评估：通过评估农业大数据遭到不当披露所造成的影响，以及农业组织继续使用这些数据可能产生的影响，确定其影响对象、影响范围和影响程度；

b) 完整性评估：通过评估农业大数据遭受修改或损毁所造成的影响，以及农业组织继续使用这些数据可能产生的影响，确定其影响对象、影响范围和影响程度；

c) 可用性评估：通过评估农业大数据及其经处理后形成的各类数据出现访问或使用中断所造成的影响，以及农业组织无法正常使用这些数据可能产生的影响，确定其影响对象、影响范围和影响程度。

7.2.4 安全分类规则

农业大数据分类宜遵守的规则包括但不限于：

a) 农业组织可参照相应标准、规范和历史数据分类案例，根据数据应用需求，自主对数据进行安全分类；

b) 农业大数据安全分类宜考虑数据内容、数据规模、数据来源和业务特点等，场景导向，内容兼顾；

c) 不同农业大数据在安全要求上各有侧重，宜根据具体情况，以其所侧重的安全需求和相应评估结果，作为数据在不同要素上分类的依据；

d) 当数据的安全性、完整性和可用性要求基本一致时，宜以安全性评估结果作为主要分类依据。

7.3 数据安全分级

7.3.1 安全定级规则

农业大数据安全分级宜遵守的规则包括但不限于：

a) 农业组织可根据自身行业领域的数据安全管理需求，如业务属性、地域特点等，参照 7.3.2 中给出的指导性分级初始值自主确定数据定级，但不宜将数据的安全级别由高改为低；

b) 综合考虑数据安全分类中影响对象、影响范围和影响程度，遵循就高不就低原则；

c) 农业大数据安全定级宜采用专家研判和部门评审等方法，以保证分级分类的准确性、科学性和合规性。

7.3.2 分级描述

依据安全级别从高到低，将指导性数据安全分级初始值划分为五级、四级、三级、二级、一级，具体分级判断准则见附录 A。安全级别越高，数据要求的安全保护力度越大。其中，一级、二级、三级属于一般数据，四级属于重要数据，五级属于核心数据。

a) 五级数据判断准则：
   1) 对国家安全造成严重影响或者特别严重影响，影响范围超大；
   2) 对公共利益造成严重影响，影响范围超大；
   3) 对公共利益造成特别严重影响，影响范围超大或者大。
b) 四级数据判断准则：
   1) 对国家安全造成轻微影响或者一般影响，影响范围超大；
   2) 对公共利益造成一般影响，影响范围超大；
   3) 对公共利益造成严重影响，影响范围大；
   4) 对企业合法权益造成严重影响或者特别严重影响，影响范围超大；
   5) 对个人合法权益造成特别严重影响，影响范围超大。
c) 三级数据判断准则：
   1) 对公共利益造成轻微影响，影响范围超大；
   2) 对公共利益造成一般影响，影响范围大；
   3) 对企业合法权益或者个人合法权益造成一般影响，影响范围超大；
   4) 对企业合法权益造成严重影响或者特别严重影响，影响范围小或者大；
   5) 对个人合法权益造成严重影响，影响范围大或者超大；
   6) 对个人合法权益造成特别严重影响，影响范围小或者大。
d) 二级数据判断准则：
   1) 对公共利益造成轻微影响，影响范围大；
   2) 对企业合法权益或者个人合法权益造成轻微影响，影响范围超大；
   3) 对企业合法权益或者个人合法权益造成一般影响，影响范围大或者小；
   4) 对个人合法权益造成严重影响，影响范围小。
e) 一级数据判断准则：对企业合法权益或者个人合法权益造成轻微影响，影响范围大或者小。

7.4 数据分类分级流程

数据安全分类分级流程如下：

a) 确定分类对象；
b) 确定分类要素；
c) 安全影响评估；
d) 综合考虑数据安全影响评估的结果，识别关键分类要素，进行初始分类；
e) 依照定级规则，对分类结果进行初始分级；
f) 专家研判和部门评审；
g) 分类分级结果审批。

数据分类分级流程宜依照附录 B 的规定执行。

7.5 分类分级变更

如需变更农业大数据分类分级，可参照 7.4 中的分类分级流程进行变更。需变更的情形包括但不限于：

a) 因国家法律法规或农业组织对数据分类分级的要求发生变更，原有的分类分级不再适用；
b) 数据内容发生变化，如增加、减少、改变等情况，导致原有的分类分级不再适用；
c) 数据内容不变，但因数据的应用场景、处理方式等发生变化，导致原有的分类分级不再适用。

8 农业大数据活动安全的管控措施

8.1 数据采集安全

数据采集是农业组织进行数据获取的行为，获取途径包括田间观测、实验室化验、照相摄像、用户提交报告、线下获取、系统运维与日志数据采集等方式。农业大数据采集过程安全管控措施包括但不限于：

a） 依据数据安全分类分级，对不同类别级别的数据制定并实施不同的安全采集策略和采集过程的安全防护措施；

b） 遵循数据最小化原则，只采集满足业务所需的最少数据；

c） 定义采集数据目的和用途，明确农业大数据的采集源、采集范围、采集频率，不搜集无关数据；

d） 设置统一的数据采集策略（例如采集周期、采集方式、采集内容等）进行采集行为限制，保证数据采集行为的一致性；

e） 制定采集数据的清洗、转换、加载等操作规范，明确操作方法、手段和流程，并做好采集数据的备份工作，避免操作过程中出现数据遗漏、丢失等问题；

f） 制定采集数据的质量保障规则，明确数据质量保障的策略、规程和要求，包括数据格式要求、数据完整性要求、数据源质量评价标准等；

g） 对采集行为进行日志记录和安全审计，并对超规模、超范围采集等异常行为设置监控及告警机制；

h） 不应采集个人敏感信息，如个人明确表明允许采集个人信息，也应尊重被采集人处理个人隐私的权利。

8.2 数据传输安全

数据传输是数据在农业组织不同系统之间、用户与系统之间的数据流动。例如，农田中传感器采集到的数据通过网络传输到数据中心。农业大数据传输过程安全管控措施包括但不限于：

a） 依据数据安全分类分级，明确数据安全传输的场景，建立相应的数据传输安全策略与规程；

b） 建立传输安全策略与规程的变更审核与监控机制；

c） 建设高可用性的网络，保证数据传输过程的稳定性；

d） 采取必要的措施保障传输通道、传输节点和传输数据的安全；

e） 建立传输数据完整性检测和数据恢复控制措施。

8.3 数据存储安全

数据存储是农业大数据在大数据系统进行储存的活动，包括结构化数据存储、非结构化数据存储及半结构化数据存储。例如，水稻当月进出口数量的结构化数据存储、农田遥感影像的非结构化数据存储。农业大数据存储过程安全管控措施包括但不限于：

a） 依据数据安全分类分级，对不同类别、不同级别的数据采用差异化安全存储，如针对不同类别、不同级别的数据选择适合的数据加密算法对数据加密存储；

b） 针对不同的存储媒体建立相应的格式化规程，并对租用第三方数据存储平台的资质能力和经营风险等进行安全评估；

c） 建立大数据平台审核管理要求，确保大数据平台的安全可靠性；

d） 对数据进行模糊化、关联识别等动态/静态脱敏措施；

e） 制定数据存储相关的安全规则和管理控制机制，采用必要的技术或管控措施进行安全防控和访问控制措施；

f） 建设数据存储安全审计能力，审计存储数据的操作行为；

g） 建立数据容灾备份及恢复机制，包括数据副本的更新频率、保存期限、数据时间版本控制等；

h） 制订数据容灾应急方案，若发生数据丢失或破坏，可及时地恢复数据；

i） 建立存储数据异常告警机制，及时了解存储数据的异常情况。

8.4 数据处理安全

数据处理是通过格式转换、脱敏处理、数据分析、数据可视化等一系列活动的组合，从农业大数据中提炼有价值的信息的操作。例如，根据原始的农产品批发价格数据生成“农产品批发价格 200 指数”。农业大数据处理过程安全管控措施包括但不限于：

a） 依据数据安全分类分级，划分操作的风险级别，明确高危操作，并制定高危操作阻断的安全策略；

b） 依据相关法律法规要求建立数据使用正当性原则，明确数据使用和分析的目的和范围；

c） 建立数据处理正当性的责任制度，保证数据在声明的目的和范围内进行分析处理和使用；

d） 对数据的处理提供细粒度的访问控制措施，限制数据处理过程中可访问的数据范围和处理目的，保护数据在处理过程中不被任何与处理目的无关的个人、组织和机构获取；

e） 建立数据脱敏规范，明确数据脱敏的使用场景、脱敏流程、脱敏规则、脱敏方法和使用限制等；

f） 对脱敏操作后的数据做适当标记，和原始数据能轻易区分开；

g） 建立数据分析的安全规范，明确数据分析的数据源、数据分析需求和分析逻辑的合规性；

h） 明确数据处理系统开发、上线、运维安全控制措施；

i） 对生产、测试等不同环境进行资源隔离；

j） 建立数据处理的监控审计机制，定期对数据处理操作行为进行审计，对数据分析行为进行监控告警；

k） 对数据分析结果的风险进行合规性评估，避免分析结果输出中包含可恢复的敏感数据。

8.5 数据交换安全

数据交换是在农业组织内部角色、外部实体或公众等之间传递原始数据、处理的数据等不同形式数据的活动。例如，农业农村部数据平台上每月猪肉批发价格需要通过农业农村部和地方的数据交换获取到。农业大数据交换过程安全管控措施包括但不限于：

a） 依据数据安全分类分级，对不同类别、级别的数据制定和实施不同的交换策略和交换过程的安全防护措施；

b） 建立明确的数据开放和共享场景，确保不超出共享数据的使用权限和使用范围；

c） 确认开放和共享的数据内容，确保数据内容满足业务场景需求的最小范围；

d） 提供有效的数据共享访问控制机制，明确不同机构或部门、不同身份与目的的用户权限，能提供的共享数据范围、周期、数量等；

e） 对共享数据的使用者提出明确的数据安全防护要求，在共享数据前需对使用者进行数据安全风险评估；

f） 建立数据共享审批流程，明确共享数据内容、交接方式及应用范围等，未经组织机构正式审批，不得向他人或外部组织机构泄露、出售或者非法提供组织机构内部数据；

g） 建立数据公开发布的审批制度，明确数据公开的内容及范围；

h） 在数据公布之前，对拟公布数据的敏感性进行评估，根据评估结果对需要公布的敏感信息进行脱敏操作；

i） 明确数据接口安全控制策略，明确规定使用数据接口的安全限制和安全控制措施；

j） 明确数据接口安全要求，包括接口名称、接口参数等；

k） 与数据接口调用方签署合作协议，明确数据的使用目的、供应方式、保密约定、数据安全责任等；

l） 审计数据交换过程，确保审计记录为安全事件的处置、应急响应和事后调查提供帮助。

8.6 数据销毁安全

数据销毁是农业组织删除数据及其副本的操作，如果数据来自外部实体的数据流，则断开与数据流的连接。例如，对退服的存储服务器、磁盘阵列进行消磁或物理销毁等。农业大数据销毁过程安全管控措施包括但不限于：

a） 依据数据安全分类分级，建立数据销毁的审批和管理制度，明确数据销毁场景、销毁对象、销毁方式和销毁要求，并对销毁过程和销毁中的参与者进行记录控制；

b） 对超出数据留存期限的数据，进行删除或者匿名化处理，对留存期限有明确规定的，按相关规定执行；

c） 对数据进行销毁时，保证已删除的敏感数据不可被还原，并进行效果验证；

d） 对存储媒体进行销毁时，采用消磁、物理破坏等方式进行；

e） 当数据销毁可能会影响执法机构调查取证时，采取适当的存储和屏蔽措施；

f） 对存在多个副本的数据进行销毁时，确保数据的多个副本被使用相同的方式处理；

g） 在数据合作结束后，要求数据共享使用者按照共享前的约定进行数据销毁。

附　录　A
（规范性）
农业大数据安全分级判断准则表

根据数据安全性遭到破坏后的影响对象、影响范围、影响程度与安全等级的关系，制定农业大数据安全分级判断准则，见表A.1。其中，安全等级中的“—”符号表示某种影响对象、影响范围、影响程度的组合情况不存在，如国家安全影响范围不存在影响范围小或者大的情况。

表A.1　农业大数据安全分级判断准则

影响对象	影响范围	影响程度	安全等级
国家安全	小	轻微	—
		一般	—
		严重	—
		特别严重	—
	大	轻微	—
		一般	—
		严重	—
		特别严重	—
	超大	轻微	四级
		一般	四级
		严重	五级
		特别严重	五级
公共利益	小	轻微	—
		一般	—
		严重	—
		特别严重	—
	大	轻微	二级
		一般	三级
		严重	四级
		特别严重	五级
	超大	轻微	三级
		一般	四级
		严重	五级
		特别严重	五级
企业合法权益	小	轻微	一级
		一般	二级
		严重	三级
		特别严重	三级
	大	轻微	一级
		一般	二级
		严重	三级
		特别严重	三级
	超大	轻微	二级
		一般	三级
		严重	四级
		特别严重	四级

表 A.1（续）

影响对象	影响范围	影响程度	安全等级
个人合法权益	小	轻微	一级
		一般	二级
		严重	二级
		特别严重	三级
	大	轻微	一级
		一般	二级
		严重	三级
		特别严重	三级
	超大	轻微	二级
		一般	三级
		严重	三级
		特别严重	四级

附　录　B
（规范性）
农业大数据安全分类分级流程

农业大数据安全分类分级流程，见图 B.1。

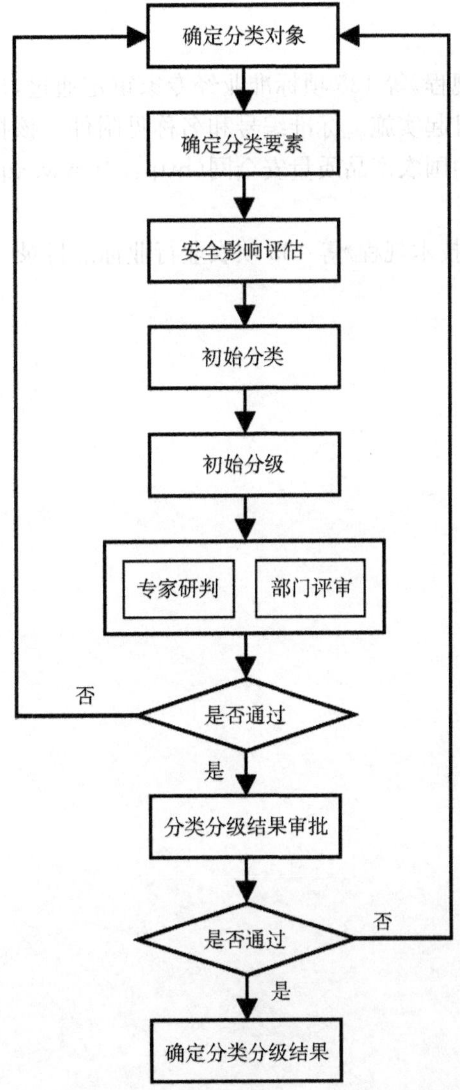

图 B.1　农业大数据安全分类分级流程

附录

中华人民共和国农业农村部公告
第 576 号

《小麦土传病毒病防控技术规程》等 135 项标准业经专家审定通过，现批准发布为中华人民共和国农业行业标准，自 2022 年 10 月 1 日起实施。标准编号和名称见附件。该批标准文本由中国农业出版社出版，可于发布之日起 2 个月后在中国农产品质量安全网(http://www.aqsc.org)查阅。特此公告。

附件：《小麦土传病毒病防控技术规程》等 135 项农业行业标准目录

农业农村部

2022 年 7 月 11 日

附件：

《小麦土传病毒病防控技术规程》等135项农业行业标准目录

序号	标准号	标准名称	代替标准号
1	NY/T 4071—2022	小麦土传病毒病防控技术规程	
2	NY/T 4072—2022	棉花枯萎病测报技术规范	
3	NY/T 4073—2022	结球甘蓝机械化生产技术规程	
4	NY/T 4074—2022	向日葵全程机械化生产技术规范	
5	NY/T 4075—2022	桑黄等级规格	
6	NY/T 886—2022	农林保水剂	NY/T 886—2016
7	NY/T 1978—2022	肥料　汞、砷、镉、铅、铬、镍含量的测定	NY/T 1978—2010
8	NY/T 4076—2022	有机肥料　钙、镁、硫含量的测定	
9	NY/T 4077—2022	有机肥料　氯、钠含量的测定	
10	NY/T 4078—2022	多杀霉素悬浮剂	
11	NY/T 4079—2022	多杀霉素原药	
12	NY/T 4080—2022	威百亩可溶液剂	
13	NY/T 4081—2022	噁唑酰草胺乳油	
14	NY/T 4082—2022	噁唑酰草胺原药	
15	NY/T 4083—2022	噻虫啉原药	
16	NY/T 4084—2022	噻虫啉悬浮剂	
17	NY/T 4085—2022	乙氧磺隆水分散粒剂	
18	NY/T 4086—2022	乙氧磺隆原药	
19	NY/T 4087—2022	咪鲜胺锰盐可湿性粉剂	
20	NY/T 4088—2022	咪鲜胺锰盐原药	
21	NY/T 4089—2022	吲哚丁酸原药	
22	NY/T 4090—2022	甲氧咪草烟原药	
23	NY/T 4091—2022	甲氧咪草烟可溶液剂	
24	NY/T 4092—2022	右旋苯醚氰菊酯原药	
25	NY/T 4093—2022	甲基碘磺隆钠盐原药	
26	NY/T 4094—2022	精甲霜灵原药	
27	NY/T 4095—2022	精甲霜灵种子处理乳剂	
28	NY/T 4096—2022	甲咪唑烟酸可溶液剂	
29	NY/T 4097—2022	甲咪唑烟酸原药	
30	NY/T 4098—2022	虫螨腈悬浮剂	
31	NY/T 4099—2022	虫螨腈原药	
32	NY/T 4100—2022	杀螺胺(杀螺胺乙醇胺盐)可湿性粉剂	
33	NY/T 4101—2022	杀螺胺(杀螺胺乙醇胺盐)原药	
34	NY/T 4102—2022	乙螨唑悬浮剂	
35	NY/T 4103—2022	乙螨唑原药	
36	NY/T 4104—2022	唑螨酯原药	
37	NY/T 4105—2022	唑螨酯悬浮剂	
38	NY/T 4106—2022	氟吡菌胺原药	
39	NY/T 4107—2022	氟噻草胺原药	

（续）

序号	标准号	标准名称	代替标准号
40	NY/T 4108—2022	嗪草酮可湿性粉剂	
41	NY/T 4109—2022	嗪草酮水分散粒剂	
42	NY/T 4110—2022	嗪草酮悬浮剂	
43	NY/T 4111—2022	嗪草酮原药	
44	NY/T 4112—2022	二嗪磷颗粒剂	
45	NY/T 4113—2022	二嗪磷乳油	
46	NY/T 4114—2022	二嗪磷原药	
47	NY/T 4115—2022	胺鲜酯(胺鲜酯柠檬酸盐)可溶液剂	
48	NY/T 4116—2022	胺鲜酯(胺鲜酯柠檬酸盐)原药	
49	NY/T 4117—2022	乳氟禾草灵乳油	
50	NY/T 4118—2022	乳氟禾草灵原药	
51	NY/T 4119—2022	农药产品中有效成分含量测定通用分析方法　高效液相色谱法	
52	NY/T 4120—2022	饲料原料　腐植酸钠	
53	NY/T 4121—2022	饲料原料　玉米胚芽粕	
54	NY/T 4122—2022	饲料原料　鸡蛋清粉	
55	NY/T 4123—2022	饲料原料　甜菜糖蜜	
56	NY/T 2218—2022	饲料原料　发酵豆粕	NY/T 2218—2012
57	NY/T 724—2022	饲料中拉沙洛西钠的测定　高效液相色谱法	NY/T 724—2003
58	NY/T 2896—2022	饲料中斑蝥黄的测定　高效液相色谱法	NY/T 2896—2016
59	NY/T 914—2022	饲料中氢化可的松的测定	NY/T 914—2004
60	NY/T 4124—2022	饲料中 T-2 和 HT-2 毒素的测定　液相色谱-串联质谱法	
61	NY/T 4125—2022	饲料中淀粉糊化度的测定	
62	NY/T 1459—2022	饲料中酸性洗涤纤维的测定	NY/T 1459—2007
63	SC/T 1078—2022	中华绒螯蟹配合饲料	SC/T 1078—2004
64	NY/T 4126—2022	对虾幼体配合饲料	
65	NY/T 4127—2022	克氏原螯虾配合饲料	
66	SC/T 1074—2022	团头鲂配合饲料	SC/T 1074—2004
67	NY/T 4128—2022	渔用膨化颗粒饲料通用技术规范	
68	NY/T 4129—2022	草地家畜最适采食强度测算方法	
69	NY/T 4130—2022	草原矿区排土场植被恢复生物笆技术要求	
70	NY/T 4131—2022	多浪羊	
71	NY/T 4132—2022	和田羊	
72	NY/T 4133—2022	哈萨克羊	
73	NY/T 4134—2022	塔什库尔干羊	
74	NY/T 4135—2022	巴尔楚克羊	
75	NY/T 4136—2022	车辆洗消中心生物安全技术	
76	NY/T 4137—2022	猪细小病毒病诊断技术	
77	NY/T 1247—2022	禽网状内皮组织增殖症诊断技术	NY/T 1247—2006
78	NY/T 573—2022	动物弓形虫病诊断技术	NY/T 573—2002
79	NY/T 4138—2022	蜜蜂孢子虫病诊断技术	
80	NY/T 4139—2022	兽医流行病学调查与监测抽样技术	
81	NY/T 4140—2022	口蹄疫紧急流行病学调查技术	

（续）

序号	标准号	标准名称	代替标准号
82	NY/T 4141—2022	动物源细菌耐药性监测样品采集技术规程	
83	NY/T 4142—2022	动物源细菌抗菌药物敏感性测试技术规程　微量肉汤稀释法	
84	NY/T 4143—2022	动物源细菌抗菌药物敏感性测试技术规程　琼脂稀释法	
85	NY/T 4144—2022	动物源细菌抗菌药物敏感性测试技术规程　纸片扩散法	
86	NY/T 4145—2022	动物源金黄色葡萄球菌分离与鉴定技术规程	
87	NY/T 4146—2022	动物源沙门氏菌分离与鉴定技术规程	
88	NY/T 4147—2022	动物源肠球菌分离与鉴定技术规程	
89	NY/T 4148—2022	动物源弯曲杆菌分离与鉴定技术规程	
90	NY/T 4149—2022	动物源大肠埃希菌分离与鉴定技术规程	
91	SC/T 1135.7—2022	稻渔综合种养技术规范　第7部分:稻鲤(山丘型)	
92	SC/T 1157—2022	胭脂鱼	
93	SC/T 1158—2022	香鱼	
94	SC/T 1159—2022	兰州鲇	
95	SC/T 1160—2022	黑尾近红鲌	
96	SC/T 1161—2022	黑尾近红鲌　亲鱼和苗种	
97	SC/T 1162—2022	斑鳢　亲鱼和苗种	
98	SC/T 1163—2022	水产新品种生长性能测试　龟鳖类	
99	SC/T 2110—2022	中国对虾良种选育技术规范	
100	SC/T 6104—2022	工厂化鱼菜共生设施设计规范	
101	SC/T 6105—2022	沿海渔港污染防治设施设备配备总体要求	
102	NY/T 4150—2022	农业遥感监测专题制图技术规范	
103	NY/T 4151—2022	农业遥感监测无人机影像预处理技术规范	
104	NY/T 4152—2022	农作物种质资源库建设规范　低温种质库	
105	NY/T 4153—2022	农田景观生物多样性保护导则	
106	NY/T 4154—2022	农产品产地环境污染应急监测技术规范	
107	NY/T 4155—2022	农用地土壤环境损害鉴定评估技术规范	
108	NY/T 1263—2022	农业环境损害事件损失评估技术准则	NY/T 1263—2007
109	NY/T 4156—2022	外来入侵杂草精准监测与变量施药技术规范	
110	NY/T 4157—2022	农作物秸秆产生和可收集系数测算技术导则	
111	NY/T 4158—2022	农作物秸秆资源台账数据调查与核算技术规范	
112	NY/T 4159—2022	生物炭	
113	NY/T 4160—2022	生物炭基肥料田间试验技术规范	
114	NY/T 4161—2022	生物质热裂解炭化工艺技术规程	
115	NY/T 4162.1—2022	稻田氮磷流失防控技术规范　第1部分:控水减排	
116	NY/T 4162.2—2022	稻田氮磷流失防控技术规范　第2部分:控源增汇	
117	NY/T 4163.1—2022	稻田氮磷流失综合防控技术指南　第1部分:北方单季稻	
118	NY/T 4163.2—2022	稻田氮磷流失综合防控技术指南　第2部分:双季稻	
119	NY/T 4163.3—2022	稻田氮磷流失综合防控技术指南　第3部分:水旱轮作	
120	NY/T 4164—2022	现代农业全产业链标准化技术导则	
121	NY/T 472—2022	绿色食品　兽药使用准则	NY/T 472—2013
122	NY/T 755—2022	绿色食品　渔药使用准则	NY/T 755—2013
123	NY/T 4165—2022	柑橘电商冷链物流技术规程	

（续）

序号	标准号	标准名称	代替标准号
124	NY/T 4166—2022	苹果电商冷链物流技术规程	
125	NY/T 4167—2022	荔枝冷链流通技术要求	
126	NY/T 4168—2022	果蔬预冷技术规范	
127	NY/T 4169—2022	农产品区域公用品牌建设指南	
128	NY/T 4170—2022	大豆市场信息监测要求	
129	NY/T 4171—2022	12316 平台管理要求	
130	NY/T 4172—2022	沼气工程安全生产监控技术规范	
131	NY/T 4173—2022	沼气工程技术参数试验方法	
132	NY/T 2596—2022	沼肥	NY/T 2596—2014
133	NY/T 860—2022	户用沼气池密封涂料	NY/T 860—2004
134	NY/T 667—2022	沼气工程规模分类	NY/T 667—2011
135	NY/T 4174—2022	食用农产品生物营养强化通则	

农　业　农　村　部
国家卫生健康委员会
国家市场监督管理总局
公　告
第594号

根据《中华人民共和国食品安全法》规定，经食品安全国家标准审评委员会审查通过，现发布《食品安全国家标准　食品中41种兽药最大残留限量》(GB 31650.1—2022)及21项兽药残留检测方法食品安全国家标准，自2023年2月1日起实施。标准编号和名称见附件，标准文本可在中国农产品质量安全网(http://www.aqsc.org)查阅下载。

附件：《食品安全国家标准　食品中41种兽药最大残留限量》(GB 31650.1—2022)及21项兽药残留检测方法食品安全国家标准目录

农业农村部
国家卫生健康委员会
国家市场监督管理总局
2022年9月20日

附录

附件：

《食品安全国家标准　食品中41种兽药最大残留限量》(GB 31650.1—2022)及21项兽药残留检测方法食品安全国家标准目录

序号	标准号	标准名称	代替标准号
1	GB 31650.1—2022	食品安全国家标准　食品中41种兽药最大残留限量	
2	GB 31613.4—2022	食品安全国家标准　牛可食性组织中吡利霉素残留量的测定　液相色谱-串联质谱法	
3	GB 31613.5—2022	食品安全国家标准　鸡可食组织中抗球虫药物残留量的测定　液相色谱-串联质谱法	
4	GB 31613.6—2022	食品安全国家标准　猪和家禽可食性组织中维吉尼亚霉素 M_1 残留量的测定　液相色谱-串联质谱法	
5	GB 31659.2—2022	食品安全国家标准　禽蛋、奶和奶粉中多西环素残留量的测定　液相色谱-串联质谱法	
6	GB 31659.3—2022	食品安全国家标准　奶和奶粉中头孢类药物残留量的测定　液相色谱-串联质谱法	GB/T 22989—2008
7	GB 31659.4—2022	食品安全国家标准　奶及奶粉中阿维菌素类药物残留量的测定　液相色谱-串联质谱法	GB/T 22968—2008
8	GB 31659.5—2022	食品安全国家标准　牛奶中利福昔明残留量的测定　液相色谱-串联质谱法	
9	GB 31659.6—2022	食品安全国家标准　牛奶中氯前列醇残留量的测定　液相色谱-串联质谱法	
10	GB 31656.14—2022	食品安全国家标准　水产品中27种性激素残留量的测定　液相色谱-串联质谱法	
11	GB 31656.15—2022	食品安全国家标准　水产品中甲苯咪唑及其代谢物残留量的测定　液相色谱-串联质谱法	
12	GB 31656.16—2022	食品安全国家标准　水产品中氯霉素、甲砜霉素、氟苯尼考和氟苯尼考胺残留量的测定　气相色谱法	
13	GB 31656.17—2022	食品安全国家标准　水产品中二硫氰基甲烷残留量的测定　气相色谱法	
14	GB 31657.3—2022	食品安全国家标准　蜂产品中头孢类药物残留量的测定　液相色谱-串联质谱法	GB/T 22942—2008
15	GB 31658.18—2022	食品安全国家标准　动物性食品中三氮脒残留量的测定　高效液相色谱法	
16	GB 31658.19—2022	食品安全国家标准　动物性食品中阿托品、东莨菪碱、山莨菪碱、利多卡因、普鲁卡因残留量的测定　液相色谱-串联质谱法	
17	GB 31658.20—2022	食品安全国家标准　动物性食品中酰胺醇类药物及其代谢物残留量的测定　液相色谱-串联质谱法	
18	GB 31658.21—2022	食品安全国家标准　动物性食品中左旋咪唑残留量的测定　液相色谱-串联质谱法	
19	GB 31658.22—2022	食品安全国家标准　动物性食品中β-受体激动剂残留量的测定　液相色谱-串联质谱法	GB/T 22286—2008 GB/T 21313—2007
20	GB 31658.23—2022	食品安全国家标准　动物性食品中硝基咪唑类药物残留量的测定　液相色谱-串联质谱法	
21	GB 31658.24—2022	食品安全国家标准　动物性食品中赛杜霉素残留量的测定　液相色谱-串联质谱法	
22	GB 31658.25—2022	食品安全国家标准　动物性食品中10种利尿药残留量的测定　液相色谱-串联质谱法	

国家卫生健康委员会
农　业　农　村　部
国家市场监督管理总局
公　告
2022年　第6号

根据《中华人民共和国食品安全法》规定，经食品安全国家标准审评委员会审查通过，现发布《食品安全国家标准　食品中2,4-滴丁酸钠盐等112种农药最大残留限量》(GB 2763.1—2022)标准。

本标准自发布之日起6个月正式实施。标准文本可在中国农产品质量安全网(http://www.aqsc.org)查阅下载，文本内容由农业农村部负责解释。

特此公告。

国家卫生健康委员会
农业农村部
国家市场监督管理总局
2022年11月11日

中华人民共和国农业农村部公告
第 618 号

《稻田油菜免耕飞播生产技术规程》等 160 项标准业经专家审定通过，现批准发布为中华人民共和国农业行业标准，自 2023 年 3 月 1 日起实施。标准编号和名称见附件。该批标准文本由中国农业出版社出版，可于发布之日起 2 个月后在中国农产品质量安全网(http://www.aqsc.org)查阅。

特此公告。

附件：《稻田油菜免耕飞播生产技术规程》等 160 项农业行业标准目录

农业农村部

2022 年 11 月 11 日

附件：

《稻田油菜免耕飞播生产技术规程》等160项农业行业标准目录

序号	标准号	标准名称	代替标准号
1	NY/T 4175—2022	稻田油菜免耕飞播生产技术规程	
2	NY/T 4176—2022	青稞栽培技术规程	
3	NY/T 594—2022	食用粳米	NY/T 594—2013
4	NY/T 595—2022	食用籼米	NY/T 595—2013
5	NY/T 832—2022	黑米	NY/T 832—2004
6	NY/T 4177—2022	旱作农业　术语与定义	
7	NY/T 4178—2022	大豆开花期光温敏感性鉴定技术规程	
8	NY/T 4179—2022	小麦茎基腐病测报技术规范	
9	NY/T 4180—2022	梨火疫病监测规范	
10	NY/T 4181—2022	草地贪夜蛾抗药性监测技术规程	
11	NY/T 4182—2022	农作物病虫害监测设备技术参数与性能要求	
12	NY/T 4183—2022	农药使用人员个体防护指南	
13	NY/T 4184—2022	蜜蜂中57种农药及其代谢物残留量的测定　液相色谱-质谱联用法和气相色谱-质谱联用法	
14	NY/T 4185—2022	易挥发化学农药对蚯蚓急性毒性试验准则	
15	NY/T 4186—2022	化学农药　鱼类早期生活阶段毒性试验准则　、	
16	NY/T 4187—2022	化学农药　鸟类繁殖试验准则	
17	NY/T 4188—2022	化学农药　大型溞繁殖试验准则	
18	NY/T 4189—2022	化学农药　两栖类动物变态发育试验准则	
19	NY/T 4190—2022	化学农药　蚯蚓田间试验准则	
20	NY/T 4191—2022	化学农药　土壤代谢试验准则	
21	NY/T 4192—2022	化学农药　水-沉积物系统代谢试验准则	
22	NY/T 4193—2022	化学农药　高效液相色谱法估算土壤吸附系数试验准则	
23	NY/T 4194.1—2022	化学农药　鸟类急性经口毒性试验准则　第1部分：序贯法	
24	NY/T 4194.2—2022	化学农药　鸟类急性经口毒性试验准则　第2部分：经典剂量效应法	
25	NY/T 4195.1—2022	农药登记环境影响试验生物试材培养　第1部分：蜜蜂	
26	NY/T 4195.2—2022	农药登记环境影响试验生物试材培养　第2部分：日本鹌鹑	
27	NY/T 4195.3—2022	农药登记环境影响试验生物试材培养　第3部分：斑马鱼	
28	NY/T 4195.4—2022	农药登记环境影响试验生物试材培养　第4部分：家蚕	
29	NY/T 4195.5—2022	农药登记环境影响试验生物试材培养　第5部分：大型溞	

（续）

序号	标准号	标准名称	代替标准号
30	NY/T 4195.6—2022	农药登记环境影响试验生物试材培养　第6部分:近头状尖胞藻	
31	NY/T 4195.7—2022	农药登记环境影响试验生物试材培养　第7部分:浮萍	
32	NY/T 4195.8—2022	农药登记环境影响试验生物试材培养　第8部分:赤子爱胜蚓	
33	NY/T 2882.9—2022	农药登记　环境风险评估指南　第9部分:混配制剂	
34	NY/T 4196.1—2022	农药登记环境风险评估标准场景　第1部分:场景构建方法	
35	NY/T 4196.2—2022	农药登记环境风险评估标准场景　第2部分:水稻田标准场景	
36	NY/T 4196.3—2022	农药登记环境风险评估标准场景　第3部分:旱作地下水标准场景	
37	NY/T 4197.1—2022	微生物农药　环境风险评估指南　第1部分:总则	
38	NY/T 4197.2—2022	微生物农药　环境风险评估指南　第2部分:鱼类	
39	NY/T 4197.3—2022	微生物农药　环境风险评估指南　第3部分:溞类	
40	NY/T 4197.4—2022	微生物农药　环境风险评估指南　第4部分:鸟类	
41	NY/T 4197.5—2022	微生物农药　环境风险评估指南　第5部分:蜜蜂	
42	NY/T 4197.6—2022	微生物农药　环境风险评估指南　第6部分:家蚕	
43	NY/T 4198—2022	肥料质量监督抽查　抽样规范	
44	NY/T 2634—2022	棉花品种真实性鉴定　SSR分子标记法	NY/T 2634—2014
45	NY/T 4199—2022	甜瓜品种真实性鉴定　SSR分子标记法	
46	NY/T 4200—2022	黄瓜品种真实性鉴定　SSR分子标记法	
47	NY/T 4201—2022	梨品种鉴定　SSR分子标记法	
48	NY/T 4202—2022	菜豆品种鉴定　SSR分子标记法	
49	NY/T 3060.9—2022	大麦品种抗病性鉴定技术规程　第9部分:抗云纹病	
50	NY/T 3060.10—2022	大麦品种抗病性鉴定技术规程　第10部分:抗黑穗病	
51	NY/T 4203—2022	塑料育苗穴盘	
52	NY/T 4204—2022	机械化种植水稻品种筛选方法	
53	NY/T 4205—2022	农作物品种数字化管理数据描述规范	
54	NY/T 1299—2022	农作物品种试验与信息化技术规程　大豆	NY/T 1299—2014
55	NY/T 1300—2022	农作物品种试验与信息化技术规程　水稻	NY/T 1300—2007
56	NY/T 4206—2022	茭白种质资源收集、保存与评价技术规程	
57	NY/T 4207—2022	植物品种特异性、一致性和稳定性测试指南　黄花蒿	
58	NY/T 4208—2022	植物品种特异性、一致性和稳定性测试指南　蟹爪兰属	
59	NY/T 4209—2022	植物品种特异性、一致性和稳定性测试指南　忍冬	
60	NY/T 4210—2022	植物品种特异性、一致性和稳定性测试指南　梨砧木	
61	NY/T 4211—2022	植物品种特异性、一致性和稳定性测试指南　量天尺属	
62	NY/T 4212—2022	植物品种特异性、一致性和稳定性测试指南　番石榴	
63	NY/T 4213—2022	植物品种特异性、一致性和稳定性测试指南　重齿当归	
64	NY/T 4214—2022	植物品种特异性、一致性和稳定性测试指南　广东万年青属	
65	NY/T 4215—2022	植物品种特异性、一致性和稳定性测试指南　麦冬	
66	NY/T 4216—2022	植物品种特异性、一致性和稳定性测试指南　拟石莲属	
67	NY/T 4217—2022	植物品种特异性、一致性和稳定性测试指南　蝉花	

（续）

序号	标准号	标准名称	代替标准号
68	NY/T 4218—2022	植物品种特异性、一致性和稳定性测试指南　兵豆属	
69	NY/T 4219—2022	植物品种特异性、一致性和稳定性测试指南　甘草属	
70	NY/T 4220—2022	植物品种特异性、一致性和稳定性测试指南　救荒野豌豆	
71	NY/T 4221—2022	植物品种特异性、一致性和稳定性测试指南　羊肚菌属	
72	NY/T 4222—2022	植物品种特异性、一致性和稳定性测试指南　刀豆	
73	NY/T 4223—2022	植物品种特异性、一致性和稳定性测试指南　腰果	
74	NY/T 4224—2022	浓缩天然胶乳　无氨保存离心胶乳　规格	
75	NY/T 459—2022	天然生胶　子午线轮胎橡胶	NY/T 459—2011
76	NY/T 4225—2022	天然生胶　脂肪酸含量的测定　气相色谱法	
77	NY/T 2667.18—2022	热带作物品种审定规范　第18部分:莲雾	
78	NY/T 2667.19—2022	热带作物品种审定规范　第19部分:草果	
79	NY/T 2668.18—2022	热带作物品种试验技术规程　第18部分:莲雾	
80	NY/T 2668.19—2022	热带作物品种试验技术规程　第19部分:草果	
81	NY/T 4226—2022	杨桃苗木繁育技术规程	
82	NY/T 4227—2022	油梨种苗繁育技术规程	
83	NY/T 4228—2022	荔枝高接换种技术规程	
84	NY/T 4229—2022	芒果种质资源保存技术规程	
85	NY/T 1808—2022	热带作物种质资源描述规范　芒果	NY/T 1808—2009
86	NY/T 4230—2022	香蕉套袋技术操作规程	
87	NY/T 4231—2022	香蕉采收及采后处理技术规程	
88	NY/T 4232—2022	甘蔗尾梢发酵饲料生产技术规程	
89	NY/T 4233—2022	火龙果　种苗	
90	NY/T 694—2022	罗汉果	NY/T 694—2003
91	NY/T 4234—2022	芒果品种鉴定　MNP标记法	
92	NY/T 4235—2022	香蕉枯萎病防控技术规范	
93	NY/T 4236—2022	菠萝水心病测报技术规范	
94	NY/T 4237—2022	菠萝等级规格	
95	NY/T 1436—2022	莲雾等级规格	NY/T 1436—2007
96	NY/T 4238—2022	菠萝良好农业规范	
97	NY/T 4239—2022	香蕉良好农业规范	
98	NY/T 4240—2022	西番莲良好农业规范	
99	NY/T 4241—2022	生咖啡和焙炒咖啡　整豆自由流动堆密度的测定(常规法)	
100	NY/T 4242—2022	鲁西牛	
101	NY/T 1335—2022	牛人工授精技术规程	NY/T 1335—2007
102	NY/T 4243—2022	畜禽养殖场温室气体排放核算方法	
103	SC/T 1164—2022	陆基推水集装箱式水产养殖技术规程　罗非鱼	
104	SC/T 1165—2022	陆基推水集装箱式水产养殖技术规程　草鱼	
105	SC/T 1166—2022	陆基推水集装箱式水产养殖技术规程　大口黑鲈	
106	SC/T 1167—2022	陆基推水集装箱式水产养殖技术规程　乌鳢	
107	SC/T 2049—2022	大黄鱼　亲鱼和苗种	SC/T 2049.1—2006、SC/T 2049.2—2006
108	SC/T 2113—2022	长蛸	

（续）

序号	标准号	标准名称	代替标准号
109	SC/T 2114—2022	近江牡蛎	
110	SC/T 2115—2022	日本白姑鱼	
111	SC/T 2116—2022	条石鲷	
112	SC/T 2117—2022	三疣梭子蟹良种选育技术规范	
113	SC/T 2118—2022	浅海筏式贝类养殖容量评估方法	
114	SC/T 2119—2022	坛紫菜苗种繁育技术规范	
115	SC/T 2120—2022	半滑舌鳎人工繁育技术规范	
116	SC/T 3003—2022	渔获物装卸技术规范	SC/T 3003—1988
117	SC/T 3013—2022	贝类净化技术规范	SC/T 3013—2002
118	SC/T 3014—2022	干条斑紫菜加工技术规程	SC/T 3014—2002
119	SC/T 3055—2022	藻类产品分类与名称	
120	SC/T 3056—2022	鲟鱼子酱加工技术规程	
121	SC/T 3057—2022	水产品及其制品中磷脂含量的测定　液相色谱法	
122	SC/T 3115—2022	冻章鱼	SC/T 3115—2006
123	SC/T 3122—2022	鱿鱼等级规格	SC/T 3122—2014
124	SC/T 3123—2022	养殖大黄鱼质量等级评定规则	
125	SC/T 3407—2022	食用琼胶	
126	SC/T 3503—2022	多烯鱼油制品	SC/T 3503—2000
127	SC/T 3507—2022	南极磷虾粉	
128	SC/T 5109—2022	观赏性水生动物养殖场条件　海洋甲壳动物	
129	SC/T 5713—2022	金鱼分级　虎头类	
130	SC/T 7015—2022	病死水生动物及病害水生动物产品无害化处理规范	SC/T 7015—2011
131	SC/T 7018—2022	水生动物疫病流行病学调查规范	SC/T 7018.1—2012
132	SC/T 7025—2022	鲤春病毒血症(SVC)监测技术规范	
133	SC/T 7026—2022	白斑综合征(WSD)监测技术规范	
134	SC/T 7027—2022	急性肝胰腺坏死病(AHPND)监测技术规范	
135	SC/T 7028—2022	水产养殖动物细菌耐药性调查规范　通则	
136	SC/T 7216—2022	鱼类病毒性神经坏死病诊断方法	SC/T 7216—2012
137	SC/T 7242—2022	罗氏沼虾白尾病诊断方法	
138	SC/T 9440—2022	海草床建设技术规范	
139	SC/T 9442—2022	人工鱼礁投放质量评价技术规范	
140	NY/T 4244—2022	农业行业标准审查技术规范	
141	NY/T 4245—2022	草莓生产全程质量控制技术规范	
142	NY/T 4246—2022	葡萄生产全程质量控制技术规范	
143	NY/T 4247—2022	设施西瓜生产全程质量控制技术规范	
144	NY/T 4248—2022	水稻生产全程质量控制技术规范	
145	NY/T 4249—2022	芹菜生产全程质量控制技术规范	
146	NY/T 4250—2022	干制果品包装标识技术要求	
147	NY/T 2900—2022	报废农业机械回收拆解技术规范	NY/T 2900—2016
148	NY/T 4251—2022	牧草全程机械化生产技术规范	
149	NY/T 4252—2022	标准化果园全程机械化生产技术规范	
150	NY/T 4253—2022	茶园全程机械化生产技术规范	

（续）

序号	标准号	标准名称	代替标准号
151	NY/T 4254—2022	生猪规模化养殖设施装备配置技术规范	
152	NY/T 4255—2022	规模化孵化场设施装备配置技术规范	
153	NY/T 1408.7—2022	农业机械化水平评价　第7部分:丘陵山区	
154	NY/T 4256—2022	丘陵山区农田宜机化改造技术规范	
155	NY/T 4257—2022	农业机械通用技术参数一般测定方法	
156	NY/T 4258—2022	植保无人飞机　作业质量	
157	NY/T 4259—2022	植保无人飞机　安全施药技术规程	
158	NY/T 4260—2022	植保无人飞机防治小麦病虫害作业规程	
159	NY/T 4261—2022	农业大数据安全管理指南	
160	NY/T 4262—2022	肉及肉制品中7种合成红色素的测定　液相色谱-串联质谱法	

中华人民共和国农业农村部公告
第 627 号

《饲料中环丙安嗪的测定》等 2 项标准业经专家审定通过，现批准发布为中华人民共和国国家标准，自 2023 年 3 月 1 日起实施。标准编号和名称见附件。该批标准文本由中国农业出版社出版，可于发布之日起 2 个月后在中国农产品质量安全网（http://www.aqsc.org）查阅。

特此公告。

附件：《饲料中环丙安嗪的测定》等 2 项国家标准目录

农业农村部

2022 年 12 月 19 日

附件：

《饲料中环丙安嗪的测定》等2项国家标准目录

序号	标准号	标准名称	代替标准号
1	农业农村部公告第627号—1—2022	饲料中环丙氨嗪的测定	
2	农业农村部公告第627号—2—2022	饲料中二羟丙茶碱的测定　液相色谱-串联质谱法	

中华人民共和国农业农村部公告
第 628 号

《转基因植物及其产品环境安全检测　抗病毒番木瓜　第 1 部分:抗病性》等 13 项标准业经专家审定通过,现批准发布为中华人民共和国国家标准,自 2023 年 3 月 1 日起实施。标准编号和名称见附件。该批标准文本由中国农业出版社出版,可于发布之日起 2 个月后在中国农产品质量安全网(http://www.aqsc.org)查阅。

特此公告。

附件:《转基因植物及其产品环境安全检测　抗病毒番木瓜　第 1 部分:抗病性》等 13 项国家标准目录

农业农村部

2022 年 12 月 19 日

附件：

《转基因植物及其产品环境安全检测　抗病毒番木瓜　第1部分：抗病性》等13项国家标准目录

序号	标准号	标准名称	代替标准号
1	农业农村部公告第628号—1—2022	转基因植物及其产品环境安全检测　抗病毒番木瓜　第1部分：抗病性	
2	农业农村部公告第628号—2—2022	转基因植物及其产品环境安全检测　抗病毒番木瓜　第2部分：生存竞争能力	
3	农业农村部公告第628号—3—2022	转基因植物及其产品环境安全检测　抗病毒番木瓜　第3部分：外源基因漂移	
4	农业农村部公告第628号—4—2022	转基因植物及其产品环境安全检测　抗病毒番木瓜　第4部分：生物多样性影响	
5	农业农村部公告第628号—5—2022	转基因植物及其产品环境安全检测　抗虫棉花　第1部分：对靶标害虫的抗虫性	农业部1943号公告—3—2013
6	农业农村部公告第628号—6—2022	转基因植物环境安全检测　外源杀虫蛋白对非靶标生物影响　第10部分：大型蚤	
7	农业农村部公告第628号—7—2022	转基因植物及其产品成分检测　抗虫转Bt基因棉花外源Bt蛋白表达量ELISA检测方法	农业部1943号公告—4—2013
8	农业农村部公告第628号—8—2022	转基因植物及其产品成分检测　bar和pat基因定性PCR方法	农业部1782号公告—6—2012
9	农业农村部公告第628号—9—2022	转基因植物及其产品成分检测　大豆常见转基因成分筛查	
10	农业农村部公告第628号—10—2022	转基因植物及其产品成分检测　油菜常见转基因成分筛查	
11	农业农村部公告第628号—11—2022	转基因植物及其产品成分检测　水稻常见转基因成分筛查	
12	农业农村部公告第628号—12—2022	转基因生物及其产品食用安全检测　大豆中寡糖含量的测定　液相色谱法	
13	农业农村部公告第628号—13—2022	转基因生物及其产品食用安全检测　抗营养因子　大豆中凝集素检测方法　液相色谱-串联质谱法	

图书在版编目（CIP）数据

综合行业标准汇编．2024 / 标准质量出版分社编
．—北京：中国农业出版社，2024.3
ISBN 978-7-109-31818-2

Ⅰ．①综… Ⅱ．①标… Ⅲ．①农业－行业标准－汇编
－中国－2024 Ⅳ．①S-65

中国国家版本馆 CIP 数据核字（2024）第 053825 号

综合行业标准汇编（2024）
ZONGHE HANGYE BIAOZHUN HUIBIAN（2024）

中国农业出版社出版
地址：北京市朝阳区麦子店街 18 号楼
邮编：100125
责任编辑：刘　伟　冯英华
版式设计：王　晨　　责任校对：范　琳
印刷：北京印刷一厂
版次：2024 年 3 月第 1 版
印次：2024 年 3 月北京第 1 次印刷
发行：新华书店北京发行所
开本：880mm×1230mm　1/16
印张：37
字数：1198 千字
定价：370.00 元